# 多源遥感及地学数据
# 融合计算

沈焕锋　蒋梦辉　孟祥超　张良培　著

科 学 出 版 社

北 京

# 内 容 简 介

卫星遥感、地基观测、模型模拟、社会感知等是获取地球表层科学数据的主要手段，不同来源的数据之间存在强烈的互补性。本书围绕多源数据的融合计算展开研究，以多源遥感数据的信息融合为主体内容，并扩展到与地基数据、模型模拟数据和社会感知数据的融合。内容体系上分为同质数据融合、异质数据融合、异类数据融合等几个层次：首先介绍同质光学遥感数据的空-谱融合、时-空融合及时-空-谱融合方法；其次介绍光学、雷达、短波红外、多参量产品等异质数据间的融合方法；然后介绍地基观测、遥感观测、模型模拟与社会感知等异类数据间的融合方法；最后提出广义地学数据时-空-谱一体化融合的理论框架与模型方法。

本书不仅适合作为遥感、地理、测绘等相关专业的高年级本科生、研究生的参考书，而且可供遥感信息处理、环境参量反演、陆面过程模拟、数据融合与同化等领域的科技工作者阅读参考。

审图号：GS 京（2023）2101 号

图书在版编目（CIP）数据

多源遥感及地学数据融合计算/沈焕锋等著. —北京：科学出版社，2023.11
ISBN 978-7-03-074603-0

Ⅰ.① 多… Ⅱ.① 沈… Ⅲ.① 遥感数据-研究 ②地质数据处理-研究
Ⅳ.①TP701 ②P628

中国版本图书馆 CIP 数据核字（2022）第 255113 号

责任编辑：杨光华 徐雁秋 刘 畅/责任校对：高 嵘
责任印制：彭 超/封面设计：苏 波

**科 学 出 版 社** 出版

北京东黄城根北街 16 号
邮政编码：100717
http://www.sciencep.com

武汉精一佳印刷有限公司印刷
科学出版社发行 各地新华书店经销
*

开本：787×1092 1/16
2023 年 11 月第 一 版 印张：22 3/4
2023 年 11 月第一次印刷 字数：539 000
**定价：298.00 元**
（如有印装质量问题，我社负责调换）

# 前言

信息融合是多学科交叉、综合、延拓产生的系统科学研究方向，美国于20世纪80年代就成立了数据融合专家组，其国防部将信息融合技术列为重点开发的20项关键技术之一。国际摄影测量与遥感学会、IEEE地学与遥感学会等诸多国际组织，都设置了数据融合相关的委员会或工作组，推进数据融合的研究与应用。如今，人类进入大数据时代，通过融合计算方式提升数据的应用潜能，其重要性更加凸显。随着数据的爆发式增长及学科的不断交叉，科学研究与技术应用将可能进入"无处不融合"的状态。

在地球表层科学领域，卫星遥感、地基观测、模型模拟、社会感知等多源异类数据层出不穷，为开展数据融合研究提供了重要基础。同时，数据应用潜力、地学应用能力的突破也对数据融合提出了迫切需求。我从20年前开始从事遥感数据融合研究，逐步建立团队并成立融合感知与地学智能研究室，在融合计算的理论方法与地学应用研究方面取得了一定的成绩。本书是我及团队多年研究成果的系统归纳、修订与完善，部分成果已在国内外刊物发表。本书内容主要分为三个部分：第一部分主要针对同质遥感数据的融合，包括超分辨率融合、空-谱融合、时-空融合、时-空-谱一体化融合；第二部分主要针对异质遥感数据的融合，包括单极化-全极化SAR数据融合、光学-SAR数据融合、可见光-短波红外遥感数据融合、多参量数据融合降尺度；第三部分将研究对象扩展到异类地学数据，包括遥感与地基点-面融合、对地观测与社会感知数据融合、对地观测与动力学模型融合，特别是在此基础上提出地学数据的广义时-空-谱一体化融合新框架。

全书由我主持撰写，蒋梦辉、孟祥超、张良培参与完成。研究室的多位老师和研究生在前期研究和本书撰写过程中做出了重要贡献，包括李慧芳、吴鹏海、李杰、李星华、岳林蔚、程青、陈玮婧、高美玲、李同文、吴金橄、张弛、周曼、林镠鹏、马俊、景映红、姜涛、邱中航、熊劲松等，在此表示衷心感谢。本书研究与撰写过程得到了李新、黄春林、袁强强、陈晋等多位老师和专家的帮助与支持，一并表示诚挚的谢意。本书研究与出版得到了多个项目的资助，包括：国家重点研发计划项目"面向城市群的区域生态环境智能感知技术与系统示范"（2019YFB2102900），国家自然科学基金项目"融合多源异类时空数据估算地球表层特征参量：机理-学习耦合模型"（42130108）、"面向城市全域高分辨率无缝制图的遥感辐射降质联合处理方法"（41971303），湖北珞珈实验室开放基金（220100041），中央高校基本科研业务专项资金（2042023kfyq04）。

由于水平有限，书中不足和疏漏之处在所难免，敬请各位专家、同行不吝指正。

沈焕锋

2023年5月

# 目录

# 第1章 绪 论

## 1.1 地学数据类型

地球系统由岩石圈、水圈、生物圈（包括人类）、大气圈和外层空间组成，各子系统间相互联系、相互作用，共同影响全球环境的变化（廖顺宝 等，2005）。为了深刻理解地球复杂的自然与人文现象、促进社会经济的可持续发展，需要综合、完整和持续的地球观测系统（中国科学院地学部地球科学发展战略研究组，2009）。数据与信息是地球系统科学存在的基础和发展的关键，地球科学的理论研究必须以丰富的实测资料为基础。国际标准化组织（International Organization for Standardization，ISO）、美国国家航空航天局（National Aeronautics and Space Administration，NASA）等均制定了自己的数据分类系统；廖顺宝等（2005）参考已有分类系统原则，并结合现有地球系统科学数据资源的实际情况，将地球系统科学数据分为了岩石圈子系统、陆地表层子系统、海洋子系统、大气子系统、外层空间子系统几个大类。

本书的研究对象主要为陆地表层系统，它是与人类密切相关的环境、资源和社会经济在时空上的结构、演化、发展及其相互作用，强调自然过程与人文过程的有机结合，是地球表层最复杂、最重要、受人类活动影响最大的一个子系统，是地球科学发展的核心和前沿领域（郑度 等，2001）。在陆地表层数据获取方面，从观测角度，由早期肉眼"点"域的观察—航空飞机局域的遥感—航天飞机、卫星的全球广域观测，人类对地观测技术在跃进式地发展（廖小罕，2021；王心源 等，1999）；随着移动互联网等信息技术的快速发展，反映人类时空行为特征、揭示社会经济现象时空分布的海量社会感知数据也逐渐成为地学研究的重要数据来源。概括来说，陆地表层数据根据具体的获取方式，主要包括 4 种：地基观测数据、空天遥感数据、模型模拟数据、社会感知数据，如图 1.1 所示。

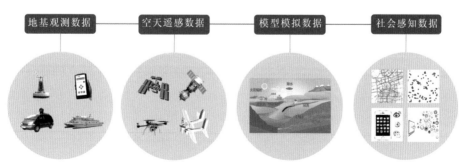

图 1.1 陆地表层数据类型

地基观测主要指基于地面传感器的观测，包括站点监测、移动观测等多种形式，是监测资源环境状况最为直接、最为精确的手段。在生态环境监测系统方面，从传统的单站监测转向组网监测是最为主要的发展趋势，也取得了非常大的进展。国际开放地理信息联盟提出了传感网使能框架，构建了系列标准体系；美国哈佛大学开发了城市无线监测传感网 CitySense 系统（Murty et al.，2008），可实现对多个环境变量的实时综合感知；欧盟建设了涵盖传感网监测、信息分析模拟、服务发布的环境与安全监测计划（哥白尼计划）；我国各级生态环境相关部门也逐步建立了相应的监测系统，实现了对城市大气、水、土壤生态环境参数的业务化监测。这些系统已经形成了组网观测的雏形，并在资源环境规划与管理中发挥了重要作用。尽管地基观测数据具有精度高、时间连续的优势，但监测站点建设成本高昂、实施难度较大，空间分布相对较为稀疏，难以实现大范围空间连续监测。

空天遥感数据指利用安装在飞机、无人机等空中平台或人造卫星等航天平台上的传感器，通过感测地物目标电磁辐射特性所获取的数据。随着对地观测技术的发展，大量遥感卫星源源不断地发射，对地遥感已经进入"三多"（多平台、多传感器、多角度）、"三高"（高空间分辨率、高时间分辨率、高光谱分辨率）的发展阶段（李德仁，2003），小卫星、无人机组网、卫星组网等不断发展，为资源调查、环境监测、建设规划、军事侦察等应用提供了十分丰富的数据源（张良培 等，2016）。遥感数据能够提供时空大范围的观测数据，具有宏观、全面、快速、动态、准确的优势；但遥感成像复杂，传感器硬件限制导致难以获取兼具高时间分辨率、高空间分辨率和高光谱分辨率的数据，且其成像过程易受云雾覆盖等天气状况的影响，导致大范围的地表信息缺失。

模型模拟是另一种获取地表参量的手段，通过模型内在物理及生物化学过程和动力学机制，获得地理对象在时间和空间上的连续演进（李新 等，2007）。在表层系统模拟方面，各国科学家构建了多种大气数值模型（Skamarock et al.，2008）、陆面过程模型（孟春雷 等，2013）及水文模型（Arnold et al.，1998），并基于超级计算平台开发了地球系统模拟器（邱晨辉，2021）。尽管通过模型模拟可以得到时空连续的地表数据集，但是其精度却容易受到多种不确定性的影响。以陆面模型为例，地表不均质性、参数化问题、人类活动影响及气候系统对下垫面的敏感性等都增加了陆面过程刻画的复杂度，进而加大陆面过程模型自身的不确定性（Fisher et al.，2020；刘建国，2013）。并且，模型运行的初值条件、驱动数据的不确定性等问题使其更为复杂。此外，与遥感观测数据相比，模型模拟数据的空间分辨率一般较低。

"社会感知"通常指基于人类社会生产生活中大规模部署的多类别传感设备来获取具有时空标记的数据集，并借助地理空间分析方法等技术手段从中感知识别社会个体的行为，进而揭示社会经济要素的地理时空分布、变化及联系的理论和方法（Liu et al.，2015）。一般通过传感器直接感知、被动请求、主动感知来获取具有时空标记的数据集（刘瑜，2016）。针对此类数据，研究单独个体行为在时空维度上的变化意义不大，但是当个体数据增多使得研究样本足够充分代表群体的行为特征时，挖掘社会感知数据便可反映出与地理环境要素分布相关联的社会经济特征。因此，社会感知数据可以作为地基观测、空天遥感、模型模拟等手段的补充，增强对人类活动与社会信息的有效感知与解释能力。近年来，社会感知数据在人群活动监测、行为分析、土地利用分类、环境参数提取等领域得到了广泛应用。

# 1.2　不同数据之间的互补性

地基观测、空天遥感、模型模拟和社会感知 4 类数据的特点如表 1.1 所示。地基观测数据精度高、获取频次高，但站点空间分布稀疏，覆盖度非常低，难以实现面域连续监测，在区域研究中存在典型的以"点"代"面"问题。空天遥感观测系统可以克服地基观测的缺点，实现对地球表层的大尺度宏观面域感知，可以实现从分米级到千米级空间分辨率的数据获取；但遥感反演的精度一般要低于地基观测，通用的极轨卫星在时间分辨率上一般也较低，并且容易受云覆盖等因素影响。模型模拟可以进一步弥补观测系统的时空局限，通过其内在动力学机制获得时空连续的数据（李新 等，2007），具有较高的获取频次和空间覆盖；但模型模拟易受多种不确定性的影响，数据精度和空间分辨率往往较低。社会感知数据能够有效反映人类社会生产生活的静态与动态特征，可为目前基于探测、模型模拟手段为主获取的自然环境地理信息中补充社会属性，数据获取频次高；但一些参数难以通过直接测量的方式获得，并且数据分布非常不均匀，农村地区的数据密度远不如城市地区。可见，4 类数据各有优势与不足，相互之间却存在强烈的互补性。

表 1.1　4 类数据的特点

| 项目 | 地基观测 | 空天遥感 | 模型模拟 | 社会感知 |
| --- | --- | --- | --- | --- |
| 数据精度 | 高 | 中 | 较低 | 难以直接测量 |
| 获取频次 | 高 | 较低 | 高 | 非常高 |
| 空间覆盖度 | 非常低 | 较高 | 非常高 | 不均匀 |
| 空间分辨率 | — | 从低到高 | 一般较低 | — |

对遥感数据而言，其应用潜力取决于传感器对地物在不同频谱范围反射或发射的电磁能量强度、空间差异和时间变化的探测能力，一般可以用所获取影像的空间分辨率、时间分辨率和光谱分辨率进行表征。分辨率是遥感观测的核心指标，每一个新的突破与发展都会开启地理应用的新机会（美国国家科学院国家研究理事会，2011）。然而，由于卫星轨道、载荷及其传感器性能的限制，空间分辨率、时间分辨率与光谱分辨率相互制约，在面对高异质性地表或其他应用目标时，总是在三者的某一方面存在不足。图 1.2 给出了高级甚高分辨率辐射计（advanced very high resolution radiometer，AVHRR）、中分辨率成像光谱仪（moderate-resolution imaging spectroradiometer，MODIS）、专题绘图仪（thematic mapper，TM）、SPOT5（satellite pour l'observation de la Terre-5）4 种卫星数据不同分辨率之间的制约关系，可见 AVHRR 影像具有较高的时间分辨率（0.5 天），MODIS 影像具有较高的光谱分辨率（36 个波段），SPOT5 全色影像具有较高的空间分辨率（2.5 m），TM 在几个分辨率方面具有较为平衡的设置。但是，任何一种传感器都不能同时实现最高的空间分辨率、时间分辨率和光谱分辨率，当一种分辨率很高时，其他一种或两种分辨率必然较低。但显而易见，如果对几种传感器进行优势互补，就可以实现对地表地物信息更全面精确的表达，进而提升遥感影像在各方面的应用潜力。

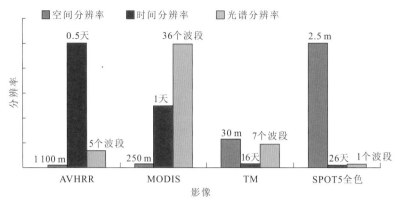

图 1.2　4 种卫星数据空间分辨率、时间分辨率、光谱分辨率之间的制约关系

# 1.3　数据融合的定义

数据融合能够突破单一数据的性能限制，有效发挥多平台、多传感器、多角度观测及其他数据类型的互补优势，获取更加精准、全面的数据。数据融合的概念产生于 20 世纪 70 年代初期，但其理论方法研究则是 20 世纪 80 年代以后才开始（张永生，2005），并取得了快速发展，迄今仍是各应用领域的研究热点。为了增强军事研究人员之间的交流，美国国防部实验室主任联席会议（Joint Directors of Laboratories，JDL）于 1986 年成立数据融合工作组，并编纂完成数据融合词典（Kessler et al.，1992；White，1991）。在学术领域，尽管在 20 世纪 80 年代初期就已经开始了数据融合的研究，但到 90 年代初才开始有相对正式的定义。

目前为止，文献中已出现了包括合并（merging）、结合（combination）、协同（synergy）、综合（integration）、融合（fusion）等多个不同的词汇对影像融合的概念进行表述。其中，"融合"一词被普遍认可且应用最广。Mangolini（1994）、Hall 等（1997）、Pohl 等（1998）分别对数据融合给出了不同的定义。其中，针对遥感数据融合，Pohl 等（1998）的定义比较典型，他们认为影像融合就是利用某种算法，将两幅或多幅影像组合成一幅新影像的技术。该定义十分贴近人们对数据融合的传统认识，但属于狭义的数据融合，因为生成新影像并不是影像融合的唯一目标，也可能是为了获取更精确的特征信息、更准确的知识等。Wald（1999）在遥感领域顶级期刊 *IEEE Transactions on Geoscience and Remote Sensing*，以批判的态度专门对数据融合的定义进行了讨论。Alparone 等（2015）在其融合专著中，认为遥感数据融合的目标是针对某种调查现象，协同组合两个或更多影像数据，以获取比单一影像更多的知识。我国学者刘继琳等（1998）、贾永红等（2000）、赵书河（2008）等也分别对遥感数据融合给出了不同的诠释。

不同学者对数据融合之所以有不同的见解，最根本原因是其涵盖内容广泛，界限确定比较困难，从不同的角度出发就会得出不同的诠释。本书在综合已有研究的基础上，将数据融合定义为：针对同一场景并具有互补信息的多源数据，通过对它们的综合处理、分析与决策，获取更高质量数据、更优化特征、更可靠知识的技术和框架系统。该定义在输入端强调了数据之间的互补性，输出端的融合结果可能是一幅高质量的影像，也可能是更优化的特征，还可能是通过某种决策获得的知识。值得说明的是，数据融合也不一定限制为多个传感器的数据，同一传感器在不同成像条件下获取的数据，只要包含互补信息就可以进行数据融合。

学者一般将数据融合分为三个层级，分别为数据级（像素级）、特征级和决策级（Hall et al.，1997）。数据级融合主要是对传感器原始观测数据或经过预处理的数据进行融合，生成分辨率、完整度等性能指标更高的新数据；特征级融合是通过融合过程生成更优化特征，以便于后续的信息提取与应用；决策级融合主要解决不同数据产生结果的不一致性，利用一定的决策规则加以融合，从而获取更可靠的决策知识。需要说明的是，几种融合没有优劣之分，有时界限也不清晰，在一些具体应用中还可以兼容。多层联合应用也是一个重要的前沿研究方向。

# 1.4　本书研究内容

本书以多源遥感及地学数据的融合计算为研究内容，以多源遥感数据的融合为主体，并扩展到与地基数据、模型模拟数据和社会感知数据的融合。从同质数据、异质数据、异类数据融合角度展开研究，首先介绍同质光学遥感数据的空-谱融合、时-空融合及时-空-谱一体化融合方法；然后介绍光学和雷达、短波红外等异质数据间的融合方法；进而介绍地基观测、遥感观测、模型模拟与社会感知等异类数据间的融合方法；最后提出广义地学数据时空谱一体化融合框架。本书研究内容框架如图 1.3 所示。

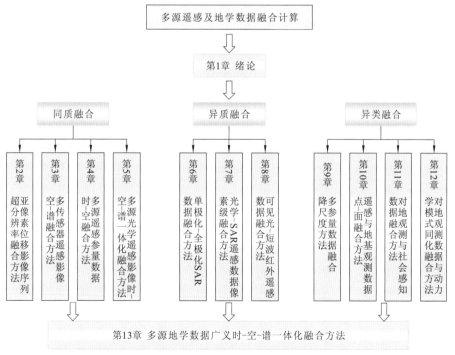

图 1.3　本书研究内容框架

本书共 13 章，各章具体内容安排如下。

第 1 章，绪论。主要介绍本书的研究背景和意义，归纳地学数据类型、数据融合概念、方法体系等，并对本书研究内容框架进行概述。

第 2 章，亚像素位移影像序列超分辨率融合方法。超分辨率融合指通过融合同一场景的多个时相的低分辨率影像，从而生成一幅或多幅高分辨率影像的技术。针对视频卫星遥感影像序列，重点介绍一种基于边缘引导的深度学习影像超分辨率融合方法。

第 3 章，多传感器遥感影像空-谱融合方法。空-谱融合旨在克服遥感影像空间分辨率与光谱分辨率间的制约，通过融合处理获得同时具有高空间分辨率和高光谱分辨率的影像。在归纳常规融合方法的基础上，以机器学习方法为重点详细介绍一种基于差值映射的深度残差卷积空-谱融合方法。

第 4 章，多源遥感参量数据时-空融合方法。时-空融合旨在解决遥感数据时间分辨率与空间分辨率间的制约，通过融合处理获得同时具有高时间分辨率和高空间分辨率的数据。针对不同应用场景重点阐述三种代表性的融合方法：基于非局部滤波的时-空融合方法、引入退化约束的深度学习时-空融合方法、多传感器时-空一体化融合方法。

第 5 章，多源光学遥感影像时-空-谱一体化融合方法。时-空-谱一体化融合旨在集成多源遥感影像间互补的时、空、谱信息，从而获得具有最高时间分辨率、空间分辨率、光谱分辨率的遥感影像。分析不同传感器影像空间、光谱和时间维的关联关系，建立一种基于变分理论框架的多传感器遥感影像时-空-谱一体化融合方法。

第 6 章，单极化-全极化 SAR 数据融合方法。单极化-全极化数据融合充分利用单极化数据和全极化数据在空间信息与极化信息方面的互补关系，通过融合处理生成高空间分辨率的全极化影像。充分考虑多个极化通道间的复杂非线性关系，建立一种基于深度学习的单极化-全极化 SAR 数据融合方法，并将其扩展到双极化与全极化数据的融合。

第 7 章，光学-SAR 遥感数据像素级融合方法。光学-SAR 遥感数据融合指利用 SAR 影像全天候观测优势及较为丰富的空间特征，提升光学影像的空间分辨率或空间覆盖度。在系统总结光学和 SAR 数据融合方法的基础上，重点介绍一种基于深度循环生成对抗网络的光学-SAR 数据融合方法，并针对分辨率提升、厚云去除等分别开展实验验证。

第 8 章，可见光-短波红外遥感数据融合方法。可见光-短波红外融合主要是利用短波红外波段具有较高大气透过率的优势，以其为引导从而实现可见光波段中薄云和雾霭的去除。针对不同的输入条件和影像特点，分别阐述卷云波段辅助的可见光波段校正、基于梯度融合的云雾校正、短波红外引导的融合重建等方法。

第 9 章，多参量数据融合降尺度方法。多参量数据融合空间降尺度指利用不同遥感参量数据间的相关性与互补性，通过融合低分辨率目标参量数据与高分辨率辅助参量数据，从而达到目标参量数据降尺度的目的（空间分辨率提升）。重点阐述多元自适应回归样条降尺度方法和顾及尺度一致约束的卷积神经网络降尺度方法，并以卫星降水产品的降尺度为例，对两种方法的效果进行综合验证。

第 10 章，遥感与地基观测数据点-面融合方法。点-面融合是指利用地基点状观测与遥感面域成像的互补优势，建立遥感与地基观测数据之间的映射关系，从而实现从点位数据到空间连续面域数据的精确估计。重点以大气 $PM_{2.5}$ 浓度估算为例，重点阐述三种点-面融合方法：时空关联深度学习点-面融合方法、时空地理加权学习点-面融合方法、全局-局部结合时空神经网络点-面融合方法。

第 11 章，对地观测与社会感知数据融合方法。对地观测与社会感知数据融合旨在结合对地观测数据的自然属性和社会感知数据的社会属性，提升对数据和知识的获取精度和能力。在点-面融合的基础上引入社会感知数据，构建对地观测与社会感知数据的深度学习融合框架，充分利用多源互补优势提升环境参量的估算精度。

第 12 章，对地观测数据与动力学模式同化融合方法。通过融合观测与模拟两种地学数据获取的基本手段，获取具有更高精度、更高时空连续性的地表参量。从两个角度研究对地观测数据与动力学模型的耦合方法：以模式为主的模式-遥感数据同化方法、以遥感为主的遥感-模式数据融合方法。以土壤水分、地表温度等地表参量为例进行重点介绍，在青藏高原中部地区、黑河流域中游、武汉主城区等研究区进行实例分析。

第 13 章，多源地学数据广义时-空-谱一体化融合方法。广义时-空-谱一体化融合是通过对"谱"内涵的延拓，摆脱传统融合技术的局限，实现对异质异类地学数据的一体化融合处理。通过两个研究实例进行深入探讨：一是建立多源光学与雷达异质遥感数据的一体化融合方法，解决空-谱融合光谱畸变大、时-空融合地物变化预测难等问题；二是建立广义时-空-谱一体化融合框架下的土壤水分降尺度方法，将时空融合降尺度与多参量统计降尺度进行统一，通过对多源互补信息的充分挖掘提升降尺度精度。

# 参 考 文 献

贾永红, 李德仁, 孙家柄, 2000. 多源遥感影像数据融合. 遥感技术与应用, 15(1): 41-44.

李德仁, 2003. 论 21 世纪遥感与 GIS 的发展. 武汉大学学报(信息科学版), 28(2): 127-131.

李新, 黄春林, 车涛, 等, 2007. 中国陆面数据同化系统研究的进展与前瞻. 自然科学进展, 17(2): 163-173.

廖顺宝, 蒋林, 2005. 地球系统科学数据分类体系研究. 地理科学进展, 24(6): 93-98.

廖小罕, 2021.中国对地观测 20 年科技进步和发展. 遥感学报, 25(1): 267-275.

刘继琳, 李军, 1998. 多源遥感影像融合. 遥感学报, 2(1): 47-50.

刘建国, 2013. 陆面水文过程集合模拟及其不确定性研究. 北京: 中国科学院大学.

刘瑜, 2016. 社会感知视角下的若干人文地理学基本问题再思考. 地理学报, 71(4): 564-575.

美国国家科学院国家研究理事会, 2011. 理解正在变化的星球: 地理科学的战略方向. 刘毅, 刘卫东, 等, 译. 北京: 科学出版社.

孟春雷, 戴永久, 2013. 城市陆面模式设计及检验. 大气科学, 37(6): 1297-1308.

邱晨辉, 2021. 我国首个地球系统模拟大科学装置启用. 中国青年报, 2021-06-25.

王心源, 郭华东, 1999. 地球系统科学与数字地球. 地理科学, 19(4): 344-348.

张永生, 2005. 天基多源遥感信息融合. 北京: 科学出版社.

张良培, 沈焕锋, 2016. 遥感数据融合的进展与前瞻. 遥感学报, 20(5): 1050-1061.

郑度, 陈述彭, 2001. 地理学研究进展与前沿领域. 地球科学进展, 16(5): 599-606.

赵书河, 2008. 多源遥感影像融合技术与应用. 南京: 南京大学出版社.

中国科学院地学部地球科学发展战略研究组, 2009. 21 世纪中国地球科学发展战略报告. 北京: 科学出版社.

ALPARONE L, AIAZZI B, BARONTI S, et al., 2015. Remote sensing image fusion. Boca Raton: CRC Press.

ARNOLD J G, SRINIVASAN R, MUTTIAH R S, et al., 1998. Large area hydrologic modeling and assessment part I: Model development 1. Journal of the American Water Resources Association, 34(1): 73-89.

FISHER R A, KOVEN C D, 2020. Perspectives on the future of land surface models and the challenges of representing complex terrestrial systems. Journal of Advances in Modeling Earth Systems, 12(4): e2018MS001453.

HALL D L, LLINAS J, 1997. An introduction to multisensor data fusion. Proceedings of the IEEE, 85(1): 6-23.

KESSLER O E A, ASKIN K, BECK N, et al., 1992. Functional description of the data fusion process. Report prepared for the Office of Naval Technology, Naval Air Development Center, Warminster, PA. USA.

LIU Y, LIU X, GAO S, et al., 2015. Social sensing: A new approach to understanding our socioeconomic environments. Annals of the Association of American Geographers, 105(3): 512-530.

MANGOLINI M, 1994. Apport de la fusion d'images satellitaires multicapteurs au niveau pixel en télédétection et photo-interprétation. Nice: Université de Nice Sophia-Antipolis.

MARTIN R V, BRAUER M, VAN DONKELAAR A, et al., 2019. No one knows which city has the highest concentration of fine particulate matter. Atmospheric Environment, X3: 100040.

MURTY R N, MAINLAND G, ROSE I, et al., 2008. Citysense: An urban-scale wireless sensor network and testbed// 2008 IEEE Conference on Technologies for Homeland Security, Waltham, MA: 583-588.

POHL C, VAN GENDEREN J L, 1998. Review article multisensor image fusion in remote sensing: Concepts, methods and applications. International Journal of Remote Sensing, 19(5): 823-854.

SKAMAROCK W C, KLEMP J B, DUDHIA J, et al., 2008. A description of the advanced research WRF version 3. NCAR Technical Note, 475: 113.

WALD L, 1999. Some terms of reference in data fusion. IEEE Transactions on Geoscience and Remote Sensing, 37(3): 1190-1193.

WHITE F E, 1991. Data fusion lexicon. Technical Panel for C, 3: 19.

# 第 2 章　亚像素位移影像序列超分辨率融合方法

　　卫星在不同时间、不同视角对同一场景进行观测可以获取具有亚像素位移的影像序列，如多时相影像、多角度影像、视频序列影像等。本章主要研究如何挖掘多幅遥感影像的亚像素位移互补信息，通过超分辨率融合技术得到空间分辨率更高的遥感影像。在介绍超分辨率技术概念、现状及遥感应用的基础上，重点介绍一种基于深度学习边缘引导的超分辨率融合方法，该方法顾及影像的时空相关性及复杂背景下微弱目标的动态变化性，构建时空注意力融合网络和空间梯度增强网络，对时空信息及边缘特征进行精确建模，得到边缘和纹理信息更加精细的高分辨率融合影像。以视频卫星遥感影像序列为例，对提出的影像超分辨率融合方法进行验证分析。

## 2.1　概　　述

### 2.1.1　超分辨率技术的概念

　　高空间分辨率影像，通常主要依靠改进传感器等硬件设备来获得，如改进传感器制作工艺从而减小感光单元尺寸。然而，"硬件途径"往往会受到诸多因素限制，如信噪比、电荷的转换率降低等，并且存在技术极限。此外，研制高精度的硬件设备往往成本较高，需要付出较大的经济代价。影像传感器设计在技术和价格上的双重限制，促进了影像超分辨率技术的发展。

　　超分辨率技术是从"软件途径"，通过发展影像处理的理论、算法来提升其空间分辨率的技术，通常被称为"超分辨率重建""超分辨率复原""超分辨率融合"等（张良培 等，2012）。之所以将其列为影像融合技术的一种，是因为融合影像之间的互补信息是实现超分辨率的根本源泉。例如，图 2.1 所示的多幅影像超分辨率融合，主要通过

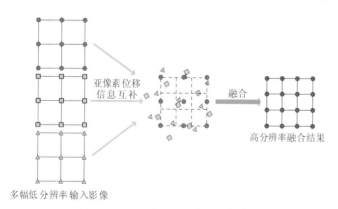

图 2.1　多幅影像超分辨率融合示意图

对具有亚像素位移的影像进行处理，挖掘并融合影像间的互补信息，从而获得一幅或多幅高空间分辨率的影像（张良培 等，2016；Park et al.，2003）。即使是所谓的单幅影像超分辨率技术，虽然表面上仅输入一幅影像，但往往也需要一个高分辨率影像库作为学习训练的基础，其处理也可以看作一个隐式的融合过程（Yue et al.，2016）。

## 2.1.2 超分辨率技术的遥感应用

值得注意的是，卫星遥感技术的发展成为超分辨率技术产生的助推器。1984 年，Tsai 和 Huang 针对 Landsat 卫星的重访观测特点提出设想：由于卫星每次过境观测时，轨道、姿态和观测角度都不可能完全相同，这样通过重复观测就可以得到同一地面点相似而又不完全相同的影像，由于多时相影像之间存在亚像素的位移，势必会存在互补信息，如果能充分利用这些互补信息，就有可能将其融合输出为一幅分辨率更高的影像。基于以上设想，Tsai 等（1984）提出了频域解混叠方法，利用多幅影像之间的亚像素位移重建了高分辨率影像，这也是第一个真正意义上的超分辨率算法，虽然仅仅进行了模拟实验，但为超分辨率技术的发展做出了不可磨灭的贡献。

在遥感领域，通过"硬件"与"软件"相结合实现超分辨率的方式得到了比较广泛的应用，即通过"硬件"技术，使传感器能够同时获得关于同一场景、含有已知亚像素位移信息的影像，再利用"软件"的超分辨率算法，重构出一幅高分辨率影像。例如，法国航天研究中心（Centre National d'Etudes Spatiales，CNES）发明了一种所谓超模式（supermode）的采样模式 THR（Très haute résolution，法语"非常高分辨率"的缩写），并应用于 SPOT5 等卫星（Latry et al.，2003），其主要原理如图 2.2 所示，在焦平面内放置两个线性阵列，在水平和垂直方向分别错位 0.5 像素并单独成像，获取两幅相互错位的分辨率为 5 m 的影像，然后通过超分辨率技术得到一幅分辨率为 2.5 m 的高分辨率影像（谭兵 等，2004）。此外，由瑞士 LH 公司与德国宇航中心联合研制的机载数字传感器（airborne digital sensor，ADS40）与 SPOT5 传感器的设计类似，ADS40 全色波段阵列由 2 条 12 000 像元的电荷耦合器件（charge-coupled device，CDD）阵列构成，并交错半个像元排列（刘军 等，2002），在全色波段实现超分辨率。

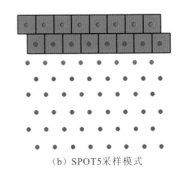

（a）SPOT5成像图　　　　　　　　　（b）SPOT5采样模式

图 2.2　SPOT5 成像图与采样模式

虽然采用"硬件"与"软件"相结合的方式实现超分辨率取得了巨大成功，但其硬件设计与控制技术及其他因素的影响使该方案受到比较大的限制。纯"软件"的方法在应用上更加简单，但由于遥感成像受时空多变因素的影响，多年来一直进展较慢。Shen

等（2009）率先实现了真实观测条件下多时相遥感影像的超分辨率处理，在不改变观测系统的条件下有效提升了影像空间分辨率，证明了 Tsai 和 Huang 的原始假设。Merino 等（2007）也开展了相关研究，提出了一个针对 Landsat 影像的超分辨率融合方法。之后该方向陆续发表多篇论文（郭琳 等，2011；张洪艳 等，2011；Li et al.，2010）。值得注意的是，如果成像重访周期较长，在不同时相的遥感影像中地面目标就可能会发生变化，这对超分辨率处理的影响较大，成为一个重要的限制因素。而多角度遥感成像传感器可以获得几乎同一时间不同角度的影像，学者已经进行了有益探索，并已提出了多个可行的处理方法（Ma et al.，2014；Zhang et al.，2014；Ma et al.，2012；Zhang et al.，2012）。另外，视频遥感卫星的出现，为遥感影像多幅超分辨率融合研究带来新的发展契机（Xiao et al.，2022；Liu et al.，2022a；Shen et al.，2022；孙伟伟 等，2020；Luo et al.，2017），是具有重要研究价值和应用潜力的方向。

## 2.2　超分辨率技术基本理论与方法

### 2.2.1　观测模型

影像观测模型描述理想影像与降质影像之间的关联关系。在多幅影像超分辨率融合中，观测影像即为一系列的低分辨率影像，理想影像即为所求的高分辨率影像。给定一定场景的 $P$ 幅低分辨率影像，可以认为它们是由一幅高分辨率影像经过一系列的降质过程产生的，降质过程包括几何运动、光学模糊、降采样及附加噪声（Park et al.，2003）。如果用矢量 $z$ 表示所求的高分辨率影像，$g_k$ 表示某一幅低分辨率影像（$k$ 为影像编号），一个常用的影像观测模型（Elad et al.，1997）为

$$g_k = D_k B_k M_k z + n_k \qquad (2.1)$$

式中：$D_k$ 为降采样矩阵；$B_k$ 为模糊矩阵；$M_k$ 为几何运动矩阵；$n_k$ 为附加噪声。整个降质过程可以用图 2.3 来表示，最左边的影像即为理想高分辨率影像，依次经过旋转运动、光学模糊、降采样和附加噪声过程，得到最右边的影像，即为观测影像。

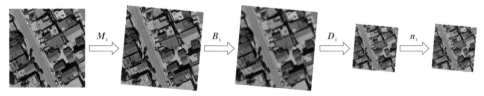

图 2.3　图像降质过程示意图

为表达方便，也可以对观测模型做如下简化：

$$g_k = W_k z + n_k \qquad (2.2)$$

式中：$W_k$ 为 $M_k$、$B_k$ 和 $D_k$ 的乘积。

## 2.2.2 参数估计

超分辨率融合是一个逆过程，即通过观测影像 $g_k$ 求解高分辨率影像 $z$，其中需要模糊函数、几何位移参数的支持。然而，这些参数一般是未知的，通常的思路是先对这些参数进行求解再进行超分辨率处理。

（1）影像配准（运动估计）。在影像超分辨率重建中，低分辨率观测影像之间的亚像素位移是使各幅影像具有互补信息的关键，也是实现影像超分辨率的关键。因此，获得各幅观测影像之间的亚像素位移量是进行超分辨率重建的前提。在一些研究中，观测影像之间的亚像素位移量是已知的，这种情况主要存在于"软件"与"硬件"相结合的影像超分辨率重建中（Ben-Ezra et al.，2005；张亮 等，2003）。但是在大多数影像超分辨率重建中，观测影像像素之间的亚像素位移量并不知道，需要对其进行求解。求解两幅影像各目标或像素之间亚像素位移矢量的过程称为影像配准，也可以称为运动估计。常用的影像配准方法包括全局配准方法、局部配准方法、基于光流的影像配准方法和基于特征的影像配准方法四大类（Wyawahare et al.，2009；罗代建 等，2008；Zitová et al.，2003）。高精度的影像配准，是成功进行影像超分辨率重建的前提，其精度直接影响超分辨率影像的质量。

（2）模糊函数辨识（点扩散函数估计）。模糊函数描述了影像形成过程中受到模糊退化影响程度的大小。因此，模糊辨识在影像超分辨率重建中发挥着重要的作用，获取成像过程中的模糊函数是进行影像超分辨率重建的前提，其精度直接影响超分辨率影像的质量（He et al.，2006）。虽然在一些情况下，传感器厂商提供的参数信息包括了成像系统的点扩散函数（point spread function，PSF）信息（Katartzis et al.，2008），即成像过程中的总体模糊函数，但该信息不能够准确表达大气模糊和运动模糊，准确度不高，而且往往并不容易获取。因此，在多数情况下，需要对成像系统的 PSF 进行估计。

对于 PSF 的估计，一个常用方法是通过对影像上的已知目标或具有特殊特征的区域进行分析（Katartzis et al.，2008），进行模糊函数的辨识，比如黑色背景中的白色点或者白色线、图像中的直边缘等。例如，对遥感影像进行 PSF 估计的方法主要有刃边法、点源法、脉冲法等（Shen et al.，2014），这些方法已被广泛地应用于各种中、高分辨率卫星影像。另一大类方法对 PSF 采用盲估计，即在对影像形成过程中的模糊退化信息所知甚少或者完全未知的情形下，采用降质观测影像对原影像和模糊函数进行同时估计。经典的 PSF 盲估计方法有迭代盲去卷积方法（Ayers et al.，1988）、最大似然法（Holmes et al.，1995）、正则化方法（You et al.，1996）、凸集投影法（Papa et al.，2008）、最大后验估计法（Pan et al.，2006）等，近年来，稀疏感知（Xu et al.，2019；Liu et al.，2016）、非局部均值法（Jiang et al.，2017；Zhao et al.，2010）也被用于 PSF 的估计。理论上，这些针对单幅影像的 PSF 估计方法都可以经过扩充与推广，应用于多幅影像的超分辨率重建（Liu et al.，2020；Wang et al.，2015）。

### 2.2.3　超分辨率模型

**1. 传统模型**

如前所述，超分辨率重建技术首先由 Tsai 等（1984）提出，他们以傅里叶变换为基础框架，给出了一个利用多幅欠采样影像重建一幅高分辨率影像的频率域方法。理论简单是基于傅里叶变换的频率域方法的主要优点，另外，频率域方法适合进行并行处理，从而减小对计算机硬件的要求。但频率域方法的缺点也很明显，其观测模型仅局限于全局位移模型和线性不变空间模糊，并不容易加入先验约束。Kim 等（1993，1990）对该方法进行了改进，进一步顾及了噪声和光学模糊的影响。此外，在频率域中也产生了一些基于离散余弦变换（Rhee et al.，1999）和小波变换（Nguyen et al.，2000）的方法。

相比于频率域方法，空间域方法能够引入多种先验约束，考虑复杂退化模型，因而超分辨率重建技术在空间域有了更为迅速的发展，产生了多种经典的超分辨率重建模型方法，如非均匀内插法（Ur et al.，1992）、迭代反投影法（Irani et al.，1991）、凸集投影法（Stark et al.，1989）、最大似然法（Tom et al.，1994）、最大后验估计法（Schultz et al.，1996）、混合最大后验估计/凸集投影法（Elad et al.，1997）和自适应滤波法（Elad et al.，1999）等。这些方法应用简单，但总体上由于缺乏严谨的理论框架，方法的稳定性不强。

**2. 正则化方法**

正则化方法从代数和统计的角度进行描述，理论严谨，并具有较高的有效性和灵活性，因此得到非常广泛的研究与应用。正则化方法通过直接加入先验约束将不适定问题适定化，一般形式（Bertaccini et al.，2012）可表示为

$$L(z) = \| \boldsymbol{g}_k - \boldsymbol{W}_k \boldsymbol{z} \|_p^p + \lambda \| \varGamma(z) \|_q^q \qquad (2.3)$$

式中：等号右边第一项为数据一致性约束，通过观测模型描述了所求高分辨率影像与低分辨率观测影像相一致的程度；第二项为正则化项，$\varGamma(\cdot)$ 为一个正则化函数，描述了影像的先验信息，$\lambda$ 为正则化参数，控制着求解过程中两项的相对贡献量。

在数据一致性约束即数据保真项方面，基于 L2 范数（$p=2$）的线性最小二乘项被广泛使用。L2 范数易于求解，并且存在许多高效的算法。然而，只有当噪声为白高斯类型时，L2 模型求解的结果才是最优的。因此，人们对使用 $p=1$ 的 L1 范数越来越感兴趣（Farsiu et al.，2004）。实验证明，对于含有脉冲噪声和异常值的影像，L1 保真度比 L2 保真度更有效。但与 L2 范数相比，L1 范数的收敛速度往往要慢得多。除了最简单的梯度下降法，已有一些 L1 优化的有效近似方法（Chan et al.，2005）。对于复杂类型的噪声和（或）模型误差，L1 范数和 L2 范数各有优缺点。因此，一些研究人员采用 L1-L2 混合模型作为保真项（Omer et al.，2009）。

为了约束影像复原和超分辨率重建中病态问题的解空间，人们提出了许多不同的正则化方法。传统的模型[如 Tikhonov（Zhang et al.，2007）和 Gauss-Markov（Lee et al.，2010）模型]中，使用 $q=2$ 的 L2 范数。这类正则化方法的一个常见缺陷是估计结果中的边缘和细节往往被过度平滑。为了有效地保持影像中的边缘和细节信息，一些保持边缘的正则化模型被用于影像复原。基于 L1 范数（$q=1$）的全变分（total variation，TV）正则化（Ng et al.，2007）及其衍生形式，如双边 TV（Farsiu et al.，2004），是应用最广泛

的保边模型。然而，使用 TV 方法时，往往需要在边缘区域保留细节信息和在平滑区域避免阶梯效应之间进行权衡（Yuan et al.，2012）。Huber-Markov 正则化（Schultz et al.，1996）的能量函数是 L1 范数和 L2 范数的混合模式，理论上可以在一定程度上缓解这种权衡。为了更有效地解决这一问题，一些研究人员根据确定的影像结构（平滑区域或边缘），考虑了一种自适应范数（$q$=1 或 $q$=2）（Bertaccini et al.，2012）。Shen 等（2016）提出一种自适应范数的超分辨率融合方法，可以根据影像自身特点，选择最优的 $p$ 与 $q$。

总体而言，正则化方法可以将超分辨率融合由不适定问题转为适定化，并具有求解模型直观、解唯一等优点，一些快速优化算法（如预条件共轭梯度法）也很容易被用于该模型中。然而，该类模型对非线性模型支持不足，一些模型的假设也较为理想化，针对一些复杂降质条件下获取的影像序列，处理较为困难。

**3. 深度学习方法**

多幅影像超分辨率重建在两种条件下经常难以满足要求：一是影像序列中存在的互补信息并不充分；二是随着分辨率提高倍数的增加，序列中的互补信息会显得相对不足。这时，仅靠增加影像的数量不能产生新的高频细节，而影像本身的先验知识就显得非常重要。获得先验知识的方法除了统计方法（概率方法），另一个方法就是学习训练。近年来，随着深度学习的快速发展，研究人员开始使用卷积神经网络等相关技术来解决多幅影像超分辨率问题（Liu et al.，2022b；Haris et al.，2019；Wang et al.，2018）。定义 $I_\mathrm{L}$ 为低分辨率的多幅影像序列，$I_\mathrm{H}$ 为原始高分辨率参考影像。通过深度学习方法获得高分辨率影像的重建目标可以表示为

$$\hat{\theta} = \arg\min_{\theta} P(M(I_\mathrm{L}), I_\mathrm{H}) \tag{2.4}$$

式中：$P(\cdot)$ 为计算超分重建的高分辨率影像与原始高分辨率参考影像之间的损失函数；$M(\cdot)$ 为多幅影像超分辨率重建网络函数；$\hat{\theta}$ 为优化后的网络参数。复杂、多层的深度学习模型基于目标函数进行优化，可以挖掘数据间大量的特征关系，具有强大的时空特征提取及非线性拟合能力。相关网络架构通常包含时序影像对齐、特征融合和深度特征重建三个重要组成部分（Liu et al.，2022b），框架示意图如图 2.4 所示。

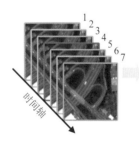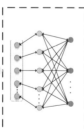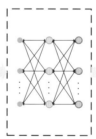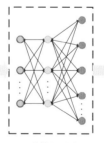

输入多幅遥感影像　　特征提取与对齐　　特征融合　　深度特征重建　　超分辨率融合结果

图 2.4　基于深度学习的多幅影像超分辨率融合方法框架示意图

在遥感领域，基于以上框架已经发展出了不少基于深度学习的遥感多幅影像超分方法（He et al.，2020），并取得了优越的性能。例如，Kawulok 等（2020）采用多个卷积神经网络针对输入的多幅卫星影像进行超分辨率重建，然后通过融合后处理方式得到最终的超分辨率结果。在欧洲航天局的多幅影像超分辨率重建比赛中，相关研究者提出的

方法［如 DeepSUM（Molini et al.，2019）和 HighRes-Net（Deudon et al.，2020）］也在对多幅 PROBA-V 影像的重建中取得了令人惊艳的结果。

尽管上述多幅影像超分辨率方法在指标性能上不断取得提升，但对遥感场景而言，多幅影像中运动目标尺度存在多变性，运动信息难以捕捉，复杂场景下大尺度多幅影像超分辨率重建结果依然存在细节失真。针对上述难点，本章提出一种新的基于深度学习的多幅影像超分辨率融合方法，将在以下章节对其进行详细介绍。

# 2.3 基于深度学习的视频序列超分辨率融合方法

与传统的卫星成像技术相比，视频卫星［如 SkySat 系列（Murthy et al.，2014）、吉林一号（Jilin-1）系列、珠海一号（OVS-1）系列］是一种能够进行动态对地观测的新型对地观测遥感卫星。视频卫星通过长时间凝视特定场景以捕获连续的"视频"，相比静态遥感影像在时间分辨率方面具有明显的优势，因此在监测车辆、飞机、船舶等动态目标方面发挥着重要作用（Liu et al.，2020）。然而，由于数据采集和传输过程中多因素的限制（Valsesia et al.，2014），视频卫星影像在空间分辨率和清晰度方面受到影响。因此，本章基于深度学习框架，建立一种针对视频卫星数据的超分辨率技术。

## 2.3.1 概述

视频序列多帧影像之间成像条件及成像目标的变化，导致遥感视频影像存在显著的时空变化特性（袁益琴 等，2018；李贝贝 等，2018），加大了超分辨率的难度（Jiang et al.，2019）。为此，从时空联合建模及空间信息精确编码角度进行创新，建立一种基于边缘引导的视频超分辨率（edge-guided video super-resolution，EGVSR）融合模型（Shen et al.，2022），主要由时空信息融合网络和空间梯度增强网络两个子网络构成，将图像配准、图像超分等过程耦合在一个统一的框架中，总体框架如图 2.5 所示。

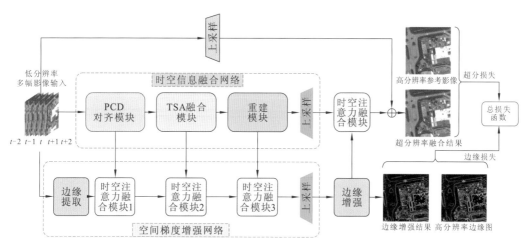

图 2.5  边缘引导的多幅影像超分辨率融合模型框架

给定 $2N+1$ 个连续时相的低分辨率遥感卫星影像视频帧,即 $[I_{t-N}^{\mathrm{LR}}, \cdots, I_t^{\mathrm{LR}}, \cdots, I_{t+N}^{\mathrm{LR}}]$,作为 EGVSR 模型的输入,EGVSR 模型的目标是对输入的影像序列进行超分辨率融合处理得到中间时相的高分辨率影像。首先,多幅低分辨率视频帧输入时空信息融合网络进行多幅影像的时空信息融合重建;具体来说,相邻时相的低分辨率影像首先被输入由几个深度残差块组成的浅层特征提取模块提取初始浅层特征,然后应用金字塔-级联-可变形(pyramid, cascading, and deformable, PCD)对齐模块进行多幅影像隐式特征对齐,接着在时空注意力(temporal and spatial attention, TSA)融合模块中计算这些特征的时空注意图,以便更好地融合对齐后的特征,然后将融合后的特征通过深度重建模块和亚像素卷积层进行传递。同时,中间时相的低分辨率影像也被输入空间梯度增强网络,首先得到粗糙的低分辨率边缘图。低分辨率边缘图经过空间梯度增强网络处理,最终生成一个高分辨率且细节清晰的边缘强度图。值得注意的是,在边缘特征增强阶段,本章专门构建时空注意力融合模块(temporal-spatial attention fusion module, TSFM),将包含时空信息的中间层特征融入空间梯度增强网络,进一步提高空间梯度增强网络重建边缘图的精度。时空注意力特征融合模块还用于整个网络的末端,旨在融合两个子网络输出的包含不同特征表示的结果。最终将网络末端重建的特征图与中间时相低分辨率影像上采样的结果相加,得到最终的多幅影像超分辨率融合结果。此外,进一步提出联合优化策略,对两个子网络的联合训练进行约束,得到更优的融合结果。

## 2.3.2 时空信息融合网络

视频遥感数据多帧连续影像之间包含丰富的互补信息,但同时也在时-空维上存在冗余。为充分利用多幅连续视频影像之间的时空相关信息,本章在 EGVSR 模型中构建时空信息融合网络处理时空相关的多幅时序视频影像,网络主要包括三个子模块:PCD 对齐模块、TSA 融合模块和深度重建模块。其中 PCD 对齐模块和 TSA 融合模块基于 Wang 等(2019)提出的方法构建。以下部分将对这三个重要模块进行详细介绍。

**1. PCD 对齐模块**

大多数现有多幅超分方法通过显式估计输入的视频帧之间的光流场来进行对齐(Xue et al., 2019)。但准确地估计光流并进行运动补偿通常困难且耗时(Tian et al., 2020)。本章引入可变形卷积(deformable convolution)(Dai et al., 2017),隐式进行相邻视频帧与参考视频帧之间的亚像素配准,所构建的 PCD 对齐模块如图 2.6(a)所示。可变形卷积对数据中每一个采样点学习偏移变量,能够突破传统卷积操作规则格网采样的限制,适用于未知复杂几何形变估计的问题。

将一个卷积核中有效的采样点数记为 $K$,该采样点的权重和位移量表示为 $\omega_k$ 和 $p_k$,则对于一个规则的 $3\times3$ 大小卷积核,$K$ 的取值为 9,而 $p_k \in \{(-1,-1),(-1,0),\cdots,(0,1),(1,1)\}$。可变形卷积的核心思想就是构建一个平行网络学习得到非整数的偏移量 $\Delta p_k$,来估计不规则格网坐标下采样点的几何形变,这个过程可以表示为

$$F_{t+i}^{\mathrm{align}}(p_0) = \sum_{k=1}^{K} \omega_k F_{t+i}(p_0 + p_k + \Delta p_k) \tag{2.5}$$

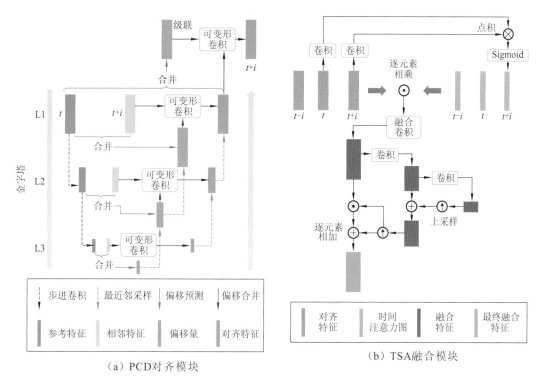

（a）PCD对齐模块　　　　　　（b）TSA融合模块

图 2.6　EGVSR 模型中的运动估计与运动补偿模块

式中：$F_{t+i}$ 和 $F_{t+i}^{\text{align}}$ $(i \in [-N, N])$ 分别为待配准的输入特征及配准后的特征；$p_0$ 为当前估计的像素位置；$\Delta p_k$ 为采样点 $k$ 学习得到的位移量，在本书中通过待配准的两组特征图计算得到

$$\Delta P_i = f_{\text{op}}([F_{t+i}, F_t]) \tag{2.6}$$

式中：$\Delta P_i$ 为 $\{\Delta p_k\}$ 的集合；[,] 为利用向量拼接实现特征的融合；$f_{\text{op}}(\cdot)$ 为从特征到位移的变换函数，此处代表用于位移参量估计的卷积层。

此外，结合金字塔采样获取多尺度层级的特征位移来应对异质数据之间复杂的几何形变关系。对于第 $l$ 层的特征，利用采样因子为 2 的步长卷积将其降采样为第 $l+1$ 层的特征图 $F_{t+i}^l$，得到该层配准后的特征 $F_{t+i}^{l+1}$ 和位移，将第 $l+1$ 层获得的配准特征及位移量进行上采样，再反过来预测第 $l$ 层的位移估计量及对应的配准特征：

$$\Delta P_{t+i}^l = f_{\text{of}}([f_{\text{op}}([F_{t+i}^l, F_t^l]), (\Delta P_{t+i}^{l+1})^{\uparrow 2}]) \tag{2.7}$$

$$(F_{t+i}^{\text{align}})^l = f_{\text{g}}([f_{\text{DConv}}(F_{t+i}^l, \Delta P_{t+i}^l), ((F_{t+i}^{\text{align}})^{l+1})^{\uparrow 2}]) \tag{2.8}$$

式中：$f_{\text{DConv}}$ 为可变形卷积操作；$(\cdot)^{\uparrow 2}$ 为倍数为 2 的上采样操作；$f_{\text{of}}(\cdot)$ 和 $f_{\text{g}}(\cdot)$ 为映射函数，由多个卷积层构成，在多尺度层级网络中分别用于估计位移特征和获取配准后的特征图。

**2. TSA 融合模块**

不同的相邻帧在辅助恢复参考帧时具有不同的重要性，因此不能简单地采用卷积对输入数据进行平等处理。注意力机制通过给特征中信息赋予不同的权重实现对特征图的重新校正，可以使网络聚焦任务需要关注的重点信息，从而提升网络性能。因此，在对齐相邻帧的特征后，本章利用注意力机制在空间和时间维度上为对齐特征赋予不同的权重，旨在使网络关注不同时空位置的重点信息，引导特征的融合。

TSA 融合模块的结构如图 2.6（b）所示。对于每个对齐后的特征 $F_{t+i}^{\mathrm{align}}$，$i \in [-N, N]$，通过绘制时间注意力热图来表示其与参考帧特征的相似距离 $d$：

$$d(F_{t+i}^{\mathrm{align}}, F_t^{\mathrm{align}}) = \sigma(f_{c1}(F_{t+i}^{\mathrm{align}})^{\mathrm{T}} f_{c2}(F_t^{\mathrm{align}})) \tag{2.9}$$

式中：$f_{c1}(\cdot)$ 和 $f_{c2}(\cdot)$ 分别为简单卷积滤波器的操作；$\sigma(\cdot)$ 为 Sigmoid 激活函数。对时间注意力图和原始对齐特征进行逐元素相乘，然后使用一个额外的卷积层来融合这些注意力调制特征 $\tilde{F}_{t+i}^{\mathrm{align}}$：

$$\tilde{F}_{t+i}^{\mathrm{align}} = F_{t+i}^{\mathrm{align}} \otimes d(F_{t+i}^{\mathrm{align}}, F_t^{\mathrm{align}}) \tag{2.10}$$

$$F_{\mathrm{fusion}} = \mathrm{Conv}([\tilde{F}_{t-N}^{\mathrm{align}}, \cdots, \tilde{F}_t^{\mathrm{align}}, \cdots, \tilde{F}_{t+N}^{\mathrm{align}}]) \tag{2.11}$$

式中：$\otimes$ 为逐元素相乘；$\mathrm{Conv}(\cdot)$ 为一个卷积层。

接着基于该融合特征计算空间注意掩模，并使用金字塔设计来增加注意力图的感受野。最后，对融合特征和空间注意力掩模进行逐元素相乘和相加，以获得准确的细节信息丰富的融合特征。

**3. 深度重建模块**

通过 TSA 融合模块得到输入的多幅影像的最终融合特征 $F_{\mathrm{fusion}}$ 后，将其传递至时空信息融合网络最后的深度重建模块中，旨在利用整个网络最深层的高层信息对融合特征进行进一步增强。

Huang 等（2017）首次提出采用密集跳跃连接将卷积层输出的特征图引入后续的卷积层中，增强了对不同卷积层间特征流的传递和利用。由于密集连接与残差跳跃在影像复原网络中信息提取与特征传递方面的显著优势，本章将其引入重建模块的构建，如图 2.7 所示，多个残差块以密集跳跃连接的方式组成深度密集残差块，最终的深度重建模块则由若干个深度密集残差块串联而成。通过这种密集连接的方式可以促进特征重新利用并加强特征在网络中的传递，从而获得更好的重建质量（Zhang et al.，2021）。TSA 融合模块输出的融合结果传递至深度重建模块后可以获得包含更多表征信息的融合卷积特征。

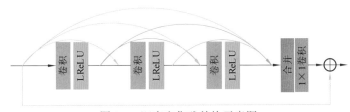

图 2.7　深度密集残差块示意图

## 2.3.3　空间梯度增强网络

考虑遥感影像场景复杂性、尺度多样性，构建空间梯度增强网络引入边缘先验信息辅助多幅影像超分辨率融合过程，实现复杂场景下的弱小地物目标纹理和边缘精细重建，解决遥感影像超分辨率重建结果中空间细节缺乏、纹理和边缘粗糙问题。

**1. 低分辨率边缘信息提取**

在图像复原任务中，高频分量对应的纹理细节往往更难恢复。边缘先验作为信息量最大的自然影像先验之一（Fang et al.，2020），在提出方法中被引入用来正则化约束影像重建过程。首先利用计算复杂度低、易于实现的 Sobel 算子从影像 $I$ 中提取出对应的边缘强度图 $I_{\mathrm{edge}}$，其计算公式为

$$S_x = \begin{bmatrix} -1 & 0 & 1 \\ -2 & 0 & 2 \\ -1 & 0 & 1 \end{bmatrix}, \qquad S_y = \begin{bmatrix} -1 & -2 & -1 \\ 0 & 0 & 0 \\ -1 & 2 & 1 \end{bmatrix} \qquad (2.12)$$

$$I_{\mathrm{edge}} = M(I) = \sqrt{(S_x * I)^2 + (S_y * I)^2} \qquad (2.13)$$

式中：$S_x$ 为水平方向 Sobel 算子模板；$S_y$ 为垂直方向 Sobel 算子模板；*为卷积符号；$M(\cdot)$ 为获取边缘图的操作，能够保留准确的边缘信息。值得注意的是，为了避免虚假边缘的出现和影像特征的丢失，本章消除边缘提取中常见的二值化操作。通过将 Sobel 算子的模板设置为卷积层的内核，可以使梯度信息提取操作引入网络成为内置组件。在空间梯度增强网络的头部，本小节使用 $M(\cdot)$ 从输入的中间时相影像 $I_t^{\mathrm{LR}}$ 中获得低分辨率边缘图。

**2. 时空注意力融合模块**

在提出的 EGVSR 模型中，空间梯度增强网络编码了丰富的结构信息，而时空信息融合网络对时空信息进行了建模。两个网络的输出特征图包含不同的特征表示，简单地将两种类型的输出特征合并，然后用卷积层进行融合不是最合适的做法。针对不同类型特征信息的融合问题，本章提出一个由注意力融合模块和三个残差块组成的 TSFM，使其聚焦空间梯度增强网络和时空信息融合网络级联特征中的代表性时空信息，TSFM 的结构如图 2.8 所示。

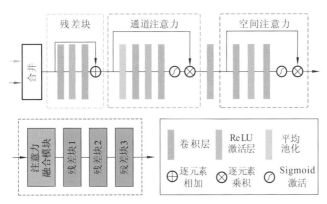

图 2.8　时空注意力融合模块

首先利用包含通道注意力和空间注意力机制的注意力融合模块来处理不同类型的特征。空间梯度增强网络和时空信息融合网络输出的特征首先在通道方向上进行级联，并输入一个简单的残差块得到初始融合特征。然后引入通道注意力机制为级联特征在通道方向上分配不同的权重。接着将经过通道加权处理的特征输入空间注意力部分，使模块重点关注对空间结构信息部分的重建。最后将经过空间注意力机制处理后的特征输入

三个级联的残差块中，得到最终两个网络异质特征融合后的特征，作为后续模块的输入。

**3. 空间梯度增强网络构建**

从低分辨率影像中提取的边缘图细节较为粗糙，不能作为有效的先验信息指导超分辨率重建过程（Huan et al.，2022）。本章构建空间梯度增强网络，旨在从提取的低分辨率边缘图中生成一个细节准确且轮廓清晰的边缘图。

如图 2.9 所示，空间梯度增强网络采用轻量级的网络结构，包含三个 TSFM、一个残差块和若干卷积层。2.3.2 小节中设计良好的时空信息融合网络能够挖掘空间和时间信息，该网络中传递的特征信息可用于在空间梯度增强网络中辅助恢复影像高频信息。在时空信息融合网络中，多帧输入影像的特征通过 PCD 对齐模块、TSA 融合模块和深度重建模块从浅层传递到深层。因此，将时空信息融合网络中三个模块输出的不同层次的特征融合到空间梯度增强网络中，以进一步提高空间梯度增强网络的性能。然后采用 TSFM 对来自两个网络的特征进行融合。最终，将空间梯度增强网络倒数第二层卷积层生成的高分辨率精细边缘特征作为边缘先验信息融合到时空信息融合网络中。此外，在空间梯度增强网络的末端输出高分辨率边缘图以计算损失。空间梯度增强网络主要执行低分辨率和高分辨率边缘图中高频边缘信息的空间分布变换，因此所设计的轻量级空间梯度增强网络能够捕捉结构依赖关系并生成清晰的高分辨率边缘图。

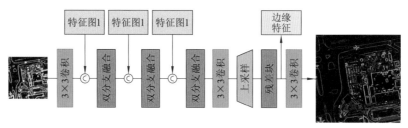

图 2.9　空间梯度增强网络结构图

## 2.3.4　联合优化策略

如图 2.5 所示，EGVSR 模型由时空信息融合网络和空间梯度增强网络耦合而成，整个网络最终的输出为超分辨率融合结果和高分辨率边缘强度图。因此，本小节使用两个损失项分别对以上两者进行约束。

以往的方法大多是通过学习低分辨率影像与高分辨率影像之间的非线性映射，使用常见的损失函数（如像素级 $L_1$ 损失、$L_2$ 损失）来指导模型优化（Wang et al.，2021）。为了使融合结果与参考影像之间的差异最小化，使用更加鲁棒的 Charbonnier 损失函数（Lai et al.，2017）：

$$L_{SR} = \sqrt{\| I_t^{HR} - I_t^{SR} \|^2 + \varepsilon^2} \tag{2.14}$$

式中：$\varepsilon$ 被设置为 0.001；$I_t^{SR}$ 和 $I_t^{HR}$ 分别为超分辨率融合结果与参考影像。

在空间梯度增强网络的末端，生成了与高分辨率参考影像具有相同维度的高分辨率边缘图。本章通过构造 $L_1$ 正则项来约束空间梯度增强网络的训练，使其能够生成细节更精确的边缘图，并为超分辨率过程提供边缘先验。边缘损失定义为

$$L_{\text{edge}} = \| M(I_t^{HR}) - E(I_t^{LR}) \|_1 \qquad (2.15)$$

式中：$M(\cdot)$ 为边缘提取操作，表示从高分辨率影像中提取的用于参考的高分辨率边缘图；$E(\cdot)$ 为空间梯度增强网络；$E(I_t^{LR})$ 为从 $I_t^{LR}$ 生成得到的高分辨率边缘图。

最终，超分辨率损失 $L_{SR}$ 和边缘损失 $L_{\text{edge}}$ 共同构成完整的损失函数 $L_{\text{total}}$，通过两个子网络组成的耦合网络可以实现端到端的训练。$L_{\text{total}}$ 定义为

$$L_{\text{total}} = L_{SR} + \lambda L_{\text{edge}} \qquad (2.16)$$

式中：$\lambda$ 为平衡因子，用来平衡两个损失项，在本章实验中设置为 0.1。

# 2.4 视频影像超分辨率融合实验

## 2.4.1 测试数据与实验设置

### 1. 测试数据

本节采用吉林一号（Jilin-1）视频卫星影像（数据来源 http://charmingglobe.com/）和珠海一号（OVS-1）视频卫星影像（数据来源 https://www.myorbita.net/）对提出方法进行实验验证，两种视频卫星数据的参数如表 2.1 所示。

表 2.1　视频卫星数据参数

| 视频卫星 | 空间分辨率 | | 成像范围/ km×km |
| --- | --- | --- | --- |
| | 原始/m | 低分辨率模拟/m | |
| 吉林一号（Jilin-1） | 0.92 | 3.68 | 11×4.5 |
| 珠海一号（OVS-1） | 1.98 | — | 8.1×6.1 |

根据参考影像获取方式的不同，将超分辨率融合实验分为模拟实验和真实实验。在模拟实验中，首先对原始视频序列中的每一幅影像按照尺度因子进行降采样得到低分辨率模拟数据，然后对模拟得到的低分辨率影像序列进行超分辨率融合，原始高分辨率影像作为参考影像对超分辨率融合结果进行评价。真实实验中直接将影像作为模型的输入，不存在参考影像。

（1）训练数据。选取吉林一号视频卫星数据构建训练集，共提取了 9 000 个覆盖范围不重复的视频序列作为训练数据，这些视频序列覆盖了多种类型的城市和自然场景，其中 90%的数据用于训练模型，剩下 10%的数据用于在训练过程中对模型进行验证。每个视频序列由 7 个连续的视频帧组成，每一帧影像尺寸为 160×160×3。通过对每一个高分辨率原始视频帧进行双三次插值下采样，得到对应的低分辨率模拟视频帧，从而构成低-高分辨率的配对数据用于训练和测试。

（2）模拟测试数据。为了验证提出方法的有效性，本小节选取 12 个典型场景的数据用于构建测试集，包括机场、立交桥、停车场、工厂、市区、十字路口、居民区、建筑物、高速公路、储油罐、跑道和学校，如图 2.10 所示。其中每个测试场景的数据为一

个视频序列，由 30 个连续的视频帧组成，每一帧影像的尺寸为 400×400×3。模拟测试数据中低分辨率视频帧的构建与训练过程的数据配置一致，均是采用双三次插值对每一帧影像进行下采样，从而得到配对的低-高分辨率配对数据。

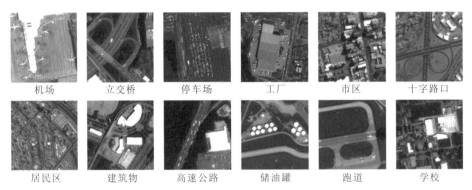

| 机场 | 立交桥 | 停车场 | 工厂 | 市区 | 十字路口 |

| 居民区 | 建筑物 | 高速公路 | 储油罐 | 跑道 | 学校 |

图 2.10　吉林一号视频卫星影像不同场景测试数据样例

（3）真实测试数据。本小节利用珠海一号视频卫星影像进行真实数据实验，旨在验证所提出方法在处理真实场景中具备不同空间分辨率和退化程度的数据时的性能。如图 2.11 所示，共选取 4 个代表性场景的视频序列构建真实数据集，每个视频序列包含 30 帧影像，视频帧的尺寸为 120×120×3。因为是真实测试数据，这些测试视频序列没有进行下采样操作，而是直接作为模型的输入。

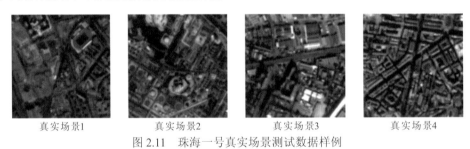

| 真实场景1 | 真实场景2 | 真实场景3 | 真实场景4 |

图 2.11　珠海一号真实场景测试数据样例

## 2. 实验设置

在 EGVSR 模型的训练过程中，使用 90°、180°、270° 旋转及水平翻转进行数据增强，然后使用双三次插值将每个视频序列中的视频帧进行降采样。在训练阶段，提取低分辨率视频片段中影像块大小为 40×40 的连续 5 幅视频帧作为模型的输入，并选择高分辨率原始视频序列中中间时相的视频帧作为参考。随机打乱训练样本后，每个批次数据量设置为 16 进行并行训练。

模型在 NVIDIA RTX 2080 GPU 上训练，实验是在 Windows10 操作系统下进行的，开发环境为 Python 3.6 和 Pytorch 1.1。采用 Adam 优化器（Kingma et al.，2014）进行优化，其中动量参数 $\beta_1=0.9$、$\beta_2=0.999$、$\varepsilon=1\times10^{-8}$。网络初始学习率设置为 $1\times10^{-4}$，共训练 150 个周期，其中在第 100 个周期时学习率衰减一半。最后，将用于平衡损失函数中两个损失项的超参数 $\lambda$ 设置为 0.1。

## 2.4.2 模拟实验

**1. 实验结果与分析**

在模拟实验中，对吉林一号视频卫星数据采集的测试视频序列进行尺度因子为 4 的双三次插值降采样，得到模拟的低分辨率测试视频序列，然后通过训练好的多幅超分辨率融合模型将输入的多幅低分辨率视频数据进行分辨率提升。本节首先给出提出的 EGVSR 方法在吉林一号视频卫星测试数据上的多幅影像超分辨率融合结果的示例，如图 2.12 所示。可以明显地看出，EGVSR 重建的结果具有清晰的纹理和轮廓。尤其是在"市区"场景，双三次插值方法重建的结果中马路上的车辆代表的白色小目标已经被模糊，而 EGVSR 重建的结果中则可以辨别出几个白色小目标。在融合结果示例上的目视结果表明，EGVSR 方法均具有良好的多幅影像超分辨率融合性能，融合结果在目视细节丰富性方面具有优势，可以用于对视频数据进行重建生成精细尺度影像。

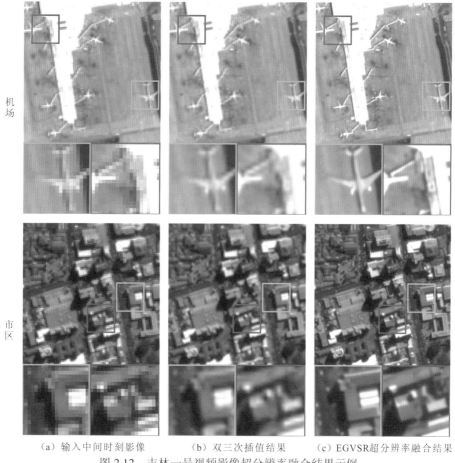

（a）输入中间时刻影像　　（b）双三次插值结果　　（c）EGVSR超分辨率融合结果

图 2.12　吉林一号视频影像超分辨率融合结果示例

为进一步验证提出方法的有效性，选取具有代表性的深度学习超分辨率方法进行对比，包括三种单幅超分辨率方法，即非常深的超分（very deep super resolution，VDSR）网络（Kim et al.，2016）、深度残差通道注意力网络（deep residual channel attention networks，RCAN）（Zhang et al.，2018）和超分辨率生成对抗网络（super-resolution generative adversarial network，SRGAN）（Ledig et al.，2017），以及两种多幅超分辨率方法，即基于光流超分辨率的视频超分网络（super-resolve optical flows for video SR，SOFVSR）（Wang et al.，2020）和基于增强可变形卷积的视频复原网络（video restoration with enhanced deformable convolutional networks，EDVR）（Wang et al.，2019）。为了公平比较，使用构建的吉林一号视频卫星训练数据集对所有对比方法的模型均进行重新训练。以原始高分辨率视频影像数据作为参考，从定量指标和目视效果两方面对超分辨率结果进行评价。

在定量评价方面，本小节选取广泛使用的峰值信噪比（peak signal-to-noise ratio，PSNR）和结构相似性（structural similarity，SSIM）指数（Wang et al.，2004）作为评价指标。在吉林一号测试集上的定量评价结果如表 2.2 所示，从表中可以看出，本章提出的基于深度学习的 EGVSR 方法具有最好的超分辨率融合性能，融合结果在 PSNR 和 SSIM 评价指标上优于所有对比方法，尤其是与双三次插值方法相比，在 PSNR 指标平均结果上大幅高于双三次插值方法约 5 dB。同时，包括 EGVSR 在内的三种多幅影像超分辨率方法的 PSNR 和 SSIM 指标结果都要优于其他单幅影像超分辨率方法，证明了多幅输入影像之间的互补信息有助于提升超分辨率重建的性能。在包含丰富纹理细节的特定场景中，如停车场、高速公路等，EGVSR 方法的 PSNR 值明显优于其他方法。所有测试集上的结果表明，本章提出的 EGVSR 方法获得了最好的性能，证明了该方法对视频卫星多幅影像具有较强的重建能力。

表 2.2  吉林一号视频卫星影像超分辨率融合定量评价结果

| 输入 | | 单幅超分辨率方法 | | | | 多幅超分辨率方法 | | |
|---|---|---|---|---|---|---|---|---|
| 测试场景 | 方法尺度 | 双三次插值 PSNR/SSIM | VDSR PSNR/SSIM | SRGAN PSNR/SSIM | RCAN PSNR/SSIM | SOFVSR PSNR/SSIM | EDVR PSNR/SSIM | EGVSR PSNR/SSIM |
| 机场 | ×4 | 32.309/0.904 | 36.070/0.947 | 36.391/0.945 | 36.849/0.952 | 37.040/0.953 | 37.391/0.956 | **37.625/0.958** |
| 立交桥 | ×4 | 36.578/0.942 | 39.740/0.966 | 39.397/0.963 | 40.633/0.970 | 40.704/0.970 | 40.684/**0.972** | **40.800/0.972** |
| 停车场 | ×4 | 33.203/0.906 | 35.657/0.941 | 35.942/0.944 | 36.802/0.953 | 36.769/0.952 | 36.923/0.955 | **37.627/0.962** |
| 工厂 | ×4 | 34.310/0.935 | 37.960/0.963 | 38.261/0.961 | 39.655/0.969 | 39.766/0.969 | 39.735/0.969 | **39.968/0.970** |
| 市区 | ×4 | 31.772/0.888 | 35.167/0.935 | 35.296/0.936 | 36.045/0.944 | 36.139/0.945 | 36.593/0.950 | **36.657/0.951** |
| 十字路口 | ×4 | 36.282/0.937 | 39.319/0.963 | 39.029/0.961 | 40.243/0.967 | 40.237/0.967 | 40.361/0.968 | **40.487/0.968** |
| 居民区 | ×4 | 33.558/0.889 | 35.780/0.926 | 35.69/0.928 | 36.585/0.938 | 36.483/0.936 | 36.808/0.941 | **36.833/0.942** |
| 建筑物 | ×4 | 32.830/0.907 | 37.159/0.952 | 37.0/0.951 | 38.317/0.961 | 38.414/0.961 | 38.445/0.962 | **38.740/0.964** |
| 高速公路 | ×4 | 34.913/0.947 | 39.182/0.971 | 39.194/0.969 | 40.230/0.974 | 40.375/0.975 | 40.578/0.975 | **40.955/0.977** |
| 储油罐 | ×4 | 36.096/0.960 | 41.354/0.980 | 40.568/0.977 | 42.072/0.981 | 42.452/0.982 | 42.244/**0.982** | **42.598/0.982** |
| 跑道 | ×4 | 39.928/0.971 | 43.257/0.983 | 42.526/0.98 | 44.412/0.985 | 44.474/0.985 | 44.270/0.984 | **44.754/0.985** |
| 学校 | ×4 | 33.008/0.910 | 36.774/0.949 | 37.081/0.951 | 38.030/0.958 | 37.945/0.958 | 38.252/0.960 | **38.600/0.962** |
| 平均结果 | ×4 | 34.567/0.925 | 38.118/0.956 | 38.031/0.956 | 39.156/0.963 | 39.233/0.963 | 39.357/0.964 | **39.637/0.966** |

图 2.13、图 2.14 和图 2.15 中进一步给出了提出方法及对比方法超分辨率重建结果的目视结果，旨在对比研究这些方法在视觉质量方面的效果。为了更好地对比各方法视

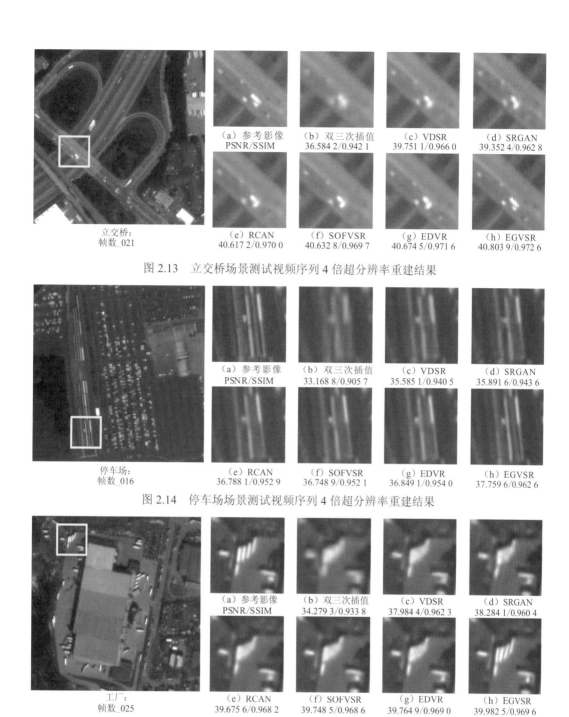

（a）参考影像
PSNR/SSIM

（b）双三次插值
36.584 2/0.942 1

（c）VDSR
39.751 1/0.966 0

（d）SRGAN
39.352 4/0.962 8

（e）RCAN
40.617 2/0.970 0

（f）SOFVSR
40.632 8/0.969 7

（g）EDVR
40.674 5/0.971 6

（h）EGVSR
40.803 9/0.972 6

立交桥：
帧数_021

图 2.13　立交桥场景测试视频序列 4 倍超分辨率重建结果

（a）参考影像
PSNR/SSIM

（b）双三次插值
33.168 8/0.905 7

（c）VDSR
35.585 1/0.940 5

（d）SRGAN
35.891 6/0.943 6

（e）RCAN
36.788 1/0.952 9

（f）SOFVSR
36.748 9/0.952 1

（g）EDVR
36.849 1/0.954 0

（h）EGVSR
37.759 6/0.962 6

停车场：
帧数_016

图 2.14　停车场场景测试视频序列 4 倍超分辨率重建结果

（a）参考影像
PSNR/SSIM

（b）双三次插值
34.279 3/0.933 8

（c）VDSR
37.984 4/0.962 3

（d）SRGAN
38.284 1/0.960 4

（e）RCAN
39.675 6/0.968 2

（f）SOFVSR
39.748 5/0.968 6

（g）EDVR
39.764 9/0.969 0

（h）EGVSR
39.982 5/0.969 6

工厂：
帧数_025

图 2.15　工厂场景测试视频序列 4 倍超分辨率重建结果

觉效果差异，提供了测试数据黄颜色框区域内重建结果的放大视图。从三个场景的目视
对比结果中均可以看出 EGVSR 多幅影像超分辨率融合方法能够恢复影像中的高频信
息，融合结果具备丰富的空间纹理信息，并且与真实参考影像最接近。例如，在图 2.13
的立交桥场景中，其他对比方法重建结果中并排行驶的两辆白色车辆被模糊为一个整体，
只有 EGVSR 方法的结果中能够区分这两辆车。在图 2.14 的停车场场景中，大多数方法
的结果都产生了模糊伪影。尽管两个多幅影像超分辨率方法 SOFVSR 和 EDVR 可以重建

火车旁边的白色小车，但并排的火车的轮廓依然模糊不清，而 EGVSR 方法可以恢复具有更清晰边缘的结果。由于停车场场景中存在大量车辆，视频帧中包含了丰富的高频信息。提出的 EGVSR 方法能够重建最接近真实值的结果，因此其 PSNR 值大幅优于其他方法，高于精度第二好的 EDVR 方法接近 0.7 dB，也进一步证明了 EGVSR 方法在重建邻近地物和小目标的纹理和细节方面的优越性。此外，对于图 2.15 中工厂场景的重建结果，只有 EGVSR 方法结果中的地物目标具备清晰的轮廓，可以识别出 4 辆车的边缘，而其他方法的重建结果均存在不同程度的模糊。

整体而言，所有对比方法在恢复连续目标和运动小目标时都存在局限性，而 EGVSR 方法重建的结果不仅能具备清晰的影像轮廓，还包含更多精细的高频细节。综合定性和定量评价结果可以发现，本章提出多幅影像超分辨率融合方法相比于其他对比方法可以取得最优的融合结果。

**2. 模型边缘重建能力验证**

在 2.3.3 小节中构建的空间梯度增强网络中，利用 Sobel 算子从低分辨率影像中提取粗糙的边缘图，并预测得到对应的高分辨率边缘图，从而为多幅影像超分辨率融合提供边缘先验。为了验证空间梯度增强网络生成精确边缘图的能力，将其与"Sobel 算子边缘提取+双三次插值"和"双三次插值+Sobel 算子边缘提取"两种边缘图生成策略进行对比。几种策略生成的边缘图如图 2.16 所示。从图 2.16（b）中可以看出，先从低分辨率影像中提取边缘图后再进行双三次插值上采样得到的边缘图边缘宽度较粗。而对低分辨率影像先进行双三次插值上采样后再提取的边缘图十分模糊，如图 2.16（c）所示。值得注意的是，"Sobel 算子边缘提取+双三次插值"和"双三次插值+Sobel 算子边缘提取"

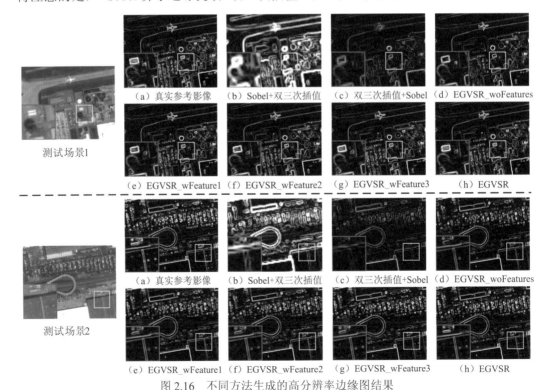

测试场景1

（a）真实参考影像　（b）Sobel+双三次插值　（c）双三次插值+Sobel　（d）EGVSR_woFeatures

（e）EGVSR_wFeature1　（f）EGVSR_wFeature2　（g）EGVSR_wFeature3　（h）EGVSR

测试场景2

（a）真实参考影像　（b）Sobel+双三次插值　（c）双三次插值+Sobel　（d）EGVSR_woFeatures

（e）EGVSR_wFeature1　（f）EGVSR_wFeature2　（g）EGVSR_wFeature3　（h）EGVSR

图 2.16　不同方法生成的高分辨率边缘图结果

两种策略生成的边缘图都明显丢失了纹理细节。空间梯度增强网络可以对低分辨率和高分辨率边缘图之间的空间转换进行建模。如图 2.16（h）所示，空间梯度增强网络成功地生成了具有清晰细节的边缘图，与真实参考影像中提取的边缘图最接近。

来自时空信息融合网络的三个重要模块输出的特征被合并到空间梯度增强网络中（图 2.5）。为了研究这些特征对空间梯度增强网络生成边缘图的影响，将三个模块的特征分别加入空间梯度增强网络，并在相同的条件下训练网络得到相应的模型，分别记为 EGVSR_wFeature1、EGVSR_wFeature2、EGVSR_wFeature3；此外还完全移除空间梯度增强网络中三个模块输入的特征，训练得到模型 EGVSR_woFeatures。图 2.16（d）～（g）显示了这些模型重建的高分辨率边缘图。图 2.17 中绘制了不同模型在训练阶段的 PSNR 曲线。很明显，EGVSR_woFeatures 输出的边缘图［图 2.16（d）］比另外三个模型生成的边缘图中显示的纹理细节更少。如图 2.17 所示，EGVSR_wFeature2 的 PSNR 曲线在训练开始阶段 PSNR 值最低，曲线的振荡幅度比其他模型更明显。对于图 2.16 中测试场景 2 中建筑物顶部的几处圆柱体的纹理，EGVSR_wFeature3 比 EGVSR_wFeature1 和 EGVSR_wFeature2 模型生成的边缘图中保留的纹理相对较多。同时，EGVSR_wFeature3 的 PSNR 曲线也相对高于 EGVSR_wFeature1 和 EGVSR_wFeature2 的 PSNR 曲线（图 2.17），说明深度重建模块输出的高层特征在提升空间梯度增强网络性能方面相对于其他模块输出的特征更有效。最终，本章提出的 EGVSR 模型将时空信息融合网络中的三个模块输出的特征合并到空间梯度增强网络中，生成了纹理细节最清晰的边缘图［图 2.16（h）］，并获得了最高的 PSNR 曲线（图 2.17）。

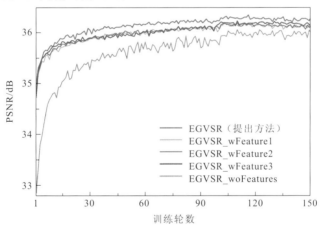

图 2.17　不同模型在训练阶段的 PSNR 曲线

**3. 地物提取应用实验**

为了进一步探索所提出的 EGVSR 方法的融合结果在后续应用中的效果，以地物目标提取为例，在所有方法的视频卫星影像超分辨率结果上进行地物小目标提取实验。具体的地物目标提取操作是使用 ENVI5.3 软件中的 Segment Only Feature Extraction Workflow 工具箱实现的，在处理不同方法的超分辨率重建结果时采用了相同的参数设置。

本节针对影像中的"车辆"目标进行提取，目标提取结果显示在图 2.18 中，并可以通过影像块的颜色和形状来识别。为了更好地对不同方法的结果进行对比，在红色框中显示了黄色局部区域提取结果的放大图。大多数方法的结果中将红色框右下角相邻的两辆车提取为一个整体，两个视频超分辨率方法及 EGVSR 方法的提取结果中能够区分两辆小车。从图 2.18（h）中可以看出，红色方框中间区域并排的 4 辆车的影像块具有灰色和白色两种特征色，这与图 2.18（a）真实参考影像的目标提取结果非常接近，而其他方法的提取结果中 4 辆车的影像块均被处理为一个整体。总体而言，从本章所提出的 EGVSR 方法的超分辨率重建结果中得到的地物小目标提取结果最接近于真实参考影像，证明 EGVSR 方法在重建影像中的边缘和纹理方面具有优势。

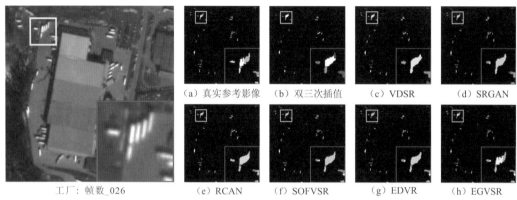

（a）真实参考影像　（b）双三次插值　（c）VDSR　（d）SRGAN

（e）RCAN　（f）SOFVSR　（g）EDVR　（h）EGVSR

工厂：帧数_026

图 2.18　不同方法超分重建影像的地物小目标提取结果

## 2.4.3　真实实验

为了进一步评估 EGVSR 方法在真实场景下的鲁棒性，在珠海一号视频卫星数据中采集的测试集上进行真实实验。在真实实验中，测试视频序列中影像的退化因子是未知的，因此直接将原始视频序列作为输入，而不是下采样后的低分辨率视频序列。为了进一步对各方法的融合结果进行客观的评价，采用平均梯度（average gradient，AG）对其进行定量评价（Chen et al.，2018）。AG 是一种无参考的评价指标，计算公式为

$$AG = \frac{1}{(H-1)(W-1)}\sum_x\sum_y\frac{|G(x,y)|}{\sqrt{2}} \tag{2.17}$$

式中：$H$ 和 $W$ 分别为影像的高和宽；$G(\cdot)$ 为影像的梯度向量提取操作。AG 反映了影像中的细节对比度和纹理变化特征，因此常用于评价影像的清晰度。一般来说，AG 值越大，重建影像越清晰。

定量评价结果如表 2.3 所示。SRGAN 和 RCAN 方法都是单幅影像超分辨率方法，与几种多幅影像超分辨率方法相比精度较低。EGVSR 方法则在所有测试场景中都取得了最好的定量结果。

表 2.3　珠海一号真实实验 AG 定量评价结果

| 项目 | 双三次插值 | VDSR | SRGAN | RCAN | SOFVSR | EDVR | EGVSR |
|---|---|---|---|---|---|---|---|
| 真实场景 1 | 2.846 | 3.251 | 3.441 | 3.526 | 3.538 | 3.636 | **3.683** |
| 真实场景 2 | 3.544 | 4.134 | 4.231 | 4.345 | 4.384 | 4.460 | **4.572** |
| 真实场景 3 | 3.924 | 4.477 | 4.519 | 4.694 | 4.712 | 4.732 | **4.902** |

| 项目 | 双三次插值 | VDSR | SRGAN | RCAN | SOFVSR | EDVR | EGVSR |
|---|---|---|---|---|---|---|---|
| 真实场景 4 | 4.706 | 5.262 | 5.163 | 5.472 | 5.517 | 5.539 | **5.643** |
| 平均结果 | 3.755 | 4.306 | 4.339 | 4.509 | 4.537 | 4.591 | **4.700** |

为了进一步验证 EGVSR 方法的效果，将定量评价结果相对较高的单幅影像超分辨率方法 RCAN 和多幅影像超分辨率方法 EDVR 进行定性比较。目视结果如图 2.19 所示，可以发现，双三次插值方法的结果最模糊，其他方法融合结果在目视上差异较小，但是 EGVSR 方法取得了最好的目视效果。在真实场景 1 中，EGVSR 方法重建了屋顶旁的两个白色小目标，而其他方法模糊了其中一个目标。对于真实场景 3 中的白色屋顶，大多数方法都会产生模糊和扭曲的纹理，而 EGVSR 方法在恢复更清晰的屋顶纹理方面表现出了更好的效果。总体而言，与其他方法相比，本章提出的 EGVSR 方法能够重建出边缘更清晰、细节更丰富的影像。

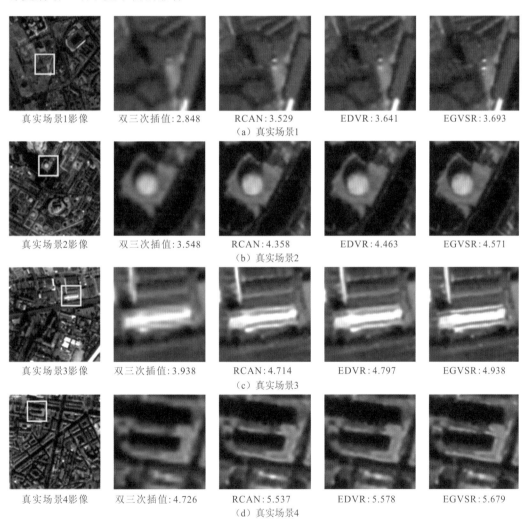

图 2.19　珠海一号视频卫星影像超分辨率重建结果（4 倍超分辨率）

# 2.5 本章小结

本章主要针对多幅遥感影像的超分辨率融合方法展开研究,重点针对视频影像序列的超分辨率难题,考虑时序遥感影像的帧间时空相关性及目标动态变化性,提出了一种基于边缘引导的深度学习超分辨率融合模型。该模型由一个时空信息融合网络及一个空间梯度增强网络耦合而成,旨在对多幅遥感影像进行融合重建,提升复杂背景下微弱目标的信息重构问题。针对视频卫星数据进行了系统的模拟实验和真实实验,结果表明,提出的方法与现有方法相比具有更高的融合定量精度及视觉效果,能够准确、清晰地恢复影像中的细节,提升视频影像的空间分辨率。值得说明的是,视频影像成像质量受传感器和外界环境影响,往往也会伴随噪声、雾、薄云、云阴影和建筑物阴影等多辐射降质问题,目前本章提出的方法还缺乏对以上问题的考虑,后续研究将进行进一步的改进和完善。

# 参 考 文 献

郭琳, 陈庆虎, 2011. 结构保持的图像序列自适应超分辨率重建. 武汉大学学报(信息科学版), 36(5): 548-551.

李贝贝, 韩冰, 田甜, 等, 2018. 吉林一号视频卫星应用现状与未来发展. 卫星应用(3): 23-27.

刘军, 张永生, 范永弘, 2002. ADS40 机载数字传感器的摄影测量处理与应用. 测绘学院学报(3): 186-188, 194.

罗代建, 陈怀新, 俞鸿波, 2008. 基于尺度不变特征变换的图像自动配准方法. 电讯技术(9): 79-83.

孙伟伟, 杨刚, 陈超, 等, 2020. 中国地球观测遥感卫星发展现状及文献分析. 遥感学报, 24(5): 479-510.

谭兵, 邢帅, 徐青, 等, 2004. SPOT5 超模式数据处理技术研究. 遥感技术与应用, 19(4): 249-252.

袁益琴, 何国金, 江威, 等, 2018. 遥感视频卫星应用展望. 国土资源遥感, 30(3): 1-8.

张洪艳, 沈焕锋, 张良培, 等, 2011. 基于最大后验估计的影像盲超分辨率重建方法. 计算机应用, 31(5): 1209-1213.

张亮, 谷勇霞, 2003. 超级 CCD 原理. 传感器技术, 22(4): 5-7, 10.

张良培, 沈焕锋, 2016. 遥感数据融合的进展与前瞻. 遥感学报, 20(5): 1050-1061.

张良培, 沈焕锋, 张洪艳, 等, 2012. 图像超分辨率重建. 北京: 科学出版社.

AYERS G R, DAINTY J C, 1988. Iterative blind deconvolution method and its applications. Optics Letters, 13(7): 547-549.

BEN-EZRA M, ZOMET A, NAYAR S K, 2005. Video super-resolution using controlled subpixel detector shifts. IEEE Transactions on Pattern Analysis and Machine Intelligence, 27(6): 977-987.

BERTACCINI D, CHAN R H, MORIGI S, et al., 2012. An adaptive norm algorithm for image restoration// International Conference on Scale Space and Variational Methods in Computer Vision. Berlin: Springer: 194-205.

CHAN T, ESEDOGLU S, 2005. Aspects of total variation regularized L1 function approximation. SIAM Journal on Applied Mathematics, 65(5): 1817-1837.

CHEN A, CHAI X, CHEN B, et al., 2018. A novel stochastic stratified average gradient method: Convergence rate and its complexity// 2018 International Joint Conference on Neural Networks(IJCNN), IEEE: 1-8.

DAI J, QI H, XIONG Y, et al., 2017. Deformable convolutional networks// Proceedings of the IEEE International Conference on Computer Vision: 764-773.

DEUDON M, KALAITZIS A, GOYTOM I, et al., 2020. Highres-net: Recursive fusion for multi-frame super-resolution of satellite imagery. arXiv: 2002.06460.

ELAD M, FEUER A, 1997. Restoration of a single superresolution image from several blurred, noisy, and undersampled measured images. IEEE Transactions on Image Processing, 6(12): 1646-1658.

ELAD M, FEUER A, 1999. Superresolution restoration of an image sequence: Adaptive filtering approach. IEEE Transactions on Image Processing, 8(3): 387-395.

FANG F, LI J, ZENG T, 2020. Soft-edge assisted network for single image super-resolution. IEEE Transactions on Image Processing, 29: 4656-4668.

FARSIU S, ROBINSON M D, ELAD M, et al., 2004. Fast and robust multiframe super-resolution. IEEE Transactions on Image Processing, 13(10): 1327-1344.

HARIS M, SHAKHNAROVICH G, UKITA N, 2019. Recurrent back-projection network for video super-resolution// Proceedings of the IEEE Conference on Computer Vision and Pattern Recognition: 3897-3906.

HE H, KONDI L P, 2006. An image super-resolution algorithm for different error levels per frame. IEEE Transactions on Image Processing, 15(3): 592-603.

HE Z, HE D, 2020. A unified network for arbitrary scale super-resolution of video satellite images. IEEE Transactions on Geoscience and Remote Sensing, 59(10): 8812-8825.

HOLMES T J, BHATTACHARYYA S, COOPER J A, et al., 1995. Light microscopic images reconstructed by maximum likelihood deconvolution. Handbook of Biological Confocal Microscopy. Boston: Springer: 389-402.

HUAN L, XUE N, ZHENG X, et al., 2022. Unmixing convolutional features for crisp edge detection. IEEE Transactions on Pattern Analysis and Machine Intelligence, 44(10): 6602-6609.

HUANG G, LIU Z, VAN DER MAATEN L, et al., 2017. Densely connected convolutional networks// Proceedings of the IEEE Conference on Computer Vision and Pattern Recognition: 4700-4708.

IRANI M, PELEG S, 1991. Improving resolution by image registration. CVGIP: Graphical Models and Image Processing, 53(3): 231-239.

JIANG J, MA X, CHEN C, et al., 2017. Single image super-resolution via locally regularized anchored neighborhood regression and nonlocal means. IEEE Transactions on Multimedia, 19(1): 15-26.

JIANG K, WANG Z, YI P, et al., 2019. Edge-enhanced GAN for remote sensing image superresolution. IEEE Transactions on Geoscience and Remote Sensing, 57(8): 5799-5812.

KATARTZIS A, PETROU M, 2008. Current trends in super-resolution image reconstruction. Image Fusion. Oxford: Academic Press.

KAWULOK M, BENECKI P, PIECHACZEK S, et al., 2020. Deep learning for multiple-image super-resolution. IEEE Geoscience and Remote Sensing Letters, 17(6): 1062-1066.

KIM J, LEE J K, LEE K M, 2016. Accurate image super-resolution using very deep convolutional networks// Proceedings of the IEEE Conference on Computer Vision and Pattern Recognition: 1646-1654.

KIM S P, BOSE N K, VALENZUELA H M, 1990. Recursive reconstruction of high resolution image from noisy undersampled multiframes. IEEE Transactions on Acoustics, Speech, and Signal Processing, 38(6): 1013-1027.

KIM S P, SU W Y, 1993. Recursive high-resolution reconstruction of blurred multiframe images. IEEE Transactions on Image Processing, 2(4): 534-539.

KINGMA D P, BA J, 2014. Adam: A method for stochastic optimization. arXiv: 1412.6980.

LAI W, HUANG J, AHUJA N, et al., 2017. Deep laplacian pyramid networks for fast and accurate super-resolution// Proceedings of the IEEE Conference on Computer Vision and Pattern Recognition: 624-632.

LATRY C, ROUGÉ B, 2003. Super resolution: Quincunx sampling and fusion processing. IEEE International Geoscience and Remote Sensing Symposium Proceedings, 1: 315-317.

LEDIG C, THEIS L, HUSZÁR F, et al., 2017. Photo-realistic single image super-resolution using a generative adversarial network// Proceedings of the IEEE Conference on Computer Vision and Pattern Recognition: 4681-4690.

LEE J S, PARK C H, 2010. Hybrid simulated annealing and its application to optimization of hidden Markov models for visual speech recognition. IEEE Transactions on Systems, Man, and Cybernetics, Part B(Cybernetics), 40(4): 1188-1196.

LI X, HU Y, GAO X, et al., 2010. A multi-frame image super-resolution method. Signal Processing, 90(2): 405-414.

LIU D, WANG Z, WEN B, et al., 2016. Robust single image super-resolution via deep networks with sparse prior. IEEE Transactions on Image Processing, 25(7): 3194-3207.

LIU H, GU Y, 2022a. Deep joint estimation network for satellite video super-resolution with multiple degradations. IEEE Transactions on Geoscience and Remote Sensing, 60: 1-15.

LIU H, GU Y, WANG T, et al., 2020. Satellite video super-resolution based on adaptively spatiotemporal neighbors and nonlocal similarity regularization. IEEE Transactions on Geoscience and Remote Sensing, 58(12): 8372-8383.

LIU H, RUAN Z, ZHAO P, et al., 2022b. Video super-resolution based on deep learning: A comprehensive survey. Artificial Intelligence Review, 55(8): 5981-6035.

LUO Y, ZHOU L, WANG S, et al., 2017. Video satellite imagery super resolution via convolutional neural networks. IEEE Geoscience and Remote Sensing Letters, 14(12): 2398-2402.

MA J, CHAN J C W, CANTERS F, 2012. An operational superresolution approach for multi-temporal and multi-angle remotely sensed imagery. IEEE Journal of Selected Topics in Applied Earth Observations and Remote Sensing, 5(1): 110-124.

MA J, CHAN J C W, CANTERS F, 2014. Robust locally weighted regression for superresolution enhancement of multi-angle remote sensing imagery. IEEE Journal of Selected Topics in Applied Earth Observations and Remote Sensing, 7(4): 1357-1371.

MERINO M T, NUNEZ J, 2007. Super-resolution of remotely sensed images with variable-pixel linear reconstruction. IEEE Transactions on Geoscience and Remote Sensing, 45(5): 1446-1457.

MOLINI A B, VALSESIA D, FRACASTORO G, et al., 2019. Deepsum: Deep neural network for super-resolution of unregistered multitemporal images. IEEE Transactions on Geoscience and Remote Sensing, 58(5): 3644-3656.

MURTHY K, SHEARN M, SMILEY B D, et al., 2014. SkySat-1: Very high-resolution imagery from a small satellite. Sensors, Systems, and Next-Generation Satellites XVIII. SPIE, 9241: 367-378.

NG M K, SHEN H, LAM E Y, et al., 2007. A total variation regularization based super-resolution reconstruction algorithm for digital video. EURASIP Journal on Advances in Signal Processing: 1-16.

NGUYEN N, MILANFAR P, 2000. A wavelet-based interpolation-restoration method for superresolution (wavelet superresolution). Circuits, Systems and Signal Processing, 19(4): 321-338.

OMER O A, TANAKA T, 2009. Region-based weighted-norm approach to video super-resolution with adaptive regularization// 2009 IEEE International Conference on Acoustics, Speech and Signal Processing: 833-836.

PAN R, REEVES S J, 2006. Efficient Huber-Markov edge-preserving image restoration. IEEE Transactions on Image Processing, 15(12): 3728-3735.

PAPA J P, MASCARENHAS N D A, FONSECA L M G, et al., 2008. Convex restriction sets for CBERS-2 satellite image restoration. International Journal of Remote Sensing, 29(2): 443-458.

PARK S C, PARK M K, KANG M G, 2003. Super-resolution image reconstruction: A technical overview. IEEE Signal Processing Magazine, 20(3): 21-36.

RHEE S, KANG M G, 1999. Discrete cosine transform based regularized high-resolution image reconstruction algorithm. Optical Engineering, 38(8): 1348-1356.

SCHULTZ R R, STEVENSON R L, 1996. Extraction of high-resolution frames from video sequences. IEEE Transactions on Image Processing, 5(6): 996-1011.

SHEN H, NG M K, LI P, et al., 2009. Super-resolution reconstruction algorithm to MODIS remote sensing images. The Computer Journal, 52(1): 90-100.

SHEN H, ZHAO W, YUAN Q, et al., 2014. Blind restoration of remote sensing images by a combination of automatic knife-edge detection and alternating minimization. Remote Sensing, 6(8): 7491-7521.

SHEN H, PENG L, YUE L, et al., 2016. Adaptive norm selection for regularized image restoration and super-resolution. IEEE Transactions on Cybernetics, 46(6): 1388-1399.

SHEN H, QIU Z, YUE L, et al., 2022. Deep-learning-based super-resolution of video satellite imagery by the coupling of multiframe and single-frame models. IEEE Transactions on Geoscience and Remote Sensing, 60: 1-14.

STARK H, OSKOUI P, 1989. High-resolution image recovery from image-plane arrays, using convex projections. Journal of the Optical Society of America A Optics & Image Science, 6(11): 1715-1726.

TIAN Y, ZHANG Y, FU Y, et al., 2020. TDAN: Temporally-deformable alignment network for video super-resolution// Proceedings of the IEEE Conference on Computer Vision and Pattern Recognition: 3360-3369.

TOM B C, KATSAGGELOS A K, 1994. Reconstruction of a high-resolution image from multiple-degraded misregistered low-resolution images// Visual Communications and Image Processing'94. SPIE, 2308: 971-981.

TSAI R, HUANG T S, 1984. Multiframe image restoration and registration. Advance Computer Visual and

Image Processing, 1: 317-339.

UR H, GROSS D, 1992. Improved resolution from subpixel shifted pictures. CVGIP: Graphical Models and Image Processing, 54(2): 181-186.

VALSESIA D, MAGLI E, 2014. A novel rate control algorithm for onboard predictive coding of multispectral and hyperspectral images. IEEE Transactions on Geoscience and Remote Sensing, 52(10): 6341-6355.

WANG L, GUO Y, LIU L, et al., 2020. Deep video super-resolution using HR optical flow estimation. IEEE Transactions on Image Processing, 29: 4323-4336.

WANG X, CHAN K C K, YU K, et al., 2019. EDVR: Video restoration with enhanced deformable convolutional networks// Proceedings of the IEEE Conference on Computer Vision and Pattern Recognition: 1954-1963.

WANG Z, CHEN J, HOI S C H, 2021. Deep learning for image super-resolution: A survey. IEEE Transactions on Pattern Analysis and Machine Intelligence, 43(10): 3365-3387.

WANG Z, BOVIK A C, SHEIKH H R, et al., 2004. Image quality assessment: From error visibility to structural similarity. IEEE Transactions on Image Processing, 13(4): 600-612.

WANG Z, LIU D, YANG J, et al., 2015. Deep networks for image super-resolution with sparse prior// Proceedings of the IEEE International Conference on Computer Vision: 370-378.

WANG Z, YI P, JIANG K, et al., 2018. Multi-memory convolutional neural network for video super-resolution. IEEE Transactions on Image Processing, 28(5): 2530-2544.

WYAWAHARE M V, PATIL P M, ABHYANKAR H K, 2009. Image registration techniques: An overview. International Journal of Signal Processing, Image Processing and Pattern Recognition, 2(3): 11-28.

XIAO Y, SU X, YUAN Q, et al., 2021. Satellite video super-resolution via multiscale deformable convolution alignment and temporal grouping projection. IEEE Transactions on Geoscience and Remote Sensing, 60: 1-19.

XU Y, WU Z, CHANUSSOT J, et al., 2019. Nonlocal patch tensor sparse representation for hyperspectral image super-resolution. IEEE Transactions on Image Processing, 28(6): 3034-3047.

XUE T, CHEN B, WU J, et al., 2019. Video enhancement with task-oriented flow. International Journal of Computer Vision, 127(8): 1106-1125.

YOU Y L, KAVEH M. 1996. A regularization approach to joint blur identification and image restoration. IEEE Transactions on Image Processing, 5(3): 416-428.

YUAN Q, ZHANG L, SHEN H, 2012. Multiframe super-resolution employing a spatially weighted total variation model. IEEE Transactions on Circuits and Systems for Video Technology, 22(3): 379-392.

YUE L, SHEN H, LI J, et al., 2016. Image super-resolution: The techniques, applications, and future. Signal Processing, 128: 389-408.

ZHANG H, ZHANG L, SHEN H, 2012. A super-resolution reconstruction algorithm for hyperspectral images. Signal Processing, 92(9): 2082-2096.

ZHANG H, YANG Z, ZHANG L, et al., 2014. Super-resolution reconstruction for multi-angle remote sensing images considering resolution differences. Remote Sensing, 6(1): 637-657.

ZHANG X, LAM E Y, WU E X, et al., 2007. Application of Tikhonov regularization to super-resolution reconstruction of brain MRI images. International Conference on Medical Imaging and Informatics. Berlin:

Springer: 51-56.

ZHANG Y, LI K, LI K, et al., 2018. Image super-resolution using very deep residual channel attention networks// Proceedings of the European Conference on Computer Vision, 1121: 294-310.

ZHANG Y, TIAN Y, KONG Y, et al., 2021. Residual dense network for image restoration. IEEE Transactions on Pattern Analysis and Machine Intelligence, 43(7): 2480-2495.

ZHAO M, ZHANG W, WANG Z, et al., 2010. Satellite image deconvolution based on nonlocal means. Applied Optics, 49(32): 6286-6294.

ZITOVÁ B, FLUSSER J, 2003. Image registration methods: A survey. Image and Vision Computing, 21(11): 977-1000.

# 第3章 多传感器遥感影像空–谱融合方法

空–谱融合是发展最早的遥感数据融合技术，旨在克服单源遥感影像空间分辨率与光谱分辨率之间的制约，获得兼具高空间分辨率、高光谱分辨率的影像。本章围绕多源光学遥感影像的空–谱融合展开研究，在阐述其基本概念与发展现状的基础上，以全色/多光谱融合为研究对象，首先介绍4类代表性融合方法：成分替换方法、多分辨率分析方法、变分模型方法和机器学习方法；然后以机器学习方法为重点，详细介绍一种基于差值映射的深度残差卷积空–谱融合方法；最后通过实验对不同空–谱融合方法进行对比与分析。

## 3.1 概　　述

遥感影像的空间分辨率和光谱分辨率是衡量其应用价值的重要指标。然而，由于卫星轨道、载荷及其传感器性能的限制，二者相互制约。为了获得较高的光谱分辨率，各波段光谱范围则较窄，进入其中的光子能量较少，为了收集更多的光子能量以确保具有较高的信噪比，需要将传感器的探测（感光）单元尺寸设计得较大，影像的空间分辨率也就会较低。例如，在光学遥感中，全色遥感影像只有一个波段，但往往具有较高的空间分辨率，最高可达分米级；多光谱影像包含多个波段，但空间分辨率相对较低；高光谱卫星遥感影像的空间分辨率比一般的多光谱影像更低，最高空间分辨率普遍在 10 m 级。

空–谱融合作为一种"以软补硬"的技术手段，旨在克服单源影像空间、光谱分辨率间的制约，获得兼具高空间分辨率、高光谱分辨率的影像（孟祥超，2017；张良培 等，2016）。根据融合对象，光学遥感影像的空–谱融合可分为全色/多光谱影像融合、全色/高光谱影像融合、多光谱/高光谱影像融合等。相关研究显示，70%以上光学对地观测卫星系统同时提供全色和多光谱影像（孟祥超，2017；Zhang，2010），全色/多光谱影像融合作为最经典的遥感影像融合方法，在遥感数据融合中占据重要的基础性地位。该类融合方法起源于 20 世纪 70 年代（Galbraith et al.，2005；Daily，1978），自 1986 年法国发射的 SPOT-1（Systeme Probatoire d'Observation de la Terre-1）首次同时捕获全色、多光谱影像以来，全色/多光谱影像融合快速发展，随着全色/多光谱影像融合的不断发展，大量融合方法被提出，大体可分为 4 类（Shen et al.，2016；Vivone et al.，2015；Aiazzi et al.，2012）：成分替换融合方法、多分辨率分析融合方法、变分模型融合方法和机器学习融合方法。

成分替换融合方法主要包括前向投影变换、成分替换和反投影变换，融合后的高空间分辨率多光谱影像是将前向投影变换后的多光谱影像在不同域内替换空间分量，然后进行反变换得到的，如强度-色调-饱和度（intensity-hue-saturation，IHS）（Carper et al.，1990）、主成分分析（principal component analysis，PCA）方法（Chavez et al.，1991）、格拉姆-施密特（Gram-Schmidt，GS）正交化（Laben et al.，2000）等。多分辨率分析融合方法是将多光谱影像和全色影像进行多尺度分解，得到低频分量和高频分量，然后采用一定的融合策略将多光谱和全色影像的频率分量进行融合，最后通过反变换生成高分辨率融合影像，如离散小波变换（discrete wavelet transformation，DWT）（Shahdoosti et al.，2017）、基于调制传递函数（modulation transfer function，MTF）的广义拉普拉斯金字塔（generalized Laplacian pyramid，GLP）（MTF-GLP）（Aiazzi et al.，2006）等。变分模型融合方法将融合过程作为一个逆问题，基于变分理论构造变分函数来优化融合过程，如PSFG（Liu et al.，2017）等。机器学习融合方法，尤其基于深度学习的方法近年来得到较大关注与发展，其依靠大规模数据集来学习理想融合影像与观测数据之间的非线性关系，实现全色与多光谱影像的融合，如全色锐化神经网络（pansharpening neural network，PNN）（Masi et al.，2016）、多尺度膨胀卷积神经网络（multiscale and multidepth convolutional neural network，MSDCNN）（Yuan et al.，2018）等方法。

全色/高光谱影像融合和多光谱/高光谱影像融合是在全色/多光谱影像融合基础上发展而来，利用较高空间分辨率的全色影像或多光谱影像，对低空间分辨率的高光谱影像进行空间信息增强，从而获得高空间分辨率的高光谱融合影像。大多数全色/多光谱融合方法，直接或微调后即可用于全色/高光谱或多光谱/高光谱影像融合中。高光谱影像通常具有比多光谱影像更广的波谱范围、更多的波段数量，其融合也更具挑战性（Meng et al.，2015）。因此，一些学者也针对高光谱影像的特点，提出了针对性的融合方法（Yokoya et al.，2012；Hardie et al.，2004；Winter，2002）。

总体来说，在遥感影像空-谱融合中，全色/多光谱影像融合是基础，其他类融合基于其发展而来。因此，本章以全色/多光谱影像融合为例，对 4 类主流融合方法的原理及数学表达进行介绍，并在此基础上重点阐述一种基于差值映射的深度残差卷积空-谱融合方法，并进行不同方法的对比实验分析。

# 3.2 空-谱融合方法体系

## 3.2.1 成分替换融合方法

成分替换融合方法是最简单也是应用最广的一类全色/多光谱影像融合方法，该类融合方法部分已被商业化应用，并被集成到 ENVI、ERDAS Imaging、PCI Geomatica 等专业遥感软件。该类融合方法的发展整体可概括为两种理解：①基于狭义理解的经典方法；②基于广义理解的统一框架。

**1. 基于狭义理解的经典方法**

成分替换融合方法的基本原理如图 3.1 所示，主要包括三步处理：正变换—成分替换—逆变换，即首先对多光谱影像进行光谱波段的正变换（IHS 变换、主成分分析变换等），得到代表多光谱影像空间信息的主成分，然后利用高空间分辨率全色影像替换该主成分，最后将替换后的主成分和剩余成分分量进行逆变换得到高空间分辨率融合影像。

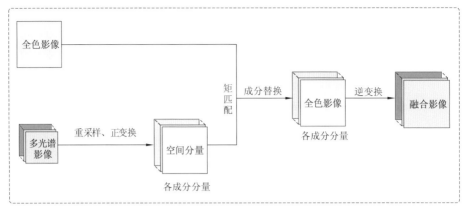

图 3.1 成分替换融合方法的狭义理解示意图

基于不同变换形式发展了多种融合方法,代表性方法有 IHS 融合方法、PCA 融合方法、GS 融合方法。本节以发展较早、具有代表性的 IHS 方法为例进行简要介绍。为了表示方便,将全色影像表示为 $z$,多光谱影像表示为 $y = [y_1 \quad y_2 \quad \cdots \quad y_B]^T$,融合影像表示为 $x = [x_1 \quad x_2 \quad \cdots \quad x_B]^T$,其中 $B$ 表示多光谱影像波段数。

IHS 融合方法(Chavez et al.,1991)是最为基础的成分替换融合方法之一,该方法基于 IHS 变换将多光谱影像 RGB 空间转换为 IHS 空间,其中,I(intensity)表示亮度或强度,H(hue)表示色调,S(saturation)表示饱和度,亮度分量 I 主要反映多光谱影像的空间信息,而色调分量 H 和饱和度分量 S 主要反映多光谱影像的光谱信息。由于光谱信息与 I 分量相关性较小,利用高分全色影像替换该分量,并与原始的 H 分量、S 分量进行逆变换就可以在提升多光谱影像空间分辨率的同时,保持其光谱信息。而如果直接在 RGB 空间中进行融合处理,三个分量都与多光谱影像的光谱信息相关性较强,改变任意一个分量都将会给多光谱影像的光谱信息带来一定的畸变。因此,早期提出基于 IHS 变换的融合方法是切实可行的融合策略。其融合过程如下。

第一步:将低分多光谱影像重采样至全色影像空间尺寸,并对重采样之后的多光谱影像进行 RGB 空间到 IHS 空间的正变换。

$$
\begin{pmatrix} I \\ \gamma_1 \\ \gamma_2 \end{pmatrix} = \begin{pmatrix} \dfrac{1}{3} & \dfrac{1}{3} & \dfrac{1}{3} \\ -\dfrac{\sqrt{2}}{6} & -\dfrac{\sqrt{2}}{6} & \dfrac{2\sqrt{2}}{6} \\ \dfrac{1}{\sqrt{2}} & -\dfrac{1}{\sqrt{2}} & 0 \end{pmatrix} \begin{pmatrix} \tilde{y}_1 \\ \tilde{y}_2 \\ \tilde{y}_3 \end{pmatrix} \tag{3.1}
$$

式中:$\tilde{y}_1$、$\tilde{y}_2$、$\tilde{y}_3$ 分别为重采样多光谱影像的红、绿、蓝三个波段;$I$ 为亮度分量;$\gamma_1$、$\gamma_2$ 可视为笛卡儿坐标系中的 $x$ 轴和 $y$ 轴。$H = \tan^{-1}\left(\dfrac{\gamma_2}{\gamma_1}\right)$、$S = \sqrt{\gamma_1^2 + \gamma_1^2}$ 分别为色调分量和饱和度分量。

第二步:全色影像与亮度分量 $I$ 进行矩匹配,使其与待替换 $I$ 分量具有一致的均值和方差,目的是减小融合影像的光谱畸变,表示为

$$
z'(i,j) = \dfrac{\sigma_I}{\sigma_z} \times (z(i,j) - \bar{z}) + \bar{I} \tag{3.2}
$$

式中：$z(i, j)$ 为全色影像在 $(i, j)$ 位置处的像素值；$z'(i, j)$ 为矩匹配之后的全色影像在 $(i, j)$ 位置处的像素值；$\bar{z}$ 为全色影像的均值；$\bar{I}$ 为亮度分量的均值；$\sigma_I$ 为亮度分量 $I$ 的标准差；$\sigma_z$ 为全色影像的标准差。

第三步：将矩匹配之后的全色影像 $z'$ 替换亮度分量 $I$，进行 IHS 逆变换得到高空间分辨率融合影像，表示为

$$\begin{pmatrix} x_1 \\ x_2 \\ x_3 \end{pmatrix} = \begin{pmatrix} 1 & -\dfrac{1}{\sqrt{2}} & \dfrac{1}{\sqrt{2}} \\ 1 & -\dfrac{1}{\sqrt{2}} & -\dfrac{1}{\sqrt{2}} \\ 1 & \sqrt{2} & 0 \end{pmatrix} \begin{pmatrix} z' \\ \gamma_1 \\ \gamma_2 \end{pmatrix} \tag{3.3}$$

式中：$x_1$、$x_2$、$x_3$ 分别为融合影像的三个波段。

**2. 基于广义理解的统一框架**

传统成分替换方法通常需要经过三步融合处理，即"正变换—成分替换—逆变换"，这种融合过程往往是复杂而耗时的，Tu 等（2001）首次提出统一融合框架，证明了成分替换融合方法无须经过复杂的正变换和逆变换过程，可以通过简单的波段算术运算进行求解，大大简化了成分替换类融合方法的计算流程，该统一框架在后续的研究中得到进一步扩展（Dou et al.，2007；Wang et al.，2005），如图 3.2 所示。

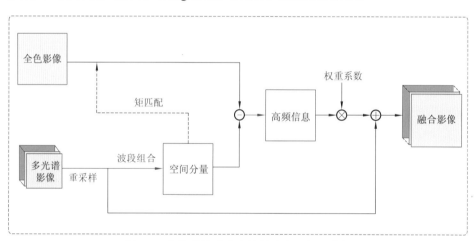

图 3.2　成分替换融合方法的广义理解示意图

成分替换融合方法的统一框架形式以数学公式表示为

$$x = \tilde{y} + g(z - I_L) \tag{3.4}$$

式中：$x$ 为融合影像；$\tilde{y}$ 为重采样多光谱影像；$I_L$ 为图 3.2 中多光谱波段组合得到的"空间分量"；$z$ 为原始全色影像或矩匹配之后的全色影像；$g$ 为权重系数。

为了更加深入地理解成分替换融合方法的统一框架形式，本节同样以典型 IHS 融合方法为例进行公式推导。

通过公式推导和化简，可将 IHS 融合方法写成统一框架的形式，式（3.3）可表示为

$$
\begin{pmatrix} x_1 \\ x_2 \\ x_3 \end{pmatrix} = \begin{pmatrix} 1 & -\dfrac{1}{\sqrt{2}} & \dfrac{1}{\sqrt{2}} \\ 1 & -\dfrac{1}{\sqrt{2}} & -\dfrac{1}{\sqrt{2}} \\ 1 & \sqrt{2} & 0 \end{pmatrix} \begin{pmatrix} z' \\ \gamma_1 \\ \gamma_2 \end{pmatrix} = \begin{pmatrix} 1 & -\dfrac{1}{\sqrt{2}} & \dfrac{1}{\sqrt{2}} \\ 1 & -\dfrac{1}{\sqrt{2}} & -\dfrac{1}{\sqrt{2}} \\ 1 & \sqrt{2} & 0 \end{pmatrix} \begin{pmatrix} I_L + (z' - I_L) \\ \gamma_1 \\ \gamma_2 \end{pmatrix}
$$

$$
= \begin{pmatrix} 1 & -\dfrac{1}{\sqrt{2}} & \dfrac{1}{\sqrt{2}} \\ 1 & -\dfrac{1}{\sqrt{2}} & -\dfrac{1}{\sqrt{2}} \\ 1 & \sqrt{2} & 0 \end{pmatrix} \begin{pmatrix} I_L \\ \gamma_1 \\ \gamma_2 \end{pmatrix} + \begin{pmatrix} 1 & -\dfrac{1}{\sqrt{2}} & \dfrac{1}{\sqrt{2}} \\ 1 & -\dfrac{1}{\sqrt{2}} & -\dfrac{1}{\sqrt{2}} \\ 1 & \sqrt{2} & 0 \end{pmatrix} \begin{pmatrix} z' - I_L \\ \gamma_1 \\ \gamma_2 \end{pmatrix} \qquad (3.5)
$$

$$
= \begin{pmatrix} \tilde{y}_1 + (z' - I_L) \\ \tilde{y}_2 + (z' - I_L) \\ \tilde{y}_3 + (z' - I_L) \end{pmatrix}
$$

因此，IHS 融合方法化简为统一框架形式表示为

$$
x = \tilde{y} + (z' - I_L) \qquad (3.6)
$$

式（3.4）和式（3.6）显示，统一框架下的融合方法无须经过"正变换—分量替换—逆变换"的复杂计算过程，只需要通过简单波段运算即可得到高分辨率融合影像，不再局限于传统成分替换融合方法复杂的变换过程，如对于统一框架下的 IHS 融合方法，$I_L = (\tilde{y}_1 + \tilde{y}_2 + \tilde{y}_3)/3$ 为三个光谱波段取平均得到，各波段权重系数 $g$ 为 1。因此，在统一框架下，IHS 融合方法适用范围不再局限于传统的三个波段，可以将多光谱影像的波段数推广到 4 个波段或更多波段，并且对 $I_L$ 的求解方式也可以多种多样，而不再限于通过取均值得到，如 Tu 等（2004）提出快速 IHS 融合方法，通过传感器光谱响应函数求解 $I_L$，Aiazzi 等（2007，2006）和 Rahmani 等（2010）发展了自适应 IHS 融合方法，通过最小二乘方法求解待替换分量 $I_L$，从而有效提升了融合影像光谱保真度。对于 GS 融合方法，在统一框架下，$I_L$ 为施密特变换后的第一主分量，通常为多光谱影像波段取均值得到，$g$ 为各波段的权重，第 $b$ 个波段的权重系数表示为 $g_b = \mathrm{cov}(\tilde{y}_b, I_L)/\mathrm{var}(I_L)$，其中，$\mathrm{cov}(\tilde{y}_b, I_L)$ 表示重采样之后的第 $b$ 个波段 $\tilde{y}_b$ 与 $I_L$ 的协方差，$\mathrm{var}(I_L)$ 表示 $I_L$ 的方差。同样，对于 PCA 融合方法，$I_L$ 和 $g$ 可由 PCA 变换矩阵计算得到。

综上所述，成分替换类融合方法经历了由传统的狭义理解到广义理解的发展历程，广义理解和统一框架进一步促进了成分替换融合方法的改进与发展，具体体现为两个方面。①提高了成分替换类融合方法的计算效率。传统成分替换融合方法包括"正变换—成分替换—逆变换"三步处理，而统一融合框架只需要进行简单的波段运算即得到融合影像，无须经过正变换和逆变换的复杂处理过程，提高了运算效率。②扩展了成分替换融合方法的发展空间。传统成分替换融合方法受限于多光谱波段变换的方式，如 IHS 变换、PCA 变换等，因此，算法改进空间较小，而统一融合框架摆脱了波段变换形式的严格限定，而取决于式（3.4）中待替换分量 $I_L$ 和权重系数 $g$ 的求解，因此，扩展了融合方法的发展空间。具体来说，成分替换融合方法的改进体现在两个方面。①待替换分量 $I_L$ 的改进，该分量与全色影像相关性越大，则融合结果往往越好。目前针对 $I_L$ 主要有两个方面的改进：一方面，传统方法 $I_L$ 的求解取决于波段变换形式，通常由多光谱影像进行

波段简单平均得到（Laben et al.，2000；Carper，1990；Gillespie et al.，1987），但该方式容易导致融合影像产生光谱畸变，因此，学者提出波段加权计算得到待替换分量 $I_L$，提升了融合影像的光谱保真度（Rahmani et al.，2010；Aiazzi et al.，2007），如 Dou 等（2007）和 Tu 等（2004）提出通过传感器光谱响应函数计算波段组合系数，也有学者提出通过最小二乘回归方法求解波段组合系数（Meng et al.，2016；Rahmani et al.，2010）。另一方面，$I_L$ 的求解经历了全局（Shettigara，1992；Chavez et al.，1991；Kwarteng et al.，1989；Gillespie et al.，1987）到局部的计算方式（Xu et al.，2014），减小了融合影像的光谱畸变。②对权重系数 $g$ 的求解，传统成分替换类融合方法完全由所采用的波段变换模型决定，如传统 IHS 融合方法由 IHS 变换矩阵得到，而在统一融合框架中，权重系数 $g$ 的计算具有多种形式，主要体现在权重系数在空间维和光谱维的改进。在空间维方面，权重系数的求解可以为整体权重（Rahmani et al.，2010），即同一个波段中所有像素均注入相同的空间结构信息，也可以为局部计算方式（Choi et al.，2011），相比而言，局部计算方式往往具有更好的光谱保真度，而全局计算方式运算效率更高。在光谱维方面，权重系数可以是各光谱波段采用相同的权重（Tu et al.，2001），也可以是不同波段采用不同的权重系数（Laben et al.，2000），也就是根据不同波段的特点加入不同的空间结构信息。综上所述，统一融合框架对成分替换融合方法的改进与发展具有重要意义。

## 3.2.2　多分辨率分析融合方法

多分辨率分析融合方法基于多分辨率分析基本理论，该类融合方法是在传统高通滤波融合方法（Schowengerdt，1980）的基础上发展起来的。高通滤波融合方法发展较早，该方法原理简单，首先通过高通滤波提取全色影像的高频信息，然后将提取的高频信息直接注入多光谱影像。但相比于常规影像，遥感影像观测范围较广，地物类型复杂，因而往往具有更加丰富的空间细节信息，主要表现为同一景影像所包含的空间细节信息通常具有不同的空间尺度。因此，提取影像中丰富的多尺度空间信息将更具优势，多分辨率分析理论的出现为遥感影像多层空间细节信息的提取提供了较好的解决思路。基于此，多分辨率分析融合方法得到了快速发展，并成为全色/多光谱影像融合的研究热点。与上述成分替换融合方法类似，该类融合方法的发展经历了从狭义理解到广义理解的过程。在狭义理解方面，该类融合方法严格基于多分辨率分析理论，而在广义理解方面，多分辨率分析融合方法已发展成为统一的融合框架。

### 1. 基于狭义理解的经典方法

狭义理解下的多分辨率分析融合方法基于多分辨率分析基本理论，如图 3.3 所示，其基本思路为：首先基于小波变换或拉普拉斯金字塔等多分辨率分析工具对输入影像进行多尺度分解，得到低频分量和高频分量，然后对低频分量和高频分量分别采取一定的策略进行融合，最后利用融合的低频分量和高频分量重建得到高分辨率多光谱影像。代表方法有小波变换的融合方法（Garzelli et al.，2007；Zhou et al.，1998；Garguet-Duport et al.，1996；Nason et al.，1995；Li et al.，1994）和基于拉普拉斯金字塔（Aiazzi et al.，2006；Alparone et al.，2003）的融合方法。本节以基于拉普拉斯金字塔的融合方法为例，进行简要介绍。

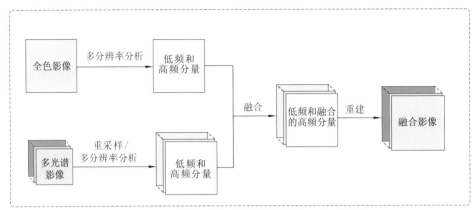

图 3.3 多分辨率分析融合方法的狭义理解示意图

基于拉普拉斯金字塔的融合方法（Aiazzi et al.，2001）是在拉普拉斯金字塔多分辨率分析算法的基础上发展起来的，拉普拉斯金字塔融合方法的核心在于高斯金字塔的构建，高斯金字塔通过对上层影像经高斯低通滤波和降采样得到，将高斯金字塔相邻两层图像相减即可获得拉普拉斯金字塔图像，该图像为全色影像的空间纹理信息。基于拉普拉斯金字塔融合方法的基本流程如下。

（1）全色影像与多光谱影像高斯金字塔构建。将多光谱影像重采样到全色影像空间尺寸大小，并对全色影像和多光谱影像构建高斯金字塔图像，原理为将原始影像作为底层，也就是第 0 层，对原始影像进行高斯低通滤波，并对滤波之后的结果影像进行 2 倍空间分辨率降采样得到高斯金字塔第一层图像。按照上述同样的方法对第一层及后续金字塔图像进行处理，最终得到高斯金字塔图像，表示为

$$g_k = \text{Reduce}_2(wg_{k-1}), \quad k = 1, 2, \cdots, K \tag{3.7}$$

式中：$g_{k-1}$ 为第 $k-1$ 层金字塔图像；$g_k$ 为第 $k$ 层金字塔图像，金字塔总的层数为 $k+1$；$w$ 为高斯滤波卷积操作；$\text{Reduce}_2(\cdot)$ 为 2 倍空间分辨率降采样。

（2）全色影像与多光谱影像拉普拉斯金字塔构建。将（1）中的高斯金字塔相邻两层图像相减得到拉普拉斯金字塔图像，具体操作为：首先对第 $k+1$ 层金字塔图像重采样至第 $k$ 层金字塔图像相同空间尺寸，然后利用第 $k$ 层图像减去重采样之后的第 $k+1$ 层图像得到拉普拉斯金字塔第 $k$ 层图像，表示为

$$L_k = g_k - \text{Expand}_2(g_{k+1}) \tag{3.8}$$

式中：$L_k$ 为拉普拉斯金字塔第 $k$ 层图像；$\text{Expand}_2(\cdot)$ 为对 2 倍空间分辨率上采样。

（3）将全色影像拉普拉斯金字塔纹理图像通过一定的注入模型添加到多光谱各波段的拉普拉斯金字塔图像中，最后进行重建得到高分辨率融合影像。

综上所述，传统拉普拉斯金字塔相邻两层图像的空间尺度大小为 2 倍的空间分辨率比率关系，因此，基于拉普拉斯金字塔的融合方法仅适用于全色和多光谱影像空间分辨率比率为 2 的整数倍的情况。基于此，后续学者在此基础上进行改进，提出广义拉普拉斯金字塔融合方法（Aiazzi et al.，2002，2001），可对任意空间分辨率比率的全色和多光谱影像进行融合，由于该方法实验中只对影像进行一层纹理信息提取，严格意义上不

属于狭义理解下的多分辨率分析融合方法,将在下一小节"基于广义理解的统一框架"中对其进行介绍。

**2. 基于广义理解的统一框架**

狭义理解下的多分辨率分析融合方法可以简单地理解为严格基于多分辨率分析理论的融合方法,通常包括三步融合处理:影像分解—融合处理—影像重建。随着多分辨率分析融合方法的发展,该类融合方法经历了从狭义理解到广义理解的发展过程,并形成了统一融合框架。Ranchin 等(2000,1996)对多分辨率分析融合方法进行了扩展,提出 ARSIS(法语缩写,全称为 Amélioration de la Résolution Spatiale par Injection de Structures)的融合概念,其主要思想是通过小波变换或拉普拉斯金字塔等算法提取全色影像的空间结构信息,并基于一定的注入模型将其添加到重采样多光谱影像中。相比于狭义理解下的多分辨率分析融合方法,ARSIS 融合方法不再局限于小波变换或拉普拉斯金字塔等多分辨率分析算法,其将基于单层分解的融合方法[如传统的高通滤波融合方法(Schowengerdt,1980)]也统一到 ARSIS 概念中。然而,为了能够最大化保持多光谱影像的光谱信息,ARSIS 方法采用全色影像高频信息添加策略而非替换策略进行多光谱影像空间信息的增强,一些基于高频分量替换的小波融合方法(Zhou et al.,1998)不属于 ARSIS 概念下的多分辨率分析融合方法。Tu 等(2001)将基于小波变换的多分辨率分析融合方法进行公式推导和简化,尝试建立统一的融合框架,该统一框架在后续的发展中得以进一步扩展(Vivone et al.,2015;Aiazzi et al.,2009),形成了多分辨率分析融合方法的广义理解,如图 3.4 所示。

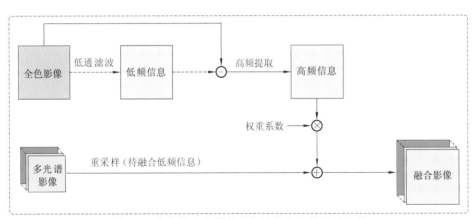

图 3.4  多分辨率分析融合方法的广义理解示意图

上述多分辨率分析融合方法的统一框架形式以公式表示为

$$x = \tilde{y} + g(z - I_p) \tag{3.9}$$

式中:$z - I_p$ 为全色影像的高频信息,该高频信息可以通过先提取全色影像低频信息 $I_p$,然后全色影像减去低频信息得到,也可以通过高通滤波等方式直接提取;$\tilde{y}$ 为融合影像的低频信息,通常为重采样多光谱影像。

通过对比式(3.4)和式(3.9)可以发现,多分辨率分析融合方法统一框架与成分替换融合方法统一框架的主要区别在于全色影像高频信息提取方式的不同。在成分替换融合方法中,所提取的全色影像高频信息通过全色影像与多光谱影像波段组合计算的"空间分量"相减得到，即 $P_H = P - I_L$，其中 $I_L$ 为多光谱影像波段组合计算得到的"空间分量"。多分辨率分析融合方法得到的高频信息是通过滤波的形式在全色影像上提取的，这也是判断大多数融合方法是属于成分替换类融合方法还是多分辨率分析融合方法最主要的依据。因此，虽然通用拉普拉斯金字塔融合方法（Aiazzi et al.，2001）获取的高频信息只有一层，而非多个分辨率层次，本书将其归为广义理解下的多分辨率分析融合方法，并对其进行简要介绍。

传统拉普拉斯金字塔融合方法仅适用于全色影像和多光谱影像空间分辨率之比为 2 的整数倍的情况，基于此，Aiazzi 等（2001）提出了广义拉普拉斯金字塔融合方法，该方法对任意空间分辨率比率的全色影像和多光谱影像均可进行融合，其中 Aiazzi 等（2006）提出的 MTF-GLP 融合方法较为流行，具体融合流程如下。

（1）将低分辨率多光谱影像重采样到全色影像空间尺度大小。

（2）全色影像高频信息提取。首先对全色影像进行低通滤波处理，其中低通滤波器根据多光谱传感器调制传递函数进行确定，然后按全色影像与多光谱影像空间分辨率的比率将低通滤波后的影像进行降采样，在此基础上将降采样之后的影像重采样到原始全色影像大小，得到最终的全色影像低频信息，最后原始全色影像减去其低频信息得到全色影像高频信息。

（3）将上述提取的全色影像高频信息直接添加到重采样多光谱影像中得到融合结果。

综上所述，多分辨率分析融合方法经历了从狭义理解到广义理解的发展过程，并提出了大量融合方法，该类方法的关键在于提取全色影像的高频信息，以及设定合理的高频信息注入权重系数。对高频信息的提取，既有单层的提取方式，比如高通滤波方法（Schowengerdt，1980）和广义拉普拉斯金字塔方法（Aiazzi et al.，2002），又有多层的提取方式，如加性小波亮度比例（additive wavelet luminance proportional，AWLP）方法（Otazu et al.，2005）。滤波器的选择，可以基于 Mallat 离散小波（Garguet-Duport et al.，1996）、à trous 小波（Vivone et al.，2013），还可以基于 Curvelet 小波（Nencini et al.，2007）、contourlet 小波（El-Mezouar et al.，2014）、保边缘小波（Meng et al.，2016）等，但学者普遍认为根据传感器 MTF 设计低通滤波器会带来更好的融合效果。对于高频信息注入权重系数，其求解方式与成分替换融合方法类似，具有多种不同的求解方式，如高通调制（high-pass modulation，HPM）权重模型（Meng et al.，2016；Otazu et al.，2005）、基于上下文决策（context-based decision，CBD）权重模型（Aiazzi et al.，2002）、光谱失真最小化（spectral distortion minizing，SDM）权重模型（Garzelli et al.，2005）等。此外，需要说明的是，多分辨率分析类融合方法的统一框架[式（3.9）]并不是万能的，不能完全适用于所有多分辨率分析融合方法，如传统考虑全色和多光谱低频融合操作的方法。

## 3.2.3 变分模型融合方法

基于成分替换和多分辨率分析的融合方法均基于简单假设，正向求解获得融合影像，逻辑体系与数学理论基础相对薄弱，方法稳健性不足。因此，基于变分模型的方法被提出并快速发展（孟祥超，2017）。该类方法将融合结果的求解看作一个病态逆问题，通过分析理想融合影像与低分多光谱观测影像、高分全色观测影像间的关系，构建能量函数，并对能量函数优化求解得到融合影像（Shen et al.，2019；Zhang et al.，2012；Li et al.，2009）。其中，融合模型的构建通常基于观测模型（Shen et al.，2019；Liu et al.，2016；Zhang et al.，2015；Fang et al.，2013；Zhang et al.，2012；Ballester et al.，2006）或稀疏表达（Gogineni et al.，2018；Jiang et al.，2014；Zhu et al.，2013；Li et al.，2011）。

基于观测模型的方法充分考虑理想融合影像与观测影像间的降质关系，基于最大后验概率估计理论构建能量泛函，能量函数主要包括光谱保真、空间增强和影像先验三项内容，可表示为

$$E(x) = f_{\text{spectral}}(x, y) + f_{\text{spatial}}(x, z) + f_{\text{prior}}(x) \tag{3.10}$$

式中：$x$ 为理想融合影像；$y$ 为低分多光谱观测影像；$z$ 为高分全色观测影像；$f_{\text{spectral}}(x, y)$ 为光谱保真项，建立理想融合影像与低分多光谱观测影像之间的关系，该关系模型通常基于传感器成像过程，假设低分多光谱观测影像可由理想融合影像经模糊、降采样、附加噪声等降质过程获得。$f_{\text{spatial}}(x, z)$ 为空间增强项，主要建立理想融合影像 $x$ 与高分全色观测影像 $z$ 之间的关系。该项的建立通常基于两种假设：其一为波段线性组合假设，认为全色影像是多光谱影像各波段的线性组合结果（Zhang et al.，2012；Li et al.，2009）；其二为空间结构一致性假设，认为理想融合影像和全色影像的空间结构特征[如梯度特征（Meng et al.，2014）、小波系数（Moeller et al.，2008）等]相同。$f_{\text{prior}}(x)$ 为影像先验项，用于约束融合影像内部的空间、光谱关系，常用的先验模型包括：拉普拉斯先验模型（Molina et al.，2008）、Huber-Markov 先验模型（Meng et al.，2014）、总变分模型（Palsson et al.，2013）、非局部先验模型（Duran et al.，2014）及稀疏先验模型（He et al.，2014）等。因此，基于观测模型的能量函数通常可简化成

$$E(x) = \|y - Ax\|_2^2 + \lambda_1 \|z - Cx\|_2^2 + \lambda_2 \text{prior}(x) \tag{3.11}$$

$$E(x) = \|y - Ax\|_2^2 + \lambda_1 \sum_{b=1}^{B} \|W * z - W * x_b\|_2^2 + \lambda_2 \text{prior}(x) \tag{3.12}$$

式中：$A$ 为模糊和空间降采样联合矩阵；$C$ 为光谱组合系数矩阵；$W$ 为空间结构提取算子；$x_b$ 为理想融合影像 $x$ 的第 $b$ 个波段；$\lambda_1$ 和 $\lambda_2$ 为可调节权重参数，用于平衡这三项。

基于稀疏表达理论的全色和多光谱影像融合方法（Li et al.，2011）也得到了较快发展，该类方法认为影像所包含的信号是稀疏的，可表示为过完备字典中少量基本信号单元的线性组合（Meng et al.，2019；Shen et al.，2015），数学形式为

$$x = \psi \alpha \tag{3.13}$$

式中：$x$ 为理想融合影像；$\psi$ 为过完备字典；$\alpha$ 为稀疏系数。因此，稀疏表达问题通常可表示为

$$E(x) = \|x - \psi \alpha\|_2^2 + \lambda \|\alpha\|_0 \tag{3.14}$$

由于该式为典型的 NP 难问题，通常将其中的 10 范式松弛为 11 范式，可表示为

$$E(x) = \|x - \psi \alpha\|_2^2 + \lambda \|\alpha\|_1 \tag{3.15}$$

该类方法融合过程主要分为三步：首先通过字典学习得到高分字典与低分字典；然后利用低分字典对低分多光谱影像进行稀疏编码，得到稀疏系数；最后利用高分字典与稀疏系数重构高分多光谱融合影像。其中，高分字典与低分字典的获取较为关键，早期的字典往往通过已有高空间分辨率影像和低分辨率影像外来数据库进行学习训练得

到，因此，该类字典学习方法也称为离线字典学习。这种方法需要收集大量的额外数据，计算成本高。因此，直接利用待融合观测影像学习得到高分字典和低分字典的在线字典学习方法被提出（Guo et al.，2014；Zhu et al.，2013），并成为主流字典学习方法。实际上，基于观测模型和基于稀疏表达模型的融合方法间没有严格的界限，很多方法同时利用这两种理论实现融合（Meng et al.，2019；Jiang et al.，2011），能量函数可表示为

$$E(x) = \|\boldsymbol{Y} - \boldsymbol{M}\psi\alpha\|_2^2 + \lambda\|\alpha\|_1, \quad \text{s.t.} \ x = \psi\alpha \tag{3.16}$$

式中：$\boldsymbol{Y}$ 为观测影像，可为全色影像和低分多光谱影像的集合，即 $\boldsymbol{Y} = [y \quad \beta z]^{\mathrm{T}}$；$\boldsymbol{M}$ 为理想融合影像到观测影像的降质关系，可表示为 $\boldsymbol{M} = [A \quad \beta C]^{\mathrm{T}}$，其中上标 T 表示转置；$\beta$ 和 $\lambda$ 均为平衡各项的可调节权重。

如图 3.5 所示，通常基于迭代优化算法，如共轭梯度法（Shen et al.，2016）、梯度下降法（Zhang et al.，2012）、交替方向乘子法（Wei，2015）、分裂布雷格曼算法（Fang et al.，2013）等对构建的融合模型进行求解；也可以基于西尔维斯特方程（Wei et al.，2015）等无须迭代的优化算法实现快速求解。

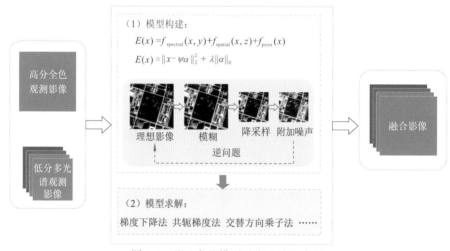

图 3.5  基于变分模型融合方法示意图

## 3.2.4  机器学习融合方法

随着计算机软硬件的快速发展，机器学习因具有突出的非线性特征提取和学习能力，被广泛应用于多个遥感领域（Shen et al.，2018；Wang et al.，2018；Masi et al.，2016；Dong et al.，2015）。较早使用机器学习进行全色/多光谱融合的工作可追溯到 Huang 等（2015），其使用自动编码器实现数据融合。Masi 等（2016）将卷积神经网络用于全色/多光谱影像融合问题，提出 PNN 方法。自此，基于机器学习特别是深度学习的全色/多光谱融合算法不断被提出并迅速发展为一个新的分支（Deng et al.，2022；Meng et al.，2019）。该类方法在大量样本数据上训练网络，学习从低分多光谱观测影像和高分全色观测影像到高分多光谱理想融合影像之间的映射关系，然后将待融合的低分多光谱观测影像、高分全色观测影像输入训练好的网络，网络输出融合影像，可表示为

$$x_f = N((y,z);\Theta) \tag{3.17}$$

式中：$(y,z)$ 为机器学习网络的输入，即低分多光谱观测影像和高分全色观测影像；$N(\cdot)$ 为融合网络；$\Theta$ 为网络的可学习参数；$x_f$ 为网络的输出结果，即融合影像。

根据网络的训练机制，可将现有基于机器学习的全色/多光谱融合方法分为基于监督学习方法（Wei et al.，2017；Masi et al.，2016）和基于非监督学习方法（Li et al.，2021；Luo et al.，2020）；根据网络的结构，又可将其分为基于卷积神经网络（convolution neural network，CNN）（Hu et al.，2021；Jiang et al.，2020；Scarpa et al.，2018）和基于生成对抗网络（generative adversarial network，GAN）的方法（Zhang et al.，2021；Ma et al.，2020；Shao et al.，2020），如图 3.6 所示。

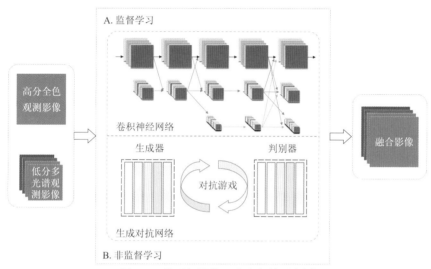

图 3.6　基于机器学习融合方法示意图

基于监督学习的方法遵循 Wald 守则（Wald et al.，1997），首先按照低分多光谱观测影像和高分全色观测影像间的空间分辨率比率对两者进行空间降采样，将降采样后的影像作为网络的输入，原始低分多光谱影像作为网络训练的标签数据，对网络进行训练。该策略下，基于卷积神经网络结构的融合方法中，网络主要根据输出的融合结果与标签数据间的距离来引导网络参数优化，常用的损失函数包括均方误差（mean squared error，MSE）损失函数（Yuan et al.，2018；Wei et al.，2017；Masi et al.，2016）和平均绝对误差（mean absolute error，MAE）损失函数（Liu et al.，2020；Scarpa et al.，2018），MSE 损失函数对异常值较敏感，会导致融合结果过平滑，部分空间结构信息丢失。MAE 损失函数的空间信息保护能力强于 MSE 损失函数，但融合结果仍存在空间信息不足。与基于卷积神经网络的方法相比，基于生成对抗网络的方法额外引入对抗机制约束网络融合精度，使用生成器网络从观测影像中生成融合影像，使用判别器网络鉴别标签数据和融合影像，引导生成器网络生成理想的光谱和空间分布特征（Liu et al.，2021；Shao et al.，2020）。

基于非监督学习的方法直接将原始低分多光谱观测影像和高分全色观测影像作为网络输入，此时，不存在高分多光谱理想融合影像作为网络训练的标签数据。基于卷积神经网络的方法主要根据低分多光谱输入影像的光谱保真和高分全色影像的空间结构保护两方面的性能设计损失函数，引导网络参数优化（Luo et al.，2020；Ma et al.，2020）。

类似于式（3.12）中基于观测模型的变分融合框架，光谱保真损失函数计算空间降采样后的融合影像与原始低分多光谱观测影像的距离，基于假设：网络输出的融合影像空间降采样至原始低分多光谱观测影像尺寸后，与低分多光谱影像一致。空间结构保护损失函数计算融合影像与全色影像的梯度、亮度等空间特征的距离，基于假设：融合影像与高分全色观测影像的空间结构特征一致。非监督学习机制中，基于生成对抗网络的方法通常使用两个判别器分别约束网络输出结果的光谱特征和空间特征（Ma et al.，2020）。

总体来说，由于使用理想融合数据作为网络标签，现有的基于监督学习的方法性能优于基于非监督学习的方法，较为主流；两个代表性的融合网络结构中，基于生成对抗网络的方法是在基于卷积神经网络方法的基础上发展而来，两者具有高度相似性，其中，卷积神经网络更为简洁，稳健性强；生成对抗网络性能优越，但对参数更为敏感。尽管已经提出了诸多基于机器学习的全色/多光谱融合方法，它们中很多由单幅影像超分辨率网络迁移而至，致力于网络结构和损失函数上的改进，忽略了这两个问题的最大差异：单幅影像超分辨率仅从低分影像中推断出高分辨率的空间细节信息，而全色/多光谱影像融合可以从高分全色观测影像中获取丰富的空间细节信息。这些方法对全色影像中丰富空间信息的利用不充分，导致融合结果空间增强不足（Jiang et al.，2020；Zhang et al.，2019）。

基于此，本章考虑全色/多光谱影像融合问题的特性，基于对全色、多光谱影像包含的信息差异的分析，有效改进网络的输入、输出，提出基于差值映射的深度残差卷积融合网络；使用网络学习从高分全色观测影像与低分多光谱观测影像的差值到高分全色观测影像与高分多光谱融合影像的差值之间的映射，并将低分多光谱观测影像的梯度影像作为辅助数据加入网络输入，多方面引导网络加强空间结构信息的学习。网络结构上联合使用注意力机制和残差学习，有效提高网络的特征表达能力。

# 3.3 基于差值映射的深度残差卷积融合网络

在理想情况下，全色和多光谱影像融合网络在保持低分多光谱影像光谱特征的同时，能将全色影像的空间细节有效注入低分多光谱影像的每个波段；然而，融合网络通常需要在光谱保真和空间增强之间权衡。大多数现有的机器学习的融合方法在光谱特征保持上表现较好，在空间信息增强上表现较弱。为了解决此问题，有效增强融合结果的空间细节，本节提出三个有效策略：①差值信息映射策略，以促使网络侧重空间结构信息的学习；②梯度信息辅助策略，以引导网络加强空间特征的提取；③注意力机制与残差块结构策略，以充分提高网络特征提取与表达能力。其中前两个策略即为充分考虑全色/多光谱融合问题特性对网络输入和输出进行的有效改进。

## 3.3.1 差值映射与梯度辅助策略

### 1. 差值映射策略

如图 3.7 所示，现有多数基于机器学习的融合方法通常使用网络学习从低分多光谱观测影像、高分全色观测影像到高分多光谱融合影像间的映射，网络的输入为{Up LR MS,

HR PAN}，其中 Up LR MS 为上采样多光谱影像，即将低分多光谱影像上采样至高分全色影像的空间尺度；HR PAN 为高分全色观测影像。网络的输出为 {HR MS}，即高分多光谱融合影像。如图 3.7（a）测试箭头后的融合结果所示，该类映射策略能取得令人满意的光谱保真性能，但存在空间信息增强不足的问题。理论上，这是对高分全色影像的利用不足所致，因为融合影像的高分空间细节信息仅存在于全色影像中。

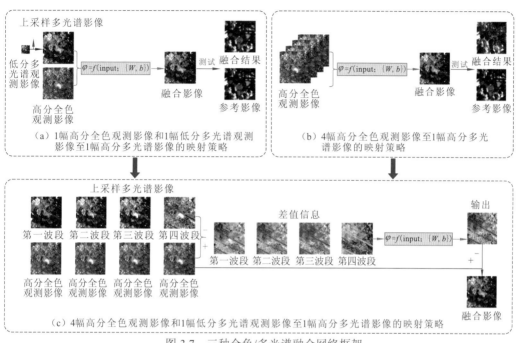

图 3.7　三种全色/多光谱融合网络框架

为了充分利用高分全色影像，从而增加融合结果中的空间信息，图 3.7（b）中展示了另一类映射策略，将高分全色影像映射到高分多光谱影像的每一个波段。本节以四波段的多光谱影像为例，图 3.7(b)中网络的输入为 {HR PAN, HR PAN, HR PAN, HR PAN}，网络的输出依然为 {HR MS}。图 3.7（b）中测试箭头后的融合结果显示，此类融合策略能带来充足的空间增强，但存在严重的光谱失真，这极可能是网络输入中低分多光谱影像的缺失所致。

图 3.7（a）和（b）中所示的两种映射策略存在明显的互补性，一个有效的策略是结合这两者，将高分全色观测影像分配给低分多光谱观测影像的每个波段。最简单的方式是将高分全色观测影像与低分多光谱观测影像逐波段串联，如图 3.7（c）左侧所示，然而，这种方式中高分全色观测影像信息冗余，且输入影像数的增多加大了网络的计算复杂度。因此，本章提出基于差值信息映射的优化策略，将高分全色观测影像和低分多光谱观测影像逐波段的差值信息作为网络的输入。如图 3.7（c）所示，网络的输入为 {HR PAN$-$Up LR MS$_b$}$_{b=1:4}$，网络的输出为 {HR PAN$-$HR MS$_b$}$_{b=1:4}$，其中 HR MS$_b$ 表示 HR MS 的第 $b$ 个波段。该差值映射策略具有以下三个优点。

（1）该策略将高分全色影像分配给低分多光谱影像的每个波段，对高分全色影像的多次利用可以提供充分的空间信息，从而满足多光谱影像中各个波段的空间信息增强需求。

（2）与简单的逐波段串联策略相比，差值映射策略减少了输入影像的数量，降低了网络的计算复杂度。

（3）最重要的是，图 3.7（c）中所示的网络输入中包含比网络输出更多的信息量，这与大多数全色/多光谱融合网络相反。如前文所述，图 3.7（c）的网络输入是 $\{HR\ PAN-Up\ LR\ MS_b\}_{b=1:4}$，网络输出是 $\{HR\ PAN-HR\ MS_b\}_{b=1:4}$；由于 HR MS 包含比 Up LR MS 更多的信息，网络输出包含的信息比网络输入少。当网络从少信息映射到多信息时，网络的功能为信息生成，而当网络从多信息映射到少信息时，网络的功能为信息精炼；直观上对网络而言，信息精炼比信息生成更加容易、可行。

**2. 梯度辅助策略**

遥感影像的空间结构指像素的空间构成和排列，由像素值的空间变化反映。影像的梯度信息，也就是相邻像素的差值，能直接反映影像的空间结构。因此，为了增强融合结果的空间结构信息，本章使用梯度信息辅助策略，把上采样多光谱影像的梯度作为辅助数据，与差值影像一同输入网络。图 3.8 展示了上采样多光谱影像的梯度，其中第一行表示水平方向梯度，第二行表示垂直方向梯度。在图 3.8（a）～（d）和（f）～（i）中，每个波段的梯度影像中包含了理想高分多光谱影像的丰富的边缘结构信息，如黄色矩形框处的道路边缘。此外，图 3.8（e）和（j）中所示的假彩色合成图中显示的颜色信息表明，梯度影像还包含理想融合结果的光谱信息。因此，使用上采样多光谱影像梯度作为辅助数据不仅能够增加融合影像的空间细节，也能缓解潜在的光谱失真。

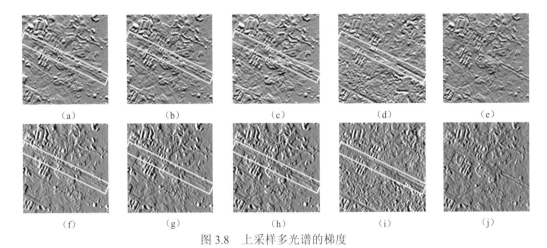

图 3.8　上采样多光谱的梯度
第一行为水平方向梯度，第二行为垂直方向梯度
（a）（f）蓝波段，（b）（g）绿波段，（c）（h）红波段，（d）（i）近红外波段，（e）（j）近红外-红-绿波段组合

## 3.3.2　基于差值映射的深度残差卷积融合方法

**1. 整体框架**

为了表示方便，本章将低分多光谱观测影像表示为 $y$，高分全色观测影像表示为 $z$，理想的融合影像表示为 $x$。

图 3.9 是基于差值映射的深度残差卷积融合网络（differential information residual CNN，

DIRCNN）方法框架图，首先对低分多光谱观测影像和高分全色观测影像分别进行预处理，即采用双三次内插将低分多光谱观测影像上采样至高分全色观测影像的空间尺寸，并利用上采样多光谱影像对全色影像进行矩匹配（孟祥超，2017；Aiazzi et al.，2006），用于消除多光谱影像与全色影像之间灰度值差异导致的光谱失真，具体可表示为

$$\hat{z}_b = \frac{z - \mu(z)}{\mathrm{std}(z)} \cdot \mathrm{std}(\tilde{y}_b) + \mu(\tilde{y}_b) \tag{3.18}$$

式中：$\mu(z)$ 和 $\mathrm{std}(z)$ 分别为全色影像的均值和标准差；$\tilde{y}_b$ 为第 $b$ 个波段；$\mu(\tilde{y}_b)$ 和 $\mathrm{std}(\tilde{y}_b)$ 分别为其均值和标准差；$\hat{z} = [\hat{z}_1, \cdots, \hat{z}_b \cdots]_{b=1,\cdots,B}$ 为根据式（3.18）矩匹配后的全色影像。

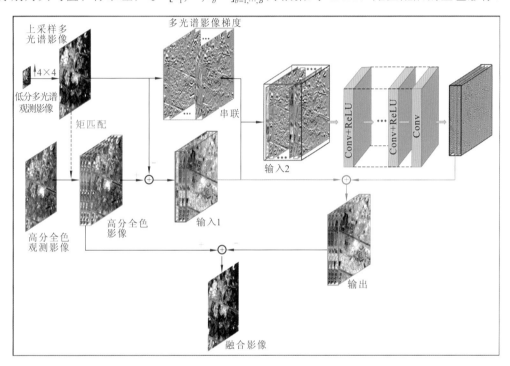

图 3.9　基于差值映射的深度残差卷积网络融合方法框架图

该融合网络有两个输入，其中输入 1 为全色和多光谱影像的差值影像（图 3.9 中红框所示），输入 2 同时包括差值影像和上采样多光谱影像的梯度信息（图 3.9 中绿框所示）；可分别表示为

$$\boldsymbol{D}^{\mathrm{in1}} = \hat{z} - \tilde{y} \tag{3.19}$$

$$\boldsymbol{D}^{\mathrm{in2}} = \{D_b^{\mathrm{in1}}, g_b, \cdots\}_{b=1,\cdots,B} \tag{3.20}$$

式中：$\boldsymbol{D}^{\mathrm{in1}}$ 为网络的第一个输入数据，为差值影像；$\boldsymbol{D}^{\mathrm{in2}}$ 为网络的第二个输入数据，由差值影像和梯度影像逐波段串联而得。式（3.20）中 $g_b = [g_b^{\mathrm{h}}, g_b^{\mathrm{v}}]$ 为上采样多光谱影像的第 $i$ 个波段在水平方向和垂直方向的梯度。

通过该网络最终获得的融合结果可表示为

$$\boldsymbol{D}^{\mathrm{fused}} = \hat{z} - N((\boldsymbol{D}^{\mathrm{in1}}, \boldsymbol{D}^{\mathrm{in2}}); \Theta) \tag{3.21}$$

式中：$\boldsymbol{D}^{\mathrm{fused}}$ 为融合结果；$N(\cdot)$ 和 $\Theta$ 分别为融合网络及其可训练参数；$N((\boldsymbol{D}^{\mathrm{in1}}, \boldsymbol{D}^{\mathrm{in2}}); \Theta)$ 为网络的输出。

网络的理想输出为高分全色影像和理想高分多光谱影像的差值，可表示为

$$\boldsymbol{D}^{\text{lab}} = \hat{\boldsymbol{z}} - \boldsymbol{x} \tag{3.22}$$

该网络采用 MSE 损失函数计算网络理想输出和真实输出之间的距离，可表示为

$$\text{loss} = \frac{1}{2N} \sum_{k=1}^{N} \left\| \boldsymbol{D}^{\text{lab}} - \boldsymbol{D}^{\text{fused}} \right\|_{\text{F}}^{2} \tag{3.23}$$

式中：$N$ 为训练样本数量；$\|\cdot\|_{\text{F}}$ 为矩阵的 Frobenius 范数。

**2. 注意力机制与残差块结合的网络结构**

图 3.10 为注意力机制与残差块结合的网络结构图，包括 4 种类型的模块，其中第一个是"Conv+ReLU"模块，第二个是"空谱联合注意力机制"模块，紧接着是 4 个"残差块"单元，最后一个是"Conv"模块。具体来说，"Conv+ReLU"模块由一个卷积层和一个 ReLU 激活函数层组成，其中卷积的大小为 3×3×3$B$×64，$B$ 为多光谱影像的波段数。最后的"Conv"模块仅包含一个卷积层，大小为 3×3×64×$B$。为了最大化网络的特征提取能力，在网络结构的中部联合使用了注意力机制和残差学习机制，对应图 3.10 中的"空谱联合注意力机制"和"残差块"。下面详细介绍这两类模块的结构。

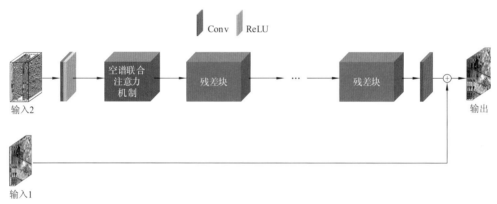

图 3.10　注意力机制与残差块结合的网络结构图

注意力机制（Woo et al.，2018）具有校准特征图、提取关键特征的功能，是近年来流行的网络结构，被广泛应用于多个计算机视觉问题，如分类、语义分割、超分辨率重建（Fu et al.，2019；Hu et al.，2018；Zhang et al.，2018）等。图 3.11 显示了空谱联合注意力机制的详细结构，基于卷积块注意模块（convolutional block attention module，CBAM）模型（Woo et al.，2018）和瓶颈注意模块（bottleneck attention module，BAM）模型（Park et al.，2018）构建，包括空间、通道（对应遥感影像中的光谱维）注意力机制分支。其中，通道注意力机制包括一个均值池化（avgpool）层和两个全连接（fully connected，FC）层，均值池化层提取每个输入特征图的全局统计特征，随后两个全连接层生成通道特征。空间注意力机制由三个组卷积（group convolution，Gconv）组成，每个组卷积首先将输入特征图分为 64 组，即每张特征图独自构成一组，然后利用 64 个 3×3×1×1 的卷积提取每组的空间特征。所提取的空间特征和通道特征通过一个平移放缩（Scale）层和 Sigmoid 函数逐层结合，具体可表示为

$$\boldsymbol{F}_{\text{output}} = \boldsymbol{F}_{\text{input}} \oplus (\boldsymbol{F}_{\text{input}} \otimes \sigma(\text{Scale}(\boldsymbol{M}_{\text{C}}, \boldsymbol{M}_{\text{S}}))) \tag{3.24}$$

式中：$\boldsymbol{F}_{\text{input}}$ 和 $\boldsymbol{F}_{\text{output}}$ 分别为空谱联合注意力机制模块的输入和输出特征图；$\boldsymbol{M}_{S}$ 和 $\boldsymbol{M}_{C}$ 分别为空间、通道注意力机制分支提取的空间、光谱特征；Scale(·) 和 $\sigma$(·) 分别为放缩函数和 Sigmoid 函数；$\oplus$ 和 $\otimes$ 分别为逐像素相加、相乘函数。

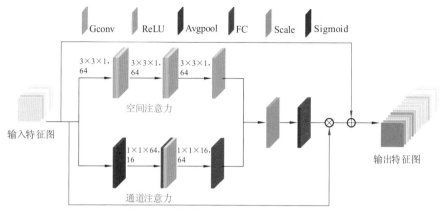

图 3.11　空谱联合注意力机制结构图

为了进一步提高网络精度，本章网络结构中结合了残差学习策略，该策略最先由 He 等（2016）提出，用于解决随着网络深度增加，训练和测试精度反而下降的问题。残差学习策略的有效性在许多任务中得到了验证（Li et al.，2020；Lin et al.，2017）。本小节所提出的网络以两种方式使用了残差学习。第一种方式是将输入数据 1 直接与网络最后一层卷积层输出的特征图相加，如图 3.10 所示。第二种是在残差块结构中使用残差学习，如图 3.12 所示。

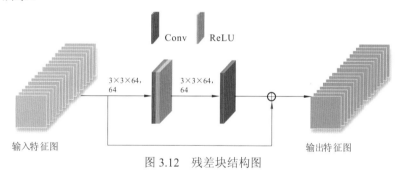

图 3.12　残差块结构图

由图 3.12 可知，一个残差块包括两个卷积层，其中第一个卷积层后紧接一个 ReLU 函数层，每个卷积层的大小为 3×3×64×64，$\oplus$ 是逐像素相加函数，在残差块中也称为跳跃连接，用于将输入特征图与第二个卷积层的输出特征图相加，生成残差块的最终输出。残差块中的残差学习将低维和高维的特征串联，减少了网络特征提取过程中的信息损失，本章综合融合精度与网络模型复杂度，采用 4 个残差块结构。

## 3.4　实验结果与分析

本节通过实验对 5 个主流方法进行对比，它们是属于成分替换的可调 IHS（adjustable IHS，AIHS）方法（Rahmani et al.，2010），属于多分辨率分析的 MTF-GLP

方法（Aiazzi et al., 2006），属于变分模型类的耦合非负矩阵分解（coupled nonnegative matrix factorization，CNMF）方法（Yokoya et al., 2012）和两步稀疏编码（two-step sparse coding，TSSC）方法（Jiang et al., 2014），属于深度学习类的残差泛锐化神经网络（deep residual pan-sharpening neural network，DRPNN）方法（Wei et al., 2017）和上节所提出的 DIRCNN 方法。选用高分一号、高分二号、QuickBird、IKONOS 实验数据进行融合实验，根据实验中参考影像获取方式的不同，将融合实验分为模拟实验和真实实验。

## 3.4.1 定量评价指标

**1. 模拟实验定量评价指标**

在模拟实验中，遵循 Wald 守则（Wald et al., 1997），首先根据低分多光谱观测影像与高分全色观测影像的空间分辨率比值将其降采样，并融合降采样后的多光谱影像和全色影像，如此，原始低分多光谱观测影像可用作参考影像对融合结果进行定性、定量评价。模拟实验中，本小节选取 6 个代表性的定量评价指标：光谱角（spectral angle mapper，SAM）（Yuhas et al., 1992）、结构相似性（SSIM）指数（Wang et al., 2004）、空间相关系数（spatial correlation coefficient，SCC）（Otazu et al., 2005）、相对全局尺度综合误差（erreur relative globale adimensionnelle de synthese，ERGAS）（Wald, 2002）、峰值信噪比（peak signal to noise ratio，PSNR）（Hore et al., 2010）及 Q 指数（universal image quality index，通用图像质量指数）（Wang et al., 2002）。其中 SAM 为光谱质量评价指标，SCC、SSIM 为空间质量评价指标，其他为综合质量评价指标。

1）SAM

$$\text{SAM} = \frac{1}{WH} \sum_{i=1}^{WH} \arccos \frac{\sum_{b=1}^{B}(F_{i,b} \cdot R_{i,b})}{\sqrt{\sum_{b=1}^{B}F_{i,b}^2 \sum_{b=1}^{B}R_{i,b}^2}} \tag{3.25}$$

式中：$F$ 为融合影像；$R$ 为参考影像；$W$、$H$ 和 $B$ 分别为影像的宽度、高度和波段数；$F_{i,b}$ 为 $F$ 第 $b$ 个波段的 $i$ 个像素值。SAM 指标用于评价融合影像的光谱失真，越接近理想值 0，表示精度越高。

2）SSIM

$$\text{SSIM} = \frac{[2\mu(F) \cdot \mu(R) + c_1][2\sigma(F, R) + c_2]}{[\mu(F)^2 + \mu(R)^2 + c_1][\sigma(F)^2 + \sigma(R)^2 + c_2]} \tag{3.26}$$

式中：$\mu(\cdot)$ 为求均值操作；$\sigma(\cdot)$ 为求标准差操作；$\sigma(\cdot, \cdot)$ 为求协方差操作；$c_1, c_2$ 为两个常数。SSIM 指标度量融合影像 $F$ 和参考影像 $R$ 在空间结构上的相似度，越接近理想值 1，表示精度越高。

3）SCC

$$\text{SCC} = \frac{1}{B} \sum_{b=1}^{B} \frac{\sigma(\hat{F}_b, \hat{R}_b)}{[\sigma(\hat{F}_b)^2 + \sigma(\hat{R}_b)^2]} \tag{3.27}$$

式中：$\hat{F}_b$ 和 $\hat{R}_b$ 分别为经过拉普拉斯滤波后的融合影像和参考影像的第 $b$ 个波段。SCC 指标度量融合影像 $F$ 和参考影像 $R$ 空间特征的相似度，越接近理想值 1，表示精度越高。

4）ERGAS

$$\text{RMSE} = \frac{1}{B} \sum_{b=1}^{B} \sqrt{\frac{\|R_b - F_b\|_{\text{F}}^2}{WH}} \tag{3.28}$$

$$\text{ERGAS} = 100 \frac{h}{l} \sqrt{\frac{1}{B} \sum_{b=1}^{B} \left( \frac{\text{RMSE}(R_b, F_b)}{\mu(R_b)} \right)^2} \tag{3.29}$$

式中：RMSE(·,·)用于计算均方根误差；$h$和$l$分别为高、低分影像的空间分辨率。ERGAS指标度量融合影像$F$与参考影像$R$的全局综合误差，越接近理想值0，表示精度越高。

5）PSNR

$$\text{PSNR} = 10 \lg \left( \frac{\text{MAX}(R)}{\text{MSE}(R, F)} \right) \tag{3.30}$$

式中：MAX(·)为求最大值操作；MSE(·,·)为求均方误差操作。PSNR指标度量影像中信号功率和噪声功率间的比率，数值越大，表示精度越高。

6）Q 指数

$$Q = \frac{4\sigma(F, R)\mu(F)\mu(R)}{[\sigma(F)^2 + \sigma(R)^2][\mu(F)^2 + \mu(R)^2]} \tag{3.31}$$

Q 指数指标用于度量融合影像$F$的综合精度，越接近理想值1，表示精度越高。

**2. 真实实验定量评价指标**

在真实实验中，直接融合低分多光谱观测影像和高分全色观测影像，此时，无参考影像的存在。因此，利用无参质量指标（quality with no reference，QNR）（Alparone et al.，2008）、熵（entropy）（Vijayaraj et al.，2006）和空间频率（spatial frequency，SF）（Eskicioglu et al.，1995）等不需要参考影像的定量评价指标进行定量评价。

1）QNR

$$\text{QNR} = (1 - D_\lambda)^\alpha (1 - D_S)^\beta \tag{3.32}$$

$$D_\lambda = \sqrt[p]{\frac{1}{WH(WH-1)} \sum_{i=1}^{WH} \sum_{j=1, j \neq i}^{WH} |Q(F_i, F_j) - Q(M_i, M_j)|^p} \tag{3.33}$$

$$D_S = \sqrt[q]{\frac{1}{WH} \sum_{i=1}^{WH} |Q(F_i, P) - Q(M_i, P_L)|^q} \tag{3.34}$$

式中：QNR 由 $D_\lambda$ 和 $D_S$ 组成，$D_\lambda$ 度量融合影像$F$与低分多光谱观测影像$M$间的光谱失真，$D_S$ 度量融合影像$F$与高分全色观测影像$P$间的空间失真；$Q(\cdot, \cdot)$为式（3.31）中 Q 指数，$\alpha$ 和 $\beta$ 为权重参数；$p$ 和 $q$ 通常固定为 1。$D_\lambda$ 与 $D_S$ 的理想值为 0，QNR 的理想值为 1。

2）Entropy

$$\text{Entropy} = -\sum_{i=1}^{WHB} p(F_i) \log_2 (p(F_i)) \tag{3.35}$$

式中：$p(F_i)$为融合影像$F$中第$i$个像素的值出现的概率。Entropy 指标体现融合影像的信息量，数值越大，影像所包含的信息越多。

3）SF

$$\mathrm{SF} = \frac{1}{B}\sum_{b=1}^{B}\sqrt{\frac{1}{WH}\sum_{i=1}^{W-1}\sum_{j=1}^{H-1}[(F_{i,j,b}-F_{i,j+1,b})^2 + (F_{i,j,b}-F_{i+1,j,b})^2]} \tag{3.36}$$

式中：$F_{i,j,b}$ 为融合影像 $F$ 第 $b$ 波段的第 $i$ 行、第 $j$ 列的像素值。SF 指标体现影像的灰度变化率，反映影像整体的活动水平，数值越大，影像包含的结构信息越丰富。

## 3.4.2  模拟实验

### 1. QuickBird 模拟实验

图 3.13 展示了一组 QuickBird 模拟实验融合结果的假彩色合成（即近红外-红-蓝波段组合），图的右下角为绿色矩形区域的放大显示。图 3.13 中 AIHS、MTF-GLP、CNMF 和 TSSC 的融合结果均可见明显的光谱失真。具体来说：从图 3.13（d）中的放大区域的暗红色植被可见，MTF-GLP 融合结果的色彩畸变严重；图 3.13（c）放大区域中的建筑物边缘显示，AIHS 不仅产生了光谱畸变，还存在明显的空间模糊；图 3.13（f）放大区域中 3 个建筑之间的景观显示，TSSC 融合结果中不仅存在光谱失真，还存在空间混叠。4 种非深度学习方法中，CNMF 的融合结果在视觉上与参考影像最接近，然而，CNMF 也显示出较差的颜色信息，例如，图 3.13（e）放大区域中建筑物的颜色为橙色，而参考影像图 3.13（i）放大区域中建筑物的颜色为白色。如图 3.13（g）～（i）中黄色矩形中植被所示：两种基于卷积神经网络的方法融合结果的颜色与参考影像更为一致，体现了卷积神经网络融合方法的良好光谱保真性能；DIRCNN 方法融合结果与参考影像最接近，例如，在图 3.13（g）～（i）中黄色矩形下方的建筑物边缘，DRPNN 融合结果中存在轻微的光晕效应，而 DIRCNN 融合结果视觉上更加清晰。

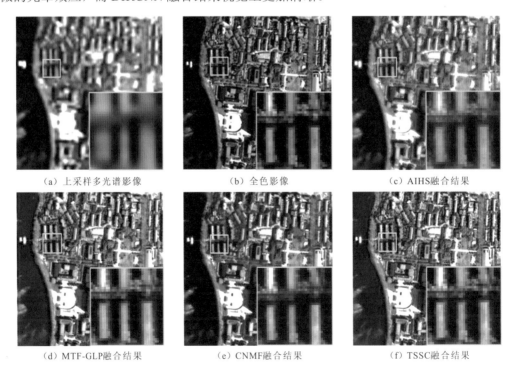

（a）上采样多光谱影像          （b）全色影像          （c）AIHS融合结果

（d）MTF-GLP融合结果          （e）CNMF融合结果          （f）TSSC融合结果

（g）DRPNN融合结果          （h）DIRCNN融合结果          （i）参考影像

图 3.13　QuickBird 模拟实验结果

图 3.14 为图 3.13 中各种方法融合结果与参考影像逐波段差值影像的箱线图。由图可知，DIRCNN 显示出最小的平均值、中位数、最小值至最大值范围、25%～75%范围和 1%～99%范围，充分说明了相对其他方法，本章提出的 DIRCNN 方法融合结果与参考影像最接近。

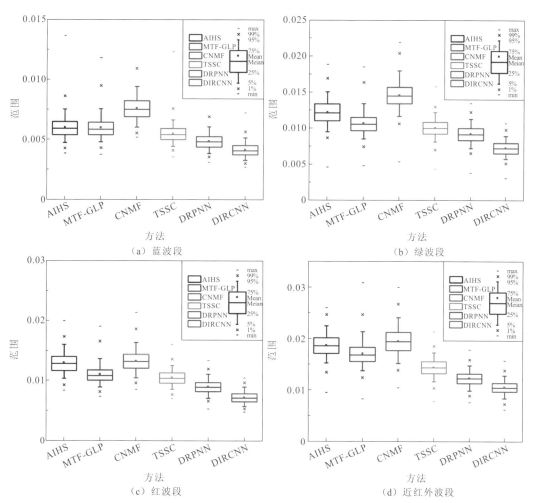

图 3.14　图 3.13 中融合结果与参考影像的逐波段绝对差值箱线图

表 3.1 列举了 16 组 QuickBird 模拟实验的平均定量评价结果，其中第 2～5 列为 4

种非深度学习的方法，第6～7列为两种基于卷积神经网络的方法。表3.1中每个指标的最优值标红、次优值标蓝。所有方法中，两种基于卷积神经网络的方法所有质量指标均优于其他方法，充分展现了深度学习出色的特征表达能力；而这两种方法中，DIRCNN方法的所有质量指标均优于DRPNN方法，体现了在该实验中DIRCNN方法的性能全面优于DRPNN方法。

表 3.1　QuickBird 模拟实验定量评价结果（16 组平均）

| 指标 | 方法 | | | | | |
|---|---|---|---|---|---|---|
| | AIHS | MTF-GLP | CNMF | TSSC | DRPNN | DIRCNN |
| ERGAS | 3.691 6 | 3.549 6 | 3.266 1 | 3.218 0 | 2.588 5 | 2.358 0 |
| SAM | 3.768 3 | 3.676 7 | 3.200 2 | 3.368 8 | 2.638 5 | 2.501 9 |
| Q 指数 | 0.871 5 | 0.886 3 | 0.906 0 | 0.910 9 | 0.931 9 | 0.943 2 |
| PSNR | 33.213 5 | 33.936 9 | 34.334 9 | 34.560 4 | 36.293 6 | 37.167 6 |
| $SSIM_B$ | 0.941 8 | 0.925 1 | 0.945 5 | 0.940 3 | 0.958 5 | 0.965 1 |
| $SSIM_G$ | 0.886 9 | 0.882 5 | 0.908 7 | 0.894 7 | 0.923 0 | 0.940 0 |
| $SSIM_R$ | 0.874 6 | 0.867 7 | 0.905 8 | 0.885 5 | 0.927 0 | 0.940 1 |
| $SSIM_{NIR}$ | 0.802 9 | 0.883 8 | 0.887 8 | 0.885 8 | 0.910 0 | 0.931 3 |
| $SSIM_{AVG}$ | 0.876 6 | 0.889 7 | 0.912 0 | 0.901 6 | 0.929 6 | 0.944 1 |
| $SCC_B$ | 0.785 5 | 0.568 2 | 0.772 9 | 0.728 4 | 0.856 6 | 0.867 1 |
| $SCC_G$ | 0.767 3 | 0.590 3 | 0.750 5 | 0.697 3 | 0.840 3 | 0.863 2 |
| $SCC_R$ | 0.476 2 | 0.400 9 | 0.522 3 | 0.460 2 | 0.655 2 | 0.689 3 |
| $SCC_{NIR}$ | 0.625 2 | 0.612 9 | 0.636 5 | 0.602 4 | 0.757 3 | 0.838 3 |
| $SCC_{AVG}$ | 0.663 5 | 0.543 1 | 0.670 5 | 0.622 1 | 0.777 4 | 0.814 5 |

### 2. 高分二号模拟实验

图 3.15 展示了一组融合结果的假彩色合成（即近红外-红-蓝波段组合）。融合结果显示 AIHS 和 MTF-GLP 在空间信息增强上表现不佳，例如，与上采样多光谱影像的放大区域相比，AIHS 和 MTF-GLP 虽然在裸土区空间细节增强明显，但是在植被区的空间结构严重模糊。结合表 3.2 中的定量评价结果可以推断，这些方法融合结果目视较差的原因可能是近红外波段的融合精度低。对比图 3.15（e）CNMF 融合结果与图 3.15（i）参考影像的放大区域，参考影像的裸土区为黄色，而 CNMF 融合结果中为红色，且 CNMF 融合结果在植被区几乎没有空间信息增强；由此可知，CNMF 不仅在空间增强上表现不佳，还产生了光谱失真。图 3.15（f）中 TSSC 融合结果的空间细节虽然多于前三种方法的融合结果，但这些空间细节中存在部分虚假信息，即在参考影像中并不存在的信息，如图 3.15（f）放大区域裸土区的景观所示。DRPNN 和 DIRCNN 的光谱保真和空间细节增强优于前 4 种方法，DIRCNN 融合结果的空间细节更加清晰，与参考影像更接近，如图 3.15（g）～（i）放大区域的植被区所示。

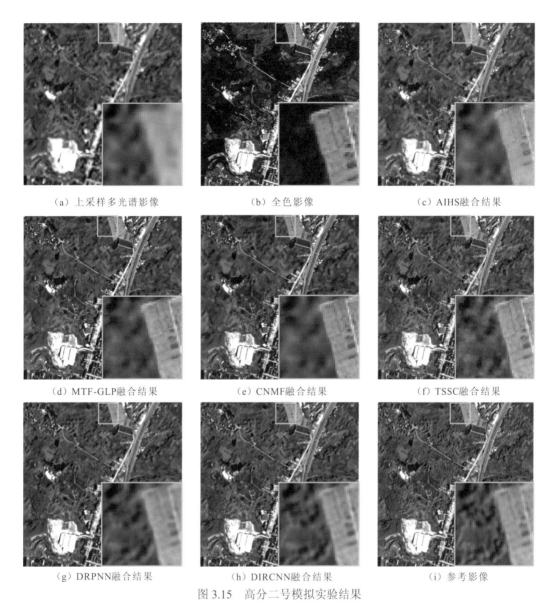

（a）上采样多光谱影像　　　　　（b）全色影像　　　　　（c）AIHS融合结果

（d）MTF-GLP融合结果　　　　　（e）CNMF融合结果　　　　　（f）TSSC融合结果

（g）DRPNN融合结果　　　　　（h）DIRCNN融合结果　　　　　（i）参考影像

图 3.15　高分二号模拟实验结果

表 3.2　高分二号模拟实验定量评价结果（20 组平均）

| 指标 | 方法 | | | | | |
|---|---|---|---|---|---|---|
| | AIHS | MTF-GLP | CNMF | TSSC | DRPNN | DIRCNN |
| ERGAS | 2.972 2 | 2.874 5 | 3.097 2 | 2.782 7 | 2.040 2 | 1.809 8 |
| SAM | 3.388 1 | 3.331 0 | 3.507 1 | 3.469 4 | 2.656 8 | 2.441 2 |
| Q 指数 | 0.893 7 | 0.898 6 | 0.881 2 | 0.913 3 | 0.941 5 | 0.955 7 |
| PSNR | 33.885 3 | 33.197 0 | 33.542 3 | 33.920 1 | 36.294 1 | 36.907 5 |
| $SSIM_B$ | 0.980 5 | 0.981 4 | 0.974 9 | 0.985 6 | 0.988 0 | 0.992 6 |
| $SSIM_G$ | 0.973 8 | 0.988 6 | 0.977 0 | 0.990 2 | 0.989 4 | 0.993 6 |
| $SSIM_R$ | 0.960 3 | 0.983 6 | 0.971 2 | 0.985 3 | 0.985 0 | 0.991 3 |
| $SSIM_{NIR}$ | 0.819 4 | 0.779 2 | 0.823 0 | 0.837 6 | 0.893 1 | 0.900 4 |

| 指标 | 方法 | | | | | |
|------|------|------|------|------|------|------|
| | AIHS | MTF-GLP | CNMF | TSSC | DRPNN | DIRCNN |
| $SSIM_{AVG}$ | 0.933 5 | 0.933 2 | 0.936 5 | 0.949 7 | 0.963 9 | 0.969 5 |
| $SCC_B$ | 0.828 8 | 0.815 0 | 0.792 0 | 0.803 0 | 0.913 3 | 0.932 3 |
| $SCC_G$ | 0.822 6 | 0.830 0 | 0.801 2 | 0.816 9 | 0.910 1 | 0.934 5 |
| $SCC_R$ | 0.777 6 | 0.794 0 | 0.769 2 | 0.783 1 | 0.884 7 | 0.913 1 |
| $SCC_{NIR}$ | 0.484 6 | 0.413 1 | 0.503 2 | 0.359 9 | 0.640 2 | 0.662 6 |
| $SCC_{AVG}$ | 0.728 4 | 0.713 0 | 0.690 7 | 0.716 4 | 0.837 1 | 0.860 6 |

图 3.16 显示了图 3.15 中各种方法的融合结果、上采样多光谱影像与参考影像间绝对残差影像的真彩色合成（即红-绿-蓝波段组合）。残差图中图像越亮，表示融合结果与参考影像的差异越大。图 3.16 中所有融合方法的残差图均比上采样多光谱影像的残差图暗，显示了这些方法的有效性。此外：DIRCNN 和 DRPNN 这两种基于卷积神经网络方法的残差图比其他 4 种非深度学习方法的残差图暗；DIRCNN 残差图中可见的空间结构信息明显少于 DRPNN 残差图，充分验证了 DIRCNN 方法的优越性。

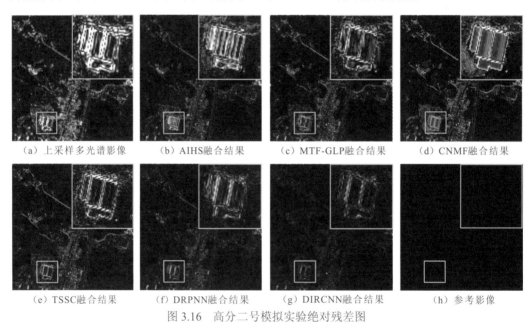

（a）上采样多光谱影像　　（b）AIHS融合结果　　（c）MTF-GLP融合结果　　（d）CNMF融合结果

（e）TSSC融合结果　　（f）DRPNN融合结果　　（g）DIRCNN融合结果　　（h）参考影像

图 3.16　高分二号模拟实验绝对残差图

表 3.2 列举了 20 组高分二号模拟实验的平均定量评价结果，每个指标的最优值标红、次优值标蓝。表 3.2 显示：两种基于卷积神经网络的方法的所有质量指标均优于 4 种非深度学习的方法；4 种非深度学习的方法中，TSSC 表现较好；而两个基于卷积神经网络的方法中，本章提出的 DIRCNN 明显优于 DRPNN。

## 3.4.3　真实实验

真实实验包括两组，第一组为 IKONOS 真实实验，第二组为高分一号真实实验。

IKONOS 真实实验中，两种基于卷积神经网络的方法采用在 QuickBird 影像上训练的网络进行测试；高分一号真实实验中，两种基于卷积神经网络的方法采用在高分二号影像上训练的网络进行测试。

**1. IKONOS 真实实验**

图 3.17 展示了一组 IKONOS 真实实验融合结果的真彩色合成（即红-绿-蓝波段组合）。图 3.17(d)左上角的绿色植被区域和图 3.17(e)右下角的蓝色建筑区域显示 MTF-GLP 和 CNMF 融合结果中均存在明显的光谱失真；图 3.17（c）右下角的建筑区域可见 AIHS 融合结果中的空间结构模糊；图 3.17（f）TSSC 融合影像左上角的植被区域含有伪痕，这在图 3.18（f）中更加明显；相较之下，DRPNN 和 DIRCNN 融合结果目视上较好。

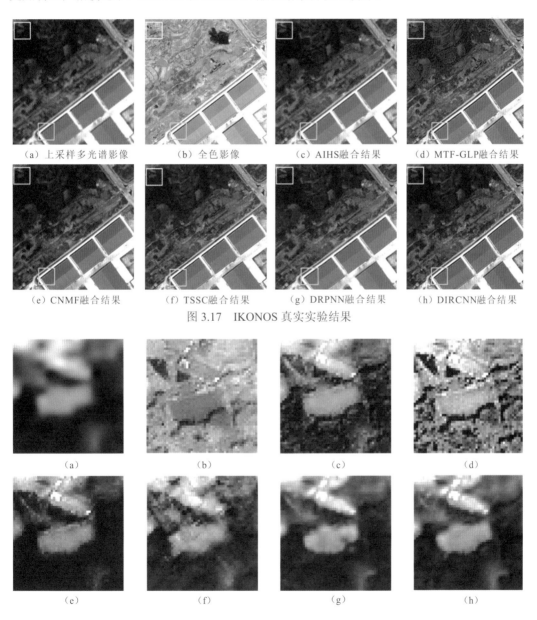

（a）上采样多光谱影像 （b）全色影像 （c）AIHS融合结果 （d）MTF-GLP融合结果

（e）CNMF融合结果 （f）TSSC融合结果 （g）DRPNN融合结果 （h）DIRCNN融合结果

图 3.17　IKONOS 真实实验结果

（a）　　　　　　　（b）　　　　　　　（c）　　　　　　　（d）

（e）　　　　　　　（f）　　　　　　　（g）　　　　　　　（h）

图 3.18　IKONOS 真实实验中放大的植被区域和建筑区域

（a）（i）上采样多光谱影像，（b）（j）全色影像，（c）（k）AIHS 融合结果，（d）（l）MTF-GLP 融合结果，
（e）（m）CNMF 融合结果，（f）（n）TSSC 融合结果，（g）（o）DRPNN 融合结果，（h）（p）DIRCNN 融合结果

　　为了更全面地分析各融合方法的效果，选择图 3.17 中一个小的植被区域和小的建筑区域在图 3.18 中进行放大显示。图 3.18 的第一行、第二行是植被区域的放大显示，第三行、第四行为建筑区域的放大显示。在植被区域，相较图 3.18（a）中的上采样多光谱影像，图 3.18（d）～（e）中的 MTF-GLP 和 CNMF 方法均展现出较差的光谱保真性能，例如，图 3.18（a）中的植被呈深绿色，图 3.18（d）中的植被呈灰白色，图 3.18（e）中的植被呈黑色。此外，图 3.18（d）中可见的空间信息最多，但其中无效信息和噪声明显，例如植被放大图中的裸土区域理应是均质的，实际却存在很多灰色和白色噪声点。图 3.18（f）中的 TSSC 融合结果中存在明显的伪痕。DRPNN 和 DIRCNN 融合结果均呈现出良好的光谱保真，且 DIRCNN 融合结果的空间结构信息比 DRPNN 更加清晰，如图 3.18（g）和（h）中裸土周围的植被区域所示。

　　对于建筑区域的光谱质量，与图 3.18（i）中蓝色的建筑物不同，图 3.18（l）中的建筑物呈现蓝紫色，图 3.18（m）中的建筑物呈现深蓝色，体现了 MTF-GLP 和 CNMF 方法较差的光谱保真能力。空间上，图 3.18（k）和（o）中蓝色建筑物的模糊边缘显示出 AIHS 和 DRPNN 的空间信息增强不足，TSSC 和 DIRCNN 相对表现较好。此外，对比图 3.18（p）与（n），DIRCNN 融合结果更像是 TSSC 融合结果的去噪结果，在去除噪声的同时保留了有效的空间特征。

　　表 3.3 列举了 4 组 IKONOS 真实实验的平均定量评价结果，每个指标的最优值标红、次优值标蓝。这些质量指标中，QNR、$D_\lambda$ 与 $D_S$ 借助低分多光谱影像和高分全色观测影像对融合结果进行评价，数值越好，表示融合影像与观测影像越相似。Entropy 和 SF 可由融合影像直接计算获得，数值越大，表示影像包含的空间信息越多。表 3.3 中，两种基于卷积神经网络的方法在 QNR、$D_\lambda$ 与 $D_S$ 指标表现更好，说明这两种方法的融合结果中包含更多与多光谱影像和全色观测影像一致的信息。MTF-GLP 和 TSSC 在 Entropy 和 SF 指标表现更好，表明 MTF-GLP 和 TSSC 的融合结果包含比其他方法融合结果更多的

信息，结合它们在 QNR、$D_\lambda$ 与 $D_S$ 指标上的表现，可以合理推断，MTF-GLP 和 TSSC 的融合结果中存在部分无效的空间信息。

表 3.3　IKONOS 真实实验定量评价结果（4 组平均）

| 指标 | 方法 | | | | | |
| --- | --- | --- | --- | --- | --- | --- |
| | AIHS | MTF-GLP | CNMF | TSSC | DRPNN | DIRCNN |
| QNR | 0.838 3 | 0.691 8 | 0.817 0 | 0.813 2 | 0.907 0 | 0.915 3 |
| $D_\lambda$ | 0.041 2 | 0.135 1 | 0.077 2 | 0.069 9 | 0.021 9 | 0.019 2 |
| $D_S$ | 0.125 9 | 0.200 2 | 0.115 3 | 0.126 8 | 0.072 9 | 0.061 2 |
| Entropy | 6.733 1 | 6.863 6 | 6.651 5 | 6.771 9 | 6.711 4 | 6.751 8 |
| SF | 7.309 2 | 14.165 3 | 10.860 8 | 13.335 5 | 6.452 2 | 9.275 5 |

**2. 高分一号真实实验**

图 3.19 展示了一组高分一号真实实验的真彩色合成（即红-绿-蓝波段组合）结果图。在光谱上，与图 3.19（a）中上采样多光谱影像的颜色相比，图 3.19（e）中的 CNMF 融合结果中存在严重的光谱失真，其中的植被呈现出不正常的黑色；图 3.19（d）中的 MTF-GLP 融合结果在植被区域也显示出部分光谱失真。在空间上，图 3.19（c）（f）（g）左下角的建筑区域结构显示 AIHS、TSSC 和 DRPNN 方法产生了模糊的空间结构信息。

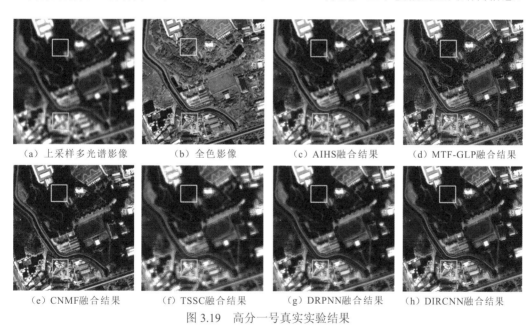

（a）上采样多光谱影像　　（b）全色影像　　（c）AIHS融合结果　　（d）MTF-GLP融合结果

（e）CNMF融合结果　　（f）TSSC融合结果　　（g）DRPNN融合结果　　（h）DIRCNN融合结果

图 3.19　高分一号真实实验结果

选择图 3.19 中一个小的植被区域和小的建筑区域在图 3.20 中进行放大显示。图 3.20 的第一行、第二行是植被区域假彩色合成的放大显示，第三行、第四行是建筑区域真彩色合成的放大显示。在植被区域，AIHS、MTF-GLP 和 CNMF 融合结果中可见不同程度的光谱失真。具体来说，与图 3.20 中的上采样多光谱影像相比，AIHS 和 MTF-GLP 的融合结果偏白，CNMF 的融合结果更鲜红。图 3.20（f）～（h）中 TSSC、DRPNN 和 DIRCNN

的融合结果在颜色上更接近上采样多光谱影像，而 TSSC 和 DIRCNN 的融合结果显示出比 DRPNN 更多的空间细节。

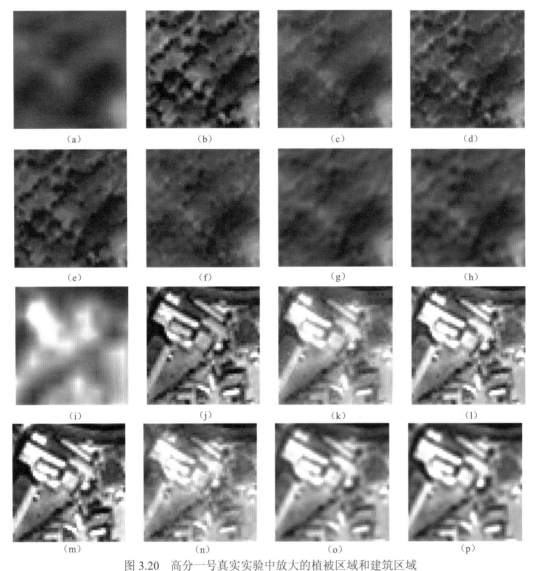

图 3.20 高分一号真实实验中放大的植被区域和建筑区域

（a）（i）上采样多光谱影像，（b）（j）全色影像，（c）（k）AIHS 融合结果，（d）（l）MTF-GLP 融合结果，
（e）（m）CNMF 融合结果，（f）（n）TSSC 融合结果，（g）（o）DRPNN 融合结果，（h）（p）DIRCNN 融合结果

在建筑区，图 3.20（m）的 CNMF 的融合结果显示出非常差的颜色，比如图中建筑物周围的裸土应该是橙色，却显示出黄色。图 3.20（k）（n）和（o）中的 AIHS、TSSC 和 DRPNN 融合结果的建筑物边缘模糊。总体而言，图 3.20（l）和（p）所示的 MTF-GLP 和 DIRCNN 融合结果比其他方法的结果更理想。

表 3.4 列举了 4 组高分一号真实实验的平均定量评价结果，与表 3.3 中类似，在高分一号真实实验中，两种基于卷积神经网络的方法在 QNR、$D_\lambda$、$D_S$ 指标上表现更好，而 MTF-GLP 方法在 Entropy 和 SF 指标上表现最好。

表 3.4　高分一号真实实验定量评价结果（4 组平均）

| 指标 | 方法 | | | | | |
|---|---|---|---|---|---|---|
| | AIHS | MTF-GLP | CNMF | TSSC | DRPNN | DIRCNN |
| QNR | 0.806 8 | 0.699 9 | 0.775 3 | 0.917 5 | 0.950 1 | 0.939 0 |
| $D_\lambda$ | 0.058 6 | 0.150 2 | 0.109 6 | 0.036 4 | 0.007 9 | 0.028 3 |
| $D_S$ | 0.143 9 | 0.176 9 | 0.130 0 | 0.047 9 | 0.042 4 | 0.033 7 |
| Entropy | 6.641 0 | 6.776 9 | 6.658 9 | 6.624 6 | 6.667 2 | 6.674 5 |
| SF | 8.721 0 | 13.212 2 | 12.461 3 | 7.252 6 | 6.156 4 | 7.113 3 |

## 3.4.4　参数量及复杂度分析

表 3.5 详细列举了各方法的测试时间、训练时间、参数量和浮点运算数（FLOPs）（Xie et al.，2017）。表 3.5 的第二至五行为各方法在每个测试数据集的平均运行时间。在测试中，4 种非卷积神经网络方法中，AIHS 和 MTF-GLP 的运行较快，体现了成分替换类和多分辨率分析类算法的简单快捷；两种基于变分模型的方法需要更长的运行时间，且运行时间差异悬殊，验证了变分模型的性能依赖复杂计算；两种基于卷积神经网络方法中 DIRCNN 略慢于 DRPNN，但两者运行时间均少于其他方法，显示出深度学习模型的高效。表 3.5 的第六行、第七行是 DRPNN 和 DIRCNN 网络的训练时间，第八行、第九行是各融合方法的参数量和两种基于卷积神经网络方法的浮点数。值得注意的是，除两种基于卷积神经网络方法外，两个基于变分模型的方法 CNMF 和 TSSC 也包含少量的参数；而在基于变分模型的方法中，每个参数都需要大量的实验调试以确定最佳参数设置，调参的复杂度随参数量的增加呈指数增长。而在 DRPNN 和 DIRCNN 中，数百万个参数随着网络训练过程自适应迭代、优化，无须手动调参。此外，在卷积神经网络中，网络参数和浮点数越多，网络越复杂，网络训练和测试所需的时间也越长。如表 3.5 所示，DRPNN 和 DIRCNN 的参数量和浮点数大体相当，DIRCNN 网络更复杂，参数稍多一些，运算复杂度更高，因此，其训练和测试时间也稍长。

表 3.5　测试时间、训练时间、参数量和浮点运算数

| 项目 | 卫星 | AIHS | MTF-GLP | CNMF | TSSC | DRPNN | DIRCNN |
|---|---|---|---|---|---|---|---|
| 运行时间 /s | QuickBird | 0.22 | 0.22 | 0.65 | 3.02 | 0.11 | 0.13 |
| | 高分二号 | 0.48 | 0.48 | 1.70 | 31.43 | 0.32 | 0.38 |
| | IKONOS | 1.23 | 1.43 | 7.30 | 222.48 | 1.08 | 1.20 |
| | 高分一号 | 1.24 | 1.41 | 7.56 | 141.46 | 1.08 | 1.17 |
| 训练时间 | QuickBird | — | — | — | — | 2 h 31 min | 3 h 44 min |
| | 高分二号 | — | — | — | — | 2 h 35 min | 3 h 41 min |
| 参数量 | | — | — | 6 | 4 | $1.64\times10^6$ | $1.66\times10^6$ |
| 浮点数 | | — | — | — | — | $1.57\times10^9$ | $1.58\times10^9$ |

# 3.5 本章小结

本章以全色/多光谱融合为例详细介绍了遥感影像空-谱融合的 4 类基本融合方法：成分替换、多分辨率分析、变分模型和机器学习方法，在此基础上提出基于差值映射的深度残差卷积融合网络，并基于高分一号、高分二号、QuickBird 和 IKONOS 数据对提出方法与典型方法进行定性、定量对比分析。实验表明，提出的深度残差卷积融合方法体现出更好的性能，可以实现空间信息融入度与光谱信息保真度的最佳平衡。

值得说明的是，在遥感影像空-谱融合中，空间增强与光谱保真相互制约，难以同时达到最优。因此，在方法设计、参数设置过程中需要找到融合影像空间增强和光谱保真两方面的最佳平衡点。另外，不同应用对融合影像的空间增强、光谱保真及算法时效性需求不一，如对于目视判读、影像解译等，融合影像的空间增强效果较为重要，而对于参量反演等定量遥感应用，更侧重融合影像的光谱保真。因此，在方法的评价与应用中还需与具体的应用目的相结合。

# 参 考 文 献

孟祥超, 2017. 多源时-空-谱光学遥感影像的变分融合方法. 武汉: 武汉大学

张良培, 沈焕锋, 2016. 遥感数据融合的进展与前瞻. 遥感学报, 20(5): 1050-1061.

AIAZZI B, BARONTI S, SELVA M, 2007. Improving component substitution pansharpening through multivariate regression of Ms+Pan data. IEEE Transactions on Geoscience and Remote Sensing, 45(10): 3230-3239.

AIAZZI B, ALPARONE L, BARONTI S, et al., 2001. Quality assessment of decision-driven pyramid-based fusion of high resolution multispectral with panchromatic image data. IEEE/ISPRS Joint Workshop on Remote Sensing and Data Fusion over Urban Areas: 337-341.

AIAZZI B, ALPARONE L, BARONTI S, et al., 2002. Context-driven fusion of high spatial and spectral resolution images based on oversampled multiresolution analysis. IEEE Transactions on Geoscience and Remote Sensing, 40(10): 2300-2312.

AIAZZI B, ALPARONE L, BARONTI S, et al., 2006. MTF-tailored multiscale fusion of high-resolution ms and pan imagery. Photogrammetric Engineering and Remote Sensing, 72(5): 591-596.

AIAZZI B, BARONTI S, LOTTI F, et al., 2009. A comparison between global and context-adaptive pansharpening of multispectral images. IEEE Geoscience and Remote Sensing Letters, 6(2): 302-306.

AIAZZI B, ALPARONE L, BARONTI S, et al., 2012. Twenty-five years of pansharpening: A critical review and new developments// CHEN C H. Signal and Image Processing for Remote Sensing. 2nd ed. Boca Raton: CRC Press: 533-548.

ALPARONE L, AIAZZI B, BARONTI S, et al., 2003. Sharpening of very high resolution images with spectral distortion minimization. IEEE International Geoscience and Remote Sensing Symposium, Toulouse, France, 1: 458-460.

ALPARONE L, AIAZZI B, BARONTI S, et al., 2008. Multispectral and panchromatic data fusion assessment without reference. Photogrammetric Engineering and Remote Sensing, 74(2): 193-200.

BALLESTER C, CASELLES V, IGUAL L, et al., 2006. A variational model for P+ XS image fusion. International Journal of Computer Vision, 69(1): 43-58.

CARPER W J, 1990. The use of intensity-hue-saturation transformations for merging SPOT panchromatic and multispectral image data. Photogrammetric Engineering and Remote Sensing, 56(4): 457-467.

CARPER W, LILLESAND T, KIEFER R, 1990. The use of intensity-hue-saturation transformations for merging SPOT panchromatic and multispectral image data. Photogrammetric Engineering and Remote Sensing, 56(4): 459-467.

CHAVEZ P, SIDES S C, ANDERSON J A, 1991. Comparison of three different methods to merge multiresolution and multispectral data-Landsat TM and SPOT panchromatic. Photogrammetric Engineering and Remote Sensing, 57(3): 295-303.

CHEN C, 2012. Twenty-five years of pansharpening: A critical review and new developments. Signal and Image Processing for Remote Sensing: 554-601.

CHOI J, YU K, KIM Y. 2011. A new adaptive component-substitution-based satellite image fusion by using partial replacement. IEEE Transactions on Geoscience and Remote Sensing, 49(1): 295-309.

DAILY M, 1978. Application of multispectral radar and Landsat imagery to geologic mapping in death valley. National Aeronautics and Space Administration, 78(19): 47.

DENG L, VIVONE G, PAOLETTI M E, et al., 2022. Machine learning in pansharpening: A benchmark, from shallow to deep networks. IEEE Geoscience and Remote Sensing Magazine, 10(3): 279-315.

DONG C, LOY C, HE K, et al., 2015. Image Super-resolution using deep convolutional networks. IEEE Transactions on Pattern Analysis and Machine Intelligence, 38(2): 295-307.

DOU W, CHEN Y, LI X, et al., 2007. A general framework for component substitution image fusion: An implementation using the fast image fusion method. Computers and Geosciences, 33(2): 219-228.

DURAN J, BUADES A, COLL B, et al., 2014. A nonlocal variational model for pansharpening image fusion. SIAM Journal on Imaging Sciences, 7(2): 761-796.

EL-MEZOUAR M C, KPALMA K, TALEB N, et al., 2014. A pan-sharpening based on the non-subsampled contourlet transform: Application to Worldview-2 imagery. IEEE Journal of Selected Topics in Applied Earth Observations and Remote Sensing, 7(5): 1806-1815.

ESKICIOGLU A M, FISHER P S, 1995. Image quality measures and their performance. IEEE Transactions on Communications, 43(12): 2959-2965.

FANG F, LI F, SHEN C, et al., 2013. A variational approach for pan-sharpening. IEEE Transactions on Image Processing, 22(7): 2822-2834.

FU J, LIU J, TIAN H, et al., 2019. Dual attention network for scene segmentation//Proceedings of the IEEE Conference on Computer Vision and Pattern Recognition : 3146-3154.

GALBRAITH A E, THEILER J, THOME K J, et al., 2005. Resolution enhancement of multilook imagery for the multispectral thermal imager. IEEE Transactions on Geoscience and Remote Sensing, 43(9): 1964-1977.

GARGUET-DUPORT B, GIREL J, CHASSERY J M, et al., 1996. The use of multiresolution analysis and wavelets transform for merging SPOT panchromatic and multispectral image data. Photogrammetric

Engineering and Remote Sensing, 62(9): 1057-1066.

GARZELLI A, NENCINI F, 2005. Interband structure modeling for pan-sharpening of very high-resolution multispectral images. Information Fusion, 6(3): 213-224.

GARZELLI A, NENCINI F, 2007. Panchromatic sharpening of remote sensing images using a multiscale Kalman filter. Pattern Recognition, 40(12): 3568-3577.

GILLESPIE A R, KAHLE A B, WALKER R E, 1987. Color enhancement of highly correlated images. II. Channel ratio and "chromaticity" transformation techniques. Remote Sensing of Environment, 22(3): 343-365.

GOGINENI R, CHATURVEDI A, 2018. Sparsity inspired pan-sharpening technique using multi-scale learned dictionary. ISPRS Journal of Photogrammetry and Remote Sensing, 146: 360-372.

GUO M, ZHANG H, LI J, et al., 2014. An online coupled dictionary learning approach for remote sensing image fusion. IEEE Journal of Selected Topics in Applied Earth Observations and Remote Sensing, 7(4): 1284-1294.

HARDIE R C, EISMANN M T, Wilson G L, 2004. MAP estimation for hyperspectral image resolution enhancement using an auxiliary sensor. IEEE Transactions on Image Processing, 13(9): 1174-1184.

HE K, ZHANG X, REN S, et al., 2016. Deep residual learning for image recognition// 2016 IEEE Conference on Computer Vision and Pattern Recognition (CVPR): 770-778.

HE X, CONDAT L, BIOUCAS-DIAS J M, et al., 2014. A new pansharpening method based on spatial and spectral sparsity priors. IEEE Transactions on Image Processing, 23(9): 4160-4174.

HORE A, ZIOU D, 2010. Image quality metrics: PSNR vs. SSIM// 20th International Conference on Pattern Recognition: 2366-2369.

HU J, SHEN L, SUN G, 2018. Squeeze-and-excitation networks// Proceedings of the IEEE Conference on Computer Vision and Pattern Recognition: 7132-7141.

HU J, HU P, KANG X, et al., 2021. Pan-sharpening via multiscale dynamic convolutional neural network. IEEE Transactions on Geoscience and Remote Sensing, 59(3): 2231-2244.

HUANG W, XIAO L, WEI Z, et al., 2015. A new pan-sharpening method with deep neural networks. IEEE Geoscience and Remote Sensing Letters, 12(5): 1037-1041.

JIANG C, ZHANG H, SHEN H, et al., 2014. Two-step sparse coding for the pan-sharpening of remote sensing images. IEEE Journal of Selected Topics in Applied Earth Observations and Remote Sensing, 7(5): 1792-1805.

JIANG C, ZHANG H, SHEN H, et al., 2011. A practical compressed sensing-based pan-sharpening method. IEEE Geoscience and Remote Sensing Letters, 9(4): 629-633.

JIANG M, SHEN H, LI J, et al., 2020. A differential information residual convolutional neural network for pansharpening. ISPRS Journal of Photogrammetry and Remote Sensing, 163: 257-271.

KWARTENG P, CHAVEZ A, 1989. Extracting spectral contrast in landsat thematic mapper image data using selective principal component analysis. Photogrammetric Engineering and Remote Sensing, 55: 339-348.

LABEN C A, BROWER B V, 2000. Process for enhancing the spatial resolution of multispectral imagery using pan-sharpening: US6011875A.

LI H, MANJUNATH B, MITRA S K, 1994. Multi-sensor image fusion using the wavelet transform// IEEE

International Conference Image Processing, Austin, Texas, USA, 57(3): 235-245.

LI J, SUN W, JIANG M, et al., 2021. Self-supervised pansharpening based on a cycle-consistent generative adversarial network. IEEE Geoscience and Remote Sensing Letters, 19: 1-5.

LI S, YANG B, 2011. A new pan-sharpening method using a compressed sensing technique. IEEE Transactions on Geoscience and Remote Sensing, 49(2): 738-746.

LI T, SONG H, ZHANG K, et al., 2020. Learning residual refinement network with semantic context representation for real-time saliency object detection. Pattern Recognition, 105: 107372.

LI Z, LEUNG H, 2009. Fusion of multispectral and panchromatic images using a restoration-based method. IEEE Transactions on Geoscience and Remote Sensing, 47(5): 1482-1491.

LIN G, MILAN A, SHEN C, et al., 2017. Refinenet: Multi-path refinement networks for high-resolution semantic segmentation// IEEE Conference on Computer Vision and Pattern Recognition: 1925-1934.

LIU C, ZHANG Y, WANG S, et al., 2020. Band-independent encoder-decoder network for pan-sharpening of remote sensing images. IEEE Transactions on Geoscience and Remote Sensing, 58(7): 5208-5223.

LIU P, LIANG X, TAO L, 2017. A variational pan-sharpening method based on spatial fractional-order geometry and spectral-spatial low-rank priors. IEEE Transactions on Geoence and Remote Sensing (99): 1-15.

LIU P, XIAO L, ZHANG J, et al., 2016. Spatial-hessian-feature-guided variational model for pan-sharpening. IEEE Transactions on Geoscience and Remote Sensing, 54(4): 2235-2253.

LIU Q, ZHOU H, XU Q, et al., 2021. PSGAN: A generative adversarial network for remote sensing image pan-sharpening. IEEE Transactions on Geoscience and Remote Sensing, 59(12): 10227-10242.

LUO S, ZHOU S, FENG Y, et al., 2020. Pansharpening via unsupervised convolutional neural networks. IEEE Journal of Selected Topics in Applied Earth Observations and Remote Sensing, 13: 4295-4310.

MA J, YU W, CHEN C, et al., 2020. Pan-GAN: An unsupervised pan-sharpening method for remote sensing image fusion. Information Fusion, 62: 110-120.

MASI G, COZZOLINO D, VERDOLIVA L, et al., 2016. Pansharpening by convolutional neural networks. Remote Sensing, 8(7): 594-615.

MENG X, LI J, SHEN H, et al., 2016. Pansharpening with a guided filter based on three-layer decomposition. Sensors, 16(7): 1068-1081.

MENG X, SHEN H, ZHANG H, et al., 2014. Maximum a posteriori fusion method based on gradient consistency constraint for multispectral/panchromatic remote sensing images. Spectroscopy and Spectral Analysis, 34(5): 1332-1337.

MENG X, SHEN H, LI H, et al., 2015. Improving the spatial resolution of hyperspectral image using panchromatic and multispectral images: An integrated method// 7th workshop on hyperspectral image and signal processing. Evolution in Remote Sensing (WHISPERS): 1-4.

MENG X, SHEN H, LI H, et al., 2019. Review of the pansharpening methods for remote sensing images based on the idea of meta-analysis: Practical discussion and challenges. Information Fusion, 46: 102-113.

MOELLER M, WITTMAN T, BERTOZZI A L, 2008. Variational wavelet pan-sharpening. CAM Report: 8-81.

MOLINA R, VEGA M, MATEOS J , et al., 2008. Variational posterior distribution approximation in bayesian super resolution reconstruction of multispectral images. Applied and Computational Harmonic Analysis, 24(2): 251-267.

NASON G P, SILVERMAN B W, 1995. The stationary wavelet transform and some statistical applications. Lect Notes Stat, 103: 281-299.

NENCINI F, GARZELLI A, BARONTI S, et al., 2007. Remote sensing image fusion using the curvelet transform. Information Fusion, 8(2): 143-156.

OTAZU X, GONZÁLEZ-AUDÍCANA M, FORS O, et al., 2005. Introduction of sensor spectral response into image fusion methods: Application to wavelet-based methods. IEEE Transactions on Geoscience and Remote Sensing, 43(10): 2376-2385.

PALSSON F, SVEINSSON J R, ULFARSSON M O, 2013. A new pansharpening algorithm based on total variation. IEEE Geoscience and Remote Sensing Letters, 11(1): 318-322.

PARK J, WOO S, LEE J Y, et al., 2018. Bam: Bottleneck Attention Module. arXiv:1807.06514.

RAHMANI S, STRAIT M, MERKURJEV D, et al., 2010. An adaptive IHS Pan-Sharpening method. IEEE Geoscience and Remote Sensing Letters, 7(4): 746-750.

RANCHIN T, WALD L, 2000. Fusion of high spatial and spectral resolution images: The ARSIS concept and its implementation. Photogrammetric Engineering and Remote Sensing, 66(1): 49-61.

RANCHIN T, WALD L, MANGOLINI M, 1996. The ARSIS method: A general solution for improving spatial resolution of images by the means of sensor fusion. Fusion of Earth data: Merging Point Measurements, Raster Maps and Remotely Sensed Images, Nice, France: 53-58.

SCARPA G, VITALE S, COZZOLINO D, 2018. Target-adaptive CNN-based pansharpening. IEEE Transactions on Geoscience and Remote Sensing, 56(9): 5443-5457.

SCHOWENGERDT R A, 1980. Reconstruction of multispatial, multispectral image data using spatial frequency content. Photogrammetric Engineering and Remote Sensing, 46(10): 1325-1334.

SHAHDOOSTI H R, JAVAHERI N, 2017. Pansharpening of clustered MS and Pan images considering mixed pixels. IEEE Geoscience and Remote Sensing Letters, 14(6): 826-830.

SHAO Z, LU Z, RAN M, et al., 2020. Residual encoder-decoder conditional generative adversarial network for pansharpening. IEEE Geoscience and Remote Sensing Letters, 17(9): 1573-1577.

SHEN H, LI X, CHENG Q, et al., 2015. Missing information reconstruction of remote sensing data: A technical review. IEEE Geoscience and Remote Sensing Magazine, 3(3): 61-85.

SHEN H, MENG X, ZHANG L, 2016. An integrated framework for the spatio-temporal-spectral fusion of remote sensing images. IEEE Transactions on Geoscience and Remote Sensing, 54(12): 7135-7148.

SHEN H, LI T, YUAN Q, et al., 2018. Estimating regional ground-level $PM_{2.5}$ directly from satellite top-of-atmosphere reflectance using deep belief networks. Journal of Geophysical Research-Atmospheres, 123(24): 13875-13886.

SHEN H, JIANG M, LI J, et al., 2019. Spatial-spectral fusion by combining deep learning and variational model. IEEE Transactions on Geoscience and Remote Sensing, 57(8): 6169-6181.

SHETTIGARA V, 1992. A generalized component substitution technique for spatial enhancement of multispectral images using a higher resolution data set. Photogrammetric Engineering and Remote Sensing, 58(5): 561-567.

TU T, SU S, SHYU H, et al., 2001. A new look at IHS-like image fusion methods. Information Fusion, 2(3): 177-186.

TU T, HUANG P, HUNG C, et al., 2004. A fast intensity-hue-saturation fusion technique with spectral adjustment for IKONOS imagery. IEEE Geoscience and Remote Sensing Letters, 1(4): 309-312.

VIJAYARAJ V, YOUNAN N H, O'HARA C G, 2006. Quantitative analysis of pansharpened images. Optical Engineering, 45(4): 046202.

VIVONE G, RESTAINO R, DALLA MURA M, et al., 2013. Contrast and error-based fusion schemes for multispectral image pansharpening. IEEE Geoscience and Remote Sensing Letters, 11(5): 930-934.

VIVONE G, ALPARONE L, CHANUSSOT J, et al., 2015. A critical comparison among pansharpening algorithms. IEEE Transactions on Geoscience and Remote Sensing, 53(5): 2565-2586.

WALD L, 2002. Data fusion: Definitions and architectures: Fusion of images of different spatial resolutions. Paris: Presses Des MINES.

WALD L, RANCHIN T, MANGOLINI M, 1997. Fusion of satellite images of different spatial resolutions: Assessing the quality of resulting images. Photogrammetric Engineering and Remote Sensing, 63(6): 691-699.

WANG S, QUAN D, LIANG X, et al., 2018. A deep learning framework for remote sensing image registration. ISPRS Journal of Photogrammetry and Remote Sensing, 145: 148-164.

WANG Z, BOVIK A C, 2002. A universal image quality index. IEEE Signal Processing Letters 9(3): 81-84.

WANG Z, BOVIK A C, SHEIKH H R, et al., 2004. Image quality assessment: From error visibility to structural similarity. IEEE Transactions on Image Processing, 13(4): 600-612.

WANG Z, ZIOU D, ARMENAKIS C, et al., 2005. A comparative analysis of image fusion methods. IEEE Transactions on Geoscience and Remote Sensing, 43(6): 1391-1402.

WEI Q, 2015. Bayesian fusion of multi-band images: A powerful tool for super-resolution. Paris: University of Toulouse.

WEI Q, DOBIGEON N, TOURNERET J Y, 2015. Fast fusion of multi-band images based on solving a sylvester equation. IEEE Transactions on Image Processing, 24(11): 4109-4121.

WEI Y, YUAN Q, SHEN H, et al., 2017. Boosting the accuracy of multispectral image pansharpening by learning a deep residual network. IEEE Geoscience and Remote Sensing Letters, 14(10): 1795-1799.

WINTER M E, 2002. Physics-based resolution enhancement of hyperspectral data. Algorithms and Technologies for Multispectral, Hyperspectral, and Ultraspectral Imagery VIII, 4752(12): 478792.

WOO S, PARK J, LEE J Y, et al., 2018. CBAM: Convolutional block attention module// European Conference on Computer Vision: 3-19.

XIE S, GIRSHICK R, DOLLÁR P, et al., 2017. Aggregated residual transformations for deep neural networks// Proceedings of the IEEE Conference on Computer Vision and Pattern Recognition: 1492-1500.

XU Q, LI B, ZHANG Y, et al., 2014. High-fidelity component substitution pansharpening by the fitting of substitution data. IEEE Transactions on Geoscience and Remote Sensing, 52(11): 7380-7392.

YOKOYA N, YAIRI T, IWASAKI A, 2012. Coupled nonnegative matrix factorization unmixing for hyperspectral and multispectral data fusion. IEEE Transactions on Geoscience And Remote Sensing, 50(2): 528-537.

YUAN Q, WEI Y, MENG X, et al., 2018. A multiscale and multidepth convolutional neural network for remote sensing imagery pan-sharpening. IEEE Journal of Selected Topics in Applied Earth Observations and Remote Sensing, 11(3): 978-989.

YUHAS R H, GOETZ A F H, BOARDMAN J W, 1992. Discrimination among semi-arid landscape endmembers using the spectral angle mapper (SAM) algorithm. Summaries of the Third Annual JPL Airborne Geoscience Workshop, 1: 147-149.

ZHANG H, HUANG B, 2015. A new look at image fusion methods from a Bayesian perspective. Remote Sensing, 7(6): 6828-6861.

ZHANG H, XU H, TIAN X, et al., 2021. Image fusion meets deep learning: A survey and perspective. Information Fusion, 76: 323-336.

ZHANG L, SHEN H, GONG W, et al., 2012. Adjustable model-based fusion method for multispectral and panchromatic images. IEEE Transactions on Systems, Man, and Cybernetics, Part B: Cybernetics, 42(6): 1693-1704.

ZHANG Y, 2010. Ten years of technology advancement in remote sensing and the research in the CRC-AGIP lab in GCE. Geomatica, 64(2): 173-189.

ZHANG Y, LI K, LI K, et al., 2018. Image super-resolution using very deep residual channel attention networks// European Conference on Computer Vision (ECCV): 286-301.

ZHANG Y, LIU C, SUN M, et al., 2019. Pan-sharpening using an efficient bidirectional pyramid network. IEEE Transactions on Geoscience and Remote Sensing, 57(8): 5549-5563.

ZHOU J, CIVCO D, SILANDER J, 1998. A wavelet transform method to merge Landsat TM and SPOT panchromatic data. International Journal of Remote Sensing, 19(4): 743-757.

ZHU X X, BAMLER R, 2013. A sparse image fusion algorithm with application to pan-sharpening. IEEE Transactions on Geoscience and Remote Sensing, 51(5): 2827-2836.

# 第 4 章　多源遥感参量数据时–空融合方法

时间分辨率与空间分辨率的相互制约是资源环境定量遥感监测中的共性问题，时–空融合是解决此问题的有效途径，通过融合不同时空分辨率的多传感器数据，生成同时具备高时间分辨率和高空间分辨率的定量遥感产品。本章围绕多源遥感时–空融合展开研究，首先介绍时–空融合的基本概念和发展现状，然后针对不同应用场景重点阐述三种代表性的融合方法：基于非局部滤波的时–空融合方法、引入退化约束的深度学习时–空融合方法、多传感器时–空一体化融合方法，并分别开展系列实验进行方法测试与对比分析。

## 4.1　概　　述

受观测系统物理性能的约束，卫星遥感成像的时间分辨率与空间分辨率相互影响、相互制约（张良培 等，2016）。例如，在高空间分辨率的卫星传感器成像中，每个像素代表的地面距离较短，在观测视角固定的条件下成像幅宽也就相应较小，对地球覆盖一次的时间必然会较长，即时间分辨率较低。反之，对于观测幅宽较大、时间分辨率较高的遥感传感器，其空间分辨率一般也会相对较低。时、空分辨率的制约关系使遥感信息获取过程难以有效兼顾地表的细节刻画和动态感知，从而限制了精细时空尺度上的地学应用研究。

尽管单一的遥感系统在时间和空间分辨率指标上存在制约，不同系统所获取的时空数据可能会构成良好的互补关系。当获取到针对同一场景并具有时空互补信息的多幅遥感数据时，可以充分利用不同数据源的信息互补特性，通过多传感器数据的信息融合与综合处理，实现时间和空间分辨率指标的有效集成。这个过程融合了多源遥感数据的时间和空间互补信息，因此被称为遥感时–空融合，即对具有不同时、空分辨率的多源遥感数据进行合成处理，生成兼具高时间分辨率与高空间分辨率特征数据的融合技术。时–空融合往往需要数据在时间与空间上具有可比性，因此一般针对经过遥感反演的定量遥感数据进行处理，如地表反射率、地表温度、植被指数等。

以两个传感器数据的时–空融合为例，将低（空间）、高（空间）分辨率传感器获取的数据分别表示为 $L$ 和 $H$，它们对应的观测时间集合表示为 $T_1$ 和 $T_2$，则时空融合可以表示为

$$H(T_1 \cup T_2) = f(L(T_1), H(T_2)) \tag{4.1}$$

式中：$f(\cdot)$ 为时–空融合算法的转换关系。融合前，$T_1$ 时间集合的数据为低分辨率，$T_2$ 时间集合的数据为高分辨率；融合后，两个时间集合的数据都为高分辨率。通常情况下，用来进行时–空融合的两个传感器具有互补的时空分辨率，即一个传感器空间分辨率高、时间分辨率低，另一个传感器则空间分辨率低、时间分辨率高。此时，可通过融合目标时相低分辨率数据和至少一对参考时相高、低分辨率数据，生成目标时相高分辨率数据。

如图 4.1（a）所示，$t_2$、$t_3$、$t_5$ 为目标时相，$t_1$、$t_4$ 为参考时相。此外，时空融合还有另一种应用场景，如图 4.1（b）所示，虽然一个传感器的时、空分辨率都要低于另一个传感器，但通过时-空融合可以实现高空间分辨率数据的进一步时间加密，同样具有重要的应用价值，但此类应用通常难以获取配对的高、低分辨率数据，因此融合的难度会更大。

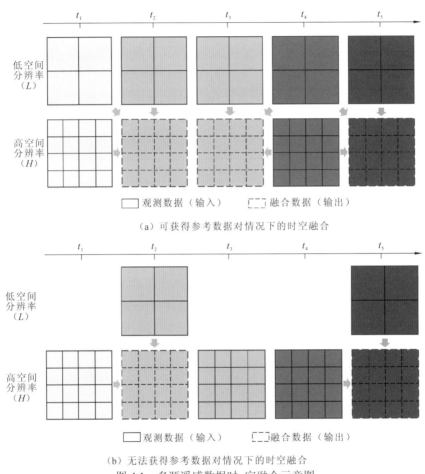

（a）可获得参考数据对情况下的时空融合

（b）无法获得参考数据对情况下的时空融合

图 4.1　多源遥感数据时-空融合示意图

## 4.2　时-空融合的发展现状

国内外学者已经针对时-空融合开展了系列研究，提出并发展了多种融合方法（张立福 等，2019；Zhu et al.，2018；黄波 等，2017；刘建波 等，2016），并推动了其在资源制图、生态监测、环境分析、灾害评估等领域的深入应用。时-空融合技术的核心是构建多时相、多分辨率数据映射关系模型，实现观测数据在不同时相、不同分辨率之间的转换（Zhu et al.，2018；吴鹏海，2014）。根据上述关系模型的建模方法，可以将现有时-空融合方法划分为 5 种类别，分别是线性解混方法、时空滤波方法、变分模型方法、机器学习方法及多类混合方法（吴金橾，2021）。本节对各类方法的原理和特性进行简要介绍。

## 4.2.1 线性解混方法

线性解混方法的核心是光谱混合模型。根据线性光谱混合模型，目标时相低分辨率像元可以看作其覆盖范围内对应的多种端元光谱按照组分比例混合后的结果。在地表要素不发生空间突变的前提下，利用参考时相高分辨率数据可以估算组分丰度；进一步联合邻域内的多个低分辨率像元，构建光谱混合方程组，反向求解端元光谱，进而生成目标时相高分辨率数据。上述过程与光谱解混有所区别，一般被称为"空间解混"（Xu et al.，2015）。基于上述思想，Zhukov 等（1999）提出了多传感器多分辨率融合方法（multisensor multiresolution technique，MMT），该方法是目前追溯到最早的时-空融合方法。但是，该方法忽略了混合像元分解过程的误差，求解的端元光谱也无法表征类内变异。后续有多位学者对该方法进行了改进，发展出更为有效的融合方法。例如，Zurita-Milla 等（2011）对混合像元分解过程施加约束，避免端元光谱值偏离正常范围。Wu 等（2015a）提出时-空数据融合方法（spatial and temporal data fusion approach，STDFA），该方法对低分辨率像元变化值进行分解，求解端元平均变化值，再结合参考时相数据来估算目标时相数据，从而增加融合结果的类内变异性。总体来说，线性解混方法的应用前提是地表要素不发生空间突变，这降低了此类方法的通用性，使其无法用于突变地物的预测。此外，混合像元分解需要通过分类来估算组分丰度，因此分类结果的不确定性往往给融合结果带来较大的误差累积。

## 4.2.2 时空滤波方法

时空滤波方法是目前发展数量最多、应用最广的一类时空融合方法（Zhu et al.，2018），一般在辅助的多源、多时相遥感数据之间建立简单的统计关系，并在一定的时空邻域内进行加权滤波处理，从而实现对应像元的预测。基于上述基本思想，Gao 等（2006）提出了时-空自适应反射率融合方法（spatial and temporal adaptive reflectance fusion model，STARFM）。该方法是首个时空滤波融合方法，也是目前广泛应用的时-空融合方法之一。随后，一些学者针对该方法的不足，提出了相应的优化方法。例如，Hilker 等（2009）提出了时-空自适应反射率变化制图算法（spatial temporal adaptive algorithm for mapping reflectance change，STAARCH），该方法增加了时序数据变化检测模块，通过选取合适的参考数据来提升地表类型变化场景下的融合精度。Zhu 等（2010）提出增强型时-空自适应反射率融合模型（enhanced spatial and temporal adaptive reflectance fusion model，ESTARFM），通过引入多传感器转换系数，有效提升了异质地表下的融合效果。Shen 等（2013）提出顾及多传感器辐射差异的时-空融合模型，基于线性统计对多源辐射特征进行归一化处理，从而获得较为稳健的融合效果。Cheng 等（2017）考虑影像地物目标的非局部相似性特征，提出了基于非局部滤波的时-空融合模型（spatial and temporal nonlocal filter-based fusion model，STNLFFM），有效提升了融合模型的精确度和鲁棒性。Wang 等（2018）提出了拟合滤波和剩余补偿（fitting-filtering and residual compensation，Fit-FC）方法，在线性变换的基础上，引入残差补偿策略，以目标时间低分辨率数据为基准，对线性变换结果进行光谱补偿，从而提高了地物突变场景下的融合效果。总体来说，得益于简明的原理和较高的效率，时空滤波方法成为当前应用最广泛的一类时-空融合方法，在地表要素渐变（如物候变化）的场景下能够取得较好的融合效果。但是，对于地表要素突变的场景，简单的统计关系无法精确描述变化过程，加上多个步骤之间的误差累积，使现有方法的融合效果仍具有较大提升空间。

### 4.2.3　变分模型方法

变分模型方法又称基于贝叶斯框架的方法（Xue et al.，2017），这类方法以贝叶斯估计理论为核心，将时空信息融合视为最大后验概率问题进行处理。在该框架下，时-空融合被转换为条件概率优化问题，即构建融合数据与输入数据之间的条件概率函数，并通过条件概率最大化来实现融合结果的求解。在时-空融合问题中，通常应用两种关系来构建上述条件概率函数，一是空间降质关系（又称尺度关系），即融合数据经过点扩散函数降质后与目标时相低分辨率数据一致；二是时相变化关系（又称时相关系），即融合数据可以看作参考时相高分辨率数据经过时相转换后的结果。基于上述基本思想，学者陆续发展了多种基于变分模型的时-空融合方法。例如，Shen 等（2016）基于总体变分框架，联合空间降质项、时间/光谱关系项和影像先验项构造条件概率函数，实现了时-空-谱域信息的一体化融合。Li 等（2013）提出贝叶斯最大熵（Bayesian maximum entropy，BME）方法，以协方差函数构建空间尺度关系，并应用于海表温度数据融合。总体来说，变分方法具有严密的数学基础，可以更加有效地利用时空相关性，融合数据的求解较为稳定，但是其求解过程较为复杂，在非线性关系上的处理能力仍然不足。

### 4.2.4　机器学习方法

为了解决非线性问题，学者尝试利用机器学习方法对多传感器关联关系进行建模，进而实现目标时相高分辨率数据的预测。到目前为止，字典对学习（Huang et al.，2012）、极端学习（Liu et al.，2016）、回归树（Boyte et al.，2018）、随机森林（Ke et al.，2016）、人工神经网络（Moosavi et al.，2015）、深度卷积神经网络（Tan et al.，2019）等方法相继被应用于时-空融合中。例如，Huang 等（2012）提出基于稀疏表达的时-空反射率融合模型（sparse-representation-based spatiotemporal reflectance fusion model，SPSTFM），通过字典对学习方法对两组参考时相数据进行学习，构建了高、低分辨率数据转换关系，进而预测目标数据。Moosavi 等（2015）提出了小波-人工智能融合（wavelet-artificial intelligence fusion approach，WAIFA）方法，通过集成小波变换和人工神经网络，实现中分辨率成像光谱仪（moderate-resolution imaging spectroradiometer，MODIS）和 Landsat地表温度数据的有效融合。Tan 等（2019）提出深度卷积时空融合网络（deep convolutional spatiotemporal fusion network，DCSTFN），该方法对深度卷积神经网络进行了优化改进，取得了理想的融合效果。Liu 等（2019b）提出双流时空融合卷积神经网络（two-stream spatiotemporal fusion convolutional neural network，StfNet），该网络以低分辨率变化数据和参考时相高分辨率数据为输入，以高分辨率变化数据为输出，对高、低分辨率空间依赖关系进行了训练，并引入时相变化约束项来提升融合精度。总体来说，由于机器学习具有强大的非线性拟合能力，能够深入挖掘影像的非线性特征，往往可以获得较高的时空融合精度，对地表变化场景也具有一定的适用性。然而，该类方法往往需要大量数据样本进行训练，不同传感器、影像组合间迁移应用也较为困难，在一定程度上制约了机器学习方法的广泛应用。

### 4.2.5 混合方法

混合方法集成了上述 4 种方法中的至少两种，其目的是集成不同方法的优势，改善融合效果（Zhu et al.，2018）。例如，Zhu 等（2016）提出灵活的时空数据融合（flexible spatiotemporal data fusion，FSDAF）方法，该方法结合了线性解混法和时空滤波法，通过分解低分辨率混合像元，得到初步融合结果，再考虑突变地物处存在的融合误差，结合加权滤波策略来分配残差，从而提升模型在不同地表变化场景下的稳健性。随后，一些研究顾及地表温度、植被指数等参量特性，对 FSDAF 方法进行了优化（Liu et al.，2019a）。Gevaert 等（2015）提出时空反射率解混模型（spatial and temporal reflectance unmixing model，STRUM），该模型通过分解低分辨率变化像元，估算端元光谱变化值，进而估算目标高分辨率数据；结合相似像元加权策略，减缓融合结果的块状效应。Li 等（2017）提出时空遥感影像和地表覆盖图融合模型，该模型结合了光谱分解模型和贝叶斯框架，通过融合多时相低分辨率数据和若干高分辨率地表覆盖类型图，直接生成时序地表覆盖类型图。总体来说，多类混合方法可以有效集成不同类别融合方法的优势，进一步提升融合精度。

# 4.3 基于非局部滤波的时-空融合方法

时空滤波方法由于其模型简单等优点，是应用最为广泛的一类时-空融合方法。为此，本节针对 Cheng 等（2017）提出的非局部均值滤波时-空融合方法展开讨论。

### 4.3.1 模型框架

在忽略太阳高度角、传感器观测角、大气条件等因素影响的前提下，对于一个同质的低分辨率像元（即该像元对应的空间范围内只包含一种地表类型），可以认为该像元在较短时间范围内发生的变化符合线性关系。此时，目标时相低分辨率像元反射率表示为

$$L_p(x, y, B) = a(x, y, B) \times L_r(x, y, B) + b(x, y, B) \tag{4.2}$$

式中：$L$ 为低分辨率像元反射率；下标 $p$ 和 $r$ 分别为目标时相和参考时相；$(x, y)$ 为低分辨率像元的位置；$B$ 为波段；$a$ 和 $b$ 为描述该时段内（参考时相 $t_r$ 到目标时相 $t_p$）反射率变化的增益系数和偏置系数。

与 STARFM 等模型类似（Gao et al.，2006），该模型假设经过大气校正等预处理后，高、低分辨率传感器获取的地表反射率数据在对应波段上具有较好的一致性和可比性。

对低分辨率数据进行重投影、重采样等预处理，使其与高分辨率数据具有相同的坐标系统和像元范围。在忽略多源数据几何定位和大气校正误差的基础上，可以认为低分辨率像元的线性关系系数能够用于刻画对应位置上高分辨率像元的变化，即

$$H_p(x,y,B) = a(x,y,B) \times H_r(x,y,B) + b(x,y,B) \qquad (4.3)$$

式中：$H$ 为高分辨率反射率数据。由于地表类型的复杂性，系数 $a$ 和 $b$ 会随地理位置发生变化，本节采用局部系数对地表变化过程进行描述。

在实际应用中，地表覆盖在观测时段内可能会发生复杂变化，低分辨率数据也可能因为包含多种地表类型而出现光谱混合，因此，式（4.3）所示的融合模型具有一定局限性。为此，本节方法引入同类地物像元（即相似像元）信息，从而提高融合的准确性和稳健性。如图4.2所示，遥感影像的地表相似性不仅表现在局部特征上，还表现在非局

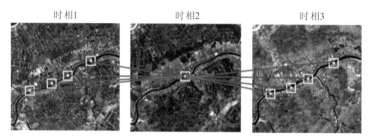

图4.2 遥感影像中的时空非局部相似性示意图

部特征上（如不同位置上地物边缘结构的相似性特征）。此外，影像序列间存在显著的时相相关性，进而在时间维上也提供了丰富的相似信息。为了实现数据精确融合，本节方法引入非局部滤波框架，从而实现影像时空相似信息的有效利用。非局部滤波是一种有效的图像去噪算法（Buades et al.，2005），其基本思想是利用图像冗余信息重建受噪声污染的像元。对于给定的含噪图像 $g$，$\Omega$ 表示有效像元域，此时，图像 $g$ 中噪点 $(x,y)$ 的重建值 $\hat{g}$ 可表示为

$$\hat{g}(x,y) = \sum_{(x_i,y_j) \in \Omega} w_g(x_i,y_j) \times g(x_i,y_j) \qquad (4.4)$$

$$w_g(x_i,y_j) = \frac{1}{C(x,y)} \exp\left(-\frac{G * \left\| g(P_{(x_i,y_j)}) - g(P_{(x,y)}) \right\|^2}{h^2}\right) \qquad (4.5)$$

式中：$G$ 为高斯核；参数 $h$ 与图像 $g$ 噪声强度相关；$(x_i,y_j)$ 为相似图像块的中心位置；$P_{(x_i,y_j)}$ 和 $P_{(x,y)}$ 分别为以 $(x_i,y_j)$ 和 $(x,y)$ 为中心的图像块；$C(x,y)$ 为归一化因子。根据式（4.4），通过对图像中相似像元的加权平均，即可重建噪声像元。

为了充分利用影像相似信息，引入非局部滤波框架，建立基于非局部滤波的时-空融合模型（STNLFFM）。最终，高分辨率反射率像元的预测模型表示为

$$H_p(x,y,B) = \sum_{r=1}^{m}\sum_{i=1}^{n} W_r(x_i,y_i,B) \times [a(x_i,y_i,B) \times H_r(x_i,y_i,B) + b(x_i,y_i,B)] \qquad (4.6)$$

式中：$H_p(x,y,B)$ 为目标时相 $t_p$ 高分辨率数据中待预测位置 $(x,y)$ 的反射率；$m$ 为参考时相的个数；$(x_i,y_i)$ 为第 $i$ 个相似像元的位置；$n$ 为相似像元的个数；$W_r(x_i,y_i,B)$ 为参考时相 $t_r$ 数据中第 $i$ 个相似像元的权重。

## 4.3.2 算法流程

STNLFFM 通过融合目标时相（$t_p$）的低分辨率反射率数据和至少两对参考时相（$t_r$，其中 $r \in \{m,n\}$）高、低分辨率反射率数据，生成目标时相高分辨率反射率数据。STNLFFM的算法流程如图 4.3 所示，主要包括 4 个步骤，即筛选相似像元、计算回归系数、分配像元权重和计算目标像元值。

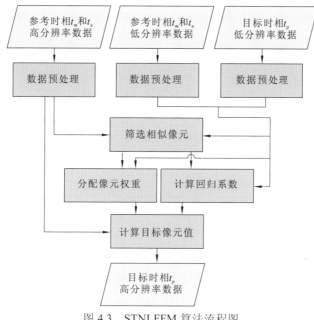

图 4.3　STNLFFM 算法流程图

### 1. 筛选相似像元

相似像元是与目标像元具有相同地表类型的像元，通过引入相似像元信息，能够增加预测模型稳健性、提高融合精度。相似像元应当具有相似的反射率及变化值。为了精确筛选相似像元，引入如下两个条件：

$$\left| H_r(x_i, y_i, B) - H_r(x, y, B) \right| \leqslant d \times 2^{H_r(x,y,B)} \tag{4.7}$$

$$\left\| L_p(x_i, y_i, B) - L_r(x_i, y_i, B) \right| - \left| L_p(x, y, B) - L_r(x, y, B) \right\| \leqslant \sigma \tag{4.8}$$

式（4.7）为"光谱相似性"条件，基于参考时相高分辨率数据，对相似像元与目标像元的反射率进行约束。式（4.7）中，$d$ 为相似性阈值的基准参数，对不同传感器略有差异，针对 Landsat TM/ETM+传感器设为 0.01。式（4.8）是"变化相似性"条件，基于低分辨率数据对，对相似像元与目标像元的反射率变化进行约束。$\sigma$ 为低分辨率数据时相变化的不确定性。后续实验中，使用以目标像元为中心、大小为 51×51 的邻域窗口来筛选相似像元，从而避免全局搜索导致的效率过低问题。

### 2. 计算回归系数

根据模型的基本假设，高分辨率数据的线性系数 $a$ 和 $b$ 能够通过低分辨率数据估算得到。由于相似像元和目标像元的反射率变化相同，它们的线性系数也应相同，可以利

用相似像元信息计算线性关系系数。如果参考时相和目标时相数据变化很小，增益系数 $a$ 等于 1，即

$$L_p(x, y, B) = L_r(x, y, B) + b(x, y, B) \quad (4.9)$$

此时，高分辨率目标像元反射率为

$$H_p(x, y, B) = H_r(x, y, B) + L_p(x, y, B) - L_r(x, y, B) \quad (4.10)$$

由此可见，STARFM 是 STNLFFM 的特例。然而，在现实情况中，由于地表覆盖的复杂性，增益系数 $a$ 往往不等于 1，而是在 1 附近变化。为了精确估算系数 $a$ 和 $b$，对低分辨率相似像元应用如下的限制性最小二乘模型：

$$\text{set} \quad \boldsymbol{A} = \begin{pmatrix} a \\ b \end{pmatrix}, \quad \boldsymbol{I} = (1, 0)$$

$$\arg\min f(\boldsymbol{A}) = \frac{1}{2} \left[ \begin{pmatrix} L_p(x_1, y_1, B) \\ L_p(x_2, y_2, B) \\ \vdots \\ L_p(x_N, y_N, B) \end{pmatrix} - \begin{pmatrix} L_r(x_1, y_1, B) & 1 \\ L_r(x_2, y_2, B) & 1 \\ \vdots & \vdots \\ L_r(x_N, y_N, B) & 1 \end{pmatrix} \times \boldsymbol{A} \right]^2 + \frac{1}{2} \gamma (\boldsymbol{I} \times \boldsymbol{A} - 1)^2 \quad (4.11)$$

式中：$L_p(x_i, y_i, B)$ 和 $L_r(x_i, y_i, B)$（$i \in \{1, 2, \cdots, N\}$）分别为第 $i$ 个相似像元在目标时相 $t_p$ 和参考时相 $t_r$ 的低分辨率反射率。式（4.11）等号右边的第一项是最小二乘项，第二项是表示模型先验约束的正则化项，$\gamma$ 是正则化参数，用于控制两项的权重，本节实验将其设为 1。

**3. 分配像元权重**

权重 $W$ 决定了相似像元对目标像元估算值的贡献程度。根据非局部滤波框架，权值 $W$ 由相似像元与目标像元的相似性确定。由于目标时相的高分辨率反射率是未知的，本节方法利用相似像元与目标像元的低分辨率反射率来衡量相似性。为此，提出基于非局部滤波的个体权重 $W_r^{\text{ind}}$ 如下：

$$W_r^{\text{ind}}(x_i, y_i, B) = \exp\left( -\frac{G * \left\| L_r(P(x_i, y_i, B)) - L_p(P(x, y, B)) \right\|}{h^2} \right) \quad (4.12)$$

式中：参数 $h$ 与低分辨率影像的噪声等级有关，由于本节实验所使用的 MODIS 数据含有较低噪声，该参数设为 0.15；$G$ 为高斯核；$L_r(P(x_i, y_i, B))$ 为以像元 $(x_i, y_i)$ 为中心的低分辨率数据块 $P$，数据块的大小与高、低分辨率数据的空间分辨率差异有关。如果差异较大，上采样的低分辨率数据含有较少的地表结构信息，此时数据块的边长应设置较小。反之，则应将数据块边长设置较大。

除此以外，本节方法还考虑预测时段内地表变化对融合结果的影响，根据多时相信息相似度来赋予权重。为此，引入整体权重 $W_r^{\text{whole}}$，根据低分辨率数据对记录的变化强度信息进行赋权。整体权重利用大小为 $w \times w$ 的局部窗口进行估算，方法为

$$W_r^{\text{whole}} = \frac{1 \Big/ \sum_{i=1}^{w^2} (|L_r(x_i, y_i, B) - L_p(x_i, y_i, B)|)}{\sum_r \left[ 1 \Big/ \sum_{i=1}^{w^2} (|L_r(x_i, y_i, B) - L_p(x_i, y_i, B)|) \right]} \quad (4.13)$$

式中：$W_r^{\text{whole}}$ 值越大，表示其对应的参考时相数据应被赋予更高权重。然后，将个体权重与整体权重结合，得到最终的相似像元权重：

$$W_r(x_i, y_j, B) = W_r^{\text{ind}}(x_i, y_i, B) \times W_r^{\text{whole}} \tag{4.14}$$

**4. 计算目标像元值**

通过上述三个步骤，计算得到相似像元的线性系数和权重。然后，根据式（4.6）估算未知的目标像元反射率。遍历所有像元位置，完成整个高分辨率数据的融合。

## 4.3.3 实验结果与分析

**1. 实验区域与数据**

使用 MODIS 和 Landsat 地表反射率数据进行实验。其中，采用的 MODIS 数据的空间分辨率是 500 m，时间分辨率是 1 天；Landsat 数据的空间分辨率是 30 m，时间分辨率是 16 天。通过 MODIS 和 Landsat 数据融合，理论上能够生成时间分辨率为 1 天、空间分辨率为 30 m 的时间序列。Emelyanova 等（2013）建立了一套时空融合的标准实验数据集，本节选取两个实验区域，第一个区域（考林姆贝利灌溉区，Coleambally irrigation area，CIA）位于澳大利亚新南威尔士南部，在该区域获取了 2001～2002 年南半球夏季的 17 对无云 Landsat-MODIS 数据；第二个区域（圭迪尔河下游集水区，lower Gwydir catchment，LGC）位于澳大利亚新南威尔士北部，在该区域获取了 2004 年 4 月至 2005 年 4 月的 14 对无云 Landsat-MODIS 数据。对获取的 Landsat 影像进行大气校正，得到地表反射率数据。使用 MOD09GA 逐日地表反射率产品，并利用三次卷积算法将数据上采样至 Landsat 数据空间分辨率。

CIA 数据集的面积约为 2 193 km$^2$，对应的 Landsat 数据包含 1 720×2 040 个像元。实验区域内分布了农业灌溉区和林地，农业区地表在作物生长周期内呈现出一定的动态变化，林地变化则相对较小。由于农田地块面积小且分布分散，CIA 数据集被认为具有较强的空间异质性。LGC 数据集的面积约为 5 440 km$^2$，对应的 Landsat 数据包含 3 200×2 720 个像元。数据集的时间范围约为 1 年，其中，在 2004 年 12 月中旬，该区域内发生了一场洪水，导致大片地表淹没。洪水的发生使地表在短时间内发生剧烈变化，因此，LGC 数据集被认为具有较强的时相变化。通过上述数据集，可以充分测试时-空融合模型在空间异质场景和时相变化场景下的预测效果。

**2. 短时间序列融合实验结果**

本实验将所有 Landsat-MODIS 数据对按时间顺序进行排列，分别以每一个时相作为目标时相（第一个和最后一个时相除外），使用目标时相前后的两对 Landsat-MODIS 数据和目标时相 MODIS 数据作为输入，融合生成目标时相高分辨率数据，并与真实观测的目标时相 Landsat 数据进行比较，从而评估融合效果。在 CIA 和 LGC 区域分别开展 15 组和 12 组实验。为了客观评估模型效果，将 STNLFFM 方法与两个经典的时-空融合方法（STARFM 和 ESTARFM）进行对比。

图 4.4 展示了 CIA 和 LGC 区域的两组实验数据。其中，CIA 区域展示数据的目标日期

是 2002 年 1 月 12 日，LGC 区域展示数据的目标日期是 2004 年 12 月 12 日。对于图 4.4（a）所示的 CIA 区域，灌溉区的作物在 1～2 月长势逐渐旺盛，在假彩色合成图中表现为红色地块增加，而周围的林地在该时段内变化相对较小。对于图 4.4（b）所示的 LGC 区域，该地区在 2004 年 12 月中旬发生了洪水，造成地表信息的剧烈变化。在这两组实验中，使用目标时相 MODIS 数据及其前后的 Landsat-MODIS 数据对作为输入，融合生成目标时相高分辨率数据，并与观测的目标时相 Landsat 数据进行对比，从而评估融合效果。两组实验的结果如图 4.5 和图 4.6 所示。

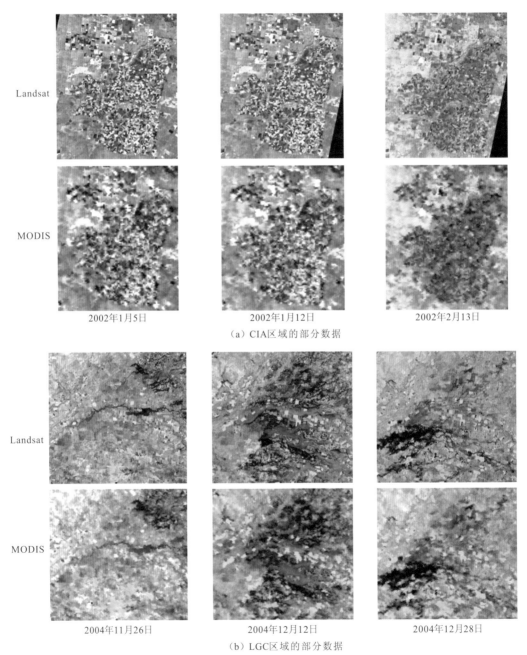

图 4.4　CIA 和 LGC 区域的部分实验结果展示图

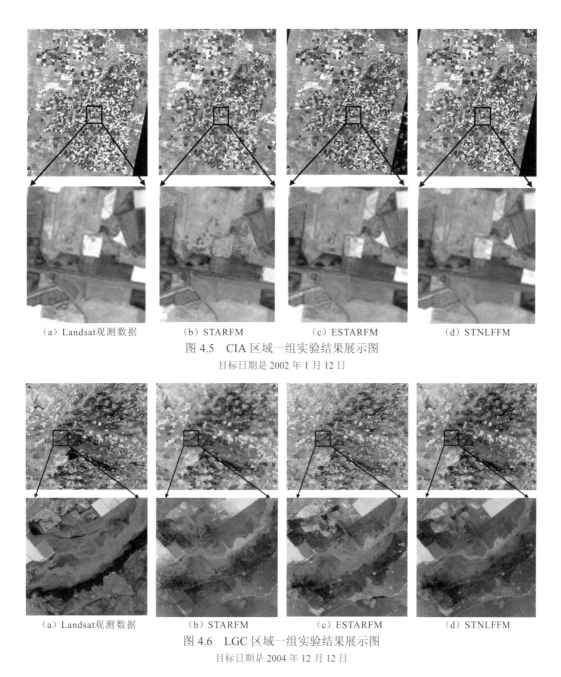

（a）Landsat观测数据　　　　（b）STARFM　　　　（c）ESTARFM　　　　（d）STNLFFM

图 4.5　CIA 区域一组实验结果展示图

目标日期是 2002 年 1 月 12 日

（a）Landsat观测数据　　　　（b）STARFM　　　　（c）ESTARFM　　　　（d）STNLFFM

图 4.6　LGC 区域一组实验结果展示图

目标日期是 2004 年 12 月 12 日

　　图 4.5 和图 4.6 分别展示了 CIA 和 LGC 区域的实验结果。从图中可以看出，三种方法总体上均能预测出作物的物候变化，并在大部分实验区域上表现出较好的融合效果。然而，对于部分异质区域（如局部放大区），STARFM 方法的结果中存在一定程度的光谱失真，从局部放大图上可以看出，STARFM 方法的结果在边缘区域存在部分噪声。相比之下，ESTARFM 和 STNLFFM 方法得到了较好的结果，而 STNLFFM 方法的结果在视觉效果上与真实观测的 Landsat 数据更为接近。表 4.1 给出了两组实验的定量评价结果。可以发现，CIA 数据实验的一些波段 ESTARFM 获得了最好的评价结果，而在两个实验区域的绝大多数波段 STNLFFM 方法都取得了最佳的定量指标值。

表 4.1　CIA 和 LGC 区域展示实验的定量评价结果

| 指标 | 波段 | CIA 区域 | | | LGC 区域 | | |
|---|---|---|---|---|---|---|---|
| | | STARFM | ESTARFM | STNLFFM | STARFM | ESTARFM | STNLFFM |
| RMSE | B1 | 0.010 2 | 0.009 8 | **0.009 3** | 0.013 8 | 0.014 8 | **0.013 5** |
| | B2 | 0.013 1 | **0.010 4** | **0.010 4** | 0.019 8 | 0.020 3 | **0.018 9** |
| | B3 | 0.021 3 | **0.016 2** | 0.016 6 | 0.024 6 | 0.025 5 | **0.023 6** |
| | B4 | 0.028 3 | 0.022 7 | **0.021 8** | 0.034 6 | 0.040 8 | **0.031 7** |
| | B5 | 0.027 0 | **0.024 9** | **0.024 9** | 0.053 5 | 0.063 1 | **0.051 6** |
| | B7 | 0.023 6 | 0.022 9 | **0.021 6** | 0.040 9 | 0.056 7 | **0.040 7** |
| $R^2$ | B1 | 0.877 0 | 0.920 9 | **0.925 9** | 0.536 0 | 0.548 2 | **0.584 0** |
| | B2 | 0.884 6 | 0.930 7 | **0.932 5** | 0.506 0 | 0.518 0 | **0.556 3** |
| | B3 | 0.893 7 | **0.939 1** | 0.938 0 | 0.529 8 | 0.534 3 | **0.572 1** |
| | B4 | 0.809 4 | 0.882 7 | **0.889 5** | 0.700 4 | 0.590 6 | **0.767 2** |
| | B5 | 0.922 9 | **0.933 0** | 0.932 5 | 0.639 4 | 0.531 5 | **0.680 5** |
| | B7 | 0.923 3 | 0.927 7 | **0.934 5** | 0.623 0 | 0.401 5 | **0.643 8** |
| SSIM | B1 | 0.955 1 | 0.968 0 | **0.970 1** | 0.889 8 | 0.886 3 | **0.899 5** |
| | B2 | 0.945 1 | **0.967 9** | 0.967 5 | 0.832 4 | 0.833 7 | **0.849 7** |
| | B3 | 0.929 6 | **0.962 5** | 0.958 4 | 0.804 4 | 0.805 2 | **0.822 4** |
| | B4 | 0.878 0 | 0.928 8 | **0.929 9** | 0.805 2 | 0.751 8 | **0.849 1** |
| | B5 | 0.943 2 | **0.951 7** | 0.949 7 | 0.664 5 | 0.683 4 | **0.770 5** |
| | B7 | 0.943 1 | 0.947 1 | **0.951 5** | 0.571 9 | 0.613 6 | **0.755 1** |
| UIQI | B1 | 0.951 8 | 0.966 1 | **0.968 4** | 0.723 5 | 0.754 0 | **0.757 9** |
| | B2 | 0.958 7 | **0.976 2** | 0.975 8 | 0.694 1 | 0.737 7 | **0.738 6** |
| | B3 | 0.956 8 | **0.976 7** | 0.974 2 | 0.713 1 | 0.748 7 | **0.749 4** |
| | B4 | 0.953 4 | 0.971 8 | **0.973 3** | 0.759 1 | 0.843 5 | **0.854 1** |
| | B5 | 0.976 3 | 0.978 3 | **0.979 0** | 0.413 6 | 0.736 9 | **0.781 5** |
| | B7 | 0.972 2 | 0.973 7 | **0.976 2** | 0.214 9 | 0.684 1 | **0.750 9** |
| SAM | | 3.256 9 | 2.731 1 | **2.683 8** | 12.804 3 | 11.301 3 | **9.963 1** |
| $Q4$ | | 0.821 0 | 0.852 7 | **0.860 0** | 0.661 8 | 0.694 9 | **0.771 3** |

注: $B_1 \sim B_5$ 和 $B_7$ 为 Landsat 波段号; RMSE 为 root mean square error, 均方根误差; $R^2$ 为 R-squared; SSIM 为结构相似性; UIQI 为 universal image quality index, 通用图像质量指数; SAM 为 spectral angle mapper, 光谱角映射; $Q4$ 为 universal image quality index for four-band multispectral images, 用于四波段多光谱影像的通用图像质量指数

图 4.7 和图 4.8 分别展示了 CIA 区域和 LGC 区域所有融合实验的定量评估结果。从图中可以发现, 在 CIA 区域的 15 组实验和 LGC 区域 12 组实验中, STNLFFM 方法在绝大多数实验取得了最低的 RMSE 值、SAM 值和最高的 $R^2$、SSIM、UIQI 值。这充分表明, STNLFFM 方法的融合结果具有更高的保真效果, 在辐射灰度特征和空间结构上均与基准数据更为接近。此外, ESTARFM 在 CIA 数据实验与 STNLFFM 方法接近, 也体

现了较强的鲁棒性。

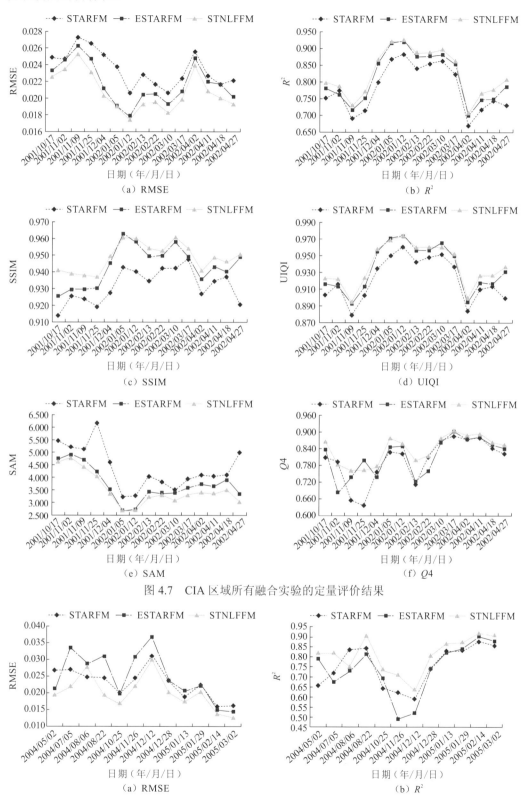

图 4.7　CIA 区域所有融合实验的定量评价结果

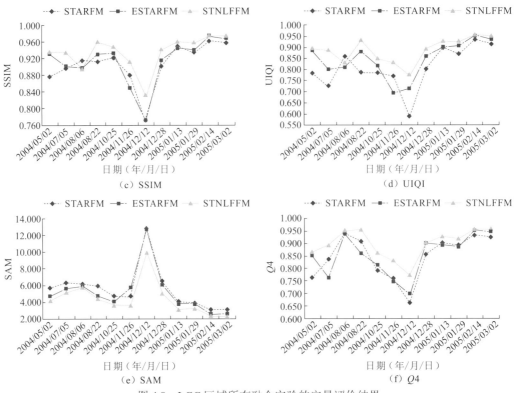

图 4.8　LGC 区域所有融合实验的定量评价结果

### 3. 长时间序列融合实验结果

本节分析了时间间隔对时–空融合效果的影响。相比于 LGC 数据，CIA 数据的观测日期间隔更为规律，因此本节使用 CIA 数据集进行实验。与之前类似，将 CIA 区域的 17 对 Landsat-MODIS 数据按时间顺序进行排列。以最中间的日期（2002 年 2 月 13 日）作为目标日期进行实验，使用与目标时相对称分布的两对 Landsat-MODIS 数据作为参考数据，如图 4.9 所示，共进行 8 组实验。随着参考时相数据的更换，目标时相与参考时相的时间间隔逐渐增加，从而可以评估时间间隔对融合效果的影响。图 4.10 展示了三种

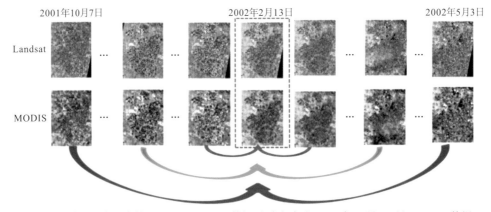

图 4.9　利用对称分布的 Landsat-MODIS 数据对融合生成 2002 年 2 月 13 日 Landsat 数据

时–空融合模型在不同时间间隔下融合结果的 RMSE 值，其横轴表示目标时相与两个参考时相之间的平均时间间隔。通过图 4.10 可以发现规律：首先，对于三种融合方法，参考时相和目标时相的时间间隔越短，融合的预测效果越好；反之，则效果越差。当时间间隔大于 90 天时，预测精度的波动较小。其次，从 STARFM 和 ESTARFM 的曲线可以看出，当平均时间间隔较短（小于 65 天）时，ESTARFM 的预测效果优于 STARFM。然而，当平均时间间隔较长（大于 65 天）时，STARFM 的预测效果优于 ESTARFM。最后，STNLFFM 方法预测结果的 RMSE 值均低于其他两个方法。

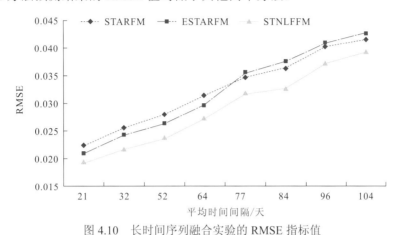

图 4.10　长时间序列融合实验的 RMSE 指标值

# 4.4　深度学习时–空融合方法

针对一些传感器组合的时–空融合，存在不能获取高、低分辨率参考数据对的问题，因此无法基于 4.3 节所述的时–空融合模型进行处理。本节以 Landsat 8 陆地成像仪（operational land imager，OLI）和 Sentinel-2 多光谱仪（multispectral imager，MSI）的融合为例，构建一种不需要参考数据对的深度学习时–空融合模型（Wu et al.，2022）。

## 4.4.1　模型框架

机器学习特别是深度学习在复杂非线性建模中具有较大优势。为此，本小节介绍一种引入退化约束的时–空融合网络（degradation-term constrained spatio-temporal fusion network，DSTFN）对 Landsat 8 OLI 和 Sentinel-2 MSI 数据进行融合。时–空融合模型针对两个传感器共有的可见光、近红外、短波红外波段而设计（波段设置见表 4.2），即 Sentinel-2 数据的 B02、B03、B04、B8A、B11 和 B12 波段，对应 Landsat 8 的 b2、b3、b4、b5、b6 和 b7 波段。值得注意的是，Sentinel-2 数据内部分辨率不统一，分为 10 m 和 20 m，因此先构建空–谱融合将 Sentinel-2 所有波段统一到 10 m，再与 Landsat 8 数据进行时–空融合，将所有波段、所有时相的数据统一到 10 m。

表 4.2　Sentinel-2 MSI 和 Landsat 8 OLI 传感器波段配置比较

| 项目 | Sentinel-2 MSI | | Landsat 8 OLI | |
| --- | --- | --- | --- | --- |
| | 谱段范围/nm | 分辨率/m | 谱段范围/nm | 分辨率/m |
| 海岸线 | B01：433～453 | 10 | b1：430～450 | 30 |
| 蓝光 | B02：458～523 | 10 | b2：450～515 | 30 |
| 绿光 | B03：543～578 | 10 | b3：525～600 | 30 |
| 红光 | B04：650～680 | 10 | b4：630～680 | 30 |
| 红边 1 | B05：698～713 | 20 | — | — |
| 红边 2 | B06：733～748 | 20 | — | — |
| 红边 3 | B07：773～793 | 20 | — | — |
| 近红外 | B08：785～900 | 10 | — | — |
| 近红外（窄边） | B8A：855～875 | 20 | b5：845～885 | 30 |
| 水汽 | B09：935～955 | 60 | — | — |
| 卷云 | B10：1 360～1 390 | 60 | b9：1 360～1 390 | 30 |
| 短波红外 1 | B11：1 565～1 655 | 20 | b6：1 560～1 660 | 30 |
| 短波红外 2 | B12：2 100～2 280 | 20 | b7：2 100～2 300 | 30 |
| 全色 | — | — | b8：503～676 | 15 |

　　因此，DSTFN 采用了分步融合框架，由 2 个子网络构成，如图 4.11 所示，分别是空-谱融合网络和时-空融合网络。其中：前者解决 Sentinel-2 数据波段空间分辨率不一致问题，以 10 m 分辨率可见光和近红外波段作为辅助，将 20 m 分辨率窄边近红外、短波红外波段降尺度到 10 m，进而获得 10 m 分辨率 Sentinel-2 数据；后者解决 Landsat 8 和 Sentinel-2 数据空间分辨率不一致问题，以参考时相 10 m 分辨率 Sentinel-2 数据作为辅助，将目标时相 30 m 分辨率 Landsat 8 数据降尺度到 10 m，进而获得目标时相 10 m 分辨率数据。联合上述两个子网络，生成 Landsat 8 数据对应的 10 m 分辨率融合数据，进而在精细尺度上构建密集时间序列。

　　为了便于描述，下文将两个子网络的输入数据统一地划分为两个部分，即高分辨率数据和低分辨率数据。对于空-谱融合子网络，高分辨率数据是 10 m 分辨率的蓝、绿、红、近红外波段（B02、B03、B04 和 B08），低分辨率数据是 20 m 分辨率的窄边近红外、短波红外波段（B8A、B11 和 B12）。对于时-空融合子网络，高分辨率数据是参考时相 10 m Sentinel-2 数据（B02、B03、B04、B8A、B11 和 B12）和目标时相 Landsat 8 全色波段（b8），低分辨率数据是目标时相 30 m Landsat 8 数据（b2、b3、b4、b5、b6 和 b7）。两个子网络采用类似架构。首先，利用卷积层处理高分辨率数据，得到高分辨率特征图；利用残差密集卷积模块处理低分辨率数据，并将其升采样，得到低分辨率特征图。其次，将高、低分辨率特征图连接，并利用三个耦合注意力机制的残差密集卷积模块进行处理；该过程还利用跳跃连接操作，对三个模块生成的特征图进行连接，从而充分利用不同层次的图像特征。最后，将特征图与低分辨率数据上采样结果进行连接，经卷积处理后得到高分辨率融合数据。

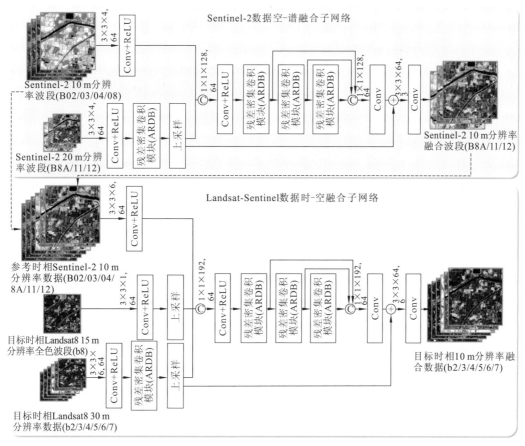

图 4.11 Landsat 8 和 Sentinel-2 时-空融合网络结构示意图

## 4.4.2 网络细节与损失函数

### 1. 耦合注意力残差密集模块

DSTFN 网络的基本单元是耦合注意力残差密集模块（attention-coupled residual dense block，ARDB）。图 4.12 展示了该基本单元的结构。该单元首先使用注意力机制模块对特征图进行校正，再基于密集连接和残差学习进一步提取特征。如图 4.11 所示，每个子网络中使用了 4 个 ARDB。其中，第一个 ARDB 从低分辨率数据中提取局部特征，后三个 ARDB 从高、低分辨率融合特征图中进一步提取特征。

注意力机制作为一种特征校正方法（Woo et al.，2018），被广泛应用于影像超分辨率重建、影像分类等任务中。耦合注意力残差密集模块能自适应赋予特征权重、调整特征响应，进而对特征进行重校正处理。本节方法的注意力机制模块包含两个分支，分别是空间注意力模块和通道注意力模块，其结构如图 4.12 所示。空间注意力模块基于两个卷积层估算空间权重，第一层使用 3×3 卷积核提取局部特征，第二层使用 1×1 卷积核生成权重，进而将权重赋予原始特征图，实现空间校正。通道注意力模块包含两个处理分支，在每个分支中，首先通过池化处理获得全局统计特征，再利用两个 1×1 卷积层生成通道权重，并将权重赋予原始特征图，将两个处理分支的特征图相加，并经过一个 3×3

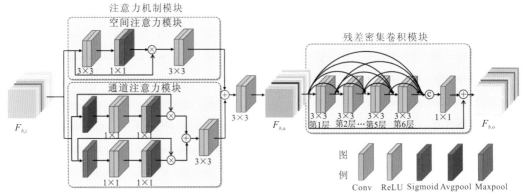

图 4.12 耦合注意力残差密集模块示意图

卷积层生成通道注意力校正特征。经过上述两个注意力模块处理后，将生成的两幅特征图相加，得到最终的校正特征图。

在特征校正的基础上，进一步通过残差密集模块，加强多层次特征的利用（Huang et al., 2017）。残差密集模块整合了密集连接和残差学习策略（He et al., 2016），并被证实在图像超分辨率重建方面具有显著效果。该方法的残差密集模块共使用了 6 个"Conv+ReLU"层。在每一个模块中，特征图通过密集连接方式进行传递，有利于强化特征的重复利用和信息传递。第 $b$ 个模块、第 $l$ 层的输出表示为

$$F_{b,l} = f_l([F_{b,a}, F_{b,1}, \cdots, F_{b,l-1}]) \tag{4.15}$$

式中：$F_{b,a}$ 为注意力机制模块生成的校正特征图；$F_{b,1}, \cdots, F_{b,l-1}, F_{b,l}$ 分别为第 $1, \cdots, l-1, l$ 层生成的特征图；$f_l$ 为第 $l$ 层的"Conv+ReLU"处理函数；$[\cdot]$ 表示连接操作。此外，引入残差学习策略提升网络的特征表征能力。第 $b$ 个模块的最终输出特征表示为

$$F_{b,o} = F_{b,a} + F_{b,c} \tag{4.16}$$

式中：$F_{b,o}$ 为第 $b$ 个模块的输出特征图；$F_{b,a}$ 为注意力机制模块生成的校正特征图，$F_{b,c}$ 为前面 6 个"Conv+ReLU"层的输出特征经过连接和降维处理后得到的特征图。

**2. 损失函数**

网络的损失函数以前向反馈形式估算误差，并以后向反馈形式对网络进行优化。DSTFN 的两个子网络采用统一的损失函数 $L_t(\Theta)$，表示为

$$L_t(\Theta) = \alpha L_1(\Theta) + \beta L_f(\Theta) + \gamma L_d(\Theta) \tag{4.17}$$

式中：$L_1(\Theta)$ 和 $L_f(\Theta)$ 分别为常用的 L1 范数和 F 范数约束项，用于限制融合结果和标签数据之间的误差；$L_d(\Theta)$ 为退化约束项，用于约束融合结果与低分辨率输入数据之间的关系，$\Theta$ 为神经网络参数；$\alpha$、$\beta$ 和 $\gamma$ 均为正则化参数，可通过下式自适应估算：

$$\alpha = \frac{L_1(\Theta)}{L_1(\Theta) + L_f(\Theta) + L_d(\Theta)}, \beta = \frac{L_f(\Theta)}{L_1(\Theta) + L_f(\Theta) + L_d(\Theta)}, \gamma = \frac{L_d(\Theta)}{L_1(\Theta) + L_f(\Theta) + L_d(\Theta)} \tag{4.18}$$

为了提升数据融合的保真度，在损失函数中进一步加入退化约束项。基本思路是使融合后的高分辨率数据经退化处理后能够与原有的低分辨率数据保持一致。例如，当地表在预测时段内发生显著变化时，高分辨率辅助数据与融合数据之间存在较大差异，此时，低分辨率数据能够更准确地刻画地表信息。根据观测退化模型，低分辨率影像可以看作对应高分辨率影像经过旋转、模糊、降采样和噪声处理后的退化结果。由于 Landsat 8

和 Sentinel-2 数据经过预处理后具有较好的一致性，旋转、模糊和噪声对退化过程的影响较小，可忽略不计。因此，影像观测退化模型可以近似表示为

$$Y = DX \tag{4.19}$$

式中：$D$ 为降采样算子。因此，低分辨率数据近似于对应高分辨率数据的降采样退化结果。基于上述原理，该模型的退化约束项设计如下。

对于 Sentinel-2 空-谱融合网络，训练数据表示为 $\left\{ z_{S_{10\,\mathrm{m}}}^{i}, y_{S_{20\,\mathrm{m}}}^{i}, x_{S_{10\,\mathrm{m}}}^{i} \right\}_{i=1}^{N}$。其中，$z_{S_{10\,\mathrm{m}}}^{i}$ 为输入的 10 m 分辨率辅助波段，$y_{S_{20\,\mathrm{m}}}^{i}$ 为输入的待降尺度的 20 m 分辨率波段，$x_{S_{10\,\mathrm{m}}}^{i}$ 为输出的 10 m 分辨率波段，即标签数据，$N$ 为训练数据数量。此时，退化约束项 $L_{\mathrm{d}}^{\mathrm{net1}}(\varTheta)$ 表示为

$$L_{\mathrm{d}}^{\mathrm{net1}}(\varTheta) = \frac{1}{2N} \sum_{i=1}^{N} \left\| y_{S_{20\,\mathrm{m}}}^{i} - f_{\mathrm{d}} \left( \xi_{\mathrm{net1}}(z_{S_{10\,\mathrm{m}}}^{i}, y_{S_{20\,\mathrm{m}}}^{i}) + f_{\mathrm{u}}(y_{S_{20\,\mathrm{m}}}^{i}) \right) \right\|_{\mathrm{F}}^{2} \tag{4.20}$$

式中：$\xi_{\mathrm{net1}}(\cdot)$ 为空-谱融合子网络的输出，表示高分辨率融合数据和低分辨率上采样数据之间的残差特征；$f_{\mathrm{d}}(\cdot)$ 和 $f_{\mathrm{u}}(\cdot)$ 分别为降采样和升采样算子，在网络中使用双线性内插方法实现。

对于 Landsat-Sentinel 时-空融合网络，训练数据表示为 $\left\{ z_{S_{10\,\mathrm{m}}}^{i}, z_{L_{15\,\mathrm{m}}}^{i}, y_{L_{30\,\mathrm{m}}}^{i}, x_{L_{10\,\mathrm{m}}}^{i} \right\}_{i=1}^{M}$。其中，$z_{S_{10\,\mathrm{m}}}^{i}$ 为输入的参考时相 10 m 分辨率 Sentinel-2 数据，$z_{L_{15\,\mathrm{m}}}^{i}$ 为输入的目标时相 15 m 分辨率 Landsat 8 全色波段，$y_{L_{30\,\mathrm{m}}}^{i}$ 为输入的目标时相 30 m 分辨率 Landsat 数据，$x_{L_{10\,\mathrm{m}}}^{i}$ 为输出的目标时相 10 m 分辨率数据，即标签数据，$M$ 为训练数据数量。此时，退化约束项 $L_{\mathrm{d}}^{\mathrm{net2}}(\varTheta)$ 表示为

$$L_{\mathrm{d}}^{\mathrm{net2}}(\varTheta) = \frac{1}{2M} \sum_{i=1}^{M} \left\| y_{L_{30\,\mathrm{m}}}^{i} - f_{\mathrm{d}} \left( \xi_{\mathrm{net2}}(z_{S_{10\,\mathrm{m}}}^{i}, z_{L_{15\,\mathrm{m}}}^{i}, y_{L_{30\,\mathrm{m}}}^{i}) + f_{\mathrm{u}}(y_{L_{30\,\mathrm{m}}}^{i}) \right) \right\|_{\mathrm{F}}^{2} \tag{4.21}$$

式中：$\xi_{\mathrm{net2}}(\cdot)$ 为时-空融合子网络的输出，表示高分辨率融合数据和低分辨率上采样数据之间的残差特征。值得注意的是，退化项使用低分辨率数据构建约束，有利于充分保持目标时相地表信息，进而提升融合模型对地表变化的处理效果。

### 4.4.3 实验结果与分析

#### 1. 实验数据与预处理

本节使用 Landsat 8 和 Sentinel-2 数据进行测试实验。其中，Landsat 8 数据的空间分辨率是 30 m（全色波段是 15 m），时间分辨率是 16 天；Sentinel-2 数据的空间分辨率是 10 m、20 m、60 m，时间分辨率是 10 天，双星在轨条件下缩短为 5 天。实验中构建了一个 Landsat 8 和 Sentinel-2 地表反射率数据集用于算法验证，数据区域位于山东省德州市齐河县内，覆盖面积约为 894 km²，时间范围为 2018 年全年。从 USGS 网站下载了 2018 年无云影像，包括 11 景 Landsat 8 影像（位置索引为 P122/R035）和 13 景 Sentinel-2 影像（位置索引为 T50SMF）。对于 Landsat 8 数据，Level-2 产品已基于 LasRC（Landsat 8 surface reflectance code）算法进行过大气校正，提取 6 个 30 m 地表反射率波段（b2、b3、b4、b5、b6 和 b7）；从 Level-1 DN 值产品中提取全色波段（b8），并进行归一化处理，该波段分辨率为 15 m，将作为过渡波段辅助融合过程。对于 Sentinel-2 数据，利用 ESA

Sen2Cor 插件对 L1C 级 DN 值产品进行大气校正，获得 L2A 级地表反射率产品，提取 6 个波段（B02、B03、B04、B8A、B11 和 B12）。对处理后的 Landsat 8 和 Sentinel-2 数据进行地理配准和空间裁切，以确保空间范围的一致。此外，为了消除光谱波段带宽和成像环境导致的辐射差异，对数据进行了辐射归一化处理，采用线性转换模型，通过 2 组配对数据计算转换系数，进而将 Landsat 8 数据辐射归一化至 Sentinel-2 数据。由此，可以生成波段对应、辐射可比的实验数据。

数据集覆盖时段包含了两个作物生长周期：1～6 月上中旬，前一年播种的冬小麦经历生长，逐渐成熟；6 月中下旬，完成冬小麦收割，进而种植玉米；7～10 月上旬左右，玉米经历生长，逐渐成熟；10 月中旬，完成玉米收割，并种植新一轮冬小麦。数据集覆盖时间较长，有利于测试不同时间间隔、不同时相变化程度下的融合效果。

**2. 实验设计与模型训练**

实验目的是充分测试算法在不同空间异质程度、不同时相变化程度条件下的融合精度和稳健性。本节引入 4 种对比方法，包括双线性内插（bilinear）、面积-点回归克里金（area-to-point regression Kriging，ATPRK）（Wang et al.，2017）、时-空自适应反射率融合模型-阴影指数（spatial and temporal adaptive reflectance fusion model-shadow index，STARFM-SI）（Wu et al.，2020）和 ESRCNN（Shao et al.，2019）。其中，双线性内插方法仅以目标时相低分辨率数据作为输入，不需要其他辅助数据。STARFM-SI 方法是简化输入条件下的 STARFM，引入降采样、模糊等步骤模拟参考时相低分辨率数据，并使用 STARFM 进行融合。ATPRK 和 ESRCNN 方法是针对 Landsat 8 和 Sentinel-2 融合发展的算法，前者通过线性关系建模，后者通过神经网络学习输入和输出间的非线性映射关系。

DSTFN 和 ESRCNN 均为深度学习方法，需要通过训练数据来驱动模型。为此，将数据集划分为互不交叉的训练集和测试集，分配情况见表 4.3。训练集包含 6 景 Sentinel-2 数据和 5 景 Landsat 8 数据，测试集包含 7 景 Sentinel-2 数据和 6 景 Landsat 8 数据。模型训练和测试均需要对多时相 Landsat 8 和 Sentinel-2 数据进行匹配。对于每一景 Landsat 8 数据，选取在该观测时间前/后最邻近的 Sentinel-2 数据进行匹配。据此，训练数据集共构建 10 组匹配的实验数据，测试数据集共构建 12 组匹配的实验数据。两种深度学习模型均采用了降采样模拟方式进行训练。具体来讲，对于 Sentinel-2 空-谱融合，将可见光和近红外波段降采样至 20 m，将窄边近红外和短波红外波段降至 40 m，以上述降采样数据作为训练输入，以真实观测的 20 m 分辨率窄边近红外和短波红外波段作为训练输出，构建训练数据对。对于 Landsat 8 和 Sentinel-2 时-空融合，将参考时相 Sentinel-2 波段降采样至 30 m，将目标时相 Landsat 8 数据降至 90 m（全色波段降至 45 m），以上述降采样数据作为训练输入，以真实观测的目标时相 30 m 分辨率数据作为训练输出，构建训练数据对。基于训练数据完成模型训练。

表 4.3 训练和测试数据的分配情况

| 实验组号 | 训练数据 | | 测试数据 | |
| --- | --- | --- | --- | --- |
| | Landsat 8（目标时相） | Sentinel-2（参考时相） | Landsat 8（目标时相） | Sentinel-2（参考时相） |
| #1 | 1 月 11 日 | 1 月 5 日 | 2 月 12 日 | 2 月 4 日 |

| 实验组号 | 训练数据 | | 测试数据 | |
| --- | --- | --- | --- | --- |
| | Landsat 8（目标时相） | Sentinel-2（参考时相） | Landsat 8（目标时相） | Sentinel-2（参考时相） |
| #2 | 1 月 11 日 | 3 月 26 日 | 2 月 12 日 | 3 月 16 日 |
| #3 | 4 月 17 日 | 3 月 26 日 | 3 月 16 日 | 2 月 4 日 |
| #4 | 4 月 17 日 | 4 月 20 日 | 3 月 16 日 | 3 月 31 日 |
| #5 | 5 月 3 日 | 4 月 20 日 | 6 月 20 日 | 3 月 31 日 |
| #6 | 5 月 3 日 | 9 月 7 日 | 6 月 20 日 | 7 月 19 日 |
| #7 | 9 月 8 日 | 9 月 7 日 | 9 月 24 日 | 9 月 22 日 |
| #8 | 9 月 8 日 | 10 月 2 日 | 9 月 24 日 | 10 月 17 日 |
| #9 | 10 月 26 日 | 10 月 2 日 | 10 月 10 日 | 9 月 22 日 |
| #10 | 10 月 26 日 | 11 月 1 日 | 10 月 10 日 | 10 月 17 日 |
| #11 | — | — | 12 月 13 日 | 10 月 17 日 |
| #12 | — | — | 12 月 13 日 | 12 月 16 日 |

基于测试集开展验证实验。实验包含了模拟实验和真实实验。其中，模拟实验是已有研究常用的实验方法，指在降采样后的分辨率上开展实验。对于 Landsat-Sentinel 时-空融合网络，将获取的数据进行 3 倍降采样退化模拟。模拟实验输入参考时相 30 m 分辨率 Sentinel-2 数据和目标时相 90 m 分辨率 Landsat 8 数据、45 m 分辨率全色波段，输出目标时相 30 m 分辨率融合数据，进而对比输出数据真实观测的目标时相 30 m 分辨率 Landsat 8 数据，从而评估效果。这种实验方式的优势是无须收集时间配对的 Landsat 8 和 Sentinel-2 数据即可进行实验。真实数据实验则是在真实分辨率上进行的实验。真实实验输入参考时相 10/20 m 分辨率 Sentinel-2 数据和目标时相 30 m 分辨率 Landsat 8 数据和 45 m 分辨率全色波段，输出目标时相 10 m 分辨率融合数据，进而对比输出数据与目标时相真实观测的 Sentinel-2 数据，从而评估效果。真实实验更贴近实际应用情况，但它需要时间配对的 Landsat 8 和 Sentinel-2 数据，考虑配对数据获取相对困难（如 2018 年仅获得 3 月 16 日的一对数据），这种方式下可进行的实验数量较少。

本节实验的评估方式包括目视对比和定量评价。目视对比主要通过目视对比融合数据与基准数据在光谱特征和空间结构上的一致性。定量评价采用 8 个定量指标，包括平均绝对误差（MAE）、平均相对误差（mean relative error，MRE）、均方根误差（RMSE）、光谱角映射（SAM）、全局相对误差（ERGAS）、相关系数（correlation coefficient，CC）、峰值信噪比（PSNR）和结构相似性（SSIM）。在上述指标中，MAE、MRE、RMSE、SAM、ERGAS 主要评估融合结果与基准数据的偏差，数值越小，表示融合数据质量越高；CC、PSNR、SSIM 评估融合数据与基准数据的相关性或一致性，数值越大，表示融合数据质量越高。

### 3. 模拟实验结果

基于表 4.3 所示的测试数据匹配情况开展了 12 组实验。本节展示两组实验结果，以便充分评估算法在不同时相变化情况下的融合效果。第一组实验中，目标时间和参考时间分别为 2018 年 2 月 12 日和 2 月 4 日，时间间隔仅有 8 天，地表动态变化较小；第二组实验中，目标时间和参考时间分别为 2018 年 3 月 31 日和 6 月 20 日，时间间隔接近 3 个月，地表变化较为剧烈。

图 4.13 是地表变化较小情况下融合实验的局部结果。图 4.14 是短波红外波段的误差分布图。可以看出，双线性内插方法结果较为模糊，难以刻画地表空间细节。在两种线性建模方法中，STARFM-SI 方法相对较好，其结果在空间细节和光谱保持效果上更优；ATPRK 方法在空间细节保持的效果相对较差，这可能是由于 ATPRK 方法引入了误差补偿策略，这种处理方式在较小变化下效果不明显，反而会造成模糊。两种深度学习方法（ESRCNN 和 DSTFN）均优于其他方法，其结果与基准数据更为一致，融合误差更小。表 4.4 展示了该组实验定量评价结果。在 5 种方法中，两种深度学习方法的融合精度要高于其他方法。此外，对比两种深度学习方法结果可以发现，在这组实验中，与 ESRCNN 方法相比，DSTFN 的 MRE 降低 0.43%、SAM 降低 0.14、PSNR 提升 0.61，这表明当变化较小时，DSTFN 方法的融合效果略微优于 ESRCNN 方法。

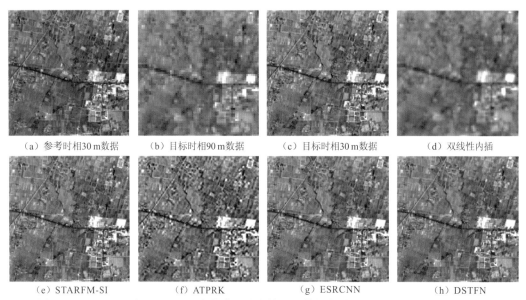

| （a）参考时相30 m数据 | （b）目标时相90 m数据 | （c）目标时相30 m数据 | （d）双线性内插 |
| （e）STARFM-SI | （f）ATPRK | （g）ESRCNN | （h）DSTFN |

图 4.13　Landsat 8 和 Sentinel-2 多传感器融合第一组模拟实验的结果（真彩色合成制图）

该实验的目标日期和参考日期分别是 2018 年 2 月 12 日和 2 月 4 日

| （a）双线性内插 | （b）STARFM-SI | （c）ATPRK | （d）ESRCNN | （e）DSTFN |

图 4.14　Landsat 8 和 Sentinel-2 多传感器融合第一组模拟实验结果的误差分布图

表 4.4　两组 Landsat 8 和 Sentinel-2 多传感器融合模拟实验的定量评价结果

| 实验 | 指标 | 双线性内插 | STARFM-SI | ATPRK | ESRCNN | DSTFN |
|---|---|---|---|---|---|---|
| 第一组实验 | MAE | 0.010 8 | 0.006 3 | 0.006 8 | 0.004 8 | **0.004 4** |
| | MRE | 0.064 5 | 0.040 1 | 0.049 0 | 0.032 0 | **0.027 7** |
| | RMSE | 0.016 1 | 0.010 1 | 0.010 3 | 0.007 1 | **0.006 6** |
| | SAM | 2.082 4 | 1.403 1 | 1.670 8 | 1.213 8 | **1.072 6** |
| | ERGAS | 0.584 6 | 0.396 3 | 0.393 3 | 0.263 7 | **0.241 0** |
| | CC | 0.872 5 | 0.944 1 | 0.953 2 | 0.974 9 | **0.978 9** |
| | PSNR | 35.452 4 | 39.628 9 | 39.498 1 | 42.460 9 | **43.067 6** |
| | SSIM | 0.979 7 | 0.991 9 | 0.994 1 | 0.998 3 | **0.998 7** |
| 第二组实验 | MAE | 0.015 3 | 0.020 7 | 0.012 3 | 0.010 5 | **0.008 7** |
| | MRE | 0.087 3 | 0.144 7 | 0.079 7 | 0.056 8 | **0.047 2** |
| | RMSE | 0.021 8 | 0.027 5 | 0.017 5 | 0.014 4 | **0.012 3** |
| | SAM | 3.437 3 | 4.872 3 | 2.926 5 | 2.739 9 | **2.296 9** |
| | ERGAS | 0.725 5 | 0.913 7 | 0.568 2 | 0.447 8 | **0.383 6** |
| | CC | 0.907 0 | 0.841 9 | 0.948 1 | 0.957 9 | **0.969 1** |
| | PSNR | 32.551 1 | 30.537 9 | 34.397 1 | 35.831 4 | **37.240 2** |
| | SSIM | 0.969 4 | 0.899 2 | 0.987 5 | 0.993 0 | **0.995 3** |

地表类型的显著变化通常被视作具有挑战性的时空融合测试场景。图 4.15 是地表变化较大情况下实验的局部结果。图 4.16 是融合结果在短波红外波段的误差分布图。可以看出，双线性内插方法的结果仍然存在严重模糊。在两种线性建模方法中，ATPRK 方法显著优于 STARFM-SI 方法，这是由于地表变化较大时，STARFM 的相似像元筛选精度降低，进而导致加权滤波过程的误差较大，这些误差在道路等微小地物上通常更加明显。ATPRK 方法存在一定模糊，但其光谱保真效果较为理想。两种深度学习方法的目视效果差别较小，但误差分布图表明 DSTFN 方法的误差比 ESRCNN 方法更小。表 4.4 给出了本组实验的定量指标值。可以发现，STARFM-SI 精度最低，其次是双线性内插法和 ATPRK 方法。两种深度学习方法中，DSTFN 方法的误差比 ESRCNN 方法更小，且精度优势相对于前一组实验（时相变化较小情况）更为显著。具体来说，本组实验中，与 ESRCNN 方法相比，DSTFN 方法的 MRE 降低 1.0%、SAM 降低 0.44、PSNR 提升 1.41。

　　　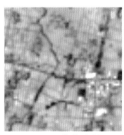

（a）参考时相30 m数据　　（b）目标时相90 m数据　　（c）目标时相30 m数据　　（d）双线性内插

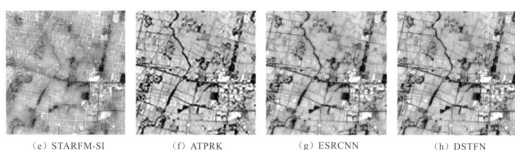

| （e）STARFM-SI | （f）ATPRK | （g）ESRCNN | （h）DSTFN |

图 4.15　Landsat 8 和 Sentinel-2 多传感器融合第二组模拟实验的结果（真彩色合成制图）

该实验的目标日期和参考日期分别是 2018 年 3 月 31 日和 6 月 20 日

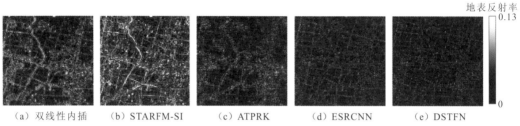

| （a）双线性内插 | （b）STARFM-SI | （c）ATPRK | （d）ESRCNN | （e）DSTFN |

图 4.16　Landsat 8 和 Sentinel-2 多传感器融合第二组模拟实验结果的误差分布图

图 4.17 展示了 12 组融合实验中各方法所获得的 RMSE、SAM、CC 和 PSNR 指标评估值。可以发现，在所有实验中，DSTFN 方法均获得了最高的 CC 值和 PSNR 值、最低的 RMSE 值和 SAM 值。这充分表明，DSTFN 方法融合精度最高，且模型稳健性较强。此外，不同方法对时相变化的处理能力有所差异。通过对测试数据的目视查验，发现第 5～9 组实验的地表变化相对更大，其他实验则相对较小。在两种线性关系方法中，STARFM-SI 方法更适用于时相变化较小的情况，ATPRK 更适用于变化较大的情况。这种现象出现的原因在前文有所分析。在两种深度学习方法中，DSTFN 方法的精度高于 ESRCNN 方法，且精度优势随着时相变化的增大而更为明显，这说明 DSTFN 方法具有较强的稳健性，能够有效应对不同强度的时相变化。

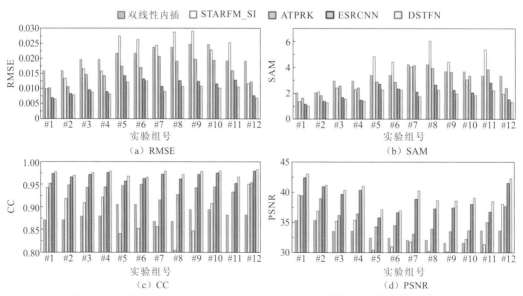

图 4.17　12 组 Landsat 8 和 Sentinel-2 多传感器融合模拟实验的定量评价结果

### 4. 真实实验结果

由于 2018 年 3 月 16 日同时获取了 Landsat 8 和 Sentinel-2 数据，可以将 3 月 16 日作为目标日期开展真实实验。具体来说，通过融合 3 月 16 日 Landsat 8 数据和其他日期 Sentinel-2 数据，生成当日 10 m 分辨率数据；再以当日 Sentinel-2 数据为基准评估融合精度。本小节开展了两组实验，以便评估算法在不同程度时相变化下的融合效果。

第一组真实实验的目标日期和参考日期分别是 2018 年 3 月 16 日和 2 月 4 日，时间间隔一个月多，地表变化相对较小。图 4.18 和表 4.5 分别给出了该组实验的局部展示图和定量评价结果。可以看出，双线性内插方法的结果模糊严重，且精度最低；ATPRK 方法在目视上存在一定的处理伪痕，精度指标排名略高于插值方法；STARFM-SI 方法保持有较好的光谱信息，但其对地物突变的情况处理效果较差，残留了参考时相信息，如图 4.18 中黄色标记区域；ESRCNN 和 DSTFN 方法的结果在目视上差别较小，而定量精度显示 DSTFN 方法的精度稍高于 ESRCNN 方法。

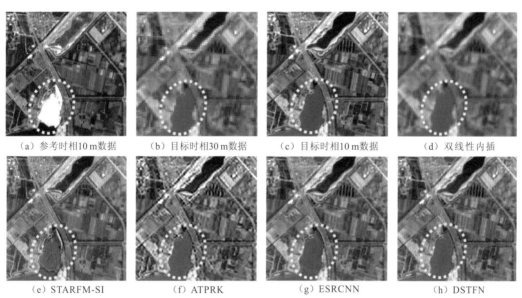

（a）参考时相10 m数据　　　（b）目标时相30 m数据　　　（c）目标时相10 m数据　　　（d）双线性内插

（e）STARFM-SI　　　　　　（f）ATPRK　　　　　　　　（g）ESRCNN　　　　　　　　（h）DSTFN

图 4.18　Landsat 8 和 Sentinel-2 多传感器融合第一组真实实验的结果（真彩色合成制图）

该实验的目标日期和参考日期分别是 2018 年 3 月 16 日和 2 月 4 日

表 4.5　两组 Landsat 8 和 Sentinel-2 多传感器融合真实实验的定量评价结果

| 实验 | 指标 | 双线性内插 | STARFM-SI | ATPRK | ESRCNN | DSTFN |
|------|------|-----------|-----------|--------|---------|--------|
| | MAE | 0.014 6 | 0.012 0 | 0.014 7 | 0.011 4 | **0.011 1** |
| | MRE | 0.098 7 | 0.083 4 | 0.089 6 | 0.080 6 | **0.078 1** |
| | RMSE | 0.020 6 | 0.016 8 | 0.020 9 | 0.015 8 | **0.015 5** |
| 第一组 | SAM | 3.326 4 | 3.050 9 | 3.842 2 | 2.978 6 | **2.848 6** |
| 实验 | ERGAS | 0.872 6 | 0.703 1 | 0.845 0 | 0.658 3 | **0.649 9** |
| | CC | 0.897 0 | 0.933 9 | 0.903 0 | 0.943 3 | **0.945 6** |
| | PSNR | 33.606 2 | 35.361 6 | 33.421 3 | 35.834 8 | **36.015 8** |
| | SSIM | 0.987 0 | **0.988 9** | 0.988 5 | 0.988 6 | 0.988 6 |

| 实验 | 指标 | bilinear | STARFM-SI | ATPRK | ESRCNN | DSTFN |
|------|------|----------|-----------|-------|--------|-------|
| | MAE | 0.014 6 | 0.018 4 | 0.015 8 | 0.012 2 | **0.011 8** |
| | MRE | 0.098 7 | 0.119 5 | 0.138 8 | 0.084 1 | **0.080 9** |
| | RMSE | 0.020 6 | 0.025 9 | 0.022 6 | 0.017 0 | **0.016 7** |
| 第二组 | SAM | 3.326 4 | 4.535 4 | 4.116 1 | 3.147 8 | **3.024 9** |
| 实验 | ERGAS | 0.872 6 | 1.022 2 | 0.883 5 | 0.701 7 | **0.686 9** |
| | CC | 0.897 0 | 0.843 3 | 0.893 1 | 0.934 4 | **0.937 6** |
| | PSNR | 33.606 2 | 31.514 8 | 32.689 7 | 35.178 2 | **35.338 2** |
| | SSIM | 0.987 0 | 0.983 8 | 0.988 3 | 0.988 4 | **0.988 6** |

第二组真实实验的目标日期和参考日期分别是 2018 年 3 月 16 日和 7 月 19 日，时间间隔约为 4 个月，地表变化较为剧烈。图 4.19 和表 4.5 分别给出了该组实验的局部展示图和定量评价结果。可以看出，双线性内插方法和 STARFM-SI 方法的结果都存在非常严重的模糊。STARFM-SI 方法对地物突变的处理效果较差，如图 4.19 中黄色标记区域所示。ATPRK 方法的结果空间细节保持相对较弱，存在一定的处理伪痕。定量评价结果显示，上述三种方法的精度均相对较低。与上一组类似，两种深度学习方法结果在目视上优于其他方法，且定量评价结果表明 DSTFN 方法的精度高于 ESRCNN 方法。此外，通过对比两组实验，可以发现随着参考日期与目标日期的间隔增大，STARFM-SI、ATPRK、ESRCNN 和 DSTFN 方法的精度都有所降低。以 MRE 为例，4 种方法指标值下降 0.28%～4.92%。DSTFN 方法精度的下降幅度最小，这表示该方法对地表变化的处理能力要强于其他方法。

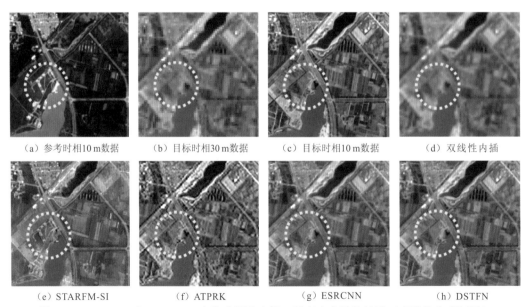

（a）参考时相 10 m 数据　　（b）目标时相 30 m 数据　　（c）目标时相 10 m 数据　　（d）双线性内插

（e）STARFM-SI　　　　　（f）ATPRK　　　　　　（g）ESRCNN　　　　　　（h）DSTFN

图 4.19　Landsat 8 和 Sentinel-2 多传感器融合第二组真实实验的结果（真彩色合成制图）

该实验的目标日期和参考日期分别是 2018 年 3 月 16 日和 7 月 19 日

# 4.5 多传感器时-空一体化融合方法

前述的时-空融合方法都只适用于两个卫星传感器数据的融合处理，难以满足更多传感器融合的需求。如何针对更多数量传感器进行一体化时空融合处理，这是本节研究的重点问题。对此，建立一种多传感器时-空一体化融合方法（Wu et al.，2015b），突破传统融合模型对传感器个数的限制，获取最高的空间与时间分辨率，并以地表温度为例开展验证实验。

## 4.5.1 模型框架

假设经过预处理和校正后，不同传感器获取的地表温度数据具有一致性和可比性。不考虑预处理误差和反演差异的前提下，对于一个中分辨率的地表温度纯净像元，可以认为其与对应的高分辨率像元之间的误差是近似稳定的。因此，高空间分辨率的地表温度可以表示为

$$F(i,t_2) = F(i,t_1) + M(i,t_2) - M(i,t_1) \tag{4.22}$$

式中：$F$ 和 $M$ 分别为高、中分辨率的地表温度；$i$ 为像元的位置索引；$t_1$ 和 $t_2$ 分别为数据的观测时间。同理，对于中、低分辨率地表温度数据，考虑低分辨率数据的时间分辨率较高，它在时间 $t_2$ 和另一个预测时间 $t_3$ 都有观测数据，此时，可以构建如下关系式：

$$F(i,t_3) = F(i,t_2) + C(i,t_3) - C(i,t_2) \tag{4.23}$$

联立式（4.22）和式（4.23），时间 $t_3$ 的高分辨率温度数据可用如下的预测模型进行表示：

$$F(i,t_3) = F(i,t_1) - M(i,t_1) + M(i,t_2) - C(i,t_2) + C(i,t_3) \tag{4.24}$$

以此类推，进一步获得面向任意个数传感器的时-空一体化融合框架，表示为

$$\begin{aligned} F(i,t_m) = F(i,t_1) - M(i,t_1) + M(i,t_2) \\ - C(i,t_2) + C(i,t_3) - \cdots - X(i,t_{m-1}) + X(i,t_m) \end{aligned} \tag{4.25}$$

式中：$F, M, C$ 和 $X$ 为不同传感器的地表温度，其他传感器用省略号表示，这些传感器中，$F$ 具有最高空间分辨率，$X$ 具有最高的时间分辨率；$t_m$ 为预测时间；$t_1, t_2, t_3, \cdots, t_{m-1}$ 为不同传感器的观测时间，且在每一个观测时间都有两个不同分辨率的温度数据。

然而，式（4.25）是在完全理想的情况下获得的，实际使用具有一定局限，主要反映在几点：首先，低分辨率观测像元通常混合了多种地物类别信息，而地表温度更易受地物覆盖类型的影响；其次，不同传感器扫描同一地区的时间不完全相等，不对等的观测时间可能造成一定的温度差异；最后，观测几何等同样影响地表温度。为了缓解这些问题，引入邻域空间的相似像元信息，基于滑动窗口构建权重函数，从而估算预测时间 $t_m$ 的高分辨率温度数据。最终建立的时-空一体化融合模型（spatio-temporal integrated fusion model，STIFM）表示为

$$F(i_{w/2},t_m) = \sum_{i=1}\sum_{t_1=1}\sum_{t_2=1}\sum_{t_3=1}\cdots\sum_{t_{m-1}=1} W_{it} * \begin{pmatrix} F(i,t_1) - M(i,t_1) + M(i,t_2) - C(i,t_2) \\ + C(i,t_3) - \cdots - X(i,t_{m-1}) + X(i,t_m) \end{pmatrix} \tag{4.26}$$

式中：$w$ 为滑动窗口的大小；$i_{w/2}$ 为窗口内的中心像元；$W_{it}$ 为权重函数。

图 4.20 是 Landsat（高分辨率）、MODIS（中分辨率）和地球静止环境业务卫星

（geostationary operational environmental satellite，GOES）（低分辨率）温度数据融合过程的示意图。在 $T_p$ 和 $T_{p2}$，有两组 ETM+和 MODIS 温度数据对；在 $T_q$，有 MODIS 和 GOES 温度数据对；在 $T_{X1}$ 和时间 $T_{X2}$，分别有 GOES 温度数据。结合上述数据，利用本节方法可以融合得到 $T_{X1}$ 和 $T_{X2}$ 的 ETM+温度数据（如蓝色虚线框所示）。

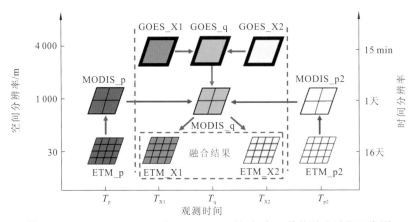

图 4.20　Landsat、MODIS 和 GOES LST 的时-空一体化融合过程示意图

## 4.5.2　像元筛选与权重计算

根据上述的融合框架，时-空一体化融合模型的实现过程主要分为两个关键步骤，即筛选相似像元和建立权重函数。算法实现细节如下。

**1. 筛选相似像元**

为了提高时-空一体化融合模型的处理精度，对观测数据的像元进行筛选，利用相似像元信息进行融合。相似像元的选择以邻域像元与中心像元差的绝对值小于窗口标准偏差与类别数的比值作为筛选条件，公式为

$$\left| F(i,t_1) - F(i_{w/2},t_1) \right| < \frac{\sigma_w}{c} \tag{4.27}$$

式中：$\sigma_w$ 为邻域窗口内的像元标准偏差；$c$ 为预估的地物类别数。

**2. 建立权重函数**

在时-空一体化融合模型中，权重函数 $W_{it}$ 决定了相似像元对所求中心像元的贡献程度。权重函数由如下三个因子来计算。

（1）相似性差异。通过度量高分辨率数据中邻域窗口内相似像元与中心像元之差来估算相似度，表示为

$$S_i = \left| F(i,t_1) - F(i_{w/2},t_1) \right| \tag{4.28}$$

$$SD_i = \frac{\exp(-S_i)}{\sum_i \exp(-S_i)} \tag{4.29}$$

式中：$S_i$ 为相似像元与中心像元的绝对差值；$SD_i$ 为相似度。该式表示相似像元的光谱差异越小，相似度越大，对中心像元的贡献度越大。

（2）尺度差异。利用不同时间、不同传感器观测数据的数值偏差来估算尺度差异，表示为

$$R_{it} = \left| F(i,t_1) - M(i,t_1) + M(i,t_2) - C(i,t_2) + C(i,t_3) - \cdots - X(i,t_{m-1}) \right| \quad (4.30)$$

式中：$R_{it}$ 为尺度差异因子。该因子近似表征不同时间低分辨率数据的同质性。$R_{it}$ 越小，意味着不同时间的高、低分辨率像元的辐射特征越接近，低分辨率像元的同质性越强，所提供的变化信息越可靠。

（3）距离差异。利用邻域窗口内相似像元到中心像元的欧氏距离来度量差异，表示为

$$d_i = \sqrt{(x_i - x_{w/2})^2 + (y_i - y_{w/2})^2} \quad (4.31)$$

式中：$d_i$ 为距离差异因子。根据地理学第一定律，距离越近的像元具有更高的相似性，应当赋予更大权重。为了与前面两个因子匹配，将绝对距离转换为相对距离：

$$D_i = \frac{A + d_i}{A} \quad (4.32)$$

式中：常数 $A$ 由所处理数据的空间分辨率和窗口大小决定，满足 $D_i$ 的取值范围为 $[1, 1+\sqrt{2}]$。

完成上述三项因子的估算后，首先合并尺度差异和相对距离因子，得

$$E_{it} = \ln(R_{it} \cdot 100 + 1) \cdot D_i \quad (4.33)$$

为了保持与相似度 $SD_i$ 相同量化级，需要将 $E_{it}$ 归一化，表示为

$$V_{it} = \frac{E_{it}}{\sum E_{it}} \quad (4.34)$$

最后，将 $V_{it}$ 与 $SD_i$ 相乘，并进行归一化，得到最终的权重为

$$W_{it} = \frac{1/(V_{it} \cdot SD_i)}{\sum 1/(V_{it} \cdot SD_i)} \quad (4.35)$$

通过上式可知，当相似像元具有更高的相似度、更强的同质性和更短的距离时，该像元的时空权重越大，对中心像元估算的贡献程度越高。此外，存在一种特殊情况，即 $R_{it} = 0$。此时，权重 $W_{it}$ 直接赋予最高值，所求的预测值可以表示为 $F(i_{w/2}, t_m) = X(i, t_m)$。

## 4.5.3 实验结果与分析

### 1. 实验数据与预处理

本小节实验数据包括 Landsat TM/ETM+、Terra MODIS、GOES Imager、MSG SEVIRI 4 种卫星反演的地表温度数据和相应的站点实测温度数据。其中，Landsat 卫星基于热红外波段，采用单通道反演算法进行地表温度估算。MODIS 温度数据直接从 NASA 相关网站下载。GOES 卫星数据经过辐射值和亮温转换后，最终可反演得到地表温度。MSG SEVIRI 地表温度数据通过卫星应用设施网的陆表分析部门（LSA-SAF）获取。本小节将站点实测数据作为评估基准，数据来自美国国家海洋和大气管理局（National Oceanic and Atmospheric Administration，NOAA）的表面辐射收支网（SURFRAD）和欧洲航天局的卫星应用设施网陆表分析部门（LSA-SAF），具体涉及美国内华达州的岩漠（desert rock，DR）站点和葡萄牙境内的 Evora 站点。

本节利用三种传感器的地表温度数据开展融合实验，分别为高空间分辨率的 Landsat TM/ETM+数据、中空间分辨率的 MODIS 数据和低空间分辨率的 GOES 或 SEVIRI 数据。根据低分辨率卫星的覆盖范围及站点数据的获取情况，将实验分为两组：第一组融合 Landsat、MODIS 和 GOES 数据，并使用 DRA 站点数据进行验证；第二组融合 Landsat、MODIS 和 SEVIRI 数据，使用 Evora 站点数据进行验证。两组实验数据见表 4.6。

表 4.6　两组实验的卫星数据

| 实验 | 卫星传感器 | 观测日期 | 观测时间（UTC） | 数据量 |
|------|-----------|---------|----------------|--------|
| 实验一 | Landsat ETM+ | 2002-08-04 | 大约 18:00 | 1 |
| | Terra MOD11A1 | 2002-08-04<br>2002-08-20 | 大约 18:30 | 2 |
| | GOES 10 Imager * | 2002-08-20 | 每半小时 | 45 |
| 实验二 | Landsat TM | 2010-05-20 | 大约 11:00 | 1 |
| | Terra MOD11A1 | 2010-05-20<br>2010-05-18 | 大约 10:45 | 2 |
| | MSG SEVIRI * | 2010-05-18 | 每 15 分钟 | 89 |

*GOES 卫星 08:30～09:30 UTC 空缺 3 景数据，SEVIRI 能获得 89 景无云数据

### 2. Landsat、MODIS 和 GOES 融合实验

实验一选用美国西南地区数据进行测试，通过融合 Landsat、MODIS 和 GOES 地表温度数据，生成时间分辨率为 30 min、空间分辨率为 60 m 的融合数据。实验一的参考时间是 2002 年 8 月 4 日 18:00 UTC（获取 ETM+LST、MODIS LST，忽略 MODIS 数据获取时间的差异，下同）、2002 年 8 月 20 日 18:00 UTC（获取 MODIS LST、GOES LST），目标时间是 2002 年 8 月 20 日的其他时间（获取 GOES LST）。通过融合上述数据，得到目标时间 Landsat 尺度的温度数据。图 4.21（a）～（d）分别是真实观测的 2002 年 8 月 4 日 18:00 UTC 的 ETM+LST、2002 年 8 月 4 日 18:30 UTC 的 MODIS LST、2002 年 8 月 20 日 18:30 UTC 的 MODIS LST 和 2002 年 8 月 20 日 18:00 UTC 的 GOES LST。本节给出 2002 年 8 月 20 日剩下的 44 个 GOES 数据中的 2 个，分别是 00:00 UTC 和 10:30 UTC 的 GOES LST[图 4.21（e）和（f）]，相应的融合结果如图 4.21（g）和（h）所示。需要说明的是，两个融合结果的右上角都有一个白点，这是由参与融合的 2002 年 8 月 4 日 MODIS LST 对应像素位置为空值而引起的。为了比较传感器个数对融合结果的影响，本节以 2002 年 8 月 4 日 18:00 UTC 为参考时间，通过融合 ETM+LST 和 GOES LST，生成 2002 年 8 月 20 日 00:00 UTC 和 10:30 UTC 的融合数据[图 4.21（i）和（j）]。此外，图 4.22 展示了利用三个传感器融合的 2002 年 8 月 20 日小时级融合结果（共计 45 个，其中 08:30～09:30 因缺失相应 GOES 数据未进行融合），并以温度色彩分级图显示，从分级图上可以清晰看出昼夜温差变化。

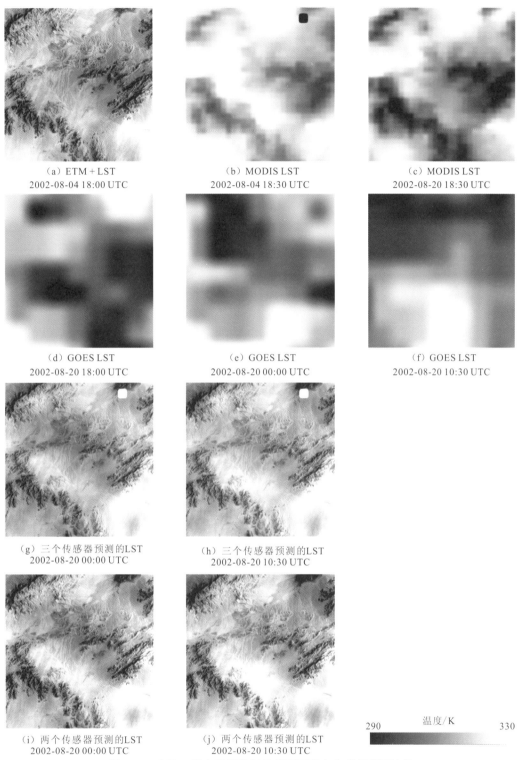

(a) ETM+LST
2002-08-04 18:00 UTC

(b) MODIS LST
2002-08-04 18:30 UTC

(c) MODIS LST
2002-08-20 18:30 UTC

(d) GOES LST
2002-08-20 18:00 UTC

(e) GOES LST
2002-08-20 00:00 UTC

(f) GOES LST
2002-08-20 10:30 UTC

(g) 三个传感器预测的LST
2002-08-20 00:00 UTC

(h) 三个传感器预测的LST
2002-08-20 10:30 UTC

(i) 两个传感器预测的LST
2002-08-20 00:00 UTC

(j) 两个传感器预测的LST
2002-08-20 10:30 UTC

温度/K
290          330

图 4.21　实验一真实观测数据及其不同融合方式的预测结果

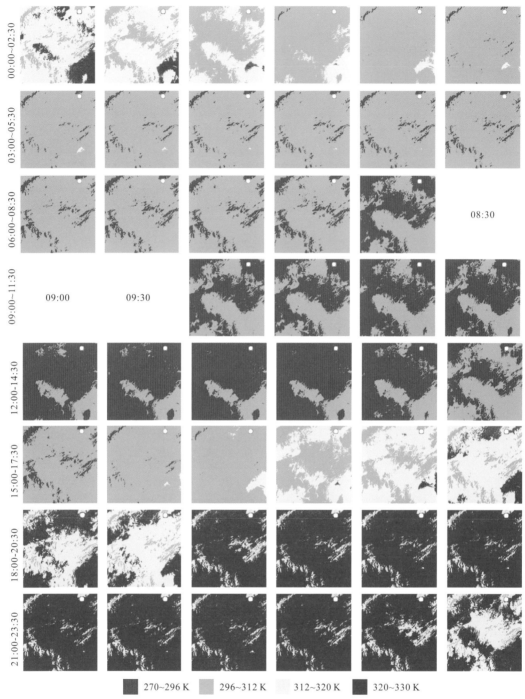

图 4.22　实验一中三个传感器融合的 45 个温度色彩分级图

为了比较三个传感器与两个传感器融合结果的差异，将 2002 年 8 月 20 日 18:00 UTC 的融合结果与该天同一观测时间真实的 ETM+ LST 绘制散点图，如图 4.23 所示。通过该图可以发现，与图 4.23（a）相比，图 4.23（b）中的散点更加集中于 1∶1 直线，这说明融合三个传感器数据能更准确地预测不同时间的变化信息，中分辨率 MODIS 数据的加入能够起到尺度过渡作用，进而提高融合精度。此外，定量评价指标显示，三个传感器融合结果的均方根误差和偏差（RMSE=1.401 7 K，Bias=−0.306 8）都明显低于两个传感器的融合结果（RMSE=4.066 5 K，Bias=−3.864 8 K）。

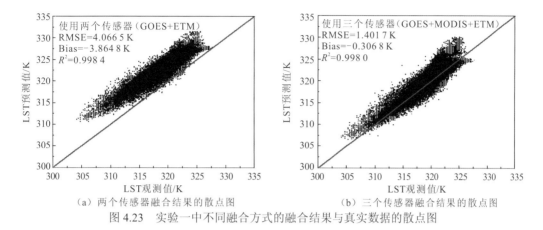

（a）两个传感器融合结果的散点图　　　　（b）三个传感器融合结果的散点图

图 4.23　实验一中不同融合方式的融合结果与真实数据的散点图

利用 DRA 站点地表温度数据验证本节算法的融合效果。图 4.24 对比了 DRA 站点温度数据与不同融合结果上对应像元温度值，可以发现，两种融合结果对应的地表温度日变化趋势与 DRA 站点温度数据变化趋势基本一致。此外，三个传感器的融合结果比两个传感器的融合结果更加接近 DRA 站点实测数据。两种方式融合结果与 DRA 站点温度的均方根误差分别为 2.5 K（三个传感器）和 3.7 K（两个传感器），这再次说明三个传感器融合的效果更好。

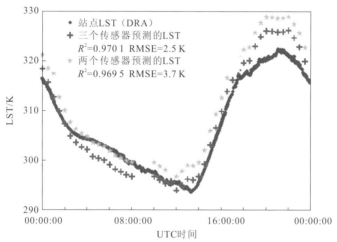

图 4.24　DRA 站点地表温度数据与不同方式的融合结果比较

### 3. Landsat、MODIS 和 SEVIRI 融合实验

实验二选取葡萄牙境内埃武拉市的一处区域进行测试，通过融合 Landsat、MODIS 和 SEVIRI 地表温度数据，生成 Landsat 尺度时序 LST 数据，并利用位于该区域内的 Evora 站点实测数据进行验证。实验利用 2010 年 5 月 20 日的数据来预测 2010 年 5 月 18 日的数据。从理论上讲，2010 年 5 月 18 日可获取 96 景时间分辨率为 15 min、空间分辨率为 3 km 的 SEVIRI LST 数据；然而受云、气溶胶等影响，实际获得 89 景数据。

图 4.25（a）～（d）为输入的参考时间数据，分别是 2010 年 5 月 20 日 11:00 UTC 的 TM LST、2010 年 5 月 20 日 10:45 UTC 的 MODIS LST、2010 年 5 月 18 日 10:45 UTC 的 MODIS LST、2010 年 5 月 18 日 11:00 UTC 的 SEVIRI LST。通过融合参考时间数据和目标时间 SEVIRI LST 数据，本小节共生成 89 个融合结果。图 4.25（e）和（f）是输入的目标时间 SEVIRI LST 数据，分别是 2010 年 5 月 18 日 00:15 UTC 和 2010 年 5 月

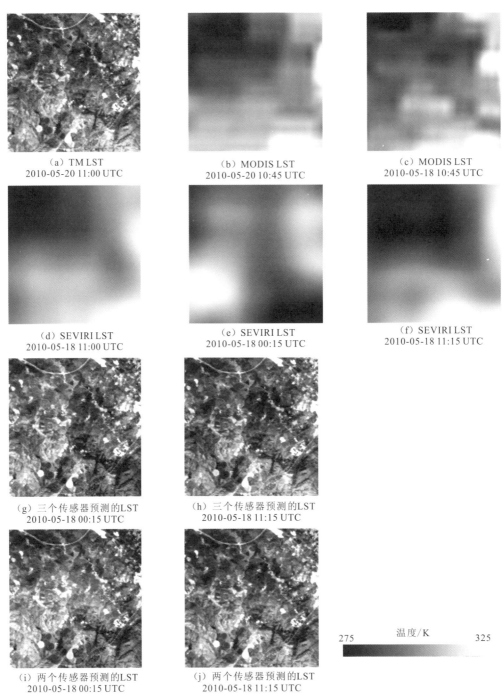

（a）TM LST
2010-05-20 11:00 UTC

（b）MODIS LST
2010-05-20 10:45 UTC

（c）MODIS LST
2010-05-18 10:45 UTC

（d）SEVIRI LST
2010-05-18 11:00 UTC

（e）SEVIRI LST
2010-05-18 00:15 UTC

（f）SEVIRI LST
2010-05-18 11:15 UTC

（g）三个传感器预测的LST
2010-05-18 00:15 UTC

（h）三个传感器预测的LST
2010-05-18 11:15 UTC

（i）两个传感器预测的LST
2010-05-18 00:15 UTC

（j）两个传感器预测的LST
2010-05-18 11:15 UTC

温度/K
275　　　　　　325

图 4.25　实验二中真实观测数据及其不同融合方式的预测结果

18 日 11:15 UTC。图 4.25（g）和（h）是对应时间的三个传感器融合结果。与实验一类似，本节也利用两个传感器（TM 和 SEVIRI）融合得到相应结果[图 4.25（i）和（j）]。为了便于比较不同数量传感器获得的融合结果，选取了局部区域进行放大。图 4.26 展示了不同传感器的融合结果及其局部放大图。对比不同结果的温度分级图和局部放大图，可以发现，三个传感器的融合结果[图 4.26（f）]比两个传感器的融合结果[图 4.26（c）]更加接近真实数据[图 4.26（h）]。

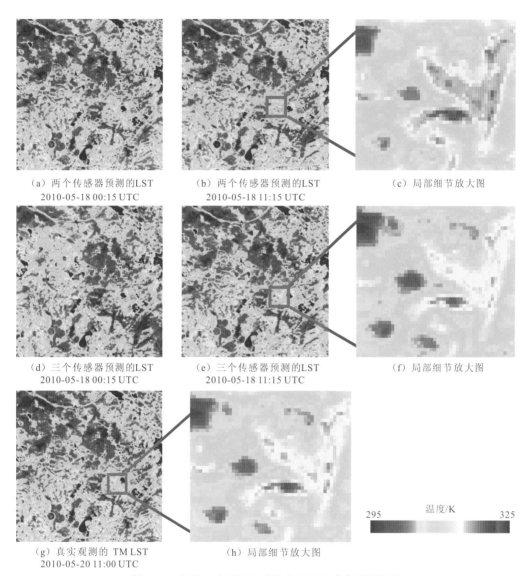

（a）两个传感器预测的LST 2010-05-18 00:15 UTC　　（b）两个传感器预测的LST 2010-05-18 11:15 UTC　　（c）局部细节放大图

（d）三个传感器预测的LST 2010-05-18 00:15 UTC　　（e）三个传感器预测的LST 2010-05-18 11:15 UTC　　（f）局部细节放大图

（g）真实观测的 TM LST 2010-05-20 11:00 UTC　　（h）局部细节放大图

温度/K 295 325

图 4.26　实验二中不同方式融合结果与真实观测比较

　　利用 Evora 站点实测 LST 数据评价不同方式的融合效果。图 4.27 展示了融合结果与站点观测的对比。可以发现，三个传感器融合结果比两个传感器融合结果更加接近 Evora 站点实测温度数据；三个传感器融合结果的均方根误差（2.2 K）小于两个传感器融合结果（3.3 K），这再次说明引入多个传感器数据进行时-空一体化融合是有意义的。

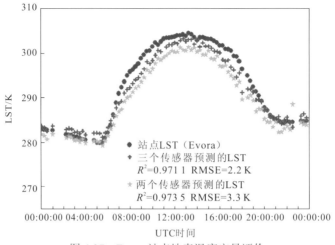

图 4.27　Evora 站点地表温度定量评价

# 4.6　本 章 小 结

　　本章主要针对多源遥感数据的时-空融合展开研究，首先介绍了时-空信息融合的基本概念和发展现状，进一步重点介绍了非局部滤波时-空融合模型、退化约束的深度学习时-空融合模型、多传感器时-空一体化融合三种方法，并基于 MODIS-Landsat、Landsat-Sentinel、GEOS /SEVIRI-MODIS-Landsat 组合实验数据，分别验证了在有参考数据对和无参考数据对条件下的算法性能，结果表明本章提出的算法具有较高的融合精度和较强的鲁棒性，可以用于高时间分辨率、高空间分辨率遥感及参量数据的生成，在资源环境监测与分析中具有较大的应用潜力。

　　值得说明的是，尽管遥感时-空融合经过了近 20 年的发展，其中仍然存在一些难以解决的瓶颈问题，最为典型的就是不同时相的数据间地物较大变化，而传感器之间的空间分辨率又相差较大，导致融合数据无法精确刻画细节的地物信息。针对这一问题，学者也进行了针对性的研究，虽然进行了一定改进，但没有从根本上予以解决。针对这一问题，本书将在后续章节中通过引入雷达数据进行时-空-谱一体化融合给予进一步讨论。

# 参 考 文 献

黄波, 赵涌泉, 2017. 多源卫星遥感影像时空融合研究的现状及展望. 测绘学报, 46(10): 1492-1499.

刘建波, 马勇, 武易天, 等, 2016. 遥感高时空融合方法的研究进展及应用现状. 遥感学报, 20(5): 1038-1049.

吴金橄, 2021. 地表信息缺失条件下的多传感器数据时空融合方法研究. 武汉: 武汉大学.

吴鹏海, 2014. 多传感器遥感数据的时空定量信息融合方法研究. 武汉: 武汉大学.

张立福, 彭明媛, 孙雪剑, 等, 2019. 遥感数据融合研究进展与文献定量分析(1992—2018). 遥感学报, 23(4): 603-619.

张良培, 沈焕锋, 2016. 遥感数据融合的进展与前瞻. 遥感学报, 20(5): 1050-1061.

BOYTE S P, WYLIE B K, RIGGE M B, et al., 2018. Fusing MODIS with Landsat 8 data to downscale weekly normalized difference vegetation index estimates for central Great Basin rangelands, USA. GIScience and Remote Sensing, 55(3): 376-399.

BUADES A, COLL B, MOREL J, 2005. A non-local algorithm for image denoising// Proceedings of the IEEE Conference on Computer Vision and Pattern Recognition: 20-25.

CHENG Q, LIU H, SHEN H, et al., 2017. A spatial and temporal nonlocal filter-based data fusion method. IEEE Transactions on Geoscience and Remote Sensing, 55(8): 4476-4488.

EMELYANOVA I V, MCVICAR T R, VAN NIEL T G, et al., 2013. Assessing the accuracy of blending Landsat-MODIS surface reflectances in two landscapes with contrasting spatial and temporal dynamics: A framework for algorithm selection. Remote Sensing of Environment, 133: 193-209.

GAO F, MASEK J, SCHWALLER M, et al., 2006. On the blending of the Landsat and MODIS surface reflectance: Predicting daily Landsat surface reflectance. IEEE Transactions on Geoscience and Remote Sensing, 44(8): 2207-2218.

GEVAERT C M, GARCÍA-HARO F J, 2015. A comparison of STARFM and an unmixing-based algorithm for Landsat and MODIS data fusion. Remote Sensing of Environment, 156: 34-44.

HE K, ZHANG X, REN S, et al., 2016. Deep residual learning for image recognition// Proceedings of the IEEE Conference on Computer Vision and Pattern Recognition: 27-30.

HILKER T, WULDER M A, COOPS N C, et al., 2009. A new data fusion model for high spatial-and temporal-resolution mapping of forest disturbance based on Landsat and MODIS. Remote Sensing of Environment, 113(8): 1613-1627.

HUANG B, SONG H, 2012. Spatiotemporal reflectance fusion via sparse representation. IEEE Transactions on Geoscience and Remote Sensing, 50(10): 3707-3716.

HUANG G, LIU Z, MAATEN L V D, et al., 2017. Densely connected convolutional networks// Proceedings of the IEEE Conference on Computer Vision and Pattern Recognition: 21-26.

KE Y, IM J, PARK S, et al., 2016. Downscaling of MODIS one kilometer evapotranspiration using Landsat-8 data and machine learning approaches. Remote Sensing, 8(3): 215.

LI A, BO Y, ZHU Y, et al., 2013. Blending multi-resolution satellite sea surface temperature (SST) products using Bayesian maximum entropy method. Remote Sensing of Environment, 135: 52-63.

LI X, LING F, FOODY G M, et al., 2017. Generating a series of fine spatial and temporal resolution land cover maps by fusing coarse spatial resolution remotely sensed images and fine spatial resolution land cover maps. Remote Sensing of Environment, 196: 293-311.

LIU M, YANG W, ZHU X, et al., 2019a. An improved flexible spatiotemporal data fusion (IFSDAF) method for producing high spatiotemporal resolution normalized difference vegetation index time series. Remote Sensing of Environment, 227: 74-89.

LIU X, DENG C, WANG S, et al., 2016. Fast and accurate spatiotemporal fusion based upon extreme learning machine. IEEE Transactions on Geoscience and Remote Sensing, 13(12): 2039-2043.

LIU X, DENG C, CHANUSSOT J, et al., 2019b. StfNet: A two-stream convolutional neural network for spatiotemporal image fusion. IEEE Transactions on Geoscience and Remote Sensing, 57(9): 6552-6564.

MOOSAVI V, TALEBI A, MOKHTARI M H, et al., 2015. A wavelet-artificial intelligence fusion approach (WAIFA) for blending Landsat and MODIS surface temperature. Remote Sensing of Environment, 169: 243-254.

SHAO Z, CAI J, FU P, et al., 2019. Deep learning-based fusion of Landsat-8 and Sentinel-2 images for a harmonized surface reflectance product. Remote Sensing of Environment, 235: 111425.

SHEN H, MENG X, ZHANG L, 2016. An integrated framework for the spatio-temporal-spectral fusion of remote sensing images. IEEE Transactions on Geoscience and Remote Sensing, 54(12): 7135-7148.

SHEN H, WU P, LIU Y, et al., 2013. A spatial and temporal reflectance fusion model considering sensor observation differences. International Journal of Remote Sensing, 34(12): 4367-4383.

TAN Z, DI L, ZHANG M, et al., 2019. An enhanced deep convolutional model for spatiotemporal image fusion. Remote Sensing, 11(24): 2898.

WANG Q, ATKINSON P M, 2018. Spatio-temporal fusion for daily Sentinel-2 images. Remote Sensing of Environment, 204: 31-42.

WANG Q, BLACKBURN G A, ONOJEGHUO A O, et al., 2017. Fusion of Landsat 8 OLI and Sentinel-2 MSI data. IEEE Transactions on Geoscience and Remote Sensing, 55(7): 3885-3899.

WOO S, PARK J, LEE J Y, et al., 2018. CBAM: Convolutional block attention module// European Conference on Computer Vision: 3-19.

WU J, CHENG Q, LI H, et al., 2020. Spatiotemporal fusion with only two remote sensing images as input. IEEE Journal of Selected Topics in Applied Earth Observations and Remote Sensing, 13: 6206-6219.

WU J, LIN L, LI T, et al., 2022. Fusing Landsat 8 and Sentinel-2 data for 10-m dense time-series imagery using a degradation-term constrained deep network. International Journal of Applied Earth Observation and Geoinformation, 108: 102738.

WU M, HUANG W, NIU Z, et al., 2015a. Generating daily synthetic landsat imagery by combining Landsat and MODIS data. Sensors, 15(9): 24002-24025.

WU P, SHEN H, ZHANG L, et al., 2015b. Integrated fusion of multi-scale polar-orbiting and geostationary satellite observations for the mapping of high spatial and temporal resolution land surface temperature. Remote Sensing of Environment, 156: 169-181.

XU Y, HUANG B, XU Y, et al., 2015. Spatial and temporal image fusion via regularized spatial unmixing. IEEE Transactions on Geoscience and Remote Sensing, 12(6): 1362-1366.

XUE J, LEUNG Y, FUNG T, 2017. A Bayesian data fusion approach to spatio-temporal fusion of remotely sensed images. Remote Sensing, 9(12): 1310.

ZHU X, CHEN J, GAO F, et al., 2010. An enhanced spatial and temporal adaptive reflectance fusion model for complex heterogeneous regions. Remote Sensing of Environment, 114(11): 2610-2623.

ZHU X, HELMER E H, GAO F, et al., 2016. A flexible spatiotemporal method for fusing satellite images with different resolutions. Remote Sensing of Environment, 172: 165-177.

ZHU X, CAI F, TIAN J, et al., 2018. Spatiotemporal fusion of multisource remote sensing data: Literature survey, taxonomy, principles, applications, and future directions. Remote Sensing, 10(4): 527.

ZHUKOV B, OERTEL D, LANZL F, et al., 1999. Unmixing-based multisensor multiresolution image fusion. IEEE Transactions on Geoscience and Remote Sensing, 37(3): 1212-1226.

ZURITA-MILLA R, GOMEZ-CHOVA L, GUANTER L, et al., 2011. Multitemporal unmixing of medium-spatial-resolution satellite images: A case study using MERIS images for land-cover mapping. IEEE Transactions on Geoscience and Remote Sensing, 49(11): 4308-4317.

# 第5章 多源光学遥感影像时–空–谱一体化融合方法

本书前述的超分辨率融合、空–谱融合、时–空融合等各类融合技术相对独立发展，由于缺乏统一的理论框架，它们只能处理某些特定类型的数据序列，不能适应当前多传感器组网对地观测的发展趋势。为了突破以上限制，本章研究多源遥感数据的时–空–谱一体化融合理论与方法，实现对多波段、多时相、多尺度等不同遥感观测序列的一体化融合处理。基于最大后验理论框架，充分考虑不同传感器影像空间、光谱和时间维关联关系，建立时–空–谱一体化的变分融合模型，并通过共轭梯度算法对模型进行迭代优化求解。利用 IKONOS、QuickBird、Landsat ETM+、MODIS、HYDICE 和 SPOT5 等多源卫星遥感影像对提出的方法进行全面实验验证。

## 5.1 概　　述

高时间、高空间、高光谱分辨率在遥感智能解译与自然资源遥感监测等方面具有重要作用，但受卫星传感器成像系统硬件等的限制，获取影像在时间、空间、光谱分辨率指标间互相制约。为发挥不同卫星传感器遥感影像在高时间、高空间、高光谱分辨率间的互补优势，需要进行多传感器遥感影像在时间、空间、光谱上的融合。目前已发展多种遥感影像融合技术，具体包括多时相/多角度超分辨率融合、空–谱融合和时–空融合等。如前面章节所述，遥感影像的超分辨率融合，是通过对具有亚像素位移的多时相或多角度等影像进行处理，融合得到一幅或多幅具有更高空间分辨率的遥感影像（张良培 等，2016，2012；Park et al.，2003）。空–谱融合主要是缓解单源遥感影像空间分辨率和光谱分辨率相互制约的问题，通过同一区域两幅或多幅空间、光谱分辨率互补的遥感影像进行融合，获得同时具有高空间分辨率和高光谱分辨率的遥感影像（张良培 等，2016）。时–空融合主要为了解决单源遥感影像时间分辨率和空间分辨率彼此制约的问题,通过集成多源遥感影像的空间和时间互补信息，增强高空间分辨率遥感影像在时相上的连续性（张良培 等，2016）。

由此可见，大多数融合方法主要针对的是遥感影像空间、光谱和时间分辨率中的一种或两种，如超分辨率融合主要针对空间分辨率，空–谱融合针对的是空间分辨率和光谱分辨率，时–空融合针对的是空间和时间分辨率。由于以上融合技术相对独立发展，并且缺少统一的理论框架，仍然难以实现时间、空间、光谱分辨率的联合优化。此外，传统融合方法主要针对两个传感器影像而设计，难以适用于更多数量的传感器数据，与现阶段卫星传感器组网融合发展趋势不相符。为此，多源遥感影像时–空–谱一体化融合方法（Shen，2012）得以提出和发展。

时-空-谱一体化融合技术即通过建立统一的融合框架，同时融合多源遥感数据的空间、时间和光谱特性，从而得到空间、时间、光谱分辨率兼优的融合影像，实现对多时相、多谱段、多尺度数据的联合建模与处理。在一体化融合理论方法发展中，国内学者做出了较大贡献。本书作者在 2010 年提出了时-空-谱一体化融合的概念，并在国家自然科学基金的资助下开始相关研究，2012 年基于最大后验概率理论框架，建立了首个公开发表的时-空-谱一体化融合模型（Shen，2012），并进行了长期的连续研究（Jiang et al.，2022；Meng et al.，2015；Wu et al.，2015b）。香港中文大学黄波教授团队同样基于最大后验概率理论框架，进行了时-空-谱一体化融合方法的早期探索（Huang et al.，2013），基于真实 ETM+ 和 MODIS 影像对方法进行了验证。西安电子科技大学高新波教授团队基于稀疏表达理论，设计了一种新的时-空-谱一体化融合模型（Zhao et al.，2018）；并在此基础上，进一步发展了稀疏张量分解的时-空-谱一体化融合模型（Peng et al.，2021）。中国科学院空天信息创新研究院张立福团队（赵晓阳，2021；Zhang et al.，2016）在时-空混合模型和空-谱混合模型的基础上提出了地表反射率时-空-谱混合模型，并进一步提出了基于多分辨率分析的时-空-谱一体化融合方法。为了简化一体化融合的难度，一些学者也将时-空-谱融合过程分为时-空融合和空-谱融合（Zhao et al.，2017；Chen et al.，2016）两个过程，其优势是处理简单方便，但也存在误差累积和普适性较低的问题。以上时-空-谱一体化融合的研究在国际上产生了较大影响，一些国外研究学者将时-空-谱融合应用于野火监测（Phan et al.，2019）、植被应用（Khanna et al.，2019）、农业监测（Nguyen et al.，2020）等，取得了较好的应用效果。

时-空-谱一体化融合可分为经典方法和广义方法两种，经典融合方法主要针对光学遥感影像进行处理，本章主要针对此类展开介绍；广义时-空-谱一体化融合针对异质、异类的数据，将在本书后续章节中展开进一步讨论。

# 5.2  时-空-谱一体化变分融合模型

## 5.2.1  时-空-谱关系模型

本章提出的一体化融合模型中的输入数据往往是具有不同空间、光谱和时间分辨率的多源遥感影像，表示为 $Y$、$Z$。其中 $Y$ 为空间降质观测影像，其空间分辨率较低，但光谱或时间分辨率往往较高，如 MODIS 影像，该数据可以为单个影像，也可以是多时相或多角度观测影像的集合，表示为 $Y = \{y_1, \cdots, y_k, \cdots, y_K\}$，$K$ 为影像总数量。$Z$ 为高空间分辨率观测影像，但其光谱或时间分辨率往往较低，如高空间分辨率全色影像，该观测数据可以是多传感器影像数据的集合，表示为 $Z = \{z_1, \cdots, z_n, \cdots, z_N\}$，$N$ 表示观测影像总数量。通过本章提出的一体化融合模型，可有效集成多源遥感观测影像 $Y$、$Z$ 具有的高空间分辨率、高光谱分辨率和高时间分辨率互补优势，得到融合影像 $x$。

一体化融合模型框架构建中，须建立融合影像 $x$ 与多源遥感影像 $Y$、$Z$ 之间的关系，构建多源遥感影像之间的关系模型，包括空间降质模型和时-空-谱关系模型。其中，空间降质模型建立融合影像 $x$ 与 $Y$ 之间的空间降质关系，时-空-谱关系模型建立融合影像

$x$ 与 $Z$ 空间、光谱和时间特征之间的关系。

**1. 空间降质模型**

模型建立中，基于遥感影像成像过程，并顾及超分辨率融合、空–谱融合、时–空融合等多种融合需求，建立统一框架下的空间降质模型，实现对各类融合方法的协同描述，表示为

$$y_{k,b} = \boldsymbol{D}\boldsymbol{S}_{k,b}\boldsymbol{M}_k x_b + v_{k,b}, \quad 1 \leqslant b \leqslant B_x, \quad 1 \leqslant k \leqslant K \tag{5.1}$$

式中：$y_{k,b}$ 为降质观测影像集合 $Y$ 中第 $k$ 个影像的第 $b$ 个波段；$B_x$ 为波段总数，$x_b$ 为理想融合影像 $x$ 的第 $b$ 个波段；$\boldsymbol{M}_k$ 为运动矩阵；$\boldsymbol{S}_{k,b}$ 为模糊矩阵；$\boldsymbol{D}$ 为降采样矩阵；$v_{k,b}$ 为噪声。为了表示方便，式（5.1）可简化为

$$y_{k,b} = \boldsymbol{A}_{y,k,b} x_b + v_{k,b}, \quad 1 \leqslant b \leqslant B_x, \quad 1 \leqslant k \leqslant K \tag{5.2}$$

式中：$\boldsymbol{A}_{y,k,b} = \boldsymbol{D}\boldsymbol{S}_{k,b}\boldsymbol{M}_k$。

**2. 时–空–谱关系模型**

传统融合方法中，高空间分辨率观测影像 $Z$ 往往与理想融合影像 $x$ 具有相同的空间分辨率，而光谱或时间特征存在差异，如空–谱融合方法中（孟祥超 等，2014；Zhang et al.，2012），$Z$ 与 $x$ 空间分辨率一致，但光谱特征不同，再比如时–空融合方法中（Wu et al.，2015b；Gao et al.，2006），$Z$ 与 $x$ 空间分辨率一致，但存在时相特征差异。但在时–空–谱一体化融合中，$Z$ 往往为多传感器观测序列影像的集合，与理想融合影像 $x$ 具有不同的空间、光谱和时间特征，因此，须充分考虑融合影像与观测影像间的关系，构建时–空–谱关系模型，表示为

$$z_{n,q} = \boldsymbol{\varPsi}_{n,q}\boldsymbol{C}_{n,q}\boldsymbol{A}_{z,n,q}x + \tau_{n,q} + v_{n,q}, \quad 1 \leqslant q \leqslant B_{z,n}, \quad 0 \leqslant n \leqslant N \tag{5.3}$$

式中：$x = [x_1^{\mathrm{T}} \quad x_2^{\mathrm{T}} \quad \cdots \quad x_B^{\mathrm{T}}]^{\mathrm{T}}$ 为某预测时刻的理想融合影像；$z_{n,q}$ 为观测影像集合 $Z$ 中第 $n$ 个影像的第 $q$ 个波段；$B_{z,n}$ 为第 $n$ 个影像总的波段数；$\boldsymbol{A}_{z,n,q}$ 为空间尺度关系矩阵，建立理想融合影像 $x$ 与不同空间分辨率影像 $z_{n,q}$ 之间的空间尺度关系；$\boldsymbol{C}_{n,q}$ 为光谱关系矩阵；$\boldsymbol{\varPsi}_{n,q}$ 为时相关系矩阵；$\tau_{n,q}$ 为残差；$v_{n,q}$ 为噪声。

**3. 关系模型求解**

1）光谱关系模型求解

多源观测影像 $Z$ 与融合影像 $x$ 具有不同的波谱范围，通常来说，同一空间分辨率下观测影像 $Z$ 的波谱范围相对较宽。因此，现有研究（Jiang et al.，2012；Li et al.，2011；Ballester et al.，2006）通常采用波段线性组合关系建立窄波段融合影像 $x$ 与宽波段观测影像 $Z$ 之间的关系，为了表示方便，以全色和多光谱影像为例进行介绍，光谱关系模型表示为

$$z(i,j) = \sum_{b=1}^{B_x} c_b x_b(i,j) + \tau + v(i,j) \tag{5.4}$$

式中：$z(i,j)$ 为宽波段全色影像在 $(i,j)$ 位置处的像素值；$\{c_b\}$ 为各波段线性组合系数。

目前为止，已有大量融合方法开展了对线性组合系数 $\{c_b\}$ 求解的研究，其中，大多

数方法利用传感器光谱响应函数求解得到波段组合系数（Zhang et al.，2012；Li et al.，2009），然而，由于影像在获取过程中受大气、光照条件等因素的影响，传感器光谱响应函数与实际地物的光谱响应往往存在差异（Simões et al.，2015；Yokoya et al.，2013）。此外，该求解方式受限于影像间的光谱范围差异，并且当传感器光谱响应函数难以获得时，无法进行融合。一个有效的线性组合系数不仅要反映光谱波段间的拟合程度，同时，在基于模型优化融合方法中，该组合系数对融合影像各波段空间细节信息的融入起到重要作用。基于此，通过影像波段相关性进行线性组合系数 $\{c_b\}$ 的有效求解，表示为

$$c_b = \mathrm{cov}\,(\tilde{x}_b, I_{\mathrm{syn}}) \,/\, \mathrm{var}\,(I_{\mathrm{syn}}) \qquad (5.5)$$

式中：$\mathrm{cov}\,(\cdot)$ 为协方差；$\mathrm{var}\,(\cdot)$ 为方差；$\tilde{x}_b$ 为低分辨率观测影像重采样结果；$I_{\mathrm{syn}}$ 为亮度分量，通过波段取均值得到。最后，将各波段组合系数进行归一化得到最终的组合系数。

2）时相关系模型求解

现有多数研究基于线性关系模型求解影像间的时相关系（Huang et al.，2013；Zeng et al.，2013；Fasbender et al.，2007），为提升时相间关系求解的稳健性，本小节基于局部相似像元的方法进行时相关系的求解，如图 5.1 所示，其中，$\psi$ 为待求的时相关系，通过已知两个时相的低分辨率观测影像 $\tilde{y}^{t1}$、$\tilde{y}^{t2}$ 求解对应时相高分辨率影像间的时相关系，主要包括相似像元筛选和时间关系求解两部分，具体过程如下。

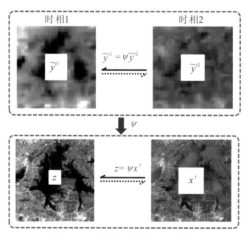

图 5.1　时相关系求解示意图

首先在已知第一个时相的高分辨率影像 $z$ 上进行初始相似像元位置的确定，此处，充分考虑像元上下文信息，基于非局部思想筛选相似像元，如下式：

$$\exp\left(\frac{-\left\|G[O_z(i) - O_z(j)]\right\|_2^2}{h^2}\right) \geqslant \eta, \quad j \in W_i \qquad (5.6)$$

式中：$O_z(i)$ 为在中心像素位置 $i$ 的三维图块；$O_z(j)$ 为 $W_i$ 窗口内周围像素位置 $j$ 的影像块；$G$ 为核函数；$h$ 为 $O_z(i)$ 的标准差；$\eta$ 为阈值。

初始相似像元位置确定后，将其映射到低分辨率观测影像 $\tilde{y}^{t1}$、$\tilde{y}^{t2}$ 中进行相似像元的选择，为了进一步提升时相关系求解的精度和稳健性，充分考虑不同时相影像间可能

存在的地物变化，在初始相似像素筛选的基础上，进行相似像元的精筛选，其筛选原则是基于周边像素与中心像素的时相变化关系，时相变化越一致，越符合筛选的条件，如下式：

$$E = \left\{ \tilde{y}_j^{t1} - \tilde{y}_j^{t2} \middle| j \in \Omega_i \right\} \quad \Rightarrow \quad \mathrm{abs}\left(E_j - E_i\right) \leqslant \sigma_E, \quad j \in \Omega_i \tag{5.7}$$

式中：$E$ 为不同时相间像素的差值；$\Omega_i$ 为式（5.6）中确定的所有相似像素的集合；$\mathrm{abs}\left(\cdot\right)$ 为求绝对值；$\sigma_E$ 为 $E$ 的标准差。通过初步筛选和精筛选，最终得到符合条件的相似像元。

在相似像元筛选之后，利用所筛选的相似像元并基于 M 估计方法进行时相关系的稳健求解，其基本思想是利用迭代加权最小二乘对回归系数进行求解，基于回归残差的大小确定各像素权重的计算。由于线性依赖其未知参数的模型比非线性依赖其未知参数的模型更容易拟合，而且产生的估计的统计特性也更容易确定，所以本节使用线性回归进行计算。

## 5.2.2　一体化融合模型

基于贝叶斯最大后验概率理论框架构建一体化融合模型，如图 5.2 所示。一体化融合模型主要包括三项：空间降质模型、时-空-谱关系模型和影像先验模型，其中，空间降质模型主要建立理想融合影像 $x$ 与观测影像 $Y$ 之间的空间降质关系；时-空-谱关系模型主要建立融合影像 $x$ 与观测影像 $Z$ 之间的空间、光谱和时间关系；影像先验模型主要建立理想融合影像自身像素间的约束关系。该一体化融合模型一方面可实现多源遥感影像空间、光谱和时间互补信息的有效集成，得到预测时刻高空-谱分辨率融合影像；另一方面，该一体化融合框架充分考虑不同类别融合方法的区别和联系，可实现超分辨率融合、空-谱融合及时-空融合等的协同处理，如图 5.3 和表 5.1 所示。

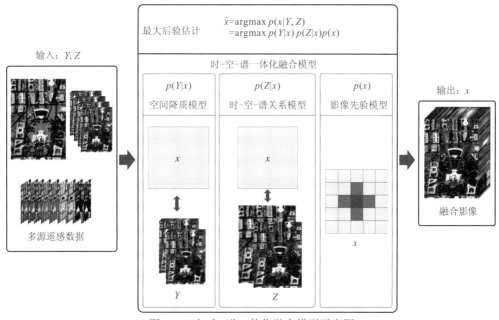

图 5.2　时-空-谱一体化融合模型示意图

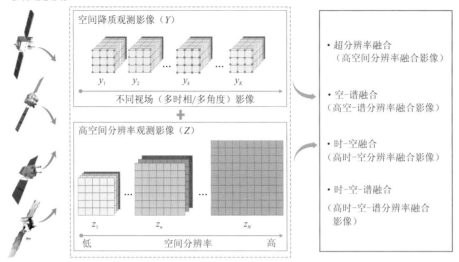

多源遥感影像

空间降质观测影像（Y）

$y_1$ $y_2$ ... $y_k$ ... $y_K$

不同视场（多时相/多角度）影像

+

高空间分辨率观测影像（Z）

$z_1$ ... $z_R$ $z_N$

低　　空间分辨率　　高

· 超分辨率融合
（高空间分辨率融合影像）

· 空-谱融合
（高空-谱分辨率融合影像）

· 时-空融合
（高时-空分辨率融合影像）

· 时-空-谱融合
（高时-空-谱分辨率融合
影像）

图 5.3　时-空-谱一体化融合框架

**表 5.1　时-空-谱一体化融合需求及输入数据**

| 融合需求 | 输入数据 |
| --- | --- |
| 超分辨率融合 | 输入数据为空间降质观测序列数据 $Y$，如多时相/多角度观测影像 |
| 空-谱融合 | 输入数据为同一时间获取的高光谱分辨率观测影像 $Y$ 和高空间分辨率观测影像 $Z$，具有高光谱分辨率和高空间分辨率信息互补优势，如全色/多光谱融合、全色/高光谱融合、多光谱/高光谱融合 |
| 时-空融合 | 输入数据为预测时相观测影像 $Y$ 和辅助时相观测影像对 $Y$、$Z$，具有高空间分辨率和高时间分辨率信息互补优势 |
| 时-空-谱融合 | 输入数据为多源遥感观测影像 $Y$、$Z$，具有高空间分辨率、高光谱分辨率和高时间分辨率信息互补优势，如图 5.3 中所有观测数据 |

　　基于最大后验概率理论框架建立一体化融合模型，其基本思想是在已知观测影像 $Y$ 和 $Z$ 前提下，使融合影像 $x$ 的后验概率最大，表示为

$$\hat{x} = \arg\max_{x} p(x \mid Y, Z) \tag{5.8}$$

基于贝叶斯准则，式（5.8）表示为

$$\hat{x} = \arg\max_{x} \frac{p(Y, Z \mid X) p(x)}{p(Y, Z)} \tag{5.9}$$

式（5.9）中，$p(Y,Z)$ 与 $x$ 相互独立，可以看作常数去除，因此，式（5.9）可以表示为

$$\begin{aligned}
\hat{x} &= \arg\max_{x} p(Y, Z \mid x) p(x) \\
&= \arg\max_{x} p(Y \mid x) p(Z \mid x, Y) p(x) \\
&= \arg\max_{x} p(Y \mid x) p(Z \mid x) p(x)
\end{aligned} \tag{5.10}$$

　　式（5.10）中有三个概率密度函数，即 $p(Y|x)$、$p(Z|x)$ 和 $p(x)$，其中，$p(Y|x)$ 表示融合影像 $x$ 与空间降质观测影像 $Y$ 之间的一致性约束关系，该关系依赖于空间降质模型，假设模型中噪声为独立分布的高斯噪声，其概率密度函数表示为

$$p(Y \mid x) = \prod_{k=1}^{K} \prod_{b=1}^{B_x} p(y_{k,b} \mid x_b) \qquad (5.11)$$

$$p(y_{k,b} \mid x_b) = \frac{1}{(2\pi a_{y,k,b})^{\Phi_1 \Phi_2 / 2}} \exp\left(\frac{-\left\|y_{k,b} - \boldsymbol{A}_{y,k,b} x_b\right\|_2^2}{2a_{y,k,b}}\right) \qquad (5.12)$$

式中：$a_{y,k,b}$ 为噪声方差；$\Phi_1 \Phi_2$ 为 $y_{k,b}$ 的空间维度大小；$\|\|_2$ 为 L2 范数。

第二个概率密度函数 $p(Z \mid x)$ 表示理想融合影像 $x$ 与多源观测影像 $Z$ 之间的一致性约束关系，根据时–空–谱关系模型中噪声的概率密度函数确定，表示为

$$p(Z \mid x) = \prod_{n}^{N} \prod_{q=1}^{B_{z,n}} p(z_{n,q} \mid x) \qquad (5.13)$$

$$p(z_{n,q} \mid x) = \frac{1}{(2\pi a_{z,n,q})^{H_{n,1} H_{n,2} / 2}} \exp\left(-\left\|z_{n,q} - \boldsymbol{\Psi}_{n,q} \boldsymbol{C}_{n,q} \boldsymbol{A}_{z,n,q} x - \tau_{n,q}\right\|_2^2 / 2a_{z,n,q}\right) \qquad (5.14)$$

式中：$a_{z,n,q}$ 为噪声方差；$H_{n,1} H_{n,2}$ 为观测影像 $z_{n,q}$ 的空间维度大小。

第三个概率密度函数 $p(x)$ 表示影像先验，采用自适应加权三维空–谱拉普拉斯先验，表示为

$$p(x) = \prod_{b=1}^{B_x} \frac{1}{(2\pi a_{x,b})^{L_1 L_2 / 2}} \exp(-\left\|Q x_b\right\|_2^2 / 2a_{x,b}) \qquad (5.15)$$

式中：$a_{x,b}$ 为噪声方差；$L_1 L_2$ 为 $x$ 的空间维度大小；$Q$ 为三维拉普拉斯算子，表示为

$$\begin{aligned}
Q x_b(i,j) &= Q_{\text{spa}} x_b(i,j) + \beta Q_{\text{spe}} x_b(i,j) \\
&= x_b(i+1,j) + x_b(i-1,j) + x_b(i,j+1) + x_b(i,j-1) - 4x_b(i,j) \\
&\quad + \beta\left(\frac{\|\tilde{x}_b\|_2}{\|\tilde{x}_{b+1}\|_2} x_{b+1}(i,j) + \frac{\|\tilde{x}_b\|_2}{\|\tilde{x}_{b-1}\|_2} x_{b-1}(i,j) - 2x_b(i,j)\right)
\end{aligned} \qquad (5.16)$$

式中：$\beta$ 为自适应调节参数，表示为

$$\beta = \begin{cases} \exp\left(-\dfrac{1}{B_x} \displaystyle\sum_{b=1}^{B_x} \|\nabla \tilde{x}_b\|_2 / L_1 L_2 B_x\right), & B_x > u \\ 0, & B_x \leqslant u \end{cases} \qquad (5.17)$$

式中：$u$ 为阈值，当融合影像仅有少量波段时，如多光谱影像，其光谱曲线认为是不连续的，此时 $\beta = 0$；当融合影像为高光谱影像时，波段间相关性较强，光谱曲线认为是连续的，且参数 $\beta$ 与波段间相关性呈正比。

将式（5.11）～式（5.15）代入式（5.10），通过对数变换和化简操作，最后的能量函数表示为

$$\hat{x} = \arg\min_{x}[F(x)] \qquad (5.18)$$

$$\begin{aligned}
F(x) &= \frac{1}{2} \sum_{k=1}^{K} \sum_{b=1}^{B_x} \left\|y_{k,b} - \boldsymbol{A}_{y,k,b} x_b\right\|_2^2 + \frac{\lambda_1}{2} \sum_{n}^{N} \sum_{q=1}^{B_{z,n}} w_{n,q} \left\|z_{n,q} - \boldsymbol{\Psi}_{n,q} \boldsymbol{C}_{n,q} \boldsymbol{A}_{z,n,q} x - \tau_{n,q}\right\|_2^2 \\
&\quad + \frac{\lambda_2}{2} \sum_{b=1}^{B_x} \left\|Q x_b\right\|_2^2
\end{aligned} \qquad (5.19)$$

式中：$w_{n,q}$ 为 $z_{n,q}$ 对融合影像 $x$ 的贡献度大小，与融合影像的相关性呈正比，基于相关性大小自适应求得；$\lambda_1$、$\lambda_2$ 为模型正则化参数，通过手动调节得到。

### 5.2.3　优化求解算法

通过共轭梯度算法对一体化融合模型能量函数进行迭代优化求解，首先对式（5.19）中每个波段 $x_b$ 求导，得

$$\nabla F(x_b) = -\sum_{k=1}^{K} \boldsymbol{A}_{y,k,b}^{\mathrm{T}}(y_{k,b} - \boldsymbol{A}_{y,k,b}x_b) - \lambda_1 \sum_{n}^{N} \sum_{q=1}^{B_{z,n}} w_{n,q} \boldsymbol{A}_{z,n,q}^{\mathrm{T}} \boldsymbol{C}_{n,q,b}^{\mathrm{T}} \boldsymbol{\Psi}_{n,q}^{\mathrm{T}} (z_{n,q}$$
$$- \boldsymbol{\Psi}_{n,q} \boldsymbol{C}_{n,q} \boldsymbol{A}_{z,n,q} x - \tau_{n,q}) + \lambda_2 \boldsymbol{Q}^{\mathrm{T}} \boldsymbol{Q} x_b \tag{5.20}$$

融合影像通过式（5.21）进行迭代运算：

$$x_{b,d+1} = x_{b,d} + \theta_d e_{b,d} \tag{5.21}$$

式中：$e_{b,d}$ 为第 $d$ 次迭代的搜索方向，其初始值为梯度 $\nabla F(x_b)$ 的负值，表示为 $e_{b,1} = -\nabla F(\boldsymbol{x}_b)_1$；$\theta_d$ 为第 $d$ 次的迭代步长，表示为

$$\theta_d = \cfrac{\displaystyle\sum_{b=1}^{B_x} [\nabla F(x_b)_d]^{\mathrm{T}} [\nabla F(x_b)_d]}{\displaystyle\sum_{b=1}^{B_x} [e_{b,d}]^{\mathrm{T}} \left( \displaystyle\sum_{k=1}^{K} \boldsymbol{A}_{y,k,b}^{\mathrm{T}} \boldsymbol{A}_{y,k,b} + \lambda_1 \displaystyle\sum_{n}^{N} \displaystyle\sum_{q=1}^{B_{z,n}} w_{n,q} \boldsymbol{A}_{z,n,q}^{\mathrm{T}} \boldsymbol{C}_{n,q,b}^{\mathrm{T}} \boldsymbol{\Psi}_{n,q}^{\mathrm{T}} \boldsymbol{\Psi}_{n,q} \boldsymbol{C}_{n,q} \boldsymbol{A}_{z,n,q} + \lambda_2 \boldsymbol{Q}^{\mathrm{T}} \boldsymbol{Q} \right)[e_{b,d}]} \tag{5.22}$$

则下一步的搜索方向为当前搜索方向的梯度与前一搜索方向的线性组合，表示为

$$e_{b,d+1} = -\nabla F(x_b)_{d+1} + \gamma_d e_{b,d} \tag{5.23}$$

式中

$$\nabla F(x_b)_{d+1} = \nabla F(x_b)_d + \theta_d \Big( \sum_{k=1}^{K} \boldsymbol{A}_{y,k,b}^{\mathrm{T}} \boldsymbol{A}_{y,k,b} + \lambda_1 \sum_{n}^{N} \sum_{q=1}^{B_{z,n}} w_{n,q} \boldsymbol{A}_{z,n,q}^{\mathrm{T}} \boldsymbol{C}_{n,q,b}^{\mathrm{T}} \boldsymbol{\Psi}_{n,q}^{\mathrm{T}} \boldsymbol{\Psi}_{n,q} \boldsymbol{C}_{n,q} \boldsymbol{A}_{z,n,q}$$
$$+ \lambda_2 \boldsymbol{Q}^{\mathrm{T}} \boldsymbol{Q} \Big) e_{b,d} \tag{5.24}$$

$$\gamma_d = \cfrac{\displaystyle\sum_{b=1}^{B_x} [\nabla F(x_b)_{d+1}]^{\mathrm{T}} [\nabla F(x_b)_{d+1}]}{\displaystyle\sum_{b=1}^{B_x} [\nabla F(x_b)_d]^{\mathrm{T}} [\nabla F(x_b)_d]} \tag{5.25}$$

融合影像在每次迭代中持续更新，迭代终止条件为

$$\frac{\|\hat{x}_{d+1} - \hat{x}_d\|_2^2}{\|\hat{x}_d\|_2^2} \leqslant \varsigma \tag{5.26}$$

式中：$\varsigma$ 为迭代终止阈值。

# 5.3　实验结果与分析

本章提出的时-空-谱一体化融合方法不仅适用于两个以上传感器影像的融合，同时可满足不同融合需求，包括超分辨率融合、空-谱融合、时-空融合及时-空-谱一体化融合，本章通过模拟实验和真实实验，并采用多种类型卫星遥感影像对其进行全面验证。所采用的实验数据包括 IKONOS、QuickBird、Landsat ETM+、MODIS、HYDICE 和 SPOT5

影像。在参数设置中，$\lambda_1$ 为唯一可调参数，根据不同融合应用需求调节，其他参数基于人工经验手动设置，其中，$\lambda_2$ 设为 0.001，迭代阈值 $\zeta$ 为 $1\times10^{-8}$，式（5.6）中图块大小设置为 7×7，窗口大小 $W$ 设置为 23×23，阈值 $\eta$ 为 $1\times10^{-3}$。

## 5.3.1 超分辨率融合实验

本节基于 IKONOS 模拟数据验证时–空–谱一体化融合模型在超分辨率融合中的适用性。首先对原始 IKONOS 多光谱影像的蓝色波段进行运动[像素位移大小分别设置为 (0, 0)、(0.5, 0)、(0, 0.5)、(0.5, 0.5)]、模糊、降采样得到空间降质的模拟实验数据，如图 5.4（a）～（d）所示。然后对模拟影像进行融合处理，并将原始观测影像作为参考影像[图 5.4（h）]对融合结果进行定量评价。定量评价指标包括相关系数（CC）、结构相似性（SSIM）、峰值信噪比（PSNR）和均方根误差（RMSE）。原始影像大小为 256×256，获取时间为 2009 年 9 月 4 日，获取地点为湖北省，模拟影像大小为 64×64。在超分辨率融合实验中，模型参数 $\lambda_1=0$，实验结果如图 5.4 所示。

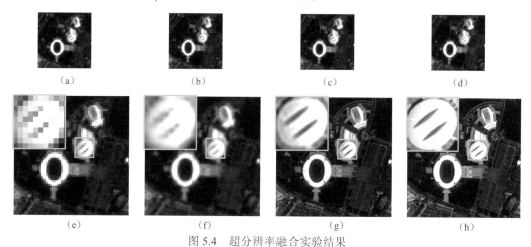

图 5.4　超分辨率融合实验结果

（a）～（d）模拟降质观测影像，其亚像素位移分别为(0, 0)、(0.5, 0)、(0, 0.5)、(0.5, 0.5)；（e）最近邻重采样结果；
（f）双线性重采样结果；（g）时–空–谱一体化融合方法实验结果；（h）参考影像

通过比较发现，相比于传统方法，时–空–谱一体化融合方法实验结果具有更优的空间结构信息。表 5.2 为定量评价结果，结果表明，时–空–谱一体化融合方法在 CC、SSIM、PSNR 及 RMSE 指标上均取得了较好的融合结果。综合定性和定量评价得出结论，本章提出的时–空–谱一体化融合方法可以充分利用观测影像间具有的亚像素位移空间信息互补优势，有效提升降质影像的空间分辨率。

表 5.2　超分辨率融合定量评价结果

| 评价指标 | 最近邻重采样方法 | 双线性重采样方法 | 时–空–谱一体化融合方法 |
|---|---|---|---|
| CC | 0.934 | 0.943 | **0.976** |
| SSIM | 0.554 | 0.557 | **0.793** |
| RMSE | 19.985 | 18.875 | **12.137** |
| PSNR | 22.117 | 22.613 | **26.449** |

## 5.3.2 空-谱融合实验

通过空-谱融合可以集成多源遥感影像具有的高空间分辨率和高光谱分辨率信息互补优势，得到高空-谱分辨率融合影像。本章通过全色/多光谱/高光谱融合实验对时-空-谱一体化融合模型进行验证。

该实验基于模拟数据验证时-空-谱一体化融合方法在全色/多光谱/高光谱融合中的适用性。该模拟数据通过 HYDICE 高光谱观测影像得到，其中，所采用的原始 HYDICE 高光谱观测影像空间分辨率为 1 m，选取波段数为 79 个，模拟的高光谱影像通过空间降质得到，其空间分辨率为 4 m。模拟多光谱影像通过原始高光谱影像空间和光谱分别降质得到，其空间分辨率为 2 m，波段为 5 个，其中，光谱降质以 Landsat ETM+7 波段 1～5 为参考，光谱范围分别为 450～515 nm、525～605 nm、630～690 nm、750～900 nm、1 550～1 750 nm。模拟全色影像通过原始高光谱影像光谱降质得到，其空间分辨率为 1 m，光谱范围与 ETM+全色影像范围一致。实验结果如图 5.5 和图 5.6 所示。

（a）模拟高光谱影像　　　（b）模拟多光谱影像　　　（c）模拟全色影像

  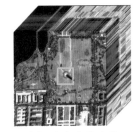 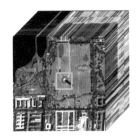

（d）多光谱/高光　　　（e）全色/高光谱　　　（f）全色/多光谱/高光谱　　　（g）原始高光谱影像
　　谱融合结果　　　　　融合结果　　　　　　一体化融合结果

图 5.5　全色/多光谱/高光谱融合实验结果

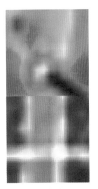 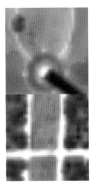 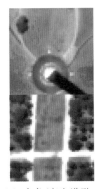 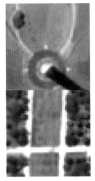 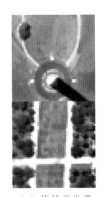

（a）重采样的　　　（b）多光谱/高光谱　　　（c）全色/高光谱融　　　（d）全色/多光谱/高光　　　（e）原始高光谱
　高光谱影像　　　　融合结果重采样　　　　合结果重采样　　　　　谱一体化融合结果　　　　影像

图 5.6　全色/多光谱/高光谱融合结果局部展示

为了进行客观的评价，多光谱/高光谱融合、全色/高光谱融合及全色/多光谱/高光谱一体化融合采用相同的模型参数设置，该实验中参数 $\lambda$ 设置为 1。上述实验结果显示，总体上，多光谱/高光谱融合、全色/高光谱融合和全色/多光谱/高光谱一体化融合均能在有效保持高光谱影像光谱信息的同时，提升其空间分辨率，但相比而言，三者在空间增强和光谱保持上存在一定的差异，具体表现为：在空间增强方面，多光谱与高光谱融合结果的空间分辨率为 2 m，而全色/高光谱影像融合及全色/多光谱/高光谱一体化融合结果的空间分辨率为 1 m。在光谱信息保持方面，全色/多光谱/高光谱一体化融合结果的光谱最接近参考影像。因此，在定性评价方面，全色/多光谱/高光谱融合结果最优。定量评价结果如表 5.3 所示，为了保证评价的一致性，将多光谱/高光谱融合结果重采样至一体化融合结果相同空间维度大小。

表 5.3　全色/多光谱/高光谱融合定量评价结果

| 评价指标 | 多光谱/高光谱融合 | 全色/高光谱融合 | 全色/多光谱/高光谱一体化融合 |
|---|---|---|---|
| CC | 0.973 | 0.948 | **0.973** |
| SSIM | 0.608 | 0.650 | **0.756** |
| PSNR | 16.751 | 17.060 | **17.835** |
| ERGAS | 9.846 | 9.650 | **8.821** |
| SAM | **7.250** | 10.783 | 8.494 |
| $Q_{avg}$ | 0.730 | 0.749 | **0.810** |

从表 5.3 可以看出，除光谱角评价结果比多光谱/高光谱融合稍差外，全色/多光谱/高光谱一体化融合结果的总体定量评价最好。综合定性和定量评价，全色、多光谱与高光谱影像的一体化融合取得最好结果，其主要归结于时-空-谱一体化融合方法可更充分地结合全色、多光谱及高光谱遥感影像的空间和光谱互补与冗余信息，得到最优融合结果。

## 5.3.3　时-空融合实验

该实验主要验证时-空-谱一体化融合方法在时-空融合中的有效性，所采用实验数据为 25 m 空间分辨率的 Landsat 7 ETM+多光谱影像和 500 m 空间分辨率的 MODIS MOD09GA 数据。其中，ETM+影像具有较高的空间分辨率，其时间分辨率比较低，仅为 16 天；MODIS 数据空间分辨率较低，但每天均可获得，时间分辨率比较高。在该实验中，输入数据包括两对辅助时相的 ETM+、MODIS 影像，获取时间分别为 2001 年 10 月 8 日和 2001 年 11 月 2 日，以及预测时相 2001 年 10 月 17 日的 MODIS 观测影像，输出结果为 2001 年 10 月 17 日的 ETM+融合影像，2001 年 10 月 17 日的 ETM+实际观测影像数据作为参考影像对融合结果进行评价。时-空-谱一体化融合模型参数 $\lambda$ 设置为 3，为了验证一体化融合方法的有效性，所采用的对比方法包括时-空自适应反射率融合模型（STARFM）（Yokoya et al.，2012）、基于稀疏表达的时-空反射率融合模型（Huang et al.，2012）、误差边界正则化稀疏编码时空反射率融合（error-bound-regularized sparse coding for spatiotemporal reflectance fusion，EBSPTM）（Wu et al.，2015a）。实验结果如图 5.7 所示。

（a）2001年10月8日　　（b）2001年10月8日　　（c）2001年11月2日　　（d）2001年11月2日　　（e）2001年10月17日
　　MODIS观测影像　　　　ETM+观测影像　　　　MODIS观测影像　　　　ETM+观测影像　　　　MODIS观测影像

（f）基于STARFM融合　（g）基于SPSTFM融合　（h）基于EBSPTM融合　（i）基于时-空-谱一　（j）2001年10月17日
　　方法的2001年10月　　方法的2001年10月　　方法的2001年10月　　体化融合框架的　　　ETM+观测影像
　　17日融合结果　　　　17日融合结果　　　　17日融合结果　　　　2001年10月17日
　　　　　　　　　　　　　　　　　　　　　　　　　　　　　　　　　融合结果

图 5.7　时-空融合实验结果

表 5.4　时-空融合定量评价结果

| 评价指标 | STARFM | SPSTFM | EBSPTM | 时-空-谱一体化融合方法 |
|---|---|---|---|---|
| CC | 0.891 | 0.883 | 0.905 | **0.907** |
| SSIM | 0.963 | 0.958 | 0.965 | **0.968** |
| PSNR | 41.107 | 39.670 | 40.976 | **42.395** |
| ERGAS | 2.231 | 2.421 | 2.222 | **1.998** |
| SAM | 2.142 | 2.186 | 1.912 | **1.827** |
| $Q_{avg}$ | 1.493 | 1.492 | **1.494** | **1.494** |

　　实验结果如图 5.7 所示，在定性评价方面，STARFM 和 SPSTFM 融合结果均存在一定的异常点，融合结果相对较差，EBSPTM 和一体化融合方法实验结果与参考影像最为接近，且两者在目视效果上差别不大。从表 5.4 定量评价结果可以发现，时-空-谱一体化融合方法相对来说结果较好，其中 PSNR、ERGAS 和 SAM 的优势较为明显。综上所述，实验结果表明，时-空-谱一体化融合方法可以有效结合多源遥感影像的空间和时间信息互补优势，得到有效融合结果，与其他时-空融合方法相比，时-空-谱一体化融合方法在时-空融合中具有竞争性优势。

### 5.3.4　时-空-谱一体化融合实验

　　时-空-谱融合实验中采用的实验数据包括 SPOT5 全色影像（5 m）、SPOT-5 多光谱影像（10 m，波段 1~4）、ETM+全色影像（15 m）、ETM+多光谱影像（30 m，波段 1~5、7）及 MODIS 影像（MOD02 1 km，波段 1~12、17~19、26），其中，MODIS 影像光谱波段顺序根据 ETM+多光谱影像和 SPOT-5 多光谱影像波段重新排序。在上述实验数据中，SPOT-5 全色和多光谱影像获取时间为 2011 年 9 月 22 日，ETM+全色和多光谱影像获取时间为 2011 年 9 月 4 日，MODIS 影像为 3 组不同时相数据，获取时间分别为 2011 年 9 月 22 日、2011 年 9 月 4 日和 2011 年 10 月 6 日，该实验目的是融合得到 2011 年 10 月 6 日的高空间分辨率和高光谱分辨率影像。为了充分验证一体化框架的多传感器影像融合能力，通过 2 个传感器融合实验、3 个传感器融合实验及 5 个传感器融合实验进行验证，3 组实验设计如表 5.5 所示。

表 5.5　时-空-谱一体化融合实验设计

| 融合实验 | 输入观测数据 | 传感器 |
| --- | --- | --- |
| 2 个传感器融合 | 图 5.8（a）、图 5.8（b）、图 5.8（d） | ETM+多光谱、MODIS |
| 3 个传感器融合 | 图 5.8（a）、图 5.8（b）、图 5.8（d）、图 5.8（e） | ETM+全色、ETM+多光谱、MODIS |
| 5 个传感器融合 | 图 5.8（a）～（g） | SPOT-5 全色、SPOT-5 多光谱、ETM+全色、ETM+多光谱、MODIS |

2 个传感器融合实验的输入数据有 2011 年 9 月 4 日 ETM+多光谱影像、MODIS 影像及 2011 年 10 月 6 日 MODIS 影像；3 个传感器融合实验的输入数据包括 2011 年 9 月 4 日 ETM+全色影像、多光谱影像、MODIS 影像及 2011 年 10 月 6 日 MODIS 影像；5 个传感器融合实验的输入数据包括 2011 年 9 月 22 日 SPOT-5 全色影像、多光谱影像、MODIS 影像、2011 年 9 月 4 日 ETM+全色影像、多光谱影像、MODIS 影像及 2011 年 10 月 6 日 MODIS 影像。实验结果如图 5.8（h）～（j）所示。

通过各融合结果对比可以发现，上述不同数量传感器影像融合均可以有效预测出 2011 年 10 月 6 日的高空间分辨率和高光谱分辨率影像，其中，在空间分辨率方面，2 个传感器融合结果的空间分辨率为 30 m，3 个传感器融合结果的空间分辨率提升到 15 m，5 个传感器融合结果的空间分辨率为 5 m，尽管 5 个传感器融合结果的空间分辨率得到了大幅度提升，但其同样具有与 2 个传感器及 3 个传感器影像融合结果一样好的光谱信息保持，该光谱保持特性也可以从图 5.9 中的光谱曲线对比发现。可以发现，三者均接近参考曲线，都具有较好的光谱信息保持。

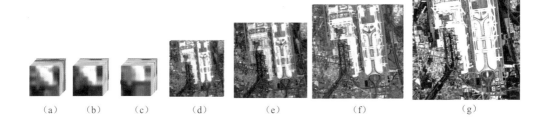

（a）　　（b）　　（c）　　（d）　　（e）　　（f）　　（g）

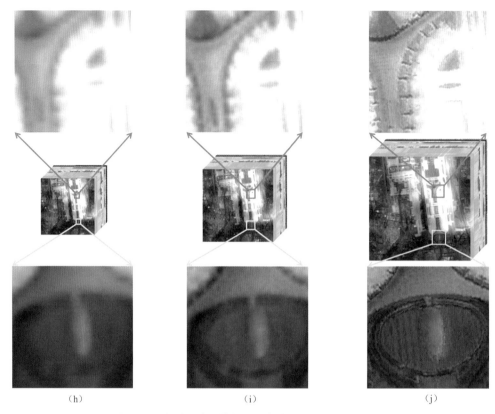

（h） （i） （j）

图 5.8　时-空-谱一体化融合实验的输入观测数据

（a）2011 年 9 月 4 日 MODIS 影像；（b）2011 年 10 月 6 日 MODIS 影像；（c）2011 年 9 月 22 日 MODIS 影像；（d）2011 年 9 月 4 日 ETM+多光谱影像；（e）2011 年 9 月 4 日 ETM+全色影像；（f）2011 年 9 月 22 日 SPOT-5 多光谱影像；（g）2011 年 9 月 22 日 SPOT-5 全色影像；（h）2011 年 10 月 6 日融合结果[2 个传感器融合，输入数据包括（a）（b）（d）]；（i）2011 年 10 月 6 日融合结果[3 个传感器融合，输入数据包括（a）（b）（d）（e）]；（j）2011 年 10 月 6 日融合结果[5 个传感器融合，输入数据包括图中所有观测数据，即（a）～（g）]

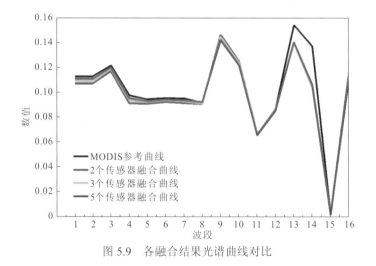

图 5.9　各融合结果光谱曲线对比

为了进一步验证时-空-谱一体化融合方法在多传感器时-空-谱融合方面的优势，通过最高空间分辨率 SPOT-5 全色影像（5 m）与最低空间分辨率 MODIS 影像（1 000 m）直接融合，并与 5 个传感器融合结果进行对比分析，实验结果如图 5.10 所示。

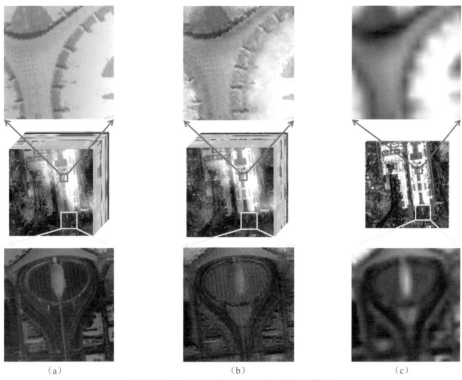

|   |   |   |
|:-:|:-:|:-:|
| （a） | （b） | （c） |

图 5.10　多个传感器融合实验验证结果

（a）2011 年 10 月 6 日 2 个传感器融合结果［最高与最低分辨率直接融合，输入数据包括图 5.8（b）（c）（g）］；（b）2011 年
10 月 6 日 5 个传感器融合结果［输入数据为图 5.8（a）～（g），与图 5.8（j）结果一致］；（c）2011 年 10 月 6 日双线性插
值的 MODIS 影像

　　图 5.10（c）为 2011 年 10 月 6 日重采样 ETM+多光谱观测影像，此处作为参考影像，
图 5.10 中的波段展示与融合结果影像的光谱范围基本一致。通过实验对比可以发现，在
目视上，SPOT-5 全色影像与 MODIS 影像直接融合的 2 个传感器结果和所有数据一起的
5 个传感器融合结果均具有较好的空间结构信息，但在光谱信息上，2 个传感器融合结果
光谱保持稍差，而 5 个传感器融合结果具有较好的光谱信息保持，该光谱保持差异也已
通过图 5.11 光谱曲线对比发现。

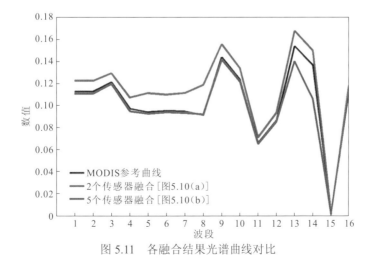

图 5.11　各融合结果光谱曲线对比

从图 5.11 中可以发现，该实验中 2 个传感器融合结果光谱曲线偏离 MODIS 参考曲线较多，光谱保持较差。这是因为 2 个传感器融合中 SPOT-5 全色影像与 MODIS 影像空间尺度差异过大，对多源数据之间的互补和冗余信息利用不足，导致融合结果光谱信息损失较大，5 个传感器融合结果则可以更充分地结合各输入数据的互补和冗余信息，得到最优融合结果。综上所述，本章提出的时–空–谱一体化融合框架充分考虑多传感器多源遥感影像之间的时、空、谱关系，可得到最优融合结果。

# 5.4　本 章 小 结

本章针对传统融合模型仅适用 2 个分辨率、2 个传感器的"两两融合"局限，提出了适用于多传感器遥感影像处理的时–空–谱一体化融合理论与方法。该方法充分考虑融合影像与多源观测影像之间的时间、空间、光谱关系，构建时–空–谱一体化的融合模型。本章通过 IKONOS、QuickBird、Landsat ETM+、MODIS、HYDICE 和 SPOT-5 卫星影像对时–空–谱一体化融合模型从多个方面进行验证，实验表明该模型不仅可实现 2 个以上传感器遥感影像空间、光谱和时间分辨率的有效集成，同时可以满足超分辨率融合、空–谱融合和时–空融合的协同处理。

值得说明的是，本章模型主要针对光学遥感影像而构建，其中相应的关系模型主要基于线性假设。遥感数据还有雷达、红外等其他异质数据，地学数据还包括地基数据、模型模拟数据、社会感知数据等异类数据，它们之间的关系往往呈现更强的复杂非线性，本书将在后续章节中建立广义时–空–谱一体化融合模型解决以上问题。

# 参 考 文 献

孟祥超, 沈焕锋, 张洪艳, 等. 2014. 基于梯度一致性约束的多光谱/全色影像最大后验融合方法. 光谱学与光谱分析, 34(5): 1332-1337.

张良培, 沈焕锋, 2016. 遥感数据融合的进展与前瞻. 遥感学报, 20(5): 1050-1061.

张良培, 沈焕锋, 张洪艳, 等, 2012. 图像超分辨率重建. 北京: 科学出版社.

赵晓阳, 2021. 基于改进 GLP 的时空谱一体化融合算法研究. 北京: 中国科学院大学.

BALLESTER C, CASELLES V, IGUAL L, et al., 2006. A variational model for P+ XS image fusion. International Journal of Computer Vision, 69(1): 43-58.

CHEN B, HUANG B, XU B, 2016. Constucting a unified framework for multi-source remotely sensed data fusion// 2016 IEEE International Geoscience and Remote Sensing Symposium, Beijing, China: 2574-2577.

FASBENDER D, OBSOMER V, RADOUX J, et al., 2007. Bayesian data fusion: Spatial and temporal applications// 2007 International Workshop on the Analysis of Multi-temporal Remote Sensing Images, Provinciehuis Leuven, Belgium: 1-6.

GAO F, MASEK J, SCHWALLER M, et al., 2006. On the blending of the Landsat and MODIS surface reflectance: Predicting daily Landsat surface reflectance. IEEE Transactions on Geoscience and Remote sensing, 44(8): 2207-2218.

HUANG B, SONG H, 2012. Spatiotemporal reflectance fusion via sparse representation. IEEE Transactions on Geoscience and Remote Sensing, 50(10): 3707-3716.

HUANG B, ZHANG H, SONG H, et al., 2013. Unified fusion of remote-sensing imagery: Generating simultaneously high-resolution synthetic spatial-temporal-spectral earth observations. Remote Sensing Letters, 4(6): 561-569.

JIANG C, ZHANG H, SHEN H, et al., 2012. A practical compressed sensing-based pan-sharpening method. IEEE Geoscience and Remote Sensing Letters, 9(4): 629-633.

JIANG M, SHEN H, LI J, 2022. Deep-Learning-based spatio-temporal-spectral integrated fusion of heterogeneous remote sensing images. IEEE Transactions on Geoscience and Remote Sensing, 60: 1-15.

KHANNA R, SCHMID L, WALTER A, et al., 2019. A spatio temporal spectral framework for plant stress phenotyping. Plant Methods, 15(1): 1-18.

LI S, YANG B, 2011. A new pan-sharpening method using a compressed sensing technique. IEEE Transactions on Geoscience and Remote Sensing, 49(2): 738-746.

LI Z, LEUNG H, 2009. Fusion of multispectral and panchromatic images using a restoration-based method. IEEE Transactions on Geoscience and Remote Sensing, 47(5): 1482-1491.

MENG X, SHEN H, LI H, et al., 2015. Improving the spatial resolution of hyperspectral image using panchromatic and multispectral images: An integrated method// 7th Workshop on Hyperspectral Image and Signal Processing: Evolution in Remote Sensing, Tokyo, Japan: 1-4.

NGUYEN T T, HOANG T D, PHAM M T, et al., 2020. Monitoring agriculture areas with satellite images and deep learning. Applied Soft Computing, 95: 106565.

PARK S C, PARK M K, KANG M G, 2003. Super-resolution image reconstruction: A technical overview. IEEE Signal Processing Magazine, 20(3): 21-36.

PENG Y, LI W, LUO X, et al., 2021. Integrated fusion framework based on semicoupled sparse tensor factorization for spatio-temporal-spectral fusion of remote sensing images. Information Fusion, 65(2021): 21-36.

PHAN T C, NGUYEN T T, 2019. Remote sensing meets deep learning: Exploiting spatio-temporal-spectral satellite images for early wildfire detection. Technical report. Available from https://infoscience.epfl.ch/record/270339.

SHEN H, 2012. Integrated fusion method for multiple temporal-spatial-spectral images// The XXII Congress of International Society for Photogrammetry and Remote Sensing, Melbourne, Australia: 407-410.

SIMÕES M, BIOUCAS-DIAS J, ALMEIDA L B, et al., 2015. A convex formulation for hyperspectral image superresolution via subspace-based regularization. IEEE Transactions on Geoscience and Remote Sensing, 53(6): 3373-3388.

WU B, HUANG B, ZHANG L, 2015a. An error-bound-regularized sparse coding for spatiotemporal reflectance fusion. IEEE Transactions on Geoscience and Remote Sensing, 53(12): 6791-6803.

WU P, SHEN H, ZHANG L, et al., 2015b. Integrated fusion of multi-scale polar-orbiting and geostationary satellite observations for the mapping of high spatial and temporal resolution land surface temperature. Remote Sensing of Environment, 156(2015): 169-181.

YOKOYA N, MAYUMI N, IWASAKI A, 2013. Cross-calibration for data fusion of EO-1/Hyperion and

Terra/ASTER. IEEE Journal of Selected Topics in Applied Earth Observations and Remote Sensing, 6(2): 419-426.

YOKOYA N, YAIRI T, IWASAKI A, 2012. Coupled nonnegative matrix factorization unmixing for hyperspectral and multispectral data fusion. IEEE Transactions on Geoscience and Remote Sensing, 50(2): 528-537.

ZENG C, SHEN H, ZHANG L, 2013. Recovering missing pixels for Landsat ETM+ SLC-off imagery using multi-temporal regression analysis and a regularization method. Remote Sensing of Environment, 131: 182-194.

ZHANG L, FU D, SUN X, et al., 2016. A spatial-temporal-spectral blending model using satellite images. IOP Conference Series: Earth and Environmental Science, 34(1): 012042.

ZHANG L, SHEN H, GONG W, et al., 2012. Adjustable model-based fusion method for multispectral and panchromatic images. IEEE Transactions on Systems, Man, and Cybernetics, Part B (Cybernetics), 42(6): 1693-1704.

ZHAO C, GAO X, EMERY W J, et al., 2018. An integrated spatio-spectral-temporal sparse representation method for fusing remote-sensing images with different resolutions. IEEE Transactions on Geoscience and Remote Sensing, 56(6): 3358-3370.

ZHAO Y, HUANG B, 2017. Integrating MODIS and MTSAT-2 to generate high spatial-temporal-spectral resolution imagery for real-time air quality monitoring// 2017 IEEE International Geoscience and Remote Sensing Symposium, Fort Worth, TX: 6122-6125.

# 第6章 单极化-全极化SAR数据融合方法

合成孔径雷达(synthetic aperture radar，SAR)成像系统受限于信号带宽与天线物理尺寸等因素，往往难以兼顾空间信息与极化信息。单极化SAR影像极化信息相对单一，但具有更高的空间分辨率；全极化SAR影像具有更丰富的极化信息，但空间分辨率相对较低。本章充分利用二者在空间信息与极化信息方面的互补关系，研究单极化-全极化SAR数据的融合方法，以期获得高空间分辨率的全极化SAR影像。本章以深度学习框架为基础，充分考虑单极化SAR影像的高空间分辨率特性及全极化SAR影像的多极化特性，建立残差卷积神经网络模型，并通过设计顾及极化信息的损失函数进行优化求解。

## 6.1 概　　述

合成孔径雷达是一种主动微波遥感成像系统(王超 等，2008；Oliver et al.，2004；吴一戎 等，2000)，具备全天时全天候成像、多波段大范围观测等优势(郭华东，2000)，因而被广泛应用于灾害评估、环境监测、农业管理、军事侦察等多个领域(Zhang et al.，2019；Mahdianpari et al.，2018；Zhao et al.，2017；Shi et al.，2015，2013；Velotto et al.，2013；Zhao et al.，2013)，为国家安全、政府决策、灾害评估及生产生活提供重要的信息支撑。目前，合成孔径雷达正从单极化、多极化SAR向全极化SAR发展(丁赤飚 等，2020；吴一戎，2013；王超 等，2008)。

由于合成孔径雷达成像系统限制，在影像获取时需要权衡极化信息与空间信息。空间分辨率是一项衡量遥感系统分辨能力的核心指标，SAR成像系统距离向分辨率的决定因素为信号带宽(Woodward，2014)，其方位向分辨率与天线尺寸呈正比(Oliver et al.，2004)。理论上，通过增加信号带宽及物理天线尺寸可以提高SAR影像的分辨率，但这将使成像系统的功率与重量大幅提高，对成像系统性能提出了更高的要求，同时较大的带宽与天线尺寸会导致后续运动补偿处理困难。因此，在有限的带宽与天线尺寸下，难以获取兼具高空间分辨率与多种极化信息的SAR影像。一些SAR遥感系统通过在影像获取时转换不同的成像模式，可以获取不同分辨率、不同幅宽及不同极化方式的影像。总体而言，空间分辨率、影像幅宽及极化方式呈现互相制约的关系。空间分辨率越高，则获取的影像幅宽越小，极化方式也更加单一。影像极化方式越复杂，则空间分辨率越低，幅宽越小。不同的成像模式下，获取的影像表现出一定的互补性。如表6.1所示，以精细单极化模式与标准全极化模式为例，精细单极化SAR影像标称分辨率为8 m，仅有一种极化方式，而标准全极化模式标称分辨率为25 m，具有4种极化方式。

在硬件受限的情况下，一些学者通过分辨率增强手段获得高分辨率全极化SAR影像。目前，已发展了多种利用超分辨率重建技术对全极化SAR影像进行分辨率增强的研究(Lin et al.，2021a；Shen et al.，2020；Zhang et al.，2011；郝慧军，2008；Jiong et al.，

表 6.1　RadarSat-2 卫星不同成像模式下影像信息

| 成像模式 | 标称分辨率/m | 幅宽/km | 极化方式 |
|---|---|---|---|
| 聚束模式 | 1 | 18 | 单极化 |
| 超精细 | 3 | 20 | 单极化 |
| 宽幅超精细 | 3 | 50 | 单极化 |
| 多视精细 | 8 | 50 | 单极化 |
| 宽幅多视精细 | 8 | 90 | 单极化 |
| 超宽精细 | 5 | 125 | 单极化 |
| 精细 | 8 | 50 | 单极化或双极化 |
| 宽幅精细 | 8 | 150 | 单极化或双极化 |
| 标准 | 25 | 100 | 单极化或双极化 |
| 宽模式 | 25 | 150 | 单极化或双极化 |
| 扫描窄模式 | 50 | 300 | 单极化或双极化 |
| 扫描宽模式 | 100 | 500 | 单极化或双极化 |
| 精细全极化 | 12 | 25 | 全极化 |
| 宽幅精细全极化 | 12 | 50 | 全极化 |
| 标准全极化 | 25 | 25 | 全极化 |
| 宽幅标准全极化 | 25 | 50 | 全极化 |

注：标称分辨率不等于影像实际分辨率，影像实际分辨率应以头文件为准

2007；Suwa et al.，2006；Pastina et al.，2001）。然而，由于该类方法未充分考虑不同成像模式下的 SAR 影像互补信息，分辨率增强受限于单幅全极化 SAR 影像空间信息，其空间分辨率提升相对有限。理论上，对精细单极化影像与标准全极化影像进行信息融合，可以获取高分辨率的全极化 SAR 影像，即单-全极化影像融合。该类融合方法与第 3 章的空-谱融合有很多共通之处，如全色影像对应单极化影像，多光谱影像对应全极化影像。然而，单极化影像与全极化影像之间呈现更加复杂的非线性关系，使得融合更加困难。

因此，为实现高分辨率单极化 SAR 影像与低分辨率全极化 SAR 影像的精确融合，本章建立一种顾及单-全极化 SAR 互补信息的影像融合框架，设计相应的超分辨率重建模块、特征提取模块，利用交叉注意力机制对二者进行空间信息与极化信息的交叉赋权，并构建极化损失函数以进一步提升模型的稳健性。

# 6.2　数据组织形式与退化模型

全极化合成孔径雷达成像系统通过不同的信号发射与接收方式，可以得到由多种极化通道组成的后向散射矩阵。对于单基全极化合成孔径雷达系统，后向散射矩阵 $S_2$（Lee et al.，2017；Boerner et al.，2013）可表示为

$$S_2 = \begin{bmatrix} S_{HH} & S_{HV} \\ S_{VH} & S_{VV} \end{bmatrix} \tag{6.1}$$

式中：$S_{HH}$ 与 $S_{VV}$ 为同极化通道；$S_{HV}$ 与 $S_{VH}$ 为交叉极化通道；散射矩阵 $S_2$ 中的 $S_{HH}$、$S_{VV}$、$S_{HV}$、$S_{VH}$ 分别为不同发射与接收方式下的单极化 SAR。全极化数据则包含全部 4 种极化方式。在满足互易性定理（Kostinski et al.，1986）且忽略系统噪声的情况下，后向散射矩阵 $S_2$ 可转换为协方差矩阵 $C_3$（Cloude，1986）。

$$C_3 = \begin{bmatrix} \langle |S_{HH}|^2 \rangle & \langle \sqrt{2}S_{HH}S_{HV}^* \rangle & \langle S_{HH}S_{VV}^* \rangle \\ \langle \sqrt{2}S_{HV}S_{HH}^* \rangle & \langle 2|S_{HV}|^2 \rangle & \langle \sqrt{2}S_{HV}S_{VV}^* \rangle \\ \langle S_{VV}S_{HH}^* \rangle & \langle \sqrt{2}S_{VV}S_{HV}^* \rangle & \langle |S_{VV}|^2 \rangle \end{bmatrix} \tag{6.2}$$

式中：* 为共轭；$\langle \cdot \rangle$ 为统计均值。在 $C_3$ 矩阵中，对角线上的元素均为实数，非对角线上的元素为复数，因此，$C_3$ 矩阵可写成

$$C_3 = \begin{bmatrix} R_{11} & R_{12} + I_{12}j & R_{13} + I_{13}j \\ R_{21} + I_{21}j & R_{22} & R_{23} + I_{23}j \\ R_{31} + I_{31}j & R_{32} + I_{32}j & R_{33} \end{bmatrix} \tag{6.3}$$

式中：$j = \sqrt{-1}$ 为虚数单元。其中 $R_{11}$ 为实数；$I_{12}$ 为虚数；下标表示元素在矩阵中的位置。在矩阵 $C_3$ 中，非对角线上且在对称位置上的元素互为共轭复数。因此，$C_3$ 矩阵可转换为 1×9 的实数向量 $C_v$。

$$C_v = [R_{11} \quad R_{12} \quad I_{12} \quad R_{13} \quad I_{13} \quad R_{22} \quad R_{23} \quad I_{23} \quad R_{33}]^T \tag{6.4}$$

式中：$[\cdot]^T$ 为转置。

高分辨率全极化 SAR 影像受到成像系统限制退化为低分辨率全极化 SAR 影像或高分辨率单极化 SAR 影像。根据退化数据的区别，可建立高分辨率全极化 SAR 影像与低分辨率全极化 SAR 影像之间的影像退化模型，以及高分辨率全极化 SAR 影像与高分辨率单极化 SAR 影像之间的影像退化模型。为了表示方便，将高分辨率全极化 SAR 影像表示为 $C_x$，将低分辨率全极化 SAR 影像表示为 $C_y$，将高分辨率单极化 SAR 强度影像表示为 $I_x$。

在全极化 SAR 影像退化模型中，设高分辨率全极化 SAR 影像 $C_x \in \mathbf{R}^{\text{HEI} \times \text{WID} \times \text{CHA}}$，其中，HEI、WID、CHA 分别表示高分辨率全极化 SAR 影像的高度、宽度及通道数。设低分辨率全极化 SAR 影像 $C_y \in \mathbf{R}^{\text{hei} \times \text{wid} \times \text{CHA}}$，其中，hei、wid 分别表示低分辨率全极化 SAR 影像的高度及宽度。$r_{\text{azimuth}} = \text{HEI} / \text{hei}$ 与 $r_{\text{range}} = \text{WID} / \text{wid}$ 分别表示高分辨率全极化 SAR 影像与低分辨率全极化 SAR 影像在方位向与距离向上的空间分辨率比率，则全极化 SAR 影像退化模型可表示为

$$C_y = f_d(C_x) \tag{6.5}$$

式中：$f_d(\cdot)$ 为降采样算子；$C_x$ 与 $C_y$ 为由 $C_v$ 组成的三维矩阵，$C_v$ 为 $C_x$ 与 $C_y$ 单个像素的值。

在单极化 SAR 影像退化模型中，设高分辨率单极化 SAR 强度影像 $I_x \in \mathbf{R}^{\text{HEI} \times \text{WID} \times 1}$，则单极化 SAR 影像退化模型可表示为

$$I_{x,i} = \Im_i(C_x), \quad i \in (\text{HH}, \text{HV}, \text{VH}, \text{VV}) \tag{6.6}$$

式中：$I_{x,i}$ 为在 $i$ 模式中获取的单极化 SAR 强度影像；$\Im(\cdot)$ 为强度影像提取算子。

# 6.3 机器学习 SAR 数据融合模型

高分辨率单极化 SAR 影像与低分辨率全极化 SAR 影像在极化信息与空间信息方面存在密切的互补关系，这也是单-全极化数据融合的基础。然而，单极化 SAR 影像与全极化 SAR 影像在数据结构、数值分布、极化特性等方面存在较大差异，特别是不同极化影像间存在复杂的非线性关系，如何准确刻画以上关系成为融合的难点。

因此，本章充分利用机器学习强大的非线性建模能力，从三个方面构建基于深度学习的单极化 SAR 影像与全极化 SAR 影像融合框架（林镠鹏，2022），在多个方面进行了针对性设计：在网络输入数据方面，采用高分辨率单极化 SAR 强度影像与低分辨率全极化 SAR 协方差矩阵联合输入的策略，充分整合单极化 SAR 影像的空间信息优势及全极化 SAR 影像的极化信息优势；在网络结构方面，设计了一种交叉注意力机制，用于实现单极化 SAR 影像引导的空间信息权值重校准，以及全极化 SAR 影像引导的极化信息权值重校准；在神经网络的损失函数方面，基于全极化 SAR 影像成像机制，设计极化损失函数用于约束网络训练过程，增强模型的可解释性。

单-全极化融合网络（PolSAR images and SinSAR images fusion network，PSFN）的整体框架如图 6.1 所示。模型建立高分辨率单极化 SAR 特征提取模块（high resolution SinSAR feature extraction module，HSFE），用于提取高分辨率单极化 SAR 影像空间信息；建立低分辨率全极化 SAR 超分辨率重建模块（low resolution PolSAR super resolution module，LPSR），对低分辨率全极化 SAR 影像进行超分辨率重建。针对高分辨率单极化 SAR 影像与低分辨率全极化 SAR 影像信息互补的特性，提出交叉注意力机制（cross attention mechanism，CAM），对提取到的特征映射进行交叉重赋权，引导空间信息与极化信息提取。交叉注意力机制包括两个子模块：高分辨率单极化 SAR 影像空间注意力模块（high resolution SinSAR spatial attention module，HSSA）、低分辨率全极化 SAR 影像通道注意力模块（low resolution PolSAR channel attention module，LPCA）。在损失函数方面，建立极化损失函数并联合数值损失函数，对网络训练进行约束。

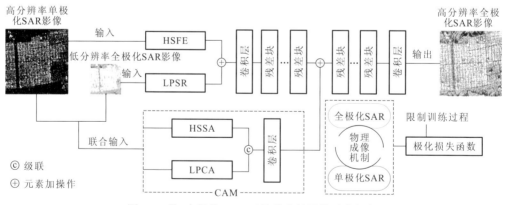

图 6.1　单-全极化 SAR 互补信息的影像融合框架

### 6.3.1 高分辨率单极化 SAR 特征提取模块

高分辨率单极化 SAR 特征提取模块（HSFE）用于提取单极化 SAR 影像的空间特征信息。该模块由 3 个部分组成：特征升维、残差块、空间注意力块，如图 6.2 所示。特征升维用于对单极化 SAR 强度影像进行特征维度变换，增加其特征数量。残差块用于提取特征信息，该模块由 5 个残差单元组成，每个残差单元由二维卷积、参数化修正线性单元（parametric rectified linear unit，PReLU）（He et al.，2015b）及残差结构组成。其中，二维卷积被用于提取特征。参数化修正线性单元被用于增强非线性特征，同时保留一定的负值特征。残差结构是为了解决深层网络性能退化问题而提出的，该结构可避免网络梯度爆炸或消失，同时加速网络收敛（He et al.，2016，2015a）。注意力机制广泛应用于计算机视觉任务中，用于对特征映射进行重校准（Fu et al.，2019；Zhang et al.，2018；Zhao et al.，2018；Song et al.，2017）。空间注意力机制可对影像中表征纹理信息的高频成分进行重校准，提高高频成分的权重，进而提升网络对空间信息的提取能力。在该方法的空间注意力模块中，首先利用卷积层对残差块提取的特征映射进行信息压缩处理，将三维特征映射转换为二维。随后，使用 Sigmoid 函数对二维特征映射进行数值归一化处理，得到空间权重层。最后对空间权重层与残差块提取的特征映射进行元素乘操作，得到空间注意力重校准后的特征映射。空间注意力模块可以表示为

$$F_{\mathrm{SA}} = F_{\mathrm{input}} \odot \sigma(W_{\mathrm{SA}} \circ F_{\mathrm{input}} + b_{\mathrm{SA}}) \tag{6.7}$$

式中：$F_{\mathrm{SA}}$ 为空间注意力模块输出特征映射；$F_{\mathrm{input}}$ 为空间注意力模块输入特征映射；$W_{\mathrm{SA}}$ 为空间注意力模块的卷积核；$b_{\mathrm{SA}}$ 为空间注意力模块的偏置项；$\circ$ 为卷积运算；$\sigma(\cdot)$ 为 Sigmoid 激活函数；$\odot$ 为元素乘算子。

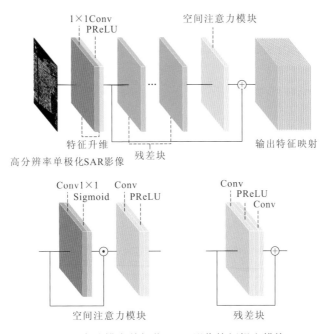

图 6.2　高分辨率单极化 SAR 影像特征提取模块

## 6.3.2 低分辨率全极化 SAR 超分辨率重建模块

低分辨率全极化 SAR 超分辨率重建模块（LPSR）用于对低分辨率全极化 SAR 影像进行空间信息上采样。该模块由三个部分组成，包括复数特征提取模块、转置卷积、残差块。复数特征提取模块用于分组提取低分辨率全极化 SAR 影像的实数与虚数混合特征。转置卷积用于对低分辨率全极化 SAR 影像进行可学习式上采样处理。该模块中使用了与 HSFE 相同配置的残差块，用于提取低分辨率全极化 SAR 影像特征。

全极化 SAR 影像相干矩阵与协方差矩阵是以复数的形式呈现。在实际应用中，对角线元素为实数，可以直接以实数形式存储。非对角线元素为复数，通常需分别提取非对角线上元素的实部与虚部的值，再以实数的形式存储。对于全极化 SAR 影像相干矩阵或协方差矩阵，在对其进行分辨率增强时，往往采用非对角线上元素实部与虚部分离提取的简单形式进行处理。然而，由于非对角线上元素的实部与虚部是统一的整体，实部与虚部分离策略在一定程度上会对复数特征造成破坏。因此，为了解决该种人为分离导致的复数特征提取不充分的问题，本章提出复数特征提取模块对复数据进行分组提取。

如图 6.3 所示，根据全极化 SAR 影像相干矩阵的数值特性，将相干矩阵 $T_3$ 分为 3 个实数部分 $(R_{11}, R_{22}, R_{33})$ 与 3 个复数部分 $(R_{12}, I_{12}), (R_{13}, I_{13}), (R_{23}, I_{23})$，分别对应式（6.3）上三角矩阵 6 个位置的值。区别于常规的对 $1 \times 9$ 实数值向量 $T_{value}$ 直接进行特征提取，本章分别对实数部分与复数部分进行了分组特征提取。对于对角线上元素，直接采用卷积进行单独的特征提取。对于非对角线上的元素，则采用联合特征提取的方式，即对式（6.3）处于相同位置的非对角线元素的实部值与虚部值进行联合提取以获得复数联合特征。对于复数特征提取模块，包括实数卷积与复数联合卷积，卷积过程可定义为

$$F_R^i = W_{CBR}^i \circ F_{RS}^i + b_{CBR}^i, \quad i = 11, 22, 33 \tag{6.8}$$

$$F_C^i = W_{CBC}^i \circ F_{CS}^i + b_{CBC}^i, \quad i = 12, 13, 23 \tag{6.9}$$

式中：$F_R^i$ 为实数特征映射；$F_C^i$ 为复数特征映射；$W_{CBR}^i$ 与 $W_{CBC}^i$ 分别为实数特征映射的卷积核与复数特征的卷积核；$b_{CBR}^i$ 和 $b_{CBC}^i$ 分别为实数特征映射的偏置项与复数特征的偏置项；$F_{RS}^i$ 为实数特征映射分组切片；$F_{CS}^i$ 为复数特征映射分组切片；$i$ 为公式中上三角矩阵对应位置的下标。

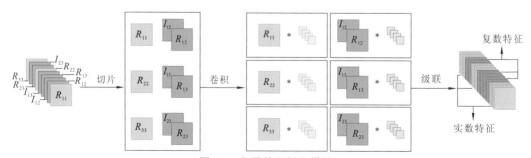

图 6.3　复数特征提取模块

经过分组卷积处理提取实数、复数特征后，采用级联的方式对提取到的特征进行融合。级联处理表示为

$$F_{CB} = f_{cat}(F_R^{11}, F_C^{12}, F_C^{13}, F_R^{22}, F_C^{23}, F_R^{33}) \tag{6.10}$$

式中：$F_R^{11}$、$F_C^{12}$、$F_C^{13}$、$F_R^{22}$、$F_C^{23}$、$F_R^{33}$分别为实数与复数分组卷积得到的特征映射；$f_{cat}(\cdot)$为特征映射级联函数。

复数特征提取模块具有两方面作用，一是通过分组卷积，分别处理对角线上元素及非对角线上元素，获取实数与复数混合特征；二是协同处理非对角线上元素的实部与虚部，降低实部与虚部分离处理导致的特征破坏及精度损失。

在全极化 SAR 影像退化过程中，从高分辨率影像到低分辨率影像的退化过程并非简单的线性关系，因此，在对低分辨率影像进行上采样时，采用简单的上采样方法难以满足精度要求。目前广泛使用的预定义上采样方法具有固定的形式，无法随数据变化而变化，在使用过程中不仅不够灵活，还容易产生新的噪声（Haris et al.，2018）。此外，全极化 SAR 影像中存在大量负值数据，直接使用预定义采样算子进行上采样处理时，在正负值交替的区域容易出现数值符号异常的现象。因此，在对全极化 SAR 影像进行上采样处理时，更倾向于使用一种参数非固定的采样方式。转置卷积（Zeiler et al.，2010）是一种参数可学习的上采样技术，相比常规插值算法，转置卷积的参数可随影像的数值变化而变化，更适合数值动态范围广的全极化 SAR 影像。在网络中采用转置卷积进行上采样处理，可以自动学习低分辨率影像到高分辨率影像的上采样关系，同时可以降低插值引起的精度影响并减少预处理运行时间。

转置卷积的上采样过程可定义为

$$F_{transconv} = W_{transconv} \circ F_{input} + b_{transconv} \tag{6.11}$$

式中：$F_{transconv}$为转置卷积上采样特征映射；$W_{transconv}$为转置卷积的卷积核，其尺寸为$C_{in} \times S_{filter} \times S_{filter} \times C_{out}$，$C_{in}$和$C_{out}$分别为转置卷积输入特征映射数与输出特征映射数；$b_{transconv}$为转置卷积的偏置项；$F_{input}$为输入特征映射；$\circ$为卷积操作。转置卷积层的处理过程如图 6.4 所示。

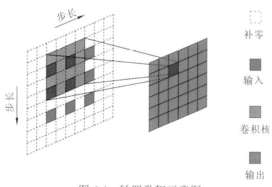

图 6.4　转置卷积示意图

全极化 SAR 影像具有较广的数据分布，在常用的极化相干矩阵与极化协方差矩阵中正数与负数同时存在。因此，在对全极化 SAR 影像进行数据处理时需要考虑其数值分布以保证精度不受影响。在目前深度学习影像处理领域，整流线性单元作为一种常用的激活函数被用于对数据进行非线性处理。但是，整流线性单元具有单侧抑制特性，数据经过处理后，负数域为 0，负数域信息丢失，滤波器在负数域的权重不再更新，负数域在后续训练过程中会保持缄默。因此，在本章中，为了保持全极化 SAR 影像负数域精度不受影响，引入 PReLU（He et al.，2015b）作为网络激活函数。PReLU 函数在负数域具有非饱和性，能够有效保留负数域信息，并且可以自适应更新斜率参数。PReLU 定义为

$$f_{\mathrm{PReLU}}(y_i) = \begin{cases} y_i, & y_i > 0 \\ a_i y_i, & y_i \leqslant 0 \end{cases} \tag{6.12}$$

式中：$y_i$ 为第 $i$ 个激活函数的输入；$a_i$ 为负数域斜率控制系数。在经过 PReLU 处理后，全极化 SAR 影像的数据完整性得以保留，同时 PReLU 函数还可以对其数据分布进行校正，能够在分辨率增强过程中表现出更优的性能。

## 6.3.3　交叉注意力机制

在神经网络模型中，注意力机制是一种对特征映射权重进行重校准的机制，在诸多应用中可以实现模型精度的提升（Fu et al.，2019；Zhang et al.，2018）。本章在此基础上，提出交叉注意力机制的思路，充分利用两种数据的互补特征进行交叉赋权。对低分辨率全极化 SAR 影像进行空间信息增强，并对高分辨率全极化 SAR 影像进行极化信息增强。该机制包括两部分，高分辨率单极化 SAR 影像空间注意力模块、低分辨率全极化 SAR 影像通道注意力模块。

相比低分辨率全极化 SAR 影像，高分辨率单极化 SAR 影像具有更高的空间信息精度。利用高分辨率单极化 SAR 影像的空间信息，对低分辨率全极化 SAR 影像提取得到的特征映射进行引导和加权，可以使低分辨率全极化 SAR 影像提取得到的空间特征更加准确。高分辨率单极化 SAR 影像空间注意力模块（HSSA）目标在于提取高分辨率单极化 SAR 影像的空间信息权重，并使用该权重对低分辨率全极化 SAR 影像的特征映射进行重校准。

相比高分辨率单极化 SAR 影像，低分辨率全极化 SAR 影像具有更丰富的极化信息。若只利用高分辨率单极化 SAR 影像生成高分辨率全极化 SAR 影像，则生成的极化信息可信度较低。本章融合算法利用低分辨率全极化 SAR 影像，引导高分辨率单极化 SAR 影像进行空间信息与极化信息特征提取。低分辨率全极化 SAR 影像通道注意力模块（LPCA）目标在于提取低分辨率全极化 SAR 影像的极化信息权重，引导高分辨率单极化 SAR 影像的特征提取。

具体地，如图 6.5 所示，在 HSSA 中，首先沿通道方向对高分辨率单极化 SAR 影像的特征映射进行信息压缩，再通过 Sigmoid 函数对其进行归一化处理，得到空间信息权重。另外，使用转置卷积对低分辨率全极化 SAR 影像上采样处理并进行特征提取。随后，将空间信息权重与低分辨率全极化 SAR 影像上采样特征映射进行元素乘操作，得到空间信息加权的低分辨率全极化 SAR 影像特征映射。HSSA 可定义为

$$F_{\mathrm{HSSA}} = (W_{\mathrm{HSSA1}} \circ F_{\mathrm{LP}} + b_{\mathrm{HSSA1}}) \odot \sigma(W_{\mathrm{HSSA2}} \circ F_{\mathrm{HS}} + b_{\mathrm{HSSA2}}) \tag{6.13}$$

式中：$F_{\mathrm{HSSA}}$ 为 HSSA 的输出特征映射；$F_{\mathrm{LP}}$ 和 $F_{\mathrm{HS}}$ 分别为低分辨率全极化 SAR 影像与高分辨率单极化 SAR 影像提取的特征映射；$W_{\mathrm{HSSA1}}$ 与 $W_{\mathrm{HSSA2}}$ 为 HSSA 的卷积核；$b_{\mathrm{HSSA1}}$ 和 $b_{\mathrm{HSSA2}}$ 为 HSSA 的偏置项。

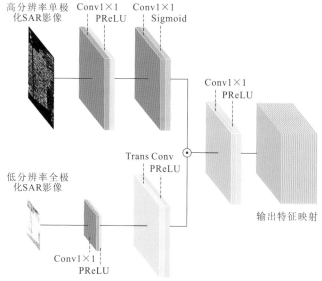

图 6.5  高分辨率单极化 SAR 影像空间注意力模块

如图 6.6 所示,在 LPCA 模块中,首先对低分辨率全极化 SAR 影像进行特征映射上采样处理,再通过 Sigmoid 函数进行归一化处理,得到极化信息权重。另一方面,使用卷积层提取高分辨率单极化 SAR 影像特征。随后,将极化信息权重与单极化 SAR 影像特征映射进行元素乘操作,得到极化信息引导的高分辨率单极化 SAR 影像特征映射。LPCA 可定义为

$$F_{\mathrm{LPCA}} = (W_{\mathrm{LPCA1}} \circ F_{\mathrm{HS}} + b_{\mathrm{LPCA1}}) \odot \sigma(W_{\mathrm{LPCA2}} \circ F_{\mathrm{LP}} + b_{\mathrm{LPCA2}}) \qquad (6.14)$$

式中:$F_{\mathrm{LPCA}}$ 为 LPCA 的输出特征映射;$W_{\mathrm{LPCA1}}$ 与 $W_{\mathrm{LPCA2}}$ 为 LPCA 模块的卷积核;$b_{\mathrm{LPCA1}}$ 和 $b_{\mathrm{LPCA2}}$ 为 LPCA 的偏置项。

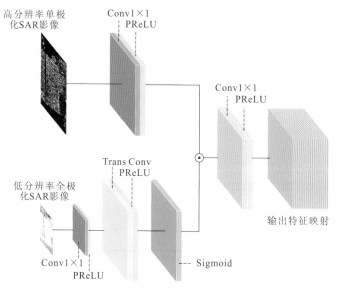

图 6.6  低分辨率全极化 SAR 影像通道注意力模块

与常用的通道注意力机制不同,LPCA 的通道注意力机制考虑了 PolSAR 数据的高数据动态范围和复杂数据分布的特性,在该模块中移除了现有通道注意力机制中广泛使用的

池化操作，以避免全局池化引起的数值异常问题。与现有通道注意力机制的全局通道注意力权重不同，本章方法采用局部权重，能更好地适应 PolSAR 数据动态范围宽的特性。

在经过高分辨率单极化 SAR 影像空间注意力模块、低分辨率全极化 SAR 影像通道注意力模块处理之后，分别得到空间加权特征映射与极化通道加权特征映射。为了均衡两种模块的重校准作用，避免因模块顺序导致的重校准作用程度不一致的现象，本章采用级联策略，对两个模块提取到的特征映射进行信息融合。交叉注意力信息融合策略表示为

$$F_{\text{fusecroa}} = f_{\text{cat}}(F_{\text{HSSA}}, F_{\text{LPCA}}) \tag{6.15}$$

式中：$F_{\text{fusecroa}}$ 为交叉注意力融合后的特征映射；$F_{\text{HSSA}}$ 为 HSSA 的输出特征映射；$F_{\text{LPCA}}$ 为 LPCA 的输出特征映射。

### 6.3.4 融合损失函数

在深度学习任务中，通常涉及模型的优化任务，损失函数作为一种优化函数通常被用于最小化某个函数 $f(x)$。在本章融合模型中，采用两种损失函数，包括用于约束融合影像的数值信息的数值损失函数，以及用于约束融合影像的极化信息的极化损失函数。该融合算法的总损失函数可表示为

$$L_{\text{psfn}} = \lambda_1 L_{\text{psfn\_n}}(\Theta) + \lambda_2 L_{\text{psfn\_p}}(\Theta) \tag{6.16}$$

式中：$L_{\text{psfn\_n}}(\Theta)$ 为数值损失函数；$L_{\text{psfn\_p}}(\Theta)$ 为极化损失函数；$\lambda_1$ 与 $\lambda_2$ 分别为数值损失函数与极化损失函数的正则化参数，由公式自适应确定。在正则化函数确定过程中，数值较高的损失函数将被赋予更高的权重以加速其收敛。

$$\lambda_1 = \frac{L_{\text{psfn\_n}}(\Theta)}{L_{\text{psfn\_n}}(\Theta) + L_{\text{psfn\_p}}(\Theta)}, \quad \lambda_2 = \frac{L_{\text{psfn\_p}}(\Theta)}{L_{\text{psfn\_n}}(\Theta) + L_{\text{psfn\_p}}(\Theta)} \tag{6.17}$$

具体地，在融合算法中，采用均方误差（MSE）作为数值损失函数。给定具有 $N$ 个样本对的训练数据集 $\{C_x^i, C_y^i, I_x^i\}_{i=1}^{N}$，其中 $C_x^i$ 表示第 $i$ 个高分辨率全极化 SAR 影像样本，$C_y^i$ 表示第 $i$ 个低分辨率全极化 SAR 影像样本，$I_x^i$ 表示第 $i$ 个高分辨率单极化 SAR 影像样本。对 $C_x^i$ 与 $C_y^i$ 的上采样结果 $C_u^i$ 作差，得到残差结果 $\mathfrak{R}^i = C_x^i - C_u^i$，使用 MSE 损失函数计算残差结果 $\mathfrak{R}^i$ 与残差网络输出结果 $f_{\text{psfn}}(C_y^i, I_x^i)$ 之间的损失函数值。数值损失函数可定义为

$$L_{\text{psfn\_n}}(\Theta) = \frac{1}{2N} \sum_{i=1}^{N} \left\| \mathfrak{R}^i - f_{\text{psfn}}(C_y^i, I_x^i) \right\|_{\text{F}}^2 \tag{6.18}$$

式中：$\Theta$ 为单-全极化 SAR 影像融合网络的网络参数；$f_{\text{psfn}}(\cdot)$ 为融合网络的输出结果；$\|\cdot\|_{\text{F}}$ 为 Frobenius 范数。

在融合算法中，根据 SAR 系统的成像机制，构建了极化损失函数。给定具有 $N$ 个样本对的训练数据集 $\{C_x^i, C_y^i, I_x^i\}_{i=1}^{N}$，$C_y^i$ 可视为 $C_x^i$ 在空间信息方面的退化结果，$I_x^i$ 则可视为 $C_x^i$ 在极化信息方面的子集。因此，对融合结果而言，其在某一极化模式下的强度影像，应与对应极化模式下的高分辨率单极化 SAR 强度影像一致。根据高分辨率全极化 SAR 影像与高分辨率单极化 SAR 影像的物理成像关系，极化损失函数可定义为

$$L_{\text{psfn\_p}}(\Theta) = \frac{1}{2N} \sum_{i=1}^{N} \left\| (I_x^i - \mathfrak{I}(C_u^i)) - \mathfrak{I}(f_{\text{psfn}}(C_y^i, I_x^i)) \right\|_{\text{F}}^2 \tag{6.19}$$

根据不同极化模式下的高分辨率单极化 SAR 强度影像的区别,在满足协方差矩阵数值关系的条件下,极化损失函数可分解为三个独立的子极化损失函数:

$$L_{\mathrm{HH}}(\Theta) = \frac{1}{2N} \sum_{i=1}^{N} \left\| (I_{\mathrm{HH}}^i - \Im_{\mathrm{HH}}(C_u^i)) - \Im_{\mathrm{HH}}(f_{\mathrm{psfn}}(C_y^i, I_{\mathrm{HH}}^i)) \right\|_F^2 \qquad (6.20)$$

$$L_{\mathrm{HV}}(\Theta) = \frac{1}{2N} \sum_{i=1}^{N} \left\| \left( I_{\mathrm{HV}}^i - \frac{\Im_{\mathrm{HV}}(C_u^i)}{2} \right) - \frac{\Im_{\mathrm{HV}}(f_{\mathrm{psfn}}(C_y^i, I_{\mathrm{HV}}^i))}{2} \right\|_F^2 \qquad (6.21)$$

$$L_{\mathrm{VV}}(\Theta) = \frac{1}{2N} \sum_{i=1}^{N} \left\| (I_{\mathrm{VV}}^i - \Im_{\mathrm{VV}}(C_u^i)) - \Im_{\mathrm{VV}}(f_{\mathrm{psfn}}(C_y^i, I_{\mathrm{VV}}^i)) \right\|_F^2 \qquad (6.22)$$

式中:$L_{\mathrm{HH}}(\cdot)$、$L_{\mathrm{HV}}(\cdot)$ 和 $L_{\mathrm{VV}}(\cdot)$ 分别为在使用 $I_{\mathrm{HH}}$、$I_{\mathrm{HV}}$ 与 $I_{\mathrm{VV}}$ 模式单极化 SAR 强度影像时的子极化损失函数;$\Im_{\mathrm{HH}}(\cdot)$、$\Im_{\mathrm{HV}}(\cdot)$ 和 $\Im_{\mathrm{VV}}(\cdot)$ 分别为在 HH、HV 和 VV 极化模式下的强度影像提取算子。在对融合网络进行训练时,仅使用与网络输入的高分辨率单极化 SAR 强度影像极化模式一致的子极化损失函数进行约束。

## 6.3.5 双-全极化 SAR 影像融合方法扩展

以上单极化与全极化影像的融合模型,经过适当扩展可以形成适用于双极化与全极化影像的融合(fully PolSAR images and Dual-SAR images fusion network,FDFNet)(Lin et al.,2021b)。将单极化数据替换为双极化数据,可引入具有更高可信度的空间细节信息,同时可为拟合极化通道间复杂关系提供参考,进一步增强模型的极化信息保持能力。该方法同样采用全极化 SAR 超分辨率重建模块(LPSR),对低分辨率全极化 SAR 影像进行超分辨率重建;利用改进的交叉注意力机制(modified cross attention mechanism,MCAM),对高分辨率双极化 SAR 影像与低分辨率全极化 SAR 影像进行交叉赋权,增强对两种数据的信息提取能力;建立差分信息模块,以充分利用两种影像之间的差分信息;进一步建立极化分量注意力模块(polarimetric decomposition attention,PDA),利用极化分解参量对高分辨率双极化 SAR 影像进行引导,增强其极化信息;采用基于 L1 范数的自适应损失函数对网络训练过程进行约束,进一步提升模型的稳健性(Lin et al.,2021b)。

# 6.4 实验结果与分析

基于 RadarSat-2 影像、高分三号影像对提出的融合网络进行验证,包括模拟实验、真实实验、极化分析实验三个部分,从定量与定性维度对融合结果进行综合评价。

在模拟实验中,首先对精细模式下获取的高分辨率全极化 SAR 影像进行降采样与极化强度提取,分别获得模拟低分辨率全极化 SAR 影像与高分辨率单极化 SAR 影像,再对二者进行融合,并将原始全极化 SAR 影像作为参考影像对融合结果进行评估。在真实实验中,对标准模式获取的全极化 SAR 影像与精细模式下获取的单极化 SAR 影像进行融合处理,并利用精细模式下的全极化 SAR 影像作为参考影像对结果进行定量评价。在极化分析实验中,对融合结果进行极化性质分析,并将其与参考影像的极化分析结果进行比较。

本节引入 4 种全极化 SAR 影像重建方法进行对比，包括双三次插值方法（bicubic）（Keys，1981）、基于极化空间关联的全极化 SAR 超分辨率重建方法（super-resolution method based on polarimetric spatial correlation，SRPSC）（Zhang et al.，2011）、多通道 SAR 影像超分辨率重建（multi-channel PolSAR images super-resolution，MSSR）方法（Lin et al.，2019）、全极化 SAR 影像超分辨率重建（PolSAR images super-resolution，PSSR）方法（Shen et al.，2020）。为了直观反映全极化 SAR 影像中地物的物理散射机制，本节通过使用相干矩阵与协方差矩阵转换方程式（6.23）与式（6.24）将 $C_3$ 矩阵转换为相干矩阵 $T_3$，通过对 $T_3$ 矩阵进行极化分解，得到三个与物理散射机制相关联的极化分量，如式（6.25）所示，并采用包括平均绝对误差（MAE）、峰值信噪比（PSNR）、相关系数（CC）在内的定量指标对极化分量进行定量评价。

$$T_3 = U_{3(L \to P)} C_3 U_{3(L \to P)}^{-1} \qquad (6.23)$$

$$U_{3(L \to P)} = \frac{1}{\sqrt{2}} \begin{bmatrix} 1 & 0 & 1 \\ 1 & 0 & -1 \\ 0 & \sqrt{2} & 0 \end{bmatrix} \qquad (6.24)$$

$$P_1 = \frac{S_{HH} + S_{VV}}{\sqrt{2}}, \quad P_2 = \frac{S_{HH} - S_{VV}}{\sqrt{2}}, \quad P_3 = \frac{2S_{HV}}{\sqrt{2}} \qquad (6.25)$$

式中：$P_1$、$P_2$、$P_3$ 分别为单次散射、偶次散射及体散射下的极化分量。

## 6.4.1 实验数据与预处理

采用 RadarSat-2 卫星获取的美国旧金山区域、加拿大温哥华区域、加拿大魁北克区域数据，以及一景高分三号卫星获取的美国旧金山区域数据，构建互不交叉的训练数据集与测试数据集进行验证实验。采用的原始数据参数如表 6.2 所示。

表 6.2  全极化 SAR 超分辨率重建数据库数据信息

| 项目 | 旧金山 | 温哥华 | 旧金山 | 魁北克 | 魁北克 |
|---|---|---|---|---|---|
| 卫星 | RadarSat-2 | RadarSat-2 | 高分三号 | RadarSat-2 | RadarSat-2 |
| 成像模式 | 精细模式全极化 | 精细模式全极化 | 全极化 | 标准模式全极化 | 精细模式全极化 |
| 波段 | C | C | C | C | C |
| 视数 | 1 | 1 | 1 | 1 | 1 |
| 升降轨 | 升轨 | 降轨 | 升轨 | 降轨 | 降轨 |
| 中心频率/GHz | 5.41 | 5.41 | 5.4 | 5.41 | 5.41 |
| 脉冲带宽/MHz | 30 | 30 | 24 | 17.28 | 30 |
| 近距入射角/（°） | 28.0 | 34.9 | 19.9 | 40.1 | 40.1 |
| 远距入射角/（°） | 29.8 | 36.1 | 22.6 | 57.1 | 67.8 |
| 坐标 | 122.23°～122.69°W<br>37.49°～39.15°N | 122.81°～123.25°W<br>49.09°～49.31°N | 122.14°～122.64°W<br>37.51°～37.91°N | 70.91°～71.51°W<br>46.39°～46.88°N | 71.06°～71.51°W<br>46.61°～46.88°N |

训练数据集采用一景 RadarSat-2 卫星在精细模式下获取的美国旧金山区域的全极化 SAR 影像,通过对精细模式下获取的高分辨率影像进行降采样,得到低分辨率全极化 SAR 影像。同时,对精细模式下获取的高分辨率全极化 SAR 影像进行强度影像提取,分别获得 HH 极化通道、HV 极化通道及 VV 极化通道下的高分辨率单极化 SAR 强度影像。通过将低分辨率全极化 SAR 影像、高分辨率单极化 SAR 影像及高分辨率全极化 SAR 影像进行配对,构建训练影像对。其中,配对后的低分辨率全极化 SAR 影像与高分辨率单极化 SAR 影像作为目标数据,用于网络模型输入,原始高分辨率影像则作为参考数据,用于损失函数计算。

基于测试数据集开展的验证实验包括模拟实验、真实实验及极化分析实验。在模拟实验中,采用一景 RadarSat-2 卫星在精细模式下获取的加拿大温哥华区域的高分辨率全极化 SAR 影像,一景高分三号卫星获取的旧金山区域的高分辨率全极化 SAR 影像。模拟实验数据首先对原始高分辨率影像进行降采样处理,得到低分辨率全极化 SAR 影像。同时,分别提取原始高分辨率影像的 HH 极化通道、HV 极化通道及 VV 极化通道下的强度影像,将各极化通道下的高分辨率单极化 SAR 影像与低分辨率全极化 SAR 影像进行配对,并将其作为输入数据。原始高分辨率影像则作为参考影像,用于后续数据验证与分析。真实实验数据包括一景 RadarSat-2 标准模式下获取的低分辨率全极化 SAR 影像,以及一景同传感器在精细模式下获取的高分辨率全极化 SAR 影像。其中标准模式获取的低分辨率影像直接作为输入数据的一部分。此外,对精细模式下获取的高分辨率影像分别提取 HH 极化通道、HV 极化通道及 VV 极化通道下的高分辨率单极化 SAR 强度影像,并与标准模式下获取的低分辨率影像进行配对,用于网络模型测试。精细模式下获取的高分辨率全极化 SAR 影像作为参考影像,用于后续测试结果的目视评价与定量评价。极化分析实验则在 RadarSat-2 卫星获取的加拿大温哥华区域与魁北克区域数据中进行。

训练数据集与测试数据集中均包含了城市密集建成区、植被、水体等多种地表覆盖类型,覆盖了常见的散射机制。该数据集兼顾同质性高与异质性高的区域,在保证模型充分训练的同时,能有效保证模型测试的全面性。在数据预处理中,进行了 Sigma 辐射定标、多视处理,采用非局部滤波器对影像进行去相干斑处理,以避免出现重建细节信息与相干斑噪声无法区分的情况,并将其转换为极化相干矩阵。在该数据集中,所有降采样处理均采用最邻近降采样。此外,对真实实验中采用的魁北克数据进行了配准处理,保证标准模式数据与精细模式数据覆盖区域一致。通过以上预处理,生成极化通道数一致、空间一致、强度可比的实验数据。

## 6.4.2  模拟实验

为了验证本章方法在空间细节信息增强方面的有效性,本小节进行两组模拟实验。其中,第一组实验用于验证融合模型在相同传感器、不同成像环境下的重建效果,即测试数据与训练数据由同一遥感系统获取,但二者的成像区域与成像条件不同。该组实验面向的应用场景为同一传感器在不同区域中的数据分辨率增强。第二组实验用于验证融合模型在不同遥感系统、不同成像环境下的泛化性能，即测试数据与训练数据来自不同的成像系统，测试数据与训练数据的拍摄区域、成像角度等也不尽相同。

第一组实验包含一景 RadarSat-2 卫星获取的温哥华区域的数据。在该组实验中，选取城市密集建成区与强散射点两类典型地物目标进行目视评价。从整体上看，双三次插值方法整体较为平滑，重建的地物纹理细节信息较少；SRPSC 方法的结果出现较多的马赛克状人造伪痕。在深度学习方法对比实验中，MSSR 方法重建结果的地物目标具有相对平滑的边缘；PSSR 方法则能重建出更多的细节信息。本章提出的融合方法能够有效地重建出纹理细节，地物之间的轮廓也较为清晰。具体地，如图 6.7 所示，在城市密集建成区中，本章提出的融合方法能够有效地重建出垂直道路网，而其他对比方法均不能有效重建出垂直道路，难以分辨出垂直道路。如图 6.8 所示，在强散射点区域中，对比方法存在不同程度的散焦现象，相邻强散射点之间相互重叠，且边界相对模糊，使得强散射点之间难以区分。本章提出的融合方法则未出现明显散焦现象，相邻强散射点之间的边界锐化程度更高，具有清晰的边缘，强散射点易被识别，相邻强散射点易区分，更有利于后续的图像解译工作。在定量评价实验方面，如表 6.3 所示，本章方法在全部指标中均获得优于对比算法的定量评价结果，且具有显著的提升。

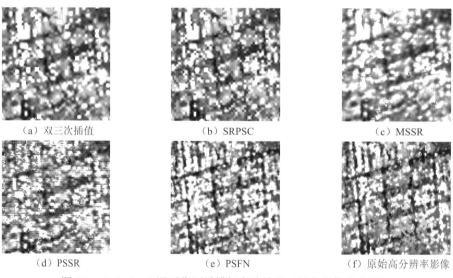

（a）双三次插值  （b）SRPSC  （c）MSSR

（d）PSSR  （e）PSFN  （f）原始高分辨率影像

图 6.7　RadarSat-2 温哥华区域模拟实验结果（城市密集建成区）

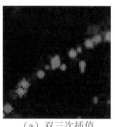
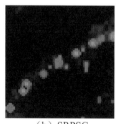
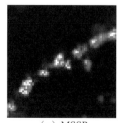

（a）双三次插值  （b）SRPSC  （c）MSSR

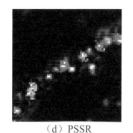
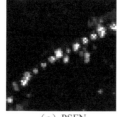
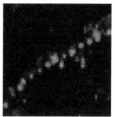

（d）PSSR　　　　　　　　（e）PSFN　　　　　　（f）原始高分辨率影像

图 6.8　RadarSat-2 温哥华区域模拟实验结果（强散射点）

表 6.3　RadarSat-2 温哥华区域模拟实验定量评估结果

| 指标 | 双三次插值 | SRPSC | MSSR | PSSR | PSFN |
|---|---|---|---|---|---|
| PSNR（$\|P_1\|^2$） | 45.75 | 45.10 | 46.68 | 46.74 | **53.16** |
| PSNR（$\|P_2\|^2$） | 43.08 | 42.44 | 43.88 | 43.98 | **50.63** |
| PSNR（$\|P_3\|^2$） | 53.22 | 53.33 | 54.96 | 54.82 | **57.32** |
| PSNR（mean） | 47.35 | 46.96 | 48.51 | 48.51 | **53.70** |
| MAE（$\|P_1\|^2$） | 0.18 | 0.17 | 0.17 | 0.16 | **0.07** |
| MAE（$\|P_2\|^2$） | 0.17 | 0.17 | 0.18 | 0.15 | **0.08** |
| MAE（$\|P_3\|^2$） | 0.05 | 0.04 | 0.05 | 0.05 | **0.03** |
| MAE（mean） | 0.13 | 0.13 | 0.14 | 0.12 | **0.06** |

第二组实验包含一景高分三号卫星获取的旧金山区域的数据。该组实验中选取了城市密集建成区进行目视评价。在高分三号卫星旧金山区域模式实验中，本章方法融合结果的纹理细节信息基本与原始高分辨率影像保持一致。但在 Pauli 合成图 6.9 右下角中，本章提出的方法相比原始高分辨率影像存在一定的色彩失真现象。该现象出现的原因在于不同的 SAR 成像系统获得的影像的数值差异较大，数据分布也有所区别。在本章模型网络训练时，未使用到任何高分三号数据进行训练，而深度学习作为一种数据驱动的模型，若未直接使用该传感器的数据进行训练，则测试精度会有一定程度降低。在定量评价实验中，如表 6.4 所示，本章提出的方法在大部分指标中为最优，少部分指标为次优，说明该方法具有较好的泛化性能。

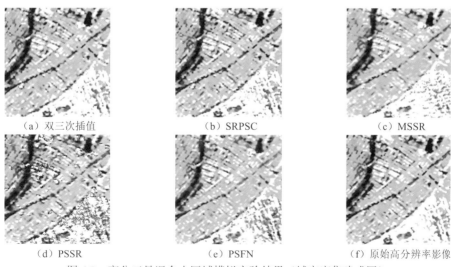

（a）双三次插值　　　　　　（b）SRPSC　　　　　　　（c）MSSR

（d）PSSR　　　　　　　（e）PSFN　　　　　　（f）原始高分辨率影像

图 6.9　高分三号旧金山区域模拟实验结果（城市密集建成区）

表 6.4　高分三号旧金山区域模拟实验定量评估结果

| 指标 | 双三次插值 | SRPSC | MSSR | PSSR | PSFN |
|---|---|---|---|---|---|
| PSNR（$|P_1|^2$） | 50.170 | 49.960 | 51.450 | **54.350** | 53.220 |
| PSNR（$|P_2|^2$） | 50.880 | 51.310 | 53.530 | 52.650 | **56.000** |
| PSNR（$|P_3|^2$） | 50.780 | 50.360 | 50.800 | 52.510 | **54.350** |
| PSNR（mean） | 50.610 | 50.540 | 51.930 | 53.170 | **54.520** |
| MAE（$|P_1|^2$） | 0.222 | 0.182 | 0.289 | **0.131** | 0.187 |
| MAE（$|P_2|^2$） | 0.158 | 0.117 | 0.144 | 0.141 | **0.052** |
| MAE（$|P_3|^2$） | 0.148 | 0.117 | 0.247 | 0.161 | **0.142** |
| MAE（mean） | 0.176 | 0.138 | 0.227 | 0.144 | **0.127** |

## 6.4.3　真实实验

为了验证 PSFN 方法在实际应用中的分辨率增强效果，使用标准模式数据与精细模式数据进行真实实验。该组实验所采用的数据为 RadarSat-2 获取的魁北克区域的标准模式数据与精细模式数据各一景。在真实实验中，融合网络的输入为标准模式下的低分辨率全极化 SAR 影像与精细模式下的单极化 SAR 强度影像，通过融合网络得到高分辨率全极化 SAR 影像，并与对应区域精细模式下的高分辨率全极化 SAR 影像进行定量指标计算。

真实实验中选取了城市密集建成区和港口两类地物进行目视评价。如图 6.10 所示，在城市密集建成区中，现有的全极化 SAR 影像分辨率增强方法在空间细节信息重建上表现相对较差，难以重建出影像的纹理信息，本章融合方法则能较好地整合高分辨率单极化 SAR 影像的空间信息，并提升全极化 SAR 影像分辨率。在色彩保真方面，本章融合方法更倾向于保持标准模式下获取的低分辨率全极化 SAR 影像的色彩。出现该现象的原因在于，本章融合方法在网络设计中，更倾向于保持低分辨率全极化 SAR 影像的极化信息。因此，在色彩呈现上，融合结果的色彩更接近低分辨率全极化 SAR 影像。如图 6.11 所示，在港口区域，本章融合方法能够重建出更多的地物结构信息。在定量评价方面，如表 6.5 所示，PSFN 方法在平均 PSNR 上相比其他方法提升 4.26 dB 以上，平均 MAE 下降 0.03 以上。目视评价与定量评价实验结果表明，PSFN 方法能够在实际应用中有效提升低分辨率全极化 SAR 影像的空间分辨率。

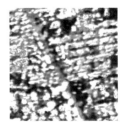

（a）双三次插值　　　　　　　　　（b）SRPSC　　　　　　　　　（c）MSSR

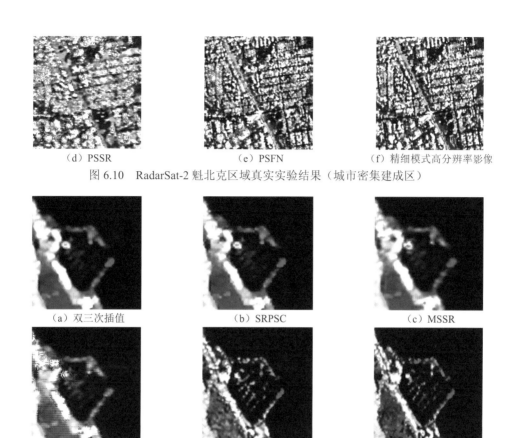

（d）PSSR        （e）PSFN        （f）精细模式高分辨率影像

图 6.10　RadarSat-2 魁北克区域真实实验结果（城市密集建成区）

（a）双三次插值        （b）SRPSC        （c）MSSR

（d）PSSR        （e）PSFN        （f）精细模式高分辨率影像

图 6.11　RadarSat-2 魁北克区域真实实验结果（避风港）

**表 6.5　RadarSat-2 魁北克区域真实实验定量评估结果**

| 指标 | 双三次插值 | SRPSC | MSSR | PSSR | PSFN |
|---|---|---|---|---|---|
| PSNR（$|P_1|^2$） | 50.77 | 50.74 | 50.90 | 51.72 | **56.29** |
| PSNR（$|P_2|^2$） | 49.95 | 50.21 | 50.27 | 50.76 | **58.39** |
| PSNR（$|P_3|^2$） | 50.35 | 50.60 | 54.28 | 54.17 | **56.59** |
| PSNR（mean） | 50.36 | 50.52 | 51.82 | 52.22 | **57.09** |
| MAE（$|P_1|^2$） | 0.10 | 0.08 | 0.12 | 0.10 | **0.03** |
| MAE（$|P_2|^2$） | 0.10 | 0.09 | 0.14 | 0.11 | **0.02** |
| MAE（$|P_3|^2$） | 0.15 | 0.13 | 0.09 | 0.08 | **0.05** |
| MAE（mean） | 0.12 | 0.10 | 0.12 | 0.10 | **0.04** |

## 6.4.4　极化分析实验

极化分析实验用于验证融合方法对极化信息的保真程度，包括极化响应、极化分解两组实验。极化响应是一种描述地面散射体在任意计划状态下散射特性的曲面，它在一定程度上反映了特定极化组合下目标回波功率的变化，由共极化响应与交叉极化响应组成。本节对融合结果与原始高分辨率影像中的典型地物进行极化响应制图，并评估融合结果与原始高分辨率影像在三种典型地物中的极化响应表征的物理机制。通过对比融合结果与原始高分辨率影像极化响应功率值的异同，评估融合结果对极化信息的保持程度。极化分解是一种通过对极化矩阵进行分解，获得与散射体物理机制相关联的极化分量的理论，能够揭示不同散射体表征的物理机理。本节通过分析融合结果与原始高分辨率影像的极化分解结果的异同，比较二者在不同地物中的散射机制，推断模型对极化信息的保持程度。

极化响应分析实验对 RadarSat-2 魁北克区域的融合结果及精细模式下获取的高分辨率全极化 SAR 影像进行极化响应制图，所覆盖的地物类型包括城市密集建成区、植被区域、裸土区域。在城市密集建成区中，如图 6.12（a）所示，共极化响应的最小功率出现在线性极化附近，且极化方位邻近 ±45°。如图 6.12（b）所示，交叉极化响应的最大功率出现在线性极化附近，且极化方位邻近 ±45°。综合共极化响应图与交叉极化响应图可知，该区域的散射机制表现为偶次散射模式。偶次散射为城市密集建成区的主要散射机制，极化响应图表征的散射机制与实际地物的散射机制相同。比较图 6.12（c）与（d），PSFN 方法的极化响应图与原始高分辨率影像的极化响应图在功率上较为接近，说明极化信息保持良好。

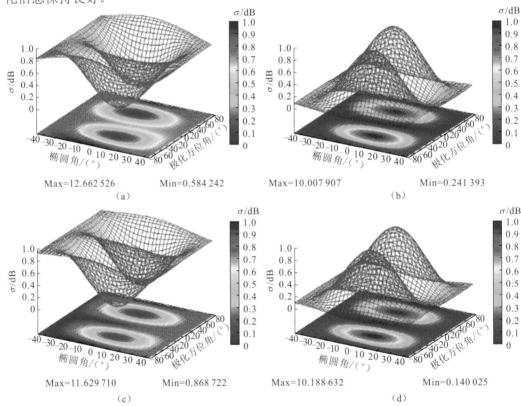

Max=12.662 526        Min=0.584 242          Max=10.007 907        Min=0.241 393
                    (a)                                                    (b)

Max=11.629 710        Min=0.868 722          Max=10.188 632        Min=0.140 025
                    (c)                                                    (d)

图 6.12  RadarSat-2 魁北克区域极化响应实验结果（城市密集建成区）

（a）（b）分别为 PSFN 方法融合结果的共极化响应图与交叉极化响应图；（c）（d）分别为原始高分辨率全极化 SAR 影像的共极化响应图与交叉极化响应图

σ 为归一化后向散射系数

在植被区域中，如图 6.13（a）所示，PSFN 方法融合结果的共极化响应最大功率在线性极化附近出现，且最大功率与极化方位角呈现不相关趋势。如图 6.13（b）所示，

PSFN方法融合结果的交叉极化响应最小功率在线性极化附近出现，且最小功率与极化方位角不相关。此外，如图6.13（a）与（b）所示，极化响应图的基底均大于0.4，说明该区域的散射机制为多重散射。综合共极化响应图与交叉极化响应图可知，该区域的散射机制表现为体散射模式。植被区域多以体散射为主要散射机制，极化响应图表征的散射机制与实际地物的散射机制相同。

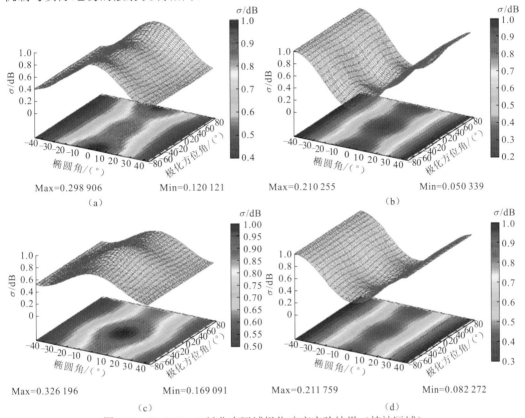

图6.13　RadarSat-2魁北克区域极化响应实验结果（植被区域）

（a）（b）分别为PSFN方法融合结果的共极化响应图与交叉极化响应图；（c）（d）分别为原始高分辨率全极化SAR影像的共极化响应图与交叉极化响应图

σ为归一化后向散射系数

在裸土区域中，如图6.14（a）所示，PSFN方法融合结果的共极化响应最大功率出现在线性极化附近，且极化方位角在0°附近，其中功率极大值唯一。如图6.14（b）所示，PSFN方法融合结果的交叉极化响应功率的极大值与极小值均不唯一。综合共极化响应图与交叉极化响应图可知，该区域的散射机制表现为布拉格散射模式。由于裸土区域具有粗糙的表面，布拉格散射往往为其主要散射机制，极化响应图表征的散射机制与实际地物的散射机制相同。比较图6.14（c）与（d），PSFN方法的极化响应图与原始高分辨率影像的极化响应图在功率上相对一致，说明PSFN方法融合结果与原始高分辨率影像的极化信息一致性程度较高。

在三种不同类型的地物目标中，本章方法结果在4类目标中的极化特征均符合相应地物目标的散射机制，且极化响应结果与原始高分辨率影像的极化响应结果在功率上基本一致。

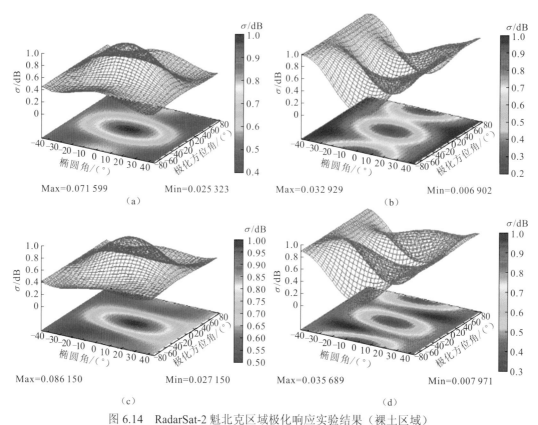

图 6.14　RadarSat-2 魁北克区域极化响应实验结果（裸土区域）

（a）（b）分别为 PSFN 方法融合结果的共极化响应图与交叉极化响应图；（c）（d）分别为原始高分辨率全极化 SAR 影像的共极化响应图与交叉极化响应图

$\sigma$ 为归一化后向散射系数

在极化分解分析实验中，采用 Yamaguchi 极化分解（Yamaguchi et al.，2011）（Y4R）对融合结果进行极化分解，获得 4 种极化散射分量，分别为奇次散射分量（Odd）、偶次散射分量（Dbl）、体散射分量（Vol）、螺旋体散射分量（Hlx）。

本组实验选取了城市密集建成区及植被区域两种常见的地表覆盖类型进行分析。在城市密集建成区中，由于大量建筑物的存在，建筑物的墙体与地面垂直形成二面角，该区域以偶次散射为主要组成部分。同时，城市密集建成区散射机制相对复杂，各类散射分量均有分布。如图 6.15 所示，回波信号在城市密集建成区中具有多重散射分量，除偶次散射外，奇次散射与体散射也具有相当的强度。与植被区域相比，城市密集建成区的螺旋体散射强度更高，分布更广。如图 6.16 所示，在植被区域中，由于植被冠层的作用，散射机制主要以体散射为主，散射机制相对单一。由图 6.15 与图 6.16 可知，融合结果的极化分解参量与原始高分辨率数据的极化分解参量在强度上基本保持一致，说明本章提出的融合方法在对分辨率进行增强后，仍能较好地保持影像的极化信息。

在极化分解实验中，对奇次散射分量（Odd）、偶次散射分量（Dbl）、体散射分量（Vol）、螺旋体散射分量（Hlx）分别进行定量指标计算。如表 6.6 所示，PSFN 方法的极化分解结果的相关系数高于其他所有对比方法，其平均绝对误差相对较低，说明 PSFN 方法的极化分解结果精度较高，证明 PSFN 方法的极化信息保持能力较强。

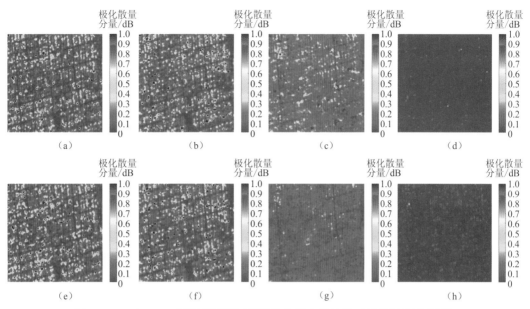

图 6.15　RadarSat-2 温哥华区域局部极化分解实验结果（城市密集建成区）

（a）～（d）分别为 PSFN 融合影像极化分解结果的奇次散射分量、偶次散射分量、体散射分量、螺旋体散射分量；（e）～（h）分别为原始高分辨率全极化 SAR 影像极化分解结果的奇次散射分量、偶次散射分量、体散射分量、螺旋体散射分量

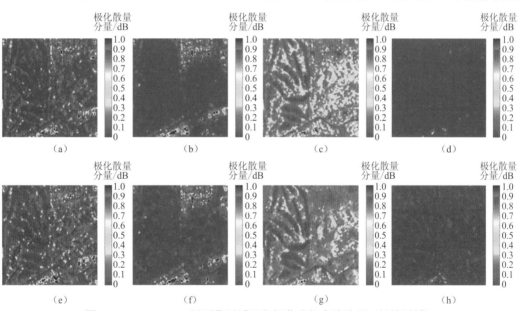

图 6.16　RadarSat-2 温哥华区域局部极化分解实验结果（植被区域）

（a）～（d）分别为 PSFN 融合影像极化分解结果的奇次散射分量、偶次散射分量、体散射分量、螺旋体散射分量；（e）～（h）为原始高分辨率全极化 SAR 影像极化分解结果的奇次散射分量、偶次散射分量、体散射分量、螺旋体散射分量

表 6.6　极化分解实验定量评估结果

| 指标 | 双三次插值 | SRPSC | MSSR | PSSR | PSFN |
| --- | --- | --- | --- | --- | --- |
| CC（Odd） | 0.763 | 0.754 | 0.810 | 0.804 | **0.926** |
| CC（Dbl） | 0.826 | 0.819 | 0.863 | 0.857 | **0.954** |
| CC（Vol） | 0.774 | 0.767 | 0.799 | 0.721 | **0.855** |

| 指标 | 双三次插值 | SRPSC | MSSR | PSSR | PSFN |
|---|---|---|---|---|---|
| CC（Hlx） | 0.546 | 0.540 | 0.514 | 0.290 | **0.570** |
| MAE（Odd） | 0.078 | 0.080 | 0.071 | 0.072 | **0.050** |
| MAE（Dbl） | 0.091 | 0.094 | 0.082 | 0.081 | **0.053** |
| MAE（Vol） | **0.049** | 0.050 | 0.051 | 0.062 | 0.058 |
| MAE（Hlx） | 0.011 | 0.011 | 0.011 | **0.010** | 0.011 |

## 6.4.5 双-全极化 SAR 影像融合实验

本小节进一步对双-全极化 SAR 影像融合方法进行扩展实验，并将其与单-全极化 SAR 影像融合等方法进行对比。利用 RadarSat-2 影像，对标准模式下获取的低分辨率全极化 SAR 影像及精细模式下获取的高分辨率双极化 SAR 影像进行融合，得到高分辨率全极化 SAR 融合影像后，与精细模式下获取的高分辨率全极化 SAR 影像进行目视评价与定量指标计算。选取城市密集建成区、舰船目标等两种典型地表覆盖或地物进行目视分析。

图 6.17 所示的城市密集建成区实验中，插值方法与超分辨率重建方法未能对纵向道路进行有效重建，建筑物与道路出现混叠效应，不同地物之间难以辨别。而在 PSFN 方法与双极化-全极化融合（FDFNet）方法中，纵向道路能被较好地重建出来，各类地物信息与精细模式下获取的高分辨率全极化 SAR 影像相对一致。此外，在城市密集建成区，FDFNet 方法引入的点状人造伪痕比 PSFN 方法的少。在图 6.18 所示的舰船目标实验中，

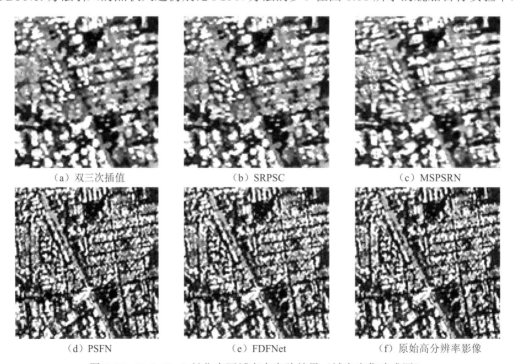

（a）双三次插值　　　　　　　（b）SRPSC　　　　　　　（c）MSPSRN

（d）PSFN　　　　　　　　　（e）FDFNet　　　　　　（f）原始高分辨率影像

图 6.17　RadarSat-2 魁北克区域真实实验结果（城市密集建成区）

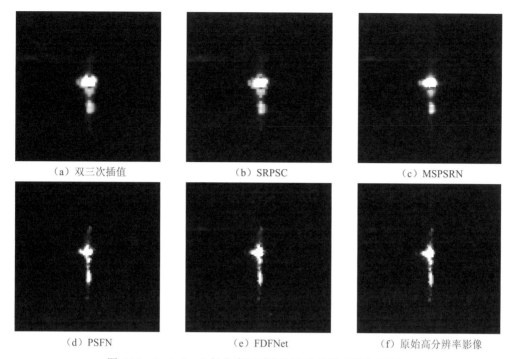

（a）双三次插值　　　　　　　（b）SRPSC　　　　　　　　（c）MSPSRN

（d）PSFN　　　　　　　　（e）FDFNet　　　　　　（f）原始高分辨率影像

图 6.18　RadarSat-2 魁北克区域真实实验结果（强散射体）

双三次插值方法、SRPSC 方法及 MSPSRN 方法在分辨率增强后，出现不同程度的散焦现象，船体目标发散，难以辨认舰船真实形态，该现象可能导致这三种方法的分辨率增强结果在实际应用中无法正确识别出舰船型号等信息。但在融合方法中，PSFN 方法与FDFNet 方法融合结果未出现明显散焦情况，舰船形态清晰可辨。此外，相比精细模式下的高分辨率全极化 SAR 影像，FDFNet 结果在色彩保真上优于 PSFN 方法结果。

　　在定量实验中，如表 6.7 所示，FDFNet 方法在全部定量指标中均优于对比方法，具有更高的融合精度及更低的融合误差。这说明利用双极化数据代替单极化数据，并与全极化数据进行融合，可以实现融合精度的进一步提升。

表 6.7　RadarSat-2 魁北克区域真实实验定量评估结果

| 指标 | 双三次插值 | SRPSC | MSPSRN | PSFN | FDFNet |
|---|---|---|---|---|---|
| PSNR（$\lvert P_1 \rvert^2$） | 50.77 | 50.74 | 51.93 | 56.47 | **56.94** |
| PSNR（$\lvert P_2 \rvert^2$） | 49.95 | 50.21 | 52.28 | 58.50 | **58.63** |
| PSNR（$\lvert P_3 \rvert^2$） | 50.35 | 50.60 | 54.29 | 71.41 | **80.79** |
| PSNR（mean） | 50.36 | 50.52 | 52.83 | 62.13 | **65.45** |
| MAE（$\lvert P_1 \rvert^2$） | 0.10 | 0.08 | 0.07 | 0.03 | **0.03** |
| MAE（$\lvert P_2 \rvert^2$） | 0.10 | 0.09 | 0.07 | **0.02** | 0.03 |
| MAE（$\lvert P_3 \rvert^2$） | 0.15 | 0.13 | 0.08 | 0.01 | **0.000 1** |
| MAE（mean） | 0.12 | 0.10 | 0.07 | 0.02 | **0.02** |

# 6.5 本章小结

针对单极化 SAR 影像与全极化 SAR 影像在空间信息与极化信息的互补关系，本章基于深度学习框架建立了一种单-全极化 SAR 影像的融合方法。通过设计独特的超分辨率重建模块、特征提取模块，利用交叉注意力机制进行空间信息与极化信息的交叉赋权，并建立顾及极化特征信息的损失函数，实现了不同极化通道之间复杂非线性关系的精确建模与融合。从全极化影像信息增强的角度看，单-全极化 SAR 影像融合结果要远优于常规的插值方法及单幅影像超分辨率重建方法，可以在提升细节信息的同时有效保持原有的极化信息。此外，利用双极化数据代替单极化数据与全极化数据进行融合，可以实现融合精度的进一步提升。无论是单-全极化融合还是双-全极化融合，在文献中都鲜有报道，因此本章提出的融合方法具有较大的开拓性。但值得一提的是，本章仅使用同一传感器不同成像模式下的数据进行融合，融合多源传感器的不同极化特征数据将具有更大的挑战性，亟待进一步深入研究。

# 参 考 文 献

丁赤飚, 仇晓兰, 吴一戎, 2020. 全息合成孔径雷达的概念、体制和方法. 雷达学报, 3(9): 399-408.

郭华东, 2000. 雷达对地观测理论与应用. 北京: 科学出版社.

郝慧军, 2008. 极化 SAR 图像超分辨算法的研究. 哈尔滨: 哈尔滨工业大学.

林镠鹏, 2022. 全极化 SAR 影像的残差学习分辨率增强方法研究. 武汉: 武汉大学.

王超, 刘智, 2008. 全极化合成孔径雷达图像处理. 北京: 科学出版社.

吴一戎, 2013. 多维度合成孔径雷达成像概念. 雷达学报, 2(2): 135-142.

吴一戎, 朱敏慧, 2000. 合成孔径雷达技术的发展现状与趋势. 遥感技术与应用, 2(15): 121-123.

BOERNER W M, BRAND H, CRAM L A, et al., 2013. Inverse methods in electromagnetic imaging: Part 2. Berlin: Springer.

CLOUDE S R, 1986. Group theory and polarisation algebra. Optik (Stuttgart), 75(1): 26-36.

FU J, LIU J, TIAN H, et al., 2019. Dual attention network for scene segmentation// Proceedings of the IEEE Conference on Computer Vision and Pattern Recognition: 3146-3154.

HARIS M, SHAKHNAROVICH G, UKITA N, 2018. Deep back-projection networks for super-resolution// Proceedings of the IEEE Conference on Computer Vision and Pattern Recognition: 1664-1673.

HE K, SUN J, 2015a. Convolutional neural networks at constrained time cost// Proceedings of the IEEE Conference on Computer Vision and Pattern Recognition: 5353-5360.

HE K, ZHANG X, REN S, et al., 2015b. Delving deep into rectifiers: Surpassing human-level performance on ImageNet classification// Proceedings of the IEEE International Conference on Computer Vision: 1026-1034.

HE K, ZHANG X, REN S, et al., 2016. Deep residual learning for image recognition// Proceedings of the IEEE Conference on Computer Vision and Pattern Recognition: 770-778.

JIONG C, JIAN Y, 2007. Super-resolution of polarimetric SAR images for ship detection// 2007 International Symposium on Microwave, Antenna, Propagation and EMC Technologies for Wireless Communications,

IEEE: 1499-1502.

KEYS R, 1981. Cubic convolution interpolation for digital image processing. IEEE Transactions on Acoustics, Speech, and Signal Processing, 29(6): 1153-1160.

KOSTINSKI A, BOERNER W, 1986. On foundations of radar polarimetry. IEEE Transactions on Antennas Propagation, 34(12): 1395-1404.

LEE J S, POTTIER E, 2017. Polarimetric radar imaging: From basics to applications. Boca Raton: CRC Press.

LIN L, LI J, YUAN Q, et al., 2019. Polarimetric SAR image super-resolution via deep convolutional neural network. 2019 IEEE International Geoscience and Remote Sensing Symposium: 3205-3208.

LIN L, LI J, SHEN H, et al., 2021a. Low-resolution fully polarimetric SAR and high-resolution single-polarization SAR image fusion network. IEEE Transactions on Geoscience and Remote Sensing, 60: 1-17.

LIN L, SHEN H, LI J, et al., 2021b. FDFNet: A fusion network for generating high-resolution fully PolSAR images. IEEE Geoscience and Remote Sensing Letters, 19: 1-5.

MAHDIANPARI M, SALEHI B, MOHAMMADIMANESH F, et al., 2018. Fisher linear discriminant analysis of coherency matrix for wetland classification using PolSAR imagery. Remote Sensing of Environment, 206: 300-317.

OLIVER C, QUEGAN S, 2004. Understanding synthetic aperture radar images. Raleigh: SciTech Publishing.

PASTINA D, LOMBARDO P, FARINA A, et al.,2001. Super-resolution of polarimetric SAR images of a ship// IEEE 2001 International Geoscience and Remote Sensing Symposium: 2343-2345.

SHEN H, LIN L, LI J, et al., 2020. A residual convolutional neural network for polarimetric SAR image super-resolution. ISPRS Journal of Photogrammetry and Remote Sensing, 161: 90-108.

SHI L, ZHANG L, ZHAO L, et al., 2013. The potential of linear discriminative Laplacian eigenmaps dimensionality reduction in polarimetric SAR classification for agricultural areas. ISPRS Journal of Photogrammetry and Remote Sensing, 86: 124-135.

SHI L, SUN W, YANG J, et al., 2015. Building collapse assessment by the use of postearthquake Chinese VHR airborne SAR. IEEE Geoscience and Remote Sensing Letters, 12(10): 2021-2025.

SONG S, LAN C, XING J, et al., 2017. An end-to-end spatio-temporal attention model for human action recognition from skeleton data// Proceedings of the AAAI Conference on Artificial Intelligence, 31(1): 4263-4270.

SUWA K, IWAMOTO M, 2006. A two-dimensional bandwidth extrapolation technique for polarimetric synthetic aperture radar images. IEEE Transactions on Geoscience and Remote Sensing, 45(1): 45-54.

VELOTTO D, SOCCORSI M, LEHNER S, 2013. Azimuth ambiguities removal for ship detection using full polarimetric X-band SAR data. IEEE Transactions on Geoscience and Remote Sensing, 52(1): 76-88.

WOODWARD P M, 2014. Probability and information theory, with applications to radar: International series of monographs on electronics and instrumentation. Electronics and Instrumentation, Amsterdam: Elsevier.

YAMAGUCHI Y, SATO A, BOERNER W M, et al., 2011. Four-component scattering power decomposition with rotation of coherency matrix. IEEE Transactions on Geoscience and Remote Sensing, 49(6): 2251-2258.

ZEILER M D, KRISHNAN D, TAYLOR G W, et al., 2010. Deconvolutional networks// Proceedings of the

IEEE Conference on Computer Vision and Pattern Recognition: 2528-2535.

ZHANG L, ZOU B, HAO H, et al., 2011. A novel super-resolution method of PolSAR images based on target decomposition and polarimetric spatial correlation. International Journal of Remote Sensing, 32(17): 4893-4913.

ZHANG T, JIANG L, XIANG D, et al., 2019. Ship detection from PolSAR imagery using the ambiguity removal polarimetric notch filter. ISPRS Journal of Photogrammetry and Remote Sensing, 157: 41-58.

ZHANG Y, LI K, LI K, et al., 2018. Image super-resolution using very deep residual channel attention networks// Proceedings of the European Conference on Computer Vision: 286-301.

ZHAO H, ZHANG Y, LIU S, et al., 2018. PSANet: Point-wise spatial attention network for scene parsing// Proceedings of the European Conference on Computer Vision: 267-283.

ZHAO L, YANG J, LI P, et al., 2013. Damage assessment in urban areas using post-earthquake airborne PolSAR imagery. International Journal of Remote Sensing, 34(24): 8952-8966.

ZHAO L, YANG J, LI P, et al., 2017. Characterizing lodging damage in wheat and canola using Radarsat-2 polarimetric SAR data. Remote Sensing Letters, 8(7): 667-675.

# 第7章 光学-SAR遥感数据像素级融合方法

光学成像是最为常用的遥感手段，但分辨率制约、云层遮挡等问题成为限制其应用的重要因素；合成孔径雷达通过主动微波成像，具有全天时全天候的成像特性，与光学数据形成强烈互补。本章围绕光学和SAR遥感数据的融合展开研究，首先概述两种数据互补性及其现有融合方法，然后借助深度学习对复杂非线性特征的提取与表达优势，建立基于深度循环生成对抗网络的光学-SAR数据融合方法，充分考虑遥感成像的复杂降质过程，有效融合光学和SAR数据异质互补特征。该融合方法可以利用SAR数据提升多光谱光学数据的空间分辨率，也可以实现光学数据厚云覆盖区的信息重建。最后通过实验对所提出方法进行综合验证与对比分析。

## 7.1　概　　述

光学遥感传感器通过接收地物反射的太阳光进行成像，是当前最为常用的遥感观测手段。其中多光谱/高光谱传感器对可见光到近红外范围的电磁光谱进行特定波长划分，在不同波长区间光谱响应不同，从而生成包含多个波段的影像；如前所述，随着波长划分的细化，其空间分辨率不可避免地受到限制。此外，光学遥感影像还易受云雾等恶劣天气影响，导致局部或整体的地物信息缺失，极大地降低了遥感影像的应用价值（Ju et al.，2008；宋晓宇 等，2006）。有研究表明，地球表面平均67%被云层覆盖，其中陆地表面的平均云层覆盖率为55%（King et al.，2013）。除少数以云为观测主体的情况，在多数情况下云覆盖会严重影响地表反射信号，大幅降低光学遥感影像的时空可用性。

近年来，合成孔径雷达以其独特成像方式得到快速发展与广泛应用（朱良 等，2009）。SAR是一种主动式微波遥感系统，它通过微波传感器主动发射信号源并接收地面回波信号，不受太阳光限制；且由于波段较长，可穿透云层、雾霾等除暴雨之外的所有天气条件，具有全天时、全天候获取地表信息的特性（Moreira et al.，2013）。此外，SAR传感器通过接收各物体的后向发射能量成像，该能量取决于物体表面粗糙度、含水量及介电性，表征了地物的结构特性。

显而易见，光学和SAR遥感数据之间存在天然的互补性。因此，通过融合光学和SAR数据可充分发挥两者互补优势，提高多源遥感数据应用潜力，为农业规划、军事侦察、土地覆盖和土地利用分类等应用提供有力的数据支撑（Kulkarni et al.，2020）。由于光学和SAR成像机理的巨大差异，传统上一般以特征级融合、决策级融合为主，而像素级融合难度则相对较大。光学-SAR数据像素级融合方法（成飞飞 等，2022）可以看作广义的空-谱融合，例如，与第3章的全色-多光谱融合相比，仅需利用SAR影像替代其中的全色影像。因此，早期的光学-SAR 数据融合也主要借鉴全色-多光谱融合的方法，包括基于 PCA、IHS 等成分替换方法（万剑华 等，2017；Yang et al.，2016；Pal et al.，2007；贾永红 等，1998），金字塔分解、小波变换等多分辨率分析方法（易维 等，2019；郜建豪 等，2017；Chandrakanth et al.，2011；徐赣 等，2008），变分模型方法（Huang et al.，2015；Zhang et al.，2010）或混合方法（Zhang et al.，2022；陈子涵 等，2021；盛佳佳 等，2018；Zhang et al.，2016）等。但显而易见，此类方法迁移自同质光学数据的融合方法，未深入考虑 SAR 数据的成像特性，仅基于简单线性假设或模型对光学和 SAR 数据进行融合，难以刻画光学和 SAR 数据间高度复杂的非线性关系，融合精度与能力往往难以满足需要。

近年来，随着深度学习的快速发展与广泛应用，一些学者提出基于深度学习的光学-SAR 融合方法，充分利用神经网络对非线性特征的提取与表征能力，研究重点也逐渐从分辨率提升转向于厚云覆盖区的信息重建。Scarpa 等（2018）提出基于卷积神经网络（CNN）将 SAR、光学和数字高程模型进行融合，来估计光学影像中云覆盖区域缺失信息。Meraner 等（2020）结合 CNN 与残差学习策略，提出了基于深度残差神经网络的 SAR-光学影像融合方法，通过融合哨兵 1 号（Sentienl-1）SAR 影像与哨兵 2 号（Sentinel-2）云覆盖光学影像，实现了光学影像的厚云去除。针对光学与 SAR 影像中异质信息难以高度融合的问题，一些学者提出基于生成对抗网络（GAN）的光学和 SAR 影像融合方法，利用网络的对抗与学习过程，更好地集成异质影像间互补信息，例如：Fuentes Reyes 等（2019）使用条件生成对抗网络实现 SAR 到光学影像的风格迁移；Gao 等（2020）基于条件生成对抗网络并使用两步融合策略实现高分三号 SAR 影像与高分二号光学影像的融合，有效去除光学影像中的厚云。总体而言，该类方法充分考虑了光学与 SAR 数据间的非线性关系，融合精度明显优于经典方法。

由于光学与 SAR 数据间特征差异巨大，如何更加深入地提取 SAR 和光学数据间的异质互补特征，仍然有很大提升空间。另外，现有模型主要针对分辨率提升或厚云去除的单一目的，少有研究将二者同时考虑。基于此，本章建立基于深度循环生成对抗网络的光学-SAR 数据融合方法，设计前向融合和后向退化反馈的双向网络结构分别模拟遥感影像的质量改善和成像综合降质过程，并构建前、后向循环一致损失加强网络约束；通过网络的对抗、学习过程，有效集成光学和 SAR 数据间异质深度互补特征，实现厚云去除与分辨率提升的联合处理。

# 7.2 深度循环生成对抗网络融合方法

## 7.2.1 双向循环融合框架

为了表示方便，$X \in \mathbf{R}^{M \times N \times B}$ 表示理想的高分辨率无云多光谱影像，其中 $M$、$N$ 和 $B$ 分别表示影像的宽、高和波段数，$Y \in \mathbf{R}^{m \times n \times B}$ 表示低分辨率云覆盖多光谱观测影像，$S=M/m=N/n$ 为 $X$ 和 $Y$ 间的空间分辨率比率。$Z \in \mathbf{R}^{M \times N \times b}$ 表示高分辨率 SAR 观测影像，

其中 $b<B$。两观测影像与理想融合影像之间的关系可表示为

$$\begin{cases} \boldsymbol{Y} = f_{\text{spatial}}(\boldsymbol{X})=\boldsymbol{M} \odot (\boldsymbol{AX} + \boldsymbol{N}) \\ \boldsymbol{Z} = f_{\text{heterogeneous}}(\boldsymbol{X}) \end{cases} \qquad (7.1)$$

式中：$f_{\text{spatial}}(\cdot)$ 为 $\boldsymbol{X}$ 到 $\boldsymbol{Y}$ 的空间降质关系；$\boldsymbol{A}$ 为模糊降采样矩阵；$\boldsymbol{N}$ 为噪声矩阵；$\boldsymbol{AX} + \boldsymbol{N}$ 表示从 $\boldsymbol{X}$ 到 $\boldsymbol{Y}$ 的空间分辨率降质（Shen et al.，2019；Zhang et al.，2012）；$\boldsymbol{M}$ 为二值云掩膜矩阵，在云覆盖区域为 1，在无云区域为 0；$\odot$ 为矩阵点乘，二者结合用于表示 $\boldsymbol{X}$ 到 $\boldsymbol{Y}$ 的厚云覆盖降质；$f_{\text{heterogeneous}}(\cdot)$ 为 $\boldsymbol{X}$ 到 $\boldsymbol{Z}$ 的异质谱间关系，暂时难以显式表达。

图 7.1 为提出的基于深度循环生成对抗网络的光学-SAR 数据融合框架图。如图 7.1（a）所示，在训练中，网络可划分为前向融合部分和后向退化反馈部分。前向融合部分由一个前向融合生成器和一个前向判别器组成，前向融合生成器的输入为低分辨率云覆盖多光谱影像和高分辨率 SAR 影像，前向融合生成器的输出为融合结果，即高分辨率无云多光谱影像，可具体表示为

$$\boldsymbol{X}_{\text{F}} = G_{\text{F}}((\hat{\boldsymbol{Y}},\boldsymbol{Z});\boldsymbol{\Theta}_{\text{F}}) \qquad (7.2)$$

式中：$\hat{\boldsymbol{Y}}$ 为 $\boldsymbol{Y}$ 双三次上采样至 $\boldsymbol{Z}$ 空间尺度的结果，用于保证网络输入空间尺度的一致；$\boldsymbol{X}_{\text{F}}$ 为前向生成器网络的输出；$G_{\text{F}}(\cdot)$ 和 $\boldsymbol{\Theta}_{\text{F}}$ 分别为前向生成器的网络函数和对应的可学习参数。前向判别器用于鉴别前向生成器输出的融合结果与标签数据，即 $\boldsymbol{X}_{\text{F}}$ 和 $\boldsymbol{X}$。

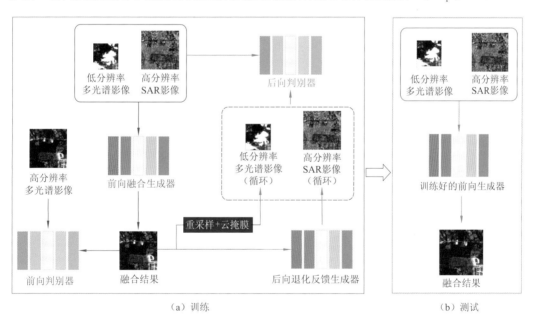

（a）训练 （b）测试

图 7.1　基于深度循环生成对抗网络的光学-SAR 数据融合框架示意图

后向退化反馈部分充分考虑遥感成像的综合降质过程，从融合结果 $\boldsymbol{X}_{\text{F}}$ 中反向生成各观测影像。如图 7.1（a）所示，该部分包括"重采样+云掩膜"分支、后向退化反馈生成器、后向判别器。其中，"重采样+云掩膜"分支根据式（7.1）中的空间降质关系函数从融合结果中反向生成低分辨率云覆盖多光谱影像，可具体表示为

$$\hat{\boldsymbol{Y}}^{*} = \text{resize}(\boldsymbol{X}_{\text{F}}) \odot \boldsymbol{M} \qquad (7.3)$$

式中：$\text{resize}(\cdot)$ 为模糊和重采样函数，对应式（7.1）中的空间分辨率降质；$\boldsymbol{M}$ 为云掩膜

矩阵，对应式（7.1）中厚云覆盖降质；$\hat{Y}^*$ 为反向生成的低分辨率多光谱云覆盖影像。

由于式（7.1）中 $f_{\text{heterogeneous}}(\cdot)$ 无法显式表达，本章通过后向生成器网络隐式实现，具体可表示为

$$\boldsymbol{Z}^* = G_{\text{B}}(\boldsymbol{X}_{\text{F}}; \boldsymbol{\Theta}_{\text{B}}) \tag{7.4}$$

式中：$G_{\text{B}}(\cdot)$ 和 $\boldsymbol{\Theta}_{\text{B}}$ 分别为后向生成器网络函数和对应的可学习参数；$\boldsymbol{Z}^*$ 为反向生成的高分辨率 SAR 影像。如此，前向生成器的输入 $(\hat{Y}, Z)$ 和后向"重采样+云掩膜"分支、后向生成器的输出 $(\hat{Y}^*, Z^*)$ 之间构成循环。后向判别器网络用于鉴别 $(\hat{Y}, Z)$ 和 $(\hat{Y}^*, Z^*)$。

在网络测试中，如图 7.1（b）所示，将待融合的低分辨率云覆盖多光谱观测影像和高分辨率 SAR 影像输入训练好的前向生成器网络，输出即为融合影像。

## 7.2.2　生成器与判别器网络结构

如图 7.1 所示，所采用的深度循环生成对抗网络包括两个生成器网络和两个判别器网络；这两个生成器采用相同的网络结构，两个判别器也采用相同的网络结构。

### 1. 生成器网络结构

所采用的生成器网络结构与 Zhu 等（2017）采用的相似，其有效性在多种任务中得以验证（Pan et al.，2020；Hoffman et al.，2018）。如图 7.2 所示，生成器网络由一个特征提取模块、特征编码模块、残差块、特征解码模块和特征压缩模块组成。

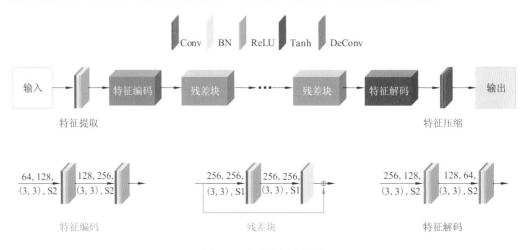

图 7.2　生成器网络结构

（1）特征提取模块：用于从输入中提取特征，为"Conv+BN+ReLU"结构，包括一个卷积层（convolution，Conv）、一个批量归一化层（batch normalization，BN）、一个修正线性单元层（ReLU）。可表示为

$$\text{fea}_1 = R(\text{Bn}(\text{Conv}(\text{input}))) \tag{7.5}$$

式中：$\text{Conv}(\cdot)$、$\text{Bn}(\cdot)$ 和 $R(\cdot)$ 分别为 Conv 层、BN 层和 ReLU 层函数，卷积层包括 64 个 $7 \times 7 \times \text{InC}$ 大小的卷积核，步长为 1，InC 为输入影像 input 的通道数；$\text{fea}_1$ 为特征提取模块输出。

（2）特征编码模块：利用步长为 2 的卷积对特征图进行降采样，不增加卷积核尺度或者网络深度即可实现特征感知域的增加（Springenberg et al.，2014）。如图 7.2 所示，所采用的特征编码模块由两个"Conv+BN+ReLU"结构组成，可表示为

$$fea_2 = R_2(Bn_2(Conv_2(R_1(Bn_1(Conv_1(fea_1)))))) \tag{7.6}$$

式中：第一个卷积层包括 128 个 3×3×64 大小的卷积核；第二个卷积层为 256 个 3×3×128 大小的卷积核；$fea_2$ 为特征编码模块输出。

（3）残差块：利用残差学习策略，避免随着深度增加网络训练精度下降的问题，并减少网络中的信息损失（He et al.，2016）。如图 7.2 所示，一个残差块包含一个"Conv+BN+ReLU"结构和一个"Conv+BN"结构，⊕为逐像素相加函数，在残差块中又称跳跃连接。可表示为

$$fea_3 = Res_n(\cdots(Res_2(Res_1(fea_2)))) \tag{7.7}$$

$$out_i = Res_i(out_{i-1}) = out_{i-1} + Bn_2(Conv_2(R_1(Bn_1(Conv_1(out_{i-1}))))) \tag{7.8}$$

式中：$Res_n(\cdot)$ 为第 $n$ 个残差块，本章生成器网络中使用了 6 个残差块；$out_i$ 为第 $i$ 个残差块的输出，每个残差块的两个卷积层均有 256 个 3×3×256 大小的卷积核；$fea_3$ 为残差块的输出。

（4）特征解码模块：利用反卷积（deconvolution，DeConv）（Ronneberger et al.，2015）将特征图像逐步扩大回到输入影像尺度，与特征编码模块功能相反。所采用的特征解码模块由两个"DeConv+BN+ReLU"结构组成，可表示为

$$fea_4 = R_2(Bn_2(DeConv_2(R_1(Bn_2(DeConv_1(fea_3)))))) \tag{7.9}$$

式中：第一个反卷积层包含 128 个 3×3×256 大小的反卷积核，步长为 2；第二个反卷积层包含 64 个 3×3×128 大小的反卷积核，步长为 2；$fea_4$ 为特征解码模块输出。

（5）特征压缩模块：用于将信息从特征域映射回影像域，功能上与特征提取模块相反，为"Conv+Tanh"结构，可表示为

$$output = Tanh(Conv(fea_4)) \tag{7.10}$$

式中：卷积层为 OutC 个 7×7×64 大小的卷积核，OutC 为生成器输出影像 output 的通道数。在生成器网络的最后一层使用 Tanh 激活函数以保证生成器网络输出的数据范围与输入一致。

**2. 判别器网络结构**

在判别器网络中，本小节采用流行的"PatchGAN"结构（Isola et al.，2017），判别影像块真伪。图 7.3 为所采用的判别器网络的详细结构，包括一个"Conv+LeakyReLU"结构、三个"Conv+BN+LeakyReLU"结构和一个"Conv+Sigmoid"结构，可表示为

$$fea_1 = LeaR(Conv(input)) \tag{7.11}$$

$$fea_2 = LeaR_2(Bn_2(Conv_2(LeaR_1(Bn_1(Conv_1(fea_1)))))) \tag{7.12}$$

$$output = Sig(Conv(fea_2)) \tag{7.13}$$

式中：$LeaR(\cdot)$、$Sig(\cdot)$ 分别为 LeakyReLU 层和 Sigmoid 层函数。式中所有的卷积层采用 4×4 的卷积核，前三层卷积层的步长为 2，最后一层卷积层的步长为 1。

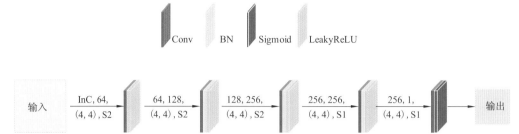

图 7.3 判别器网络结构

## 7.2.3 损失函数

与网络结构一致，所提出网络的损失函数包括生成器网络损失函数和判别器网络损失函数。

**1. 生成器网络损失函数**

两个生成器网络仅根据一个损失函数进行网络参数更新，可具体表示为

$$L_G = L_{adv} + L_{con} \tag{7.14}$$

式中：$L_G$ 为两个生成器网络的总体损失函数，由 $L_{adv}$ 和 $L_{con}$ 两项组成，其中 $L_{adv}$ 为生成器网络与判别器网络之间的对抗损失（Ma et al.，2020），可具体表示为

$$L_{adv} = \frac{1}{N}\sum_{n=1}^{N}\left\| \boldsymbol{D}_F(\boldsymbol{X}_F) - 1 \right\|_F^2 + \frac{1}{N}\sum_{n=1}^{N}\left\| \boldsymbol{D}_B(\hat{\boldsymbol{Y}}^*, \boldsymbol{Z}^*) - 1 \right\|_F^2 \tag{7.15}$$

式中：第一项为前向生成器 $\boldsymbol{G}_F$ 与前向判别器 $\boldsymbol{D}_F$ 之间的对抗损失，即在生成器网络训练时，$\boldsymbol{D}_F$ 认为前向生成器的融合结果 $\boldsymbol{X}_F$ 为真，赋予标签 1；这与式（7.17）中 $\boldsymbol{D}_F$ 网络训练时相反，两者联合表征 $\boldsymbol{G}_F$ 与 $\boldsymbol{D}_F$ 之间的对抗博弈过程。第二项为后向生成器 $\boldsymbol{G}_B$ 与后向判别器 $\boldsymbol{D}_B$ 之间的对抗损失，即 $\boldsymbol{D}_B$ 认为后向退化反馈部分反向生成的观测影像 $(\hat{\boldsymbol{Y}}^*, \boldsymbol{Z}^*)$ 为真，并赋予标签 1，这与式（7.18）中 $\boldsymbol{D}_B$ 网络训练时相反，两者联合表征 $\boldsymbol{G}_B$ 与 $\boldsymbol{D}_B$ 之间的对抗博弈过程。$N$ 为网络训练时一个小批量中数据块的个数。本小节在 $L_{adv}$ 中经验性地使用 MSE 损失函数。

式（7.14）中的 $L_{con}$ 为约束生成器网络输出内容信息的内容损失（Ma et al.，2020），用于驱使网络输出与真值标签逐像素逼近的影像。本章针对厚云覆盖问题的局部性特征，设计整体和局部联合损失函数，引导云覆盖区域缺失信息的有效重建；同时，根据前、后向循环过程构建循环一致损失约束，进一步提高网络参数优化精度。可具体表示为

$$L_{con} = \lambda_1 \frac{1}{N}\sum_{n=1}^{N}\left\| \boldsymbol{M} \odot (\boldsymbol{X}_F - \boldsymbol{X}) \right\|_1 + \lambda_2 \frac{1}{N}\sum_{n=1}^{N}\left\| \boldsymbol{X}_F - \boldsymbol{X} \right\|_1 + \lambda_3 \frac{1}{N}\sum_{n=1}^{N}\left\| (\hat{\boldsymbol{Y}}^*, \boldsymbol{Z}^*) - (\hat{\boldsymbol{Y}}, \boldsymbol{Z}) \right\|_1 \tag{7.16}$$

式中：第一项为融合结果 $\boldsymbol{X}_F$ 和标签数据 $\boldsymbol{X}$ 在云覆盖区域的局部损失函数，用于引导云覆盖区域的缺失信息重建；第二项为 $\boldsymbol{X}_F$ 与 $\boldsymbol{X}$ 的整体损失函数，用于引导融合结果的整体质量提升，同时保证无云区域与云覆盖区域的均匀过渡；第三项为前向部分输入的观测影像 $(\hat{\boldsymbol{Y}}, \boldsymbol{Z})$ 与后向部分反向生成的观测影像 $(\hat{\boldsymbol{Y}}^*, \boldsymbol{Z}^*)$ 之间的循环一致损失项（Pan et al.，2020；

Zhu et al.，2017），可进一步展开为 $\frac{1}{N}\sum_{n=1}^{N}\left(\left\|\hat{Y}^{*}-\hat{Y}\right\|_{1}+\left\|Z^{*}-Z\right\|_{1}\right)$，用于进一步约束融合结果的空间、光谱质量，提高融合精度。$\lambda_{1},\lambda_{2},\lambda_{3}$ 为平衡这三个内容损失项的可调节权重参数。由于 MAE 损失函数对异常值的敏感程度低于 MSE 损失函数，在融合结果的空间结构增强性能上更优越，本章在 $L_{con}$ 中使用 MAE 损失函数。

**2. 判别器网络损失函数**

两个判别器网络根据各自的损失函数分别训练。前向判别器 $\boldsymbol{D}_{F}$ 鉴别前向生成器输出的融合结果与理想融合结果，在其训练时，认为理想融合结果 $\boldsymbol{X}$ 为真，赋予标签 1；而前向生成器的输出 $\boldsymbol{X}_{F}$ 为假，赋予标签 0；可具体表示为

$$L_{\boldsymbol{D}_{F}} = \frac{1}{2N}\sum_{n=1}^{N}\left\|\boldsymbol{D}_{F}(\boldsymbol{X})-1\right\|_{F}^{2} + \frac{1}{2N}\sum_{n=1}^{N}\left\|\boldsymbol{D}_{F}(\boldsymbol{X}_{F})-0\right\|_{F}^{2} \qquad (7.17)$$

同样地，后向判别器 $\boldsymbol{D}_{B}$ 鉴别前向融合部分输入的观测影像与后向退化反馈部分反向生成的观测影像，认为观测影像 $(\hat{\boldsymbol{Y}},\boldsymbol{Z})$ 为真，赋予标签 1；而反向生成观测影像 $(\hat{\boldsymbol{Y}}^{*},\boldsymbol{Z}^{*})$ 为假，赋予标签 0，可具体表示为

$$L_{\boldsymbol{D}_{B}} = \frac{1}{2N}\sum_{n=1}^{N}\left\|\boldsymbol{D}_{B}(\hat{\boldsymbol{Y}},\boldsymbol{Z})-1\right\|_{F}^{2} + \frac{1}{2N}\sum_{n=1}^{N}\left\|\boldsymbol{D}_{B}(\hat{\boldsymbol{Y}}^{*},\boldsymbol{Z}^{*})-0\right\|_{F}^{2} \qquad (7.18)$$

网络训练时，生成器和判别器网络的可学习参数根据各自的损失函数，进行依次、有序迭代更新。

# 7.3 实验结果与分析

本节针对遥感影像的分辨率、厚云覆盖等降质问题，基于多种类型卫星遥感影像，开展分辨率提升、厚云去除和联合处理等系列实验，全面验证所提出方法的性能。所采用的实验数据包括 MODIS、Landsat 8 OLI（operational land imager，陆地成像仪）、Sentinel-2 MSI（multispectral imager，多光谱仪）和 Sentinel-1 C-SAR 传感器影像，基本数据属性见表 7.1。

表 7.1 各卫星传感器影像属性

| 属性 | 传感器 | | | |
|---|---|---|---|---|
| | MODIS | Landsat 8 OLI | Sentinel-2 MSI | Sentinel-1 C-SAR |
| 光谱范围/μm | 0.4～14.4 | 0.43～12.51 | 0.44～2.20 | HH, HV, VV, VH |
| 空间分辨率/m | 250～1 000 | 15～30 | 10～60 | 5～40 |
| 重访周期/天 | 1 | 16 | 5 | 6 |

为降低各传感器数据间潜在的系统误差影响，需要对各数据进行相应的预处理，图 7.4 展示了对各传感器数据的具体预处理步骤。首先，对 MODIS 影像进行重投影和拼接处理；其次，对 Landsat 8 和 Sentinel-2 多光谱影像进行波段选择，对 Sentinel-1 SAR

影像依次进行热噪声去除→应用轨道文件→辐射校正→相干斑滤波→地形校正处理；最后，对所输出的 4 类影像进行重合区域裁剪。

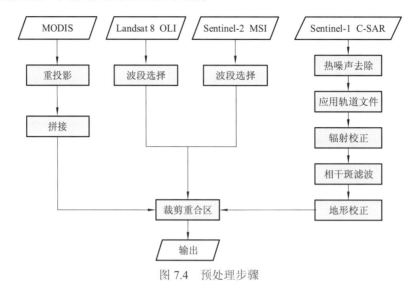

图 7.4 预处理步骤

## 7.3.1 分辨率提升实验

分辨率提升实验旨在融合低分辨率光学影像和高分辨率 SAR 影像，从而获得高分辨率光学融合影像。本节在 MODIS、Sentinel-2 MSI 和 Sentinel-1 C-SAR 传感器捕获的影像上进行实验，通过融合空间分辨率 500 m 的 MODIS 多光谱影像、空间分辨率 10 m 的 Sentinel-1 双极化 SAR 影像，获得空间分辨率 10 m 的多光谱影像。表 7.2 列举了所使用的训练、测试数据集详情。所使用的光学数据均包含红、绿、蓝三波段，即 MODIS 地表反射率产品的第 1、3、4 波段和 Sentinel-2 MSI 产品的第 2~4 波段；所使用 Sentinel-1 C-SAR 包含 VH+VV 双极化波段。在训练数据集中，MODIS 多光谱影像是 2017 年 10 月 29 日获取的 MOD09GA 产品数据；Sentinel-1 双极化 SAR 影像是条带（stripmap）模式多视地距探测（ground range detected, GRD）产品，获取于 2017 年 10 月 28 日；Sentinel-2 多光谱影像获取于 2017 年 10 月 29 日, 用作网络训练中的标签数据和网络测试中的参考影像。如表 7.2 所示，三组数据对用于生成训练数据块，第一组数据中 MODIS 影像的空间大小为 128×106，Sentinel-1 和 Sentinel-2 影像的空间大小为 6 400×5 300，它们的中心坐标为（95.62°W，30.23°N）；第二组数据中，MODIS 影像空间大小为 60×60，其他数据的空间大小为 3 000×3 000，它们的中心坐标为（95.43°W，29.86°N）；第三组数据中，MODIS 影像空间大小为 124×130，其他数据为 6 200×6 500，它们的中心坐标为（95.77°W，29.41°N）；这三组数据生成了 1 984 个 200×200 的网络训练影像块。一组数据用于网络测试，其中 MODIS 影像空间大小为 60×60，其他影像空间大小为 3 000×3 000，它们的中心坐标为（95.78°W，29.85°N）。

表7.2 分辨率提升实验训练、测试数据集

| 传感器 | 获取时间 | 空间分辨率/m | 训练集大小 | 测试集大小 | 训练集坐标 | 测试集坐标 |
|---|---|---|---|---|---|---|
| MODIS | 2017-10-29 | 500 | 128×106×3<br>60×60×3<br>124×130×3 | 60×60×3 | （95.62°W，30.23°N） | |
| Sentinel-1<br>C-SAR | 2017-10-28 | 10 | 6 400×5 300×2<br>3 000×3 000×2<br>6 200×6 500×2 | 3 000×3 000×2 | （95.43°W，29.86°N） | （95.78°W，29.85°N） |
| Sentinel-2<br>MSI | 2017-10-29 | 10 | 6 400×5 300×3<br>3 000×3 000×3<br>6 400×6 500×3 | 3 000×3 000×3 | （95.77°W，29.41°N） | |

图 7.5 展示了在测试数据集上的融合结果，影像的空间大小均为 3 000×3 000，其中多光谱影像以红-绿-蓝波段组合显示，SAR 影像以 VH-VV-VH 波段组合显示。图 7.5（a）和（b）均为观测影像，分别是上采样至 Sentinel-1 影像空间大小的低分辨率 MODIS 上采样多光谱影像和 Sentinel-1 双极化 SAR 影像。图 7.5（c）为高分辨率 Sentinel-2 多光谱影像，即参考影像。图 7.5（d）和（e）分别是 AIHS（adjustable IHS）方法（Rahmani et al.，2010）和加性小波亮度比例（additive wavelet luminance proportional，AWLP）方法（Otazu et al.，2005）的融合结果，它们源自光学影像空-谱融合，此处用作对比，图 7.5（f）是基于深度循环生成对抗网络的融合结果。如图 7.5（d）所示，AIHS 融合结果整体呈现黄紫色，空间结构较原始低分辨率 MODIS 影像仅有少量增加，仍然十分模糊；图 7.5（e）中 AWLP 融合结果整体偏绿，光谱失真程度略低于 AIHS 融合结果，但其空间结果较原始低分辨率 MODIS 影像无明显增加。这两种方法的低性能是因为传统的简单线性融合方法难以处理光学和 SAR 间异常复杂的非线性关系。相较之下，基于深度循环生成对抗网络的方法，通过大量样本学习的方式，将高分辨率 Sentinel-1 SAR 影像中丰富的结构信息有效融入了低分辨率 MODIS 影像，融合结果空间结构与参考影像整体一致；但由于光学和 SAR 成像机理的差异，SAR 影像中并不包含光谱信息，该方法融合结果难以避免存在少量的光谱失真，如图 7.5（f）中左上角紫色区域所示。

（a）MODIS上采样多光谱影像　　（b）Sentinel-1双极化SAR影像　　（c）Sentinel-2多光谱影像（参考影像）

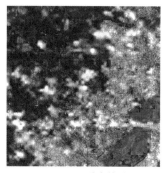

| （d）AIHS融合结果 | （e）AWLP融合结果 | （f）基于深度循环生成对抗网络方法融合结果 |

图 7.5　光学-SAR 影像融合分辨率提升实验结果

图 7.6 为图 7.5 中黄色矩形框（空间大小 600×600）的局部展示。在该区域：与参考影像相比，AIHS 方法和 AWLP 方法融合结果光谱上均存在明显的光谱失真；空间上也仅包含少量的结构信息，且与 Sentinel-1 SAR 影像中较为一致，与光学影像结构信息差异较大，难以被直观解译。图 7.6（f）中基于深度循环生成对抗网络方法的融合结果光谱上与参考影像大体一致，但在局部区域偏紫；空间上信息丰富，充分包含了地物的主要结构信息，如图中红色椭圆中的白色建筑物，轮廓清晰，说明该方法将异质 SAR 影像的结构信息有效转换为了光学影像信息，并融入了低分辨率 MODIS 影像。

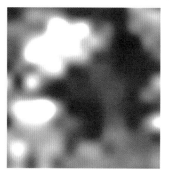

| （a）MODIS上采样多光谱影像 | （b）Sentinel-1双极化SAR影像 | （c）Sentinel-2多光谱影像 |

| （d）AIHS融合结果 | （e）AWLP融合结果 | （f）基于深度循环生成对抗网络方法融合结果 |

图 7.6　光学-SAR 影像融合分辨率提升实验结果局部展示

图 7.7 展示了图 7.5 中融合结果与参考影像的点密度图。图中，颜色柱表示点密度，黑线表示函数 $y=x$，红线表示融合结果与参考影像的逐波段拟合线。图中红线与黑线之间的夹角越小，表明拟合线的斜率越接近 1；点云越窄，越均匀分布在拟合线的两边，

$R^2$ 越接近 1，说明拟合结果越可靠。如图所示，AIHS 方法拟合线在所有波段的斜率均低于 0.4，$R^2$ 均低于 0.25；AWLP 方法和基于深度循环生成对抗网络方法[如图（c）、（f）和（i）所示，记作 De-Cy-GAN]在三个波段的斜率均高于 0.5，其中 AWLP 方法在绿、蓝波段斜率甚至略高于基于深度循环生成对抗网络方法。然而，AIHS 和 AWLP 方法的点云在各波段分布面积广，特别是 AWLP 方法，其点云在绿、红两波段几乎覆盖整个坐标轴；相应地，AIHS 和 AWLP 方法的 $R^2$ 平均低于 0.2；体现出这两个方法拟合结果的低可信度。相较之下，基于深度循环生成对抗网络方法的点云分布较窄，$R^2$ 比 AIHS 方法平均高 0.22，比 AWLP 方法平均高 0.21，体现了该方法的优越性。表 7.3 展示了融合影像的定量评价结果，本节采用 SAM（Yuhas et al.，1992）、ERGAS（Wald，2002）、PSNR、SSIM（Wang et al.，2004）和 $Q$ 指数（Wang et al.，2002）5 个代表性的质量指标进行定量评价，其中每个质量指标中表现最好的加粗显示。与目视结果一致，基于深度循环生成对抗网络的方法在所有指标中表现均以绝对优势优于 AIHS 和 AWLP 方法。

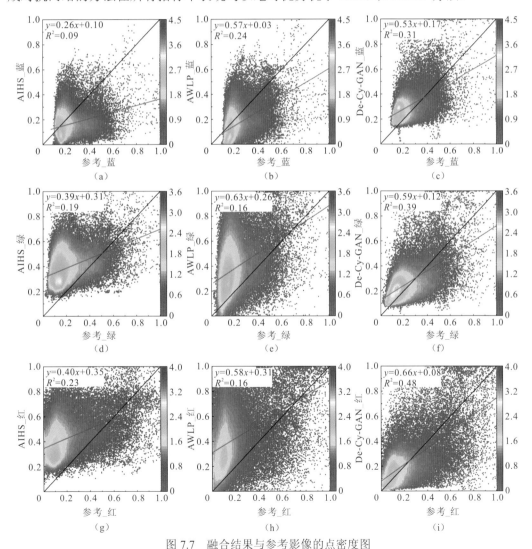

图 7.7　融合结果与参考影像的点密度图

（a）～（c）AIHS 方法、AWLP 方法和基于深度循环生成对抗网络方法融合结果在蓝波段点密度图；（d）～（f）各方法融合结果在绿波段点密度图；（g）～（i）各方法融合结果在红波段点密度图

表 7.3　定量评价结果

| 项目 | 指标 | | | | | | | |
|---|---|---|---|---|---|---|---|---|
| | SAM | ERGAS | $Q$ | PSNR | SSIM$_B$ | SSIM$_G$ | SSIM$_R$ | SSIM$_{AVG}$ |
| 理想值 | 0 | 0 | 1 | +∞ | 1 | 1 | 1 | 1 |
| AIHS | 29.398 0 | 1.496 1 | −0.055 6 | 12.912 3 | 0.256 0 | 0.182 1 | 0.104 6 | 0.180 9 |
| AWLP | 31.391 2 | 2.771 7 | −0.039 6 | 12.034 4 | 0.270 0 | 0.092 1 | 0.026 4 | 0.129 5 |
| 基于深度循环生成对抗网络 | **8.156 1** | **1.362 7** | **0.304 7** | **17.644 4** | **0.595 5** | **0.580 7** | **0.525 5** | **0.567 2** |

注：空间大小为 3 000×3 000

## 7.3.2　厚云去除实验

厚云去除实验旨在融合 SAR 影像和云覆盖光学影像，从而获得无云光学影像。本小节基于 Sentinel-2 多光谱影像和 Sentinel-1 双极化 SAR 影像进行了厚云去除实验，在 Sentinel-1 双极化 SAR 影像的辅助下，去除 Sentinel-2 云覆盖多光谱影像中的厚云。Sentinel-1 双极化 SAR 影像包括 VH、VV 极化波段，Sentinel-2 多光谱影像包括红、绿、蓝三波段。表 7.4 列举了厚云去除实验的训练和测试数据集详情，在厚云去除实验中，由于无法同时获取同一区域在同一天的云覆盖和无云光学遥感影像，在网络的训练和模拟实验中，通过向无云 Sentinel-2 多光谱观测影像中添加云掩膜的方式模拟云覆盖 Sentinel-2 多光谱影像，云掩膜由 Fmask 软件（Qiu et al.，2019）从其他时相云覆盖光学影像中提取获得；如此，无云 Sentinel-2 多光谱观测影像可用作网络训练的标签数据及模拟实验中的参考影像。如表 7.4 所示，一组空间大小为 5 830×10 580，坐标为（88.44°W，41.96°N）的影像对被用于生成网络的训练数据集，其中模拟的云覆盖 Sentinel-2 影像中的云覆盖率为 19.72%，该组数据随机生成了 8 112 个 128×128 空间大小的数据块。在模拟实验中，一组空间大小为 5 830×400，坐标为（88.43°W，41.47°N）的影像对用于生成测试数据集，其中模拟的云覆盖 Sentinel-2 多光谱影像的云覆盖率为 23.15%；该组影像对被进一步裁成了 22 组 256×256 空间大小的小影像对。在真实实验中，云覆盖 Sentinel-2 多光谱影像为真实获取，其云覆盖率为 40.11%，其他参数设置均与模拟实验中相同。

表 7.4　厚云去除实验的训练、测试数据集

| 传感器 | 时间 | 分辨率/m | 训练集大小 | 测试集大小 | 云覆盖量/ %（训练/ 测试） | 坐标（训练/ 测试） |
|---|---|---|---|---|---|---|
| Sentinel-2 MSI | 2019-12-22 | 10 | 5 830×10 580×3 | 5 830×400×3（模拟） | 19.72/23.15 | |
| Sentinel-1 C-SAR | 2019-12-21 | 10 | 5 830×10 580×2 | 5 830×400×2 | 0 | （88.44°W，41.96°N）/（88.43°W，41.47°N） |
| Sentinel-2 MSI | 2019-12-22 | 10 | 5 830×10 580×3 | 5 830×400×3 | 0 | |
| Sentinel-2 MSI | 2019-11-22 | 10 | 0 | 5 830×400×3（真实） | 40.11 | |

图 7.8 展示了一组厚云去除模拟实验的结果，影像大小为 256×256，其中多光谱影像以红-绿-蓝波段组合显示，双极化 SAR 影像以 VH-VV-VH 波段组合显示。图 7.8（a）为无云 Sentinel-2 多光谱影像（参考影像），图 7.8（b）～（c）为待融合的云覆盖光学影像和 SAR 影像。图 7.8（d）～（f）分别为 SAR-opt-cGAN（SAR optical-conditional GAN）（Grohnfeldt et al.，2018）方法、Simu-Fus-GAN（simulation-fusion GAN）方法（Gao et al.，2020）和基于深度循环生成对抗网络方法的去云结果。图 7.9 为去云结果的局部展示，如图 7.9（d）所示，SAR-opt-cGAN 方法去云结果空间失真严重，其中的地物结构难以识别。Simu-Fus-GAN 方法去云结果略优于 SAR-opt-cGAN 方法，但如图 7.9（e）中红色椭圆区域显示，该方法产生了明显的光谱失真；此外，图 7.9（e）中绿色椭圆显示，

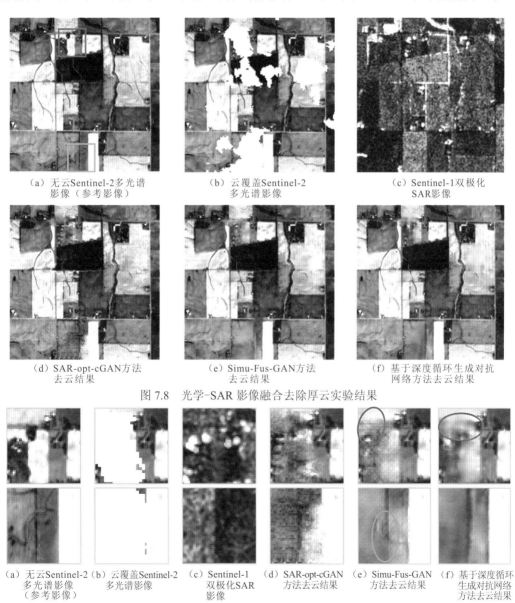

（a）无云Sentinel-2多光谱 影像（参考影像）　　　（b）云覆盖Sentinel-2 多光谱影像　　　（c）Sentinel-1双极化 SAR影像

（d）SAR-opt-cGAN方法 去云结果　　　（e）Simu-Fus-GAN方法 去云结果　　　（f）基于深度循环生成对抗 网络方法去云结果

图 7.8　光学-SAR 影像融合去除厚云实验结果

（a）无云Sentinel-2 多光谱影像 （参考影像）　（b）云覆盖Sentinel-2 多光谱影像　（c）Sentinel-1 双极化SAR 影像　（d）SAR-opt-cGAN 方法去云结果　（e）Simu-Fus-GAN 方法去云结果　（f）基于深度循环 生成对抗网络 方法去云结果

图 7.9　光学-SAR 影像融合去除厚云实验结果局部展示

该方法未能保持地物线条的连续性。基于深度循环生成对抗网络方法的去云结果光谱和空间信息均与参考影像最为一致，但由于异质信息转换的难度，去云结果中仍存在少量的空间结构模糊，如图7.9（f）中红色椭圆裸土边缘所示。

表7.5列举了厚云去除模拟实验的平均定量评价结果，其中表现最好的加粗显示。Simu-Fus-GAN方法在Q和SSIM指标中略优于SAR-opt-cGAN方法，在SAM和PSNR指标上略差于SAR-opt-cGAN方法；说明该方法去云结果的空间质量优于SAR-opt-cGAN方法，而光谱质量相反，与目视结果较为一致。基于深度循环生成对抗网络的方法在所有指标中以绝对优势优于其他方法，充分体现了该方法的优越性能。

表7.5 光学-SAR融合去除厚云定量评价结果（22组平均）

| 项目 | 指标 | | | | | | |
|---|---|---|---|---|---|---|---|
| | SAM | $Q$ | PSNR | SSIM$_B$ | SSIM$_G$ | SSIM$_R$ | SSIM$_{AVG}$ |
| 理想值 | **0** | 1 | $+\infty$ | 1 | 1 | 1 | 1 |
| SAR-opt-cGAN | 3.349 9 | 0.834 6 | 24.957 5 | 0.825 9 | 0.825 0 | 0.785 7 | 0.812 2 |
| Simu-Fus-GAN | 4.658 4 | 0.846 5 | 23.296 8 | 0.874 6 | 0.855 4 | 0.793 0 | 0.841 0 |
| 基于深度循环生成对抗网络 | **1.351 1** | **0.894 0** | **28.884 2** | **0.919 7** | **0.901 5** | **0.871 2** | **0.897 5** |

为了充分展示各方法的厚云去除效果，本小节选取两组代表性的真实实验结果进行展示，它们的厚云及阴影覆盖率分别为48.01%和86.71%。

图7.10展示了一组厚云及阴影覆盖率48.01%的真实实验结果，云覆盖Sentinel-2多光谱影像的获取时间为2019年11月22日，使用相近的2019年12月22日无云Sentinel-2多光谱影像作为参考，影像大小均为256×256。如图7.10（d）和（e）所示，SAR-opt-cGAN和Simu-Fus-GAN去云结果中可见明显的云边界线，无云区域与云覆盖区域过渡不自然，而基于深度循环生成对抗网络的方法去云结果中云边界线几乎不可见，体现了该方法的优越性。此外，局部放大图显示，SAR-opt-cGAN方法几乎没有重建任何有用的信息，Simu-Fus-GAN方法去云结果中仅可见少量地物结构，基于深度循环生成对抗网络方法有效地重建了厚云覆盖区域的地物信息，地物结构最为清晰，如图7.10（f）红色椭圆区域所示。

 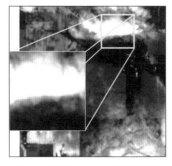 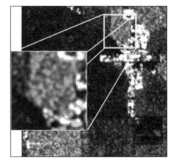

（a）无云Sentinel-2多光谱影像　　　（b）云覆盖Sentinel-2多光谱影像　　　（c）Sentinel-1双极化SAR影像
（参考影像）

（d）SAR-opt-cGAN方法去云结果

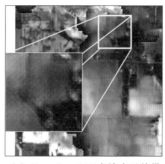

（e）Simu-Fus-GAN方法去云结果

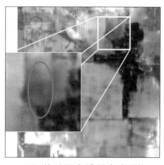

（f）基于深度循环生成对抗
网络方法去云结果

图 7.10　光学-SAR 影像融合去除厚云真实实验一

厚云及阴影覆盖率为 48.01%

图 7.11 展示了厚云及阴影覆盖率高达 86.71%的真实实验结果，该组实验中，由于大部分信息被厚云及阴影覆盖，云覆盖区域缺失信息重建难度巨大。SAR-opt-cGAN 和 Simu-Fus-GAN 方法对云覆盖区域的信息重建几乎完全失败，融合结果中有效信息稀少；基于深度循环生成对抗网络的方法去云结果虽与参考影像也有较大差异，但该方法有效重建了影像中的主体地物信息，如图 7.11（f）中白色建筑物所示。

（a）无云Sentinel-2多光谱影像（参考影像）

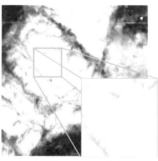

（b）云覆盖 Sentinel-2多光谱影像

（c）Sentinel-1双极化SAR影像

（d）SAR-opt-cGAN方法去云结果

（e）Simu-Fus-GAN方法去云结果

（f）基于深度循环生成对抗网络方法去云结果

图 7.11　光学-SAR 影像融合去除厚云真实实验二

厚云及阴影覆盖率为 86.71%

## 7.3.3　厚云去除与分辨率提升联合处理实验

厚云去除与分辨率提升联合处理实验旨在融合低分云覆盖光学影像和高分辨率 SAR 影像，从而获得高分辨率无云光学影像。本小节在 Landsat 8 OLI、Sentinel-2 MSI

和 Sentinel-1 C-SAR 传感器影像上进行实验，通过融合云覆盖 Landsat 8 多光谱影像（空间分辨率 30 m）与 Sentinel-1 双极化 SAR 影像（空间分辨率 10 m，以获得 10 m 的无云多光谱影像。其中，Landsat 8 和 Sentinel-2 多光谱影像包括红、绿、蓝三波段，Sentinel-1 双极化 SAR 影像包括 VH、VV 极化波段。表 7.6 列举了训练和测试数据集详情。在网络训练和模拟实验中，考虑 Landsat 8 影像较长的重访周期，云覆盖 Landsat 8 多光谱影像由无云 Sentinel-2 多光谱影像降采样、加云掩膜模拟获得。一组影像对用于生成网络训练数据集，其中 Landsat 8 影像的空间大小为 1 900×2 794，其他影像的空间大小为 5 700×8 382，它们的中心坐标为（95.65°W，30.09°N）；模拟的 Landsat 8 云覆盖影像云覆盖率为 32.58%；这组数据生成了 6 336 个 128×128 大小的训练数据块。在模拟实验中，一组影像对用于生成测试数据，其中模拟的云覆盖 Landsat 8 影像空间大小为 240×2 794，云覆盖率为 28.28%；其他影像的空间大小为 720×8 382；它们的中心坐标为（95.32°W，30.10°N），它们进一步生成了 8 组 256×256 大小的测试数据对。在真实实验中，云覆盖 Landsat 8 影像由 Landsat 8 OLI 传感器直接获取，云覆盖率为 34.51%，其他参数设置均与模拟实验中相同。

表 7.6　厚云去除与分辨率提升联合处理实验的训练、测试数据集

| 传感器 | 时间 | 分辨率/m | 训练集大小 | 测试集大小 | 云覆盖率（训练/测试）/% | 坐标（训练/测试） |
|---|---|---|---|---|---|---|
| Landsat 8 OLI | 2017-10-29 | 30 | 1 900×2 794×3 | 240×2 794×3（模拟） | 32.58/28.28 | |
| Sentinel-1 C-SAR | 2017-10-28 | 10 | 5 700×8 382×2 | 720×8 382×2 | 0 | （95.65°W，30.09°N）/（95.32°W，30.10°N） |
| Sentinel-2 MSI | 2017-10-29 | 1 | 5 700×8 382×3 | 720×8 382×3 | 0 | |
| Landsat 8 OLI | 2017-10-15 | 30 | 0 | 240×2 794×3（真实） | 34.51 | |

由于厚云去除和分辨率提升联合处理的相关研究较少，本小节相关实验中仅展示所提出方法的效果。图 7.12 展示了厚云去除与分辨率提升联合处理实验结果，影像大小为 512×512，多光谱影像以红-绿-蓝波段组合显示，SAR 影像以 VH-VV-VH 波段组合显示。基于深度循环生成对抗网络的方法有效地去除了云覆盖 Landsat 影像中的厚云，并提升了影像的空间分辨率，融合结果空间和光谱均与参考影像整体一致。图 7.13 为实验结果的局部展示，其中第一行为无云区域，第二行为云覆盖区域。在无云区域，图 7.13（c）中清晰的白色建筑物边缘显示，基于深度循环生成对抗网络的方法将高分辨率 SAR 影像中难以直观解译的地物结构信息有效融入了低分辨率 Landsat 8 影像。在云覆盖区域，如图 7.13（d）所示，该厚云覆盖区域以植被为主，还包含少量其他地物，基于深度循环生成对抗网络的方法在去除厚云的同时，有效重建了植被信息及其他地物的主要结构信息；但由于 SAR 影像与光学影像成像机理的差异，融合结果仍可见少量的局部空间失真，如图 7.13（c）中红色矩形框所示。

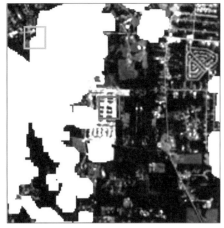

（a）云覆盖Landsat 8多光谱影像

（b）Sentinel-1双极化SAR影像

（c）基于深度循环生成对抗网络方法融合结果

（d）无云Sentinel-2多光谱影像（参考影像）

图 7.12　厚云去除与分辨率提升联合处理实验结果

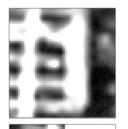

（a）云覆盖Landsat 8
　　多光谱影像　　　　（b）Sentinel-1双极化　　（c）基于深度循环生成对抗　　（d）无云Sentinel-2多光
　　　　　　　　　　　　　SAR影像　　　　　　　网络方法融合结果　　　　　谱影像（参考影像）

图 7.13　厚云去除与分辨率提升联合处理实验结果局部展示

　　图 7.14 展示了图 7.12 中融合结果与参考影像的点密度图。如图所示，基于深度循环生成对抗网络的方法融合结果与参考影像在三个波段的拟合线斜率分别为 0.81、0.84

和 0.87，$R^2$ 分别为 0.73、0.76 和 0.79，说明融合结果与参考影像较为一致，充分体现了该方法的有效性。

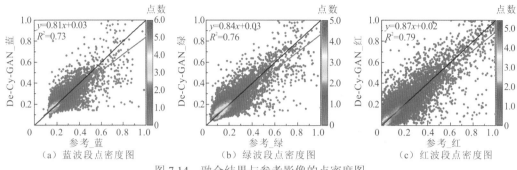

（a）蓝波段点密度图　　　　（b）绿波段点密度图　　　　（c）红波段点密度图

图 7.14　融合结果与参考影像的点密度图

　　图 7.15 展示了一组真实实验融合结果的真彩色影像，影像大小为 512×512，在真实实验中，云覆盖 Landsat 8 多光谱影像由 Landsat 8 OLI 传感器直接获取于 2017 年 10 月 15 日。如图 7.15 所示，基于深度循环生成对抗网络的方法有效去除了云覆盖 Landsat 8

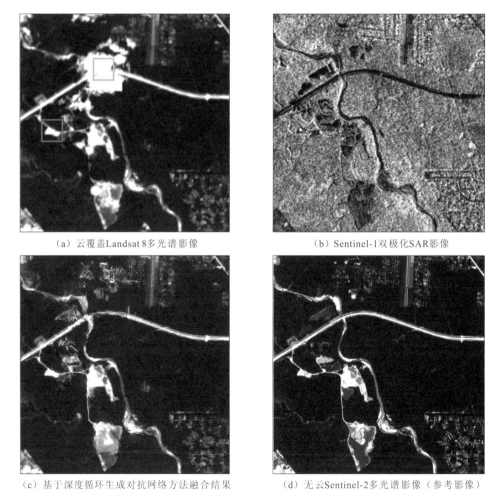

（a）云覆盖 Landsat 8 多光谱影像　　　　　　（b）Sentinel-1 双极化 SAR 影像

（c）基于深度循环生成对抗网络方法融合结果　　　（d）无云 Sentinel-2 多光谱影像（参考影像）

图 7.15　厚云去除与分辨率联合处理真实实验结果

多光谱影像中的厚云及其阴影，并提升了整幅影像的空间结构清晰度，如图中贯穿左右的白色地物所示。

图 7.16 展示了代表性的无云局部区域和云覆盖局部区域。如图 7.16（c）所示，在无云区域，该方法融合结果中地物结构比原始低分辨率 Landsat 8 影像清晰，体现了该方法提升分辨率的有效性；然而与参考影像相比，融合结果中似乎多了一些噪声信息，如图中红色矩形框所示，噪声是由 SAR 影像与光学影像成像差异所致。该方法有效重建了云覆盖区域的植被信息，如图 7.16（c）黄色矩形框中白色地物所示，但该方法仅重建了大体的边缘结构信息，与参考影像相比，空间细节上仍存在少量失真。

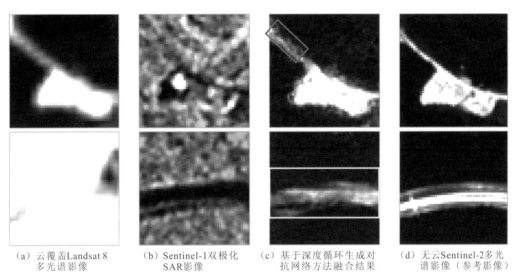

（a）云覆盖Landsat 8    （b）Sentinel-1双极化    （c）基于深度循环生成对    （d）无云Sentinel-2多光
     多光谱影像          SAR影像          抗网络方法融合结果    谱影像（参考影像）

图 7.16　厚云去除与分辨率提升联合处理真实实验结果局部展示

# 7.4　本 章 小 结

本章针对现有方法对异质互补信息挖掘的不足，提出基于深度循环生成对抗网络的光学-SAR 数据融合方法。该方法借助深度学习的强大特征与表达优势，充分考虑遥感成像的综合降质过程，设计了前向融合和后向退化反馈双向循环网络结构，通过生成器与判别器网络的对抗、学习过程，有效集成光学和 SAR 间异质互补信息，实现厚云去除与分辨率提升的联合处理。通过 MODIS、Landsat 8、Sentinel-1、Sentinel-2 卫星传感器影像从多个方面进行实验验证，实验结果表明，该方法在不同融合实验中均取得了理想的融合结果。然而，由于二者成像机理的巨大差异，融合结果虽然已经取得了较大提升，但不可避免地仍存在少量光谱失真；后续章节将进一步引入更多源的互补信息，发展多源异质遥感影像的时-空-谱一体化融合，实现更加精准、全面的地表监测。

# 参 考 文 献

陈子涵, 王峰, 许宁, 等, 2021. 基于改进 NSST-PCNN 的光学与 SAR 图像融合去云方法. 遥感技术与应用, 36(4): 810-819.

成飞飞, 付志涛, 黄亮, 等, 2022. 深度学习在光学和 SAR 影像融合研究进展. 遥感学报, 26(9): 1744-1756.

贾永红, 李德仁, 刘继林, 1998. 四种 IHS 变换用于 SAR 与 TM 影像复合的比较. 遥感学报, 2(2): 103-106.

盛佳佳, 杨学志, 董张玉, 等, 2018. 基于 NSST-IHS 变换稀疏表示的 SAR 与可见光图像融合. 图学学报, 39(2): 201-208.

宋晓宇, 刘良云, 李存军, 等, 2006. 基于单景遥感影像的去云处理研究. 光学技术, 32(2): 299-303.

邵建豪, 潘斌, 赵珊珊, 等, 2017. 基于 Shearlet 变换的 SAR 与多光谱遥感影像融合. 武汉大学学报(信息科学版), 42(4): 468-474.

万剑华, 臧金霞, 刘善伟, 2017. 顾及极化特征的 SAR 与光学影像融合与分类. 光学学报, 37(6): 292-301.

徐赣, 尤红建, 2008. 小波的 SAR 和光学图像融合方法比较研究. 测绘科学, 33(1): 109-112.

易维, 曾湧, 原征, 2019. 基于 NSCT 变换的高分三号 SAR 与光学图像融合. 光学学报, 38(11): 76-85.

朱良, 郭巍, 禹卫东, 2009. 合成孔径雷达卫星发展历程及趋势分析. 现代雷达, 31(4): 5-10.

CHANDRAKANTH R, SAIBABA J, VARADAN G, et al., 2011. Fusion of high resolution satellite SAR and optical images// 2011 International Workshop on Multi-Platform/Multi-Sensor Remote Sensing and Mapping: 1-6.

FILIPPONI F, 2019. Sentinel-1 GRD preprocessing workflow. Multidisciplinary Digital Publishing Institute Proceedings, 18(1): 11-16.

FUENTES REYES M, AUER S, MERKLE N, et al., 2019. SAR-to-optical image translation based on conditional generative adversarial networks: Optimization, opportunities and limits. Remote Sensing, 11(17): 2067-2086.

GAO J, YUAN Q, LI J, et al., 2020. Cloud removal with fusion of high resolution optical and SAR images using generative adversarial networks. Remote Sensing, 12(1): 191-208.

GROHNFELDT C, SCHMITT M, ZHU X, 2018. A conditional generative adversarial network to fuse SAR and multispectral optical data for cloud removal from Sentinel-2 images// 2018 IEEE International Geoscience and Remote Sensing Symposium: 1726-1729.

HE K, ZHANG X, REN S, et al., 2016. Deep residual learning for image recognition// Proceedings of the IEEE Conference on Computer Vision and Pattern Recognition: 770-778.

HOFFMAN J, TZENG E, PARK T, et al., 2018. CyCADA: Cycle-consistent adversarial domain adaptation// Proceedings of the 35th International Conference on Machine Learning: 1989-1998.

HUANG B, LI Y, HAN X, et al., 2015. Cloud removal from optical satellite imagery with SAR imagery using sparse representation. IEEE Geoscience and Remote Sensing Letters, 12(5): 1046-1050.

ISOLA P, ZHU J Y, ZHOU T, et al., 2017. Image-to-image translation with conditional adversarial networks// Proceedings of the IEEE Conference on Computer Vision and Pattern Recognition: 5967-5976.

JU J, ROY D P, 2008. The availability of cloud-free Landsat ETM+ data over the conterminous United States and globally. Remote Sensing of Environment, 112(3): 1196-1211.

KING M D, PLATNICK S, MENZEL W P, et al., 2013. Spatial and temporal distribution of clouds observed by MODIS onboard the Terra and Aqua satellites. IEEE Transactions on Geoscience and Remote Sensing, 51(7): 3826-3852.

KULKARNI S C, REGE P P, 2020. Pixel level fusion techniques for SAR and optical images: A review. Information Fusion, 59: 13-29.

MA J, YU W, CHEN C, et al., 2020. Pan-GAN: An unsupervised pan-sharpening method for remote sensing image fusion. Information Fusion: An International Journal on Multi-Sensor, Multi-Source Information Fusion, 62: 110-120.

MERANER A, EBEL P, ZHU X X, et al., 2020. Cloud removal in Sentinel-2 imagery using a deep residual neural network and SAR-optical data fusion. ISPRS Journal of Photogrammetry and Remote Sensing, 166: 333-346.

MOREIRA A, PRATS-IRAOLA P, YOUNIS M, et al., 2013. A tutorial on synthetic aperture radar. IEEE Geoscience and Remote Sensing Magazine, 1(1): 6-43.

OTAZU X, GONZÁLEZ-AUDÍCANA M, FORS O, et al., 2005. Introduction of sensor spectral response into image fusion methods. Application to wavelet-based methods. IEEE Transactions on Geoscience and Remote Sensing, 43(10): 2376-2385.

PAL S, MAJUMDAR T, BHATTACHARYA A K, 2007. ERS-2 SAR and IRS-1C LISS III data fusion: A PCA approach to improve remote sensing based geological interpretation. ISPRS Journal of Photogrammetry and Remote Sensing, 61(5): 281-297.

PAN J, DONG J, LIU Y, et al., 2020. Physics-based generative adversarial models for image restoration and beyond. IEEE Transactions on Pattern Analysis and Machine Intelligence, 43(7): 2449-2462.

QIU S, ZHU Z, HE B, 2019. Fmask 4.0: Improved cloud and cloud shadow detection in Landsats 4-8 and Sentinel-2 imagery. Remote Sensing of Environment, 231: 111205.

RAHMANI S, STRAIT M, MERKURJEV D, et al., 2010. An adaptive IHS pan-sharpening method. IEEE Geoscience and Remote Sensing Letters, 7(4): 746-750.

RONNEBERGER O, FISCHER P, BROX T, 2015. U-net: Convolutional networks for biomedical image segmentation// International Conference on Medical Image Computing and Computer-Assisted Intervention: 234-241.

SCARPA G, GARGIULO M, MAZZA A, et al., 2018. A CNN-based fusion method for feature extraction from sentinel data. Remote Sensing, 10(2): 236-256.

SHEN H, JIANG M, LI J, et al., 2019. Spatial-spectral fusion by combining deep learning and variational model. IEEE Transactions on Geoscience and Remote Sensing, 57(8): 6169-6181.

SPRINGENBERG J T, DOSOVITSKIY A, BROX T, et al., 2014. Striving for simplicity: The all convolutional net. Computer Vision and Pattern Recognition: arXiv: 1412.6806.

WALD L, 2002. Data fusion: definitions and architectures: Fusion of images of different spatial resolutions. Paris: Presses Des Mines.

WANG Z, BOVIK A C, 2002. A universal image quality index. IEEE Signal Processing Letters, 9(3): 81-84.

WANG Z, BOVIK A C, SHEIKH H R, et al., 2004. Image quality assessment: From error visibility to structural similarity. IEEE Transactions on Image Processing, 13(4): 600-612.

YANG J, REN G, MA Y, et al., 2016. Coastal wetland classification based on high resolution SAR and optical image fusion// 2016 IEEE International Geoscience and Remote Sensing Symposium: 886-889.

YUHAS R H, GOETZ A F H, BOARDMAN J W, 1992. Discrimination among semi-arid landscape endmembers using the spectral angle mapper (SAM) algorithm. Summaries of the Third Annual JPL Airborne Geoscience Workshop, 1: 147-149.

ZHANG H, SHEN H, ZHANG L, 2016. Fusion of multispectral and SAR images using sparse representation// 2016 IEEE International Geoscience and Remote Sensing Symposium: 7200-7203.

ZHANG H, SHEN H, YUAN Q, et al., 2022. Multispectral and SAR image fusion based on laplacian pyramid and sparse representation. Remote Sensing, 14(4): 870-890.

ZHANG L, SHEN H, GONG W, et al., 2012. Adjustable model-based fusion method for multispectral and panchromatic images. IEEE Transactions on Systems, Man, and Cybernetics, Part B (Cybernetics), 42(6): 1693-1704.

ZHANG W, YU L, 2010. SAR and Landsat ETM+ image fusion using variational model// International Conference on Computer and Communication Technologies in Agriculture Engineering, 205-207.

ZHU J Y, PARK T, ISOLA P, et al., 2017. Unpaired image-to-image translation using cycle-consistent adversarial networks. IEEE International Conference on Computer Vision: 2242-2251.

# 第8章 可见光−短波红外遥感数据融合方法

利用可见光波段遥感成像可以获取地球表面的真彩色影像，但是由于该波段对大气的穿透性较弱，成像受云雾影响较为严重；相对而言，短波红外波段具有较强的穿透性，因此受薄云雾的影响相对较小。为此，本章研究可见光波段与短波红外波段遥感影像的融合方法，充分利用短波红外波段受云雾影响小的优势，达到对光学影像进行薄云雾校正的目的。本章将统计方法与物理模型进行有机结合，针对不同的输入条件和影像特点，分别阐述卷云波段辅助的可见光波段校正、基于梯度融合的云雾校正、短波红外引导的融合重建等方法。重点以 Landsat-8 OLI、Landsat-7 ETM+数据为例进行方法验证，实验结果表明，本章构建的融合方法可以集成不同波段数据互补优势，实现高性能的可见光影像薄云雾去除。

## 8.1 概　　述

可见光−近红外遥感通过传感器记录地球表面对太阳辐射能的反射辐射能，是历史最久、成熟度最高、应用最广的一类卫星遥感观测手段。传感器通常以细分的波段成像，可见光波段与短波红外波段在诸多传感器中往往同时配置。例如，Landsat-8 卫星共有 11 个谱段（图 8.1），包括 5 个可见光波段、2 个近红外波段和 3 个短波红外波段，除最后 2 个谱段由热红外传感器（thermal infrared sensor，TIRS）获取热红外波段外，前 9 个谱段全部由陆地成像仪（OLI）传感器获取。不同波段之间既存在辐射信息差异，又具备一定的相关性与互补性。

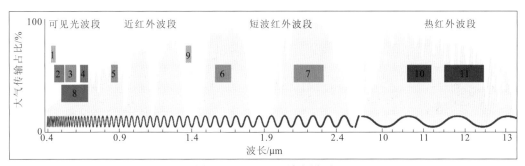

图 8.1 Landsat-8 波段设置

### 8.1.1 谱段相关性与互补性

波段间存在相关性是进行融合的基本前提。图 8.2 展示了一景 Landsat-8 影像。通过观察可知，中心波长为 2.2 μm 的短波红外波段与可见光波段存在较大的相关性。此外，

Karnieli 等（2001）在提出无气溶胶植被指数（aerosol free vegetation index，AFRI）时，以 MODIS 数据为研究对象，结合实测数据，验证了可见光波段和中心波长为 2.2 μm 的短波红外波段间的光谱响应具有极高的线性一致性，并给出了如下的经验性规律，即短波红外波段的反射率分别是蓝波段、绿波段和红波段的 4 倍、3 倍和 2 倍（Karnieli et al.，2001；Kaufman et al.，1997），可表示为

$$\rho_{0.48} = \frac{\rho_{2.2}}{4}, \quad \rho_{0.56} = \frac{\rho_{2.2}}{3}, \quad \rho_{0.65} = \frac{\rho_{2.2}}{2} \tag{8.1}$$

式中：$\rho$ 为波段的反射率；下标 0.48 为蓝波段；下标 0.56 为绿波段；下标 0.65 为红波段；下标 2.2 为短波红外波段。

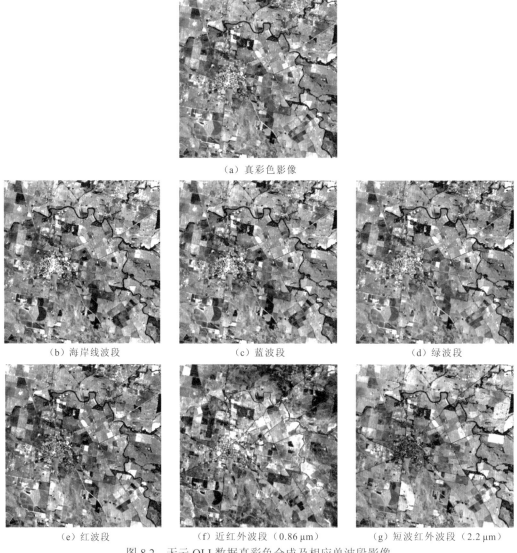

（a）真彩色影像

（b）海岸线波段    （c）蓝波段    （d）绿波段

（e）红波段   （f）近红外波段（0.86 μm）   （g）短波红外波段（2.2 μm）

图 8.2 无云 OLI 数据真彩色合成及相应单波段影像

根据该经验性公式得到的地表反射率值与实测值间误差可控制在 0.1 以内。虽然以上关系并不严格，也不能适用于多种复杂地表的混合场景，但至少可以说明可见光与红外波段间具有较强的波段相关性，为二者的信息融合提供了可能。

波段间存在互补性是进行融合的必要条件。不同波段在穿透大气时发生散射、吸收和反射效应存在差异,可见光波长远小于颗粒物粒径,很容易受到颗粒物散射的影响(Nayar et al.,1999),对于波长更长的短波红外波段,电磁波可以绕过散射颗粒继续沿原有方向传播。这一光学成像特性使得在相同的浑浊大气条件下,可见光波段极易存在云雾干扰,但是波长较长的短波红外波段则可以有效避免散射带来的薄云雾问题,清晰反映地表分布和纹理走势,具有明显的梯度特征。图 8.3 展示了一景云雾条件下获取的 Landsat-7 ETM+数据,可以看出薄云雾对可见光波段的影响显著,且这些降质在蓝绿红波段逐次降低,而红外的三个波段则几乎对薄云雾"免疫"。因此,红外与可见光影像间信息的互补性为利用红外波段增强可见光波段信息,去除薄云和雾霭提供了可能(Missions,2016),特别是短波红外波段在云雾校正方面具有极大的应用价值(Li et al.,2012;Liang et al.,2001)。

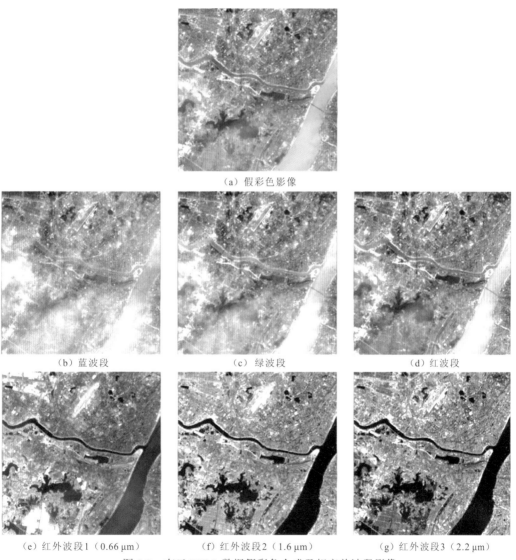

（a）假彩色影像

（b）蓝波段　　　　　　　（c）绿波段　　　　　　　（d）红波段

（e）红外波段1（0.66 μm）　　　（f）红外波段2（1.6 μm）　　　（g）红外波段3（2.2 μm）

图 8.3　有云 ETM+数据假彩色合成及相应单波段影像

综上可知，可见光波段组合可以体现自然色彩，有利于直接解译和目视分析，但是极易受到薄云雾的干扰；短波红外波段可以有效避开薄云雾干扰，提供清晰的地表特征，但是无法呈现自然的光谱信息。因此，可见光与短波红外波段间存在极强的相关性与互补性，将二者进行有效结合、优势互补，是提升数据质量与应用潜力的重要途径。

## 8.1.2　大气散射规律

薄云雾主要是由大气中尺度不一的浑浊颗粒物对电磁波散射和吸收造成的，颗粒物包括气体分子和冰晶颗粒等，直径为 $0.000\,1\sim5\,\mu m$ 或者更大。可见光、近红外波段均位于大气窗口内，大气对电磁波的吸收效应较小，因此散射效应为主导因素。与云雾形成相关的散射类型主要包括瑞利散射、米散射和无选择性散射，不同散射类型的过程不同且强度存在差异。研究人员为对其进行区分，在实验观测和理论分析基础上提出了一个与颗粒物大小和波长相关的无量纲的物理量，称之为尺度参数（size parameter），具体定义（Stuke，2016；Boucher，2015）为

$$X = 2\pi r / \lambda \tag{8.2}$$

式中：$r$ 为颗粒物半径；$\lambda$ 为波长；$X$ 为尺度参数。

当 $X$ 介于 0.002～0.2 时，颗粒物发生的散射类型为瑞利散射（Young，1982，1981）；当 $X$ 介于 0.2～2 000 时，颗粒物发生的散射类型为米散射（Du，2004；Wiscombe，1980）；当 $X$ 大于 2 000 时，颗粒物发生的散射类型为无选择性散射（Boucher，2015；Slater，1980）。散射类型、波长与颗粒物大小形成的散射体系如图 8.4 所示。可以看出，在可见光与近红外光谱范围内（橙色矩形框），随着颗粒物的变化可以发生瑞利散射、米散射和无选择性散射，且米散射发生概率更高。

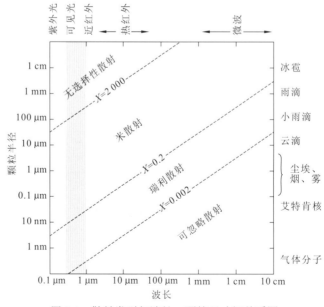

图 8.4　散射类型与波长、颗粒尺寸间关系图

以颗粒物半径和波长的比值（$r / \lambda$）作为自变量、三种散射类型的衰减系数（$Q_{sc}$）

作为因变量，可得到如图 8.5 所示的变化曲线（Hoffman et al.，2002）。

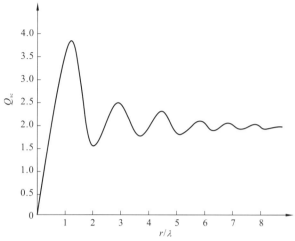

图 8.5 衰减系数与颗粒物半径和波长比值关系图

在图 8.5 中，曲线最左侧线性递增，为瑞利散射区，此时颗粒物半径远小于波长，$r/\lambda$ 趋于无穷小；曲线中间为米散射区，呈显著的余弦曲线分布，此时颗粒物半径接近或大于波长，$r/\lambda$ 大于 1；随着 $r/\lambda$ 的增大，余弦特性逐渐减弱而趋于常数，意味着散射类型从米散射过渡为无选择性散射。同样地，这也说明当颗粒物半径与波长的比值趋于无限小时，米散射会转换为瑞利散射；当该比值趋于无限大时，米散射将变为无选择性散射。因此，米散射实际上在数学推理上包括了瑞利散射与无选择性散射，适用于任意颗粒物大小的散射强度描述（Hoffman et al.，2002）。

受到遥感成像分辨率的限制，例如 Landsat-8 OLI 可实现对地观测的最小分辨率为 15 m，在单个云雾像元内不仅包括了气体分子，还有水滴、冰晶等大尺度粒子，颗粒物种类复杂多样，大小在纳米级别到微米乃至毫米级别变化，这意味着多种不同的散射类型可以在同一时刻发生。因此，就单个云雾像元而言，发生的散射类型为瑞利散射、米散射和无选择性散射组合的混合型散射，混合型散射强度为不同散射类型散射强度之和。

众所周知，遥感观测捕捉成像时刻的瞬时大气和陆表状态，即获取数据中构成云雾的颗粒物类型和尺寸分布是固定的。在已获取的数据中，更应该关注在颗粒物大小确定情况下，衰减系数与波长间的关系。对其归纳总结如下。

对于瑞利散射，散射强度与波长的四次方呈反比（Tuchin，2016；Chavez，1988）：

$$Q_{sc} \propto \frac{1}{\lambda^4} \tag{8.3}$$

式中：$Q_{sc}$ 为散射强度；$\lambda$ 为波长。

对于米散射，散射强度与波长的低次幂呈反比（Lockwood，2016；Hoffman et al.，2002；Slater，1980）：

$$Q_{sc} \propto \frac{1}{\lambda^b} \tag{8.4}$$

式中：$b$ 为在[0, 4]变化的随机数。

对于无选择性散射，散射强度与波长无关（Chavez，1988）：

$$Q_{sc} \propto \frac{1}{\lambda^0} \qquad (8.5)$$

在大气校正领域，研究者经过缜密分析后对云层中发生的混合型散射进行定量强度建模，称为散射模型（Li et al.，2012；Chavez，1988），是一个与波长和大气状态相关的表达式：

$$\rho_c = \frac{D}{\lambda^\gamma} \qquad (8.6)$$

式中：$\rho_c$ 为散射强度，即云雾强度；$D$ 为成像时的大气状态，包含了众多复杂参量；$\gamma$ 为取值范围在[0,4]的任意值，具体视大气浑浊情况而定；$\lambda$ 为波长，常用单位为 μm。几种典型大气状态下散射强度参考值见表 8.1。

表 8.1　几种典型大气状态下散射强度参考值

| 大气状态 | 散射强度参考值 |
| --- | --- |
| 非常干净 | $\lambda^{-4}$ |
| 干净 | $\lambda^{-2}$ |
| 中等干净 | $\lambda^{-1}$ |
| 浑浊 | $\lambda^{-0.7}$ |
| 非常浑浊 | $\lambda^{-0.5}$ |

由式（8.2）和表 8.1 可知，晴空大气主要为各种气体分子，此时 $\gamma$ 一般取值为 4，而主导的散射类型为瑞利散射。随着大尺度颗粒的增加，大气浑浊程度升高，$\gamma$ 逐渐减小，此时发生的并非单一的瑞利散射、米散射或者无选择性散射，而是三者的随机混合，薄云雾便属于这种情形。当颗粒物继续增大，大气愈发浑浊时，发生的主导散射类型为无选择性散射，地表反射信息在进入传感器前已完全丢失，对应厚云状态。

此外，散射模型有效描述了不同大气状态下的散射类型及对应的定量散射强度，为后续在融合框架下执行薄云雾校正提供了重要的约束构建依据和物理理论参考。结合二者可实现融合波段特征的同时有效去除薄云雾干扰，提升校正辐射精度。

## 8.2　卷云波段辅助的可见光波段校正方法

卷云是高云的一种，是对流层中最高的云，平均高度超过 6 000 m。从早期 AVIRIS 到近期 Landsat-8 OLI、Sentinel-2 等传感器，均设计了卷云检测波段（Li et al.，2017；Missions，2016），中心波长一般为 1.37 μm，因此属于短波红外波段。本节建立一种散射模型约束的卷云校正方法（张弛，2021；Zhang et al.，2021），以卷云波段为辅助，结合波段相关与散射模型实现可见光波段薄卷云的高保真去除。

## 8.2.1 卷云校正模型

受卷云影响，传感器收到的辐射信号可认为是地表反射辐射与卷云辐射之和（张弛，2021；Xia et al.，2018；Makarau et al.，2014；Chavez，1988），即

$$\rho_i^* = \rho_i + \rho_{ci} \tag{8.7}$$

式中：$\rho^*$ 为进入传感器的表观辐射；$\rho$ 为无卷云的地表反射辐射；$\rho_c$ 为卷云辐射；$i$ 为波段号，覆盖传感器的可见光与近红外波段。为获得高保真的校正结果 $\rho$，需要准确计算出不同波段的卷云辐射 $\rho_c$。

可见光与近红外波段内卷云辐射主要是由散射所致。对于被卷云覆盖的像元区域，根据颗粒物大小与波段间的相对关系，可能同时发生不同类型的散射。也就是说，单个卷云像元内发生的为混合型散射，而研究者已经对混合型散射进行了缜密的定量强度建模，见式（8.6）。由于遥感成像瞬时，大气状态在同一个单位像元内是趋于一致的，可以认为式（8.6）中参数 $D$ 和 $\gamma$ 在任意一个像元的不同波段上都是相同的。对于波段组合 $i$ 和 $j$，若波段 $i$ 的卷云辐射已知，则波段 $j$ 的卷云辐射可由式（8.8）推导：

$$\rho_{ci} = \left(\frac{\lambda_j}{\lambda_i}\right)^{\gamma} \cdot \rho_{cj} \tag{8.8}$$

式中：$i$ 和 $j$ 为可见光、近红外与卷云波段中的任意波段组合；$\rho_{ci}$ 为第 $i$ 波段的卷云辐射；$\rho_{cj}$ 为第 $j$ 波段的卷云辐射。在卷云波段内，由于水汽的吸收，地表反射辐射几乎为零，该波段的表观辐射 $\rho^*$ 可以认为等于卷云辐射，由此式（8.8）可以改写为

$$\rho_{ci} = \left(\frac{\lambda_n}{\lambda_i}\right)^{\gamma} \cdot \rho_n^* \tag{8.9}$$

式中：$n$ 为卷云波段的序号。因此，当参数 $\gamma$ 已知时，以卷云波段辐射为参考即可计算出不同可见光与近红外波段的卷云辐射值，并将估算的卷云辐射从待校正影像中减去即可得到校正结果：

$$\rho_i = \rho_i^* - \rho_{ci} \tag{8.10}$$

由上可知，利用卷云波段对可见光波段的薄卷云校正的基本原理非常简单，但其中的关键问题就在于如何求解 $\gamma$ 参数。

## 8.2.2 $\gamma$ 参数求解

本小节提出一种耦合波段线性关系与散射模型的 $\gamma$ 参数求解方法，并以 Landsat-8 OLI 数据为例进行求解。Landsat-8 OLI 数据自 2013 年 5 月 30 日起在美国地质调查局（USGS）网站免费提供（Missions，2016），OLI 相较于前系列的传感器，配置了两个全新的波段，分别为海岸线波段和卷云波段。海岸线波段是一个谱段范围为 0.435～0.451 μm 的深蓝波段，专门为海岸区域调查设计，对海水内的有机溶解物具有较高的灵敏度。卷云波段是 OLI 传感器的第 9 个波段，光谱范围为 1.363～1.384 μm，可以检测空间分辨率为 30 m 的卷云分布。陆地和海域具有显著不同的辐射特征，这使得两种地表

确定 $\gamma$ 值的方式存在差异。在陆表云区，$\gamma$ 的确定利用了邻近波段间的线性相关性；在海域云区，$\gamma$ 的确定则是利用了大气散射的局部稳定性（张弛，2021）。

**1. 陆表云区 $\gamma$ 值计算**

海岸线波段与蓝波段具有非常相近的中心波长且均在蓝光谱段内，因此可以假设在晴空条件下，不同地表覆被类型的光谱响应在这两个波段具有较强的线性关系，可以表示为

$$\rho_1 = a \cdot \rho_2 + b \tag{8.11}$$

式中：下标 1 和 2 分别表示海岸线波段和蓝波段，为在 OLI 数据中的序列号；$a$ 和 $b$ 均为线性参数，可以通过在影像中选择干净像元进行线性拟合获得。需要说明的是，$a$ 和 $b$ 随着待处理数据不同而变化。

为验证线性假设的可靠性，随机选择了澳大利亚门多伦区域一景地表类型复杂的晴空区影像。该影像由 Landsat-8 OLI 传感器于 2016 年 2 月 13 日获取，如图 8.6（a）所示。在以蓝波段和海岸线波段为横、纵轴的坐标系内，拟合场景中全部地表像元的结果，如图 8.6（b）所示，两个波段在不同地表类型下均存在极高的线性相关性，决定系数 $R^2$ 可达 0.992 4。因此，综合上述理论分析与实际验证可知，海岸线波段和蓝波段在不同场景的陆表区域均应存在稳健线性关系。

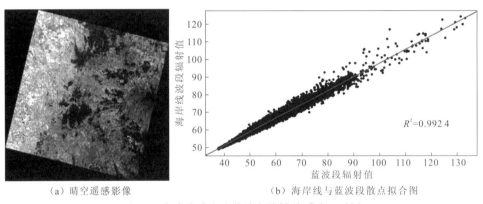

（a）晴空遥感影像　　　　　　（b）海岸线与蓝波段散点拟合图

图 8.6　海岸线波段和蓝波段线性关系验证示例

利用上述波段线性关系，耦合波段关系与散射模型（张弛，2021），得到如下方程组用于求解陆表区 $\gamma$：

$$\begin{cases} \rho_1^* = \rho_1 + \rho_{c1} \\ \rho_2^* = \rho_2 + \rho_{c2} \\ \rho_1 = a \cdot \rho_2 + b \\ \rho_{c1} = \left(\dfrac{\lambda_9}{\lambda_1}\right)^{\gamma} \cdot \rho_{c9} \\ \rho_{c2} = \left(\dfrac{\lambda_9}{\lambda_2}\right)^{\gamma} \cdot \rho_{c9} \end{cases} \tag{8.12}$$

式（8.12）中存在 5 个未知量，分别为 $\rho_1$、$\rho_2$、$\rho_{c1}$、$\rho_{c2}$ 和 $\gamma$，与方程数量一致，因此所有未知数均可解。在实际求解中，本小节采用逐步迭代逼近的方式求取数值解，

具体求解过程见算法 1。

---

**算法 1**：逐步迭代逼近求解 $\gamma$ 数值

---

    **输入**：海岸线波段 $I_C^*$，蓝波段 $I_B^*$，卷云波段 $C_{1.38}$、$I_{C,\,sample}$ 和 $I_{B,\,sample}$

    **输出**：未知变量数值分布 $\gamma$、$I_C$、$I_B$、$C_C$、$C_B$

1  M-估计：$I_{C,\,sample}=a\cdot I_{B,\,sample}+b$；

2  **foreach** $x$ in pixels **do**

3    |  **if** $C_{1.38} < 0.1$ **then**    // defined as clear pixel

4    |  |  $\gamma(x) = 4$；

5    |  **else**

6    |  |  **for** $\gamma_0 \leftarrow 3.99$ to $0.01$    **step** $-0.01$ **do**

7    |  |  |  $I_{C1} \leftarrow I_C^* - (\lambda_{1.38} / \lambda_C)^{\gamma_0 - 0.01} \times C_{1.38}$；

8    |  |  |  $I_{B1} \leftarrow I_B^* - (\lambda_{1.38} / \lambda_B)^{\gamma_0 - 0.01} \times C_{1.38}$；

9    |  |  |  $I_{C2} \leftarrow I_C^* - (\lambda_{1.38} / \lambda_C)^{\gamma_0 + 0.01} \times C_{1.38}$；

10  |  |  |  $I_{B2} \leftarrow I_B^* - (\lambda_{1.38} / \lambda_B)^{\gamma_0 + 0.01} \times C_{1.38}$；

11  |  |  |  $\Delta 1 \leftarrow I_{C1} - (a \times I_{B1} + b)$；

12  |  |  |  $\Delta 2 \leftarrow I_{C2} - (a \times I_{B2} + b)$；

13  |  |  |  **if** $\Delta 1 \times \Delta 2 < 0$ **then**

14  |  |  |  |  $\gamma(x) \leftarrow \gamma_0$；

15  |  |  |  **end**

16  |  |  **end**

17  |  **end**

18  **end**

19  计算方程中的剩余未知量：$C_C = (\lambda_{1.38} / \lambda_C)^{\gamma}$，$C_B = (\lambda_{1.38} / \lambda_B)^{\gamma}$；

20  $I_B = I_B^* - C_B$，$I_C = I_C^* - C_C$；

---

### 2. 海域云区 $\gamma$ 值计算

海洋中有丰富的沉积物、富含叶绿素的浮游植物和其他有机物，这与陆表组分截然不同。相较于蓝波段，新增的海岸线波段对海洋内有机溶解物具有更高的敏感性和不同的光谱响应。这就导致在一景同时含有海域和陆表的影像内，两种表面的波段相关性不同。图 8.7（a）为一景典型的沿海影像，由 OLI 传感器获取自 2013 年 10 月 4 日，主要的地表覆被类型为海域、滩涂、森林和裸地。分别在图 8.7（a）中手动选取干净的陆表和海洋样本，对应的散点拟合图见图 8.7（b）。由图可知，海岸线波段和蓝波段在陆表与海域均具有极强的线性相关性，但是具有不同的线性拟合系数。此外，从散点拟合图中可以看出海域样本动态范围显著小于陆表样本，较小的动态范围导致拟合结果存在不确定性。在相关性方面，陆表样本间的决定系数 $R^2$ 可达 0.996 7，而在海域仅有 0.834 8，远低于陆表。因此，如果将海域统计的线性关系代入式（8.12）中求解 $\gamma$ 的值，难以得到稳健的 $\gamma$ 值。这意味着分别统计线性关系的思路在处理海域不可行，需要寻求其他处理策略。

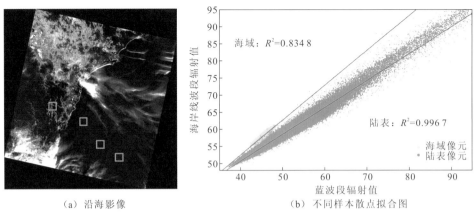

（a）沿海影像　　　　　　　　（b）不同样本散点拟合图

图 8.7　陆表与海洋区域线性关系统计

大气在局部尺度上具有一定的匀质性，散射强度在一定范围内可以近似认为是空间一致的，这意味着与散射相关的参数 $\gamma$ 可以共享。本小节仍以图 8.7 为例分析 $\gamma$ 在陆表云区的动态范围，其中使用质量评估（quality assessment，QA）波段用于分离不同 bits 的区域。

图 8.8（a）展示了 QA 波段在陆表区域的可视化结果，其中 bits 11 位的像元为白色，bits 01 位的像元为灰色，海域为蓝色。在 QA 波段中，bits 11 和 bits 01 分别表示该像元具有 67%～100% 和 0～33% 的置信度被卷云覆盖。图 8.8（b）展示了陆表区域的卷云波段，海域由蓝色表示，可以看出云区具有较高的辐射值。对比图 8.8（a）和（b）可以发现，云区包含全部 bits 11 像元及部分 bits 01 像元。云区与 bits 11 像元的重叠区域在图 8.8（c）用深绿色表示，云区与 bits 01 像元的重叠区域用绿色表示，非云区与 bits 01 的重叠区域用浅绿色表示。对应地，不同区域 $\gamma$ 值的柱状统计结果如图 8.8（d）和（e）所示，图 8.8（f）表示的是所有云区像元的 $\gamma$ 值统计结果。本小节进一步计算了最小值、最大值及标准差来定量地反映统计结果。在 bits 11 与云区重叠区域，$\gamma$ 最大值为 2.150 0，$\gamma$ 平均值为 1.469 1；相比之下，bits 01 与云区重叠区域 $\gamma$ 的动态范围更广，平均值、最大值分别为 1.499 9 和 3.137 3。这说明，像素覆盖的薄云雾强度越大则 $\gamma$ 值越小。标准差更能反映数值分布的稳定性，在 bits 11 和 bits 01 像元的标准差分别为 0.159 1 和 0.334 7。较小的标准差说明 $\gamma$ 值在该区域的变化是小幅度的。此外，本小节统计全部云区像元后发现，在平均值加减一倍标准差范围内的像元占全部像元的 80% 以上，足以说明 $\gamma$ 值在局部区域内是趋于稳定的。因此，本节以陆表区域 $\gamma$ 的均值作为海域的 $\gamma$ 值，从而完成不同波段在海域的卷云强度估计。

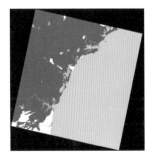  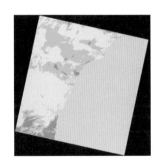

（a）陆表区域QA波段　　　　　（b）陆表区域卷云波段　　　　　（c）QA波段bits 11和bits 01与云区交集

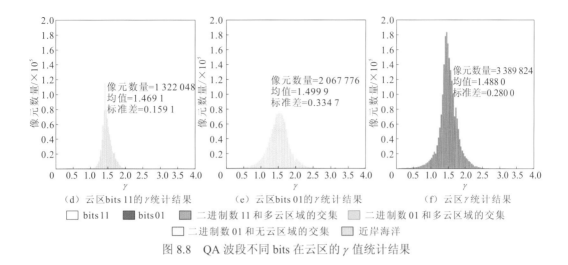

（d）云区bits 11的$\gamma$统计结果　　（e）云区bits 01的$\gamma$统计结果　　（f）云区$\gamma$统计结果

☐ bits 11　　■ bits 01　　▨ 二进制数11和多云区域的交集　　▨ 二进制数01和多云区域的交集

☐ 二进制数01和无云区域的交集　　▨ 近岸海洋

图 8.8　QA 波段不同 bits 在云区的$\gamma$值统计结果

## 8.2.3　实验结果与分析

本次实验选择三组卷云去除方法作为对比方法，分别为基于独立成分分析的去除方法（independent component analysis removal method，ICARM）（Shen et al.，2015）、自动卷云去除方法（automatic cloud removal method，ACRM）（Xu et al.，2014）和经验性的云校正方法（empirical cloud correction method，ECCM）（Gao et al.，2017）。

**1. 陆表区域卷云校正**

图 8.9 展示了三景具有不同地表覆被类型的真实 Landsat-8 OLI 卷云影像及不同方法的校正结果。图 8.9（a）、（b）和（c）中的主要地表类型分别为裸地、耕地植被和森林。第二行为 ICARM 的校正结果，其中均出现了不同程度的色彩畸变和过校正问题，主要体现在校正后云区的辐亮度显著低于周围区域，且光谱间的连续性不高。ICARM 对各波段的卷云进行校正时忽略了波段的相关性而独立进行，对含有卷云波段的影像进行基于独立成分分析的盲源信号分离，分离效果因场景而异，存在地表信息和卷云分离不准确的情况。第三行和第四行分别为 ACRM 和 ECCM 的校正结果，可以发现校正后的云区偏暗且光谱偏蓝，并且和周围的地表存在空间不一致性。这主要是因为三个场景的地表类型复杂，并不具备 ACRM 和 ECCM 所要求的匀质暗色地表，导致线性拟合系数不够准确。本节提出方法如图 8.9（m）～（o）所示，三个场景下的所有卷云均被完全去除，整幅影像中的空间与光谱细节具有较强的一致性，表明降质地表信息的恢复是合理和可靠的。

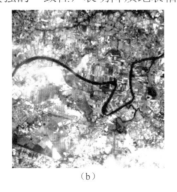

（a）　　　　　　　　　　　（b）　　　　　　　　　　　（c）

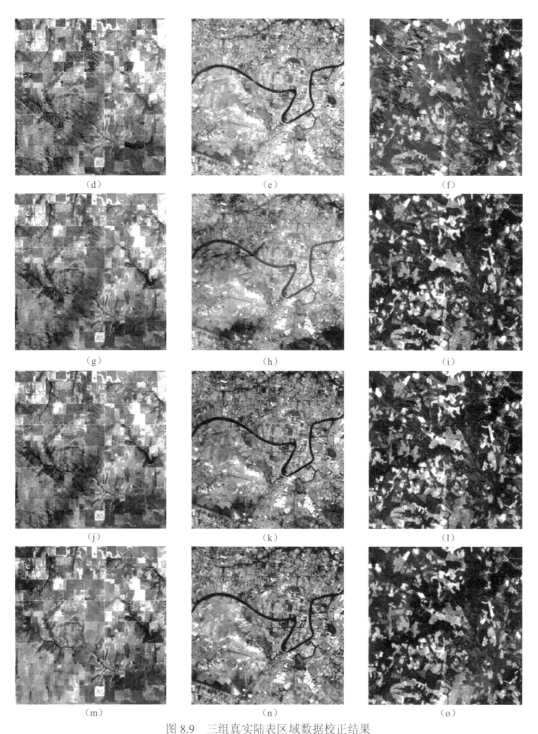

图 8.9　三组真实陆表区域数据校正结果

第一行为真实卷云影像，第二行至第五行分别为 ICARM、ACRM、ECCM 和本节提出方法的校正结果

选取一幅卷云影像和另一幅相隔 16 天的晴空影像作为数据对来进一步定量检验本节提出方法的有效性。图 8.10（a）为一景真实卷云影像，其中央经纬度为 147°9′20.66″E、27°9′13.82″S，获取时间为 2018 年 5 月 1 日。图 8.10（b）为晴空区影像，获取自 2018 年 4 月 15 日，主要地表覆被类型为裸地。图 8.10（c）～（f）是不同方法的校正结果，总

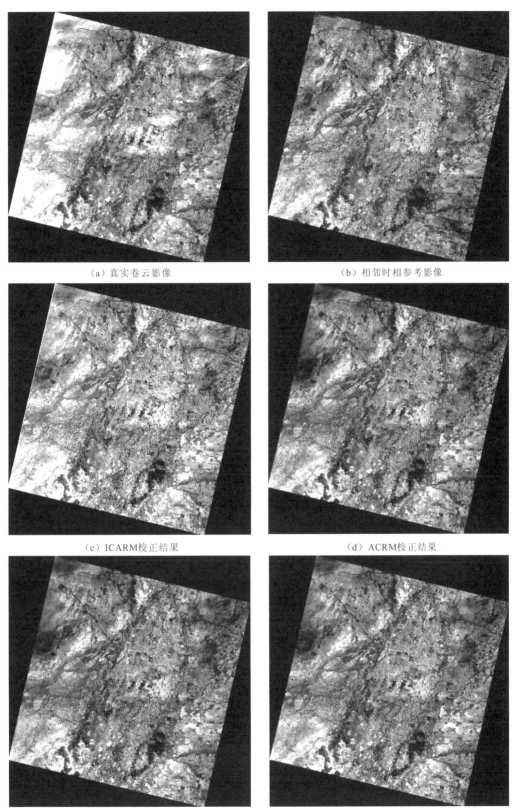

（a）真实卷云影像　　　　　　　　　　　　　（b）相邻时相参考影像

（c）ICARM校正结果　　　　　　　　　　　　　（d）ACRM校正结果

（e）ECCM校正结果　　　　　　　　　　　　　（f）本节提出方法校正结果

图 8.10　陆表区域真实整景卷云影像校正前后结果对比

体来说，不同的方法均能起到卷云去除效果，但去除效果迥异。在 ICARM 的校正结果中，几乎所有的卷云都能被有效去除，地表细节有较好的增强。然而，相较于图 8.10（b）中的参考影像，图 8.10（c）的色调偏黄且色彩饱和度偏低。相比之下，ACRM 和 ECCM 的方法能够较好地保持原始无云区域的光谱特征；但是校正后的云区色调与参考影像间存在极大的差异。这主要是因为该场景中缺乏匀质且暗色的地表样本，导致估计的线性拟合系数不准确。图 8.10（f）为本节提出方法的校正结果，以相邻时相的晴空影像为参考，可以看出校正结果最接近真实地表，可见光的卷云都能被完整地去除，校正后的辐射特征在空间上光谱连续且自然，说明校正方法的有效性和准确性。

**2. 沿海区域卷云校正**

图 8.11 展示了三幅沿海区域卷云影像及不同方法的校正结果。图 8.11（a）主要由海域、森林和草地组成；图 8.11（b）的地表覆被类型为海域、耕地和暗色裸地；图 8.11（c）包括海域、草地和裸地。第二行至第五行分别为不同校正方法的结果。在 ICARM 的结果中，校正影像与之前实验类似，存在光谱畸变，无云区域的色彩饱和度在校正后有所降低。ACRM 和 ECCM 的校正结果如第三行至第四行所示，可以看出在海面区域覆盖的卷云可以被有效地去除，无残留部分存在。然而，在陆表区域却出现了不同程度的色彩畸变问题，如图 8.11（h）、（i）、（k）和（1）中红色矩形框所示。这是因为这两种方法在校正各波段的卷云时都是独立进行的，没有考虑波段间的相关性。而本节提出方法的结果，如图 8.11（m）~（o）所示，影像中的所有卷云都被去除完全，在非云区的光谱信息保持良好的基础上还可有效恢复降质区域的地表细节和光谱特征。上述分析结果表明，本节提出方法在卷云校正和光谱恢复方面相较对比方法具有显著优势。需要提及的是，本节观察到在所有方法的校正结果中均存在伪痕效应，如图 8.11（g）中红色矩形框所示。经过文献调研和分析总结，发现这一问题的出现主要是由传感器成像硬件所致

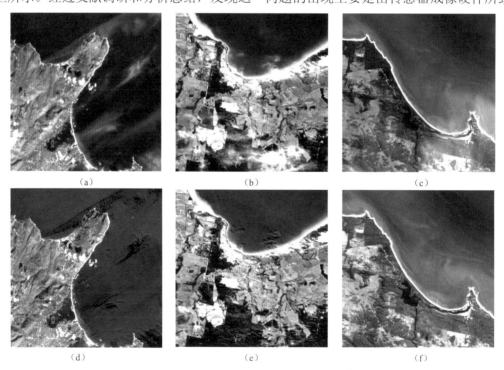

(a)　　　　　　　　　　(b)　　　　　　　　　　(c)

(d)　　　　　　　　　　(e)　　　　　　　　　　(f)

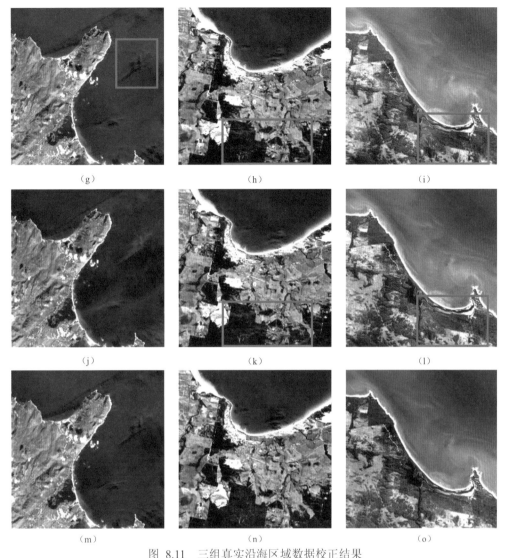

图 8.11 三组真实沿海区域数据校正结果

第一行为真实卷云影像，第二行至第五行分别为 ICARM、ACRM、ECCM 和本节提出方法的校正结果

的视差，是指成像时卷云在不同波段的空间位置并不完全相同，导致校正时在卷云边缘部分存在像素级别的几何位置偏差。在模拟实验中，每个波段的卷云位置都能确保是相同的，因此校正结果中不存在视差所导致的伪痕效应。

为评估本节提出方法在沿海区域的校正效果，选取一对邻近时相的卷云和无云影像作为实验数据，如图 8.12 所示。该影像对的地理位置位于 115°41′47.65″W、28°8′53.17″N，卷云数据获取自 2018 年 3 月 12 日，参考无云数据为 6 天后的 2018 年 3 月 18 日，场景中主要的地表覆被类型为海域和裸地。图 8.12（c）～（f）为不同校正方法的结果，观察可知，ICARM、ACRM、ECCM 在该数据的表现类似，主要表现为陆表区域的卷云能有效校正，但是在海域存在残留的卷云。相比之下，本节提出的方法不仅能校正陆表区域的卷云干扰，还可有效校正沿海区域的云污染，且该方法复原出的色彩光谱与参考数据间具有极高的相似性，表明校正结果具有一定的准确性。

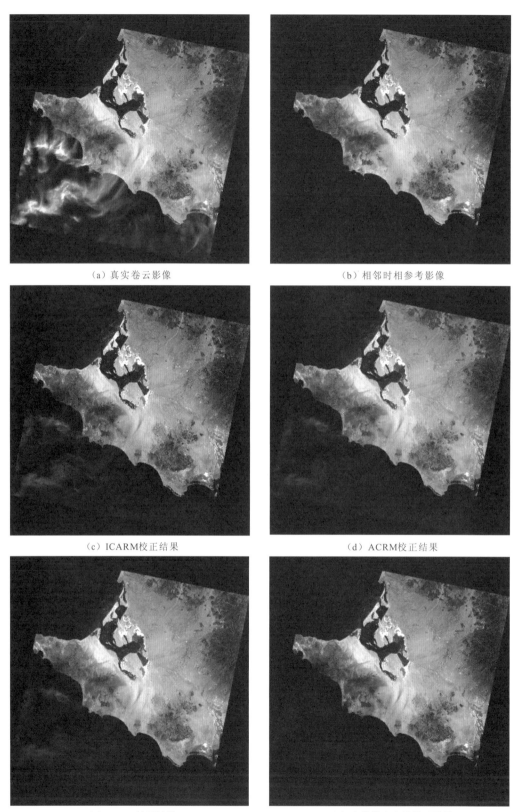

(a) 真实卷云影像

(b) 相邻时相参考影像

(c) ICARM校正结果

(d) ACRM校正结果

(e) ECCM校正结果

(f) 本节提出方法校正结果

图 8.12　沿海区域真实整景卷云影像校正前后结果对比

# 8.3 基于梯度融合的影像薄云雾校正方法

卷云波段辅助的薄云雾融合校正方法适用于具有卷云波段的传感器数据，并且处理对象也仅限于卷云，而卷云只是众多薄云中的一种，因此当光学遥感数据中存在其他类型的薄云干扰时，该方法将不再适用。为解决这一问题，本节在分析可见光与短波红外波段间信息相关性与互补性的基础上，以可见光和中心波长为 2.2 μm 的短波红外波段为融合对象，挖掘波段间的信息互补性与相关性，建立嵌入散射模型的梯度融合变分框架（李慧芳，2013），以达到增强可见光影像对比度的同时去除薄云雾干扰的目的，有效提升数据质量。

## 8.3.1 归一化梯度融合变分模型

基于梯度的融合（gradient based fusion，GF），简称梯度融合，它是影像融合的一种，目的是将两幅或者多幅输入影像的信息集中到一幅影像中，融合影像的信息量大于任何一幅输入影像（Zhang et al.，2012；Pohl et al.，1998；Burt et al.，1993）。在遥感应用领域，通常以影像融合的方式来提高影像的空间分辨率，同时增加影像的数据量（Ballester et al.，2006；Raskar et al.，2005；Petrovic et al.，2004；Burt et al.，1993）。梯度融合的目的是不增加数据量，通过调整影像对比度的方式来丰富影像的信息量（Chao et al.，2007）。因此，梯度融合的结果并没有提高输入影像的空间分辨率，但能够增加影像的信息量，提升影像的视觉效果。

假设两幅输入影像，其中一幅影像包含可见光三个波段，但存在薄云雾干扰而空间信息表达不足，另一幅影像为单波段灰度影像，边缘和纹理清晰锐利。基于梯度的影像融合变分模型以梯度逼近的方式，将参考单波段影像的空间几何信息融入多光谱影像，同时尽可能地保留多光谱影像的色彩和光谱信息。其融合准则为简单的 0 或 1 加权，即参考影像的梯度权重为 1，多光谱影像的梯度权重为 0。因此梯度融合的变分模型通常包括两个约束项：①梯度逼近项，将参考影像的梯度融入结果影像；②色彩保真项，充分保持结果影像中包含的原始影像的光谱信息。综上，梯度融合的变分模型可以表示为

$$\min F(u) = \frac{1}{2} \iint_{\Omega} |\nabla u - \nabla f|^2 + \alpha |u - u_0|^2 \, \mathrm{d}x\mathrm{d}y \tag{8.13}$$

式中：$u_0$ 为输入多波段影像；$u$ 为融合后结果影像；$f$ 为具有清晰梯度的参考影像；$\nabla$ 为梯度运算符；$\nabla u = [u_x \quad u_y]^{\mathrm{T}}$，$\nabla f = [f_x \quad f_y]^{\mathrm{T}}$，且 $u_x = u_{i,j+1} - u_{i,j}$，$u_y = u_{i+1,j} - u_{i,j}$；$\Omega$ 为影像的整个区域；$\alpha$ 为非负参数，用于权衡两个约束项的贡献度。

鉴于多光谱数据通常具有不同的数值范围，梯度融合过程中使结果影像在保持原始光谱信息的同时，一味地约束其梯度，使其直接逼近目标梯度是不恰当的。因此，在进行融合前需要对数据进行归一化。通常采取矩匹配的方式对数据进行归一化，以目标梯度的均值和方差为参照，对融合影像的梯度进行归一化，矩匹配的计算方程（Gadallah et al.，2000）为

$$\nabla \hat{u} = \frac{\nabla f_{\mathrm{std}}}{\nabla u_{\mathrm{std}}} (\nabla u - \nabla u_{\mathrm{mean}}) + \nabla f_{\mathrm{mean}} \tag{8.14}$$

式中：$\nabla \hat{u}$ 为归一化后的 $\nabla u$；$\nabla u_{\text{mean}}$ 和 $\nabla f_{\text{mean}}$ 分别为 $\nabla \hat{u}$ 和 $\nabla f$ 的均值；$\nabla u_{\text{std}}$ 和 $\nabla f_{\text{std}}$ 分别为 $\nabla \hat{u}$ 和 $\nabla f$ 的方差。至此，归一化梯度融合（normalized gradient based fusion，NGF）变分模型可以表示为

$$\min F(u) = \frac{1}{2} \iint_\Omega |\nabla \hat{u} - \nabla f|^2 + \alpha |u - u_0|^2 \, \mathrm{d}x \mathrm{d}y \tag{8.15}$$

## 8.3.2　波段相关性先验

由 8.1.3 小节可知，对于固定类型的粒子或者影像中某一位置的像元，云雾在不同波段上的散射能量值只与波长相关。以瑞利散射为例，散射强度与波长的关系满足

$$I_{\text{haze},\lambda_1} : I_{\text{haze},\lambda_2} : \cdots : I_{\text{haze},\lambda_K} = \lambda_1^{-4} : \lambda_2^{-4} : \cdots : \lambda_K^{-4} \tag{8.16}$$

式中：$K$ 为波段数。如果在去除云雾的过程中，不同波段校正的辐射值满足以上比例关系，校正过程顾及波段相关性，满足散射特性，那么校正结果就能够充分还原地物的真实光谱。

梯度融合变分模型的数值求解过程是通过迭代方程逐步调整像素的辐射值，如果控制每次迭代的辐射增量，使其满足式（8.16）的比值关系，那么最终的辐射校正总量就能够满足散射规律。把 $K$ 个波段视为一个像素的 $K$ 个样本，如果存在一个公共统计量与样本的整体相关，但又独立于每一个样本，那么就可以此公共统计量来构建任意单一波段的云雾辐射值。对此本小节采用样本的均值作为公共统计量：

$$\bar{I}_{\text{haze}} = \frac{C}{K} \sum_{i=1}^{K} \lambda_i^{-4} \tag{8.17}$$

第 $i$ 波段的云雾辐射值与均值的比为

$$R_i = \frac{I_{\text{haze},\lambda_i}}{\bar{I}_{\text{haze}}} = \frac{K}{\sum_{j=1}^{K} \left(\dfrac{\lambda_j}{\lambda_i}\right)^{-4}} \tag{8.18}$$

式中：比值 $R_i$ 为一个仅与波长 $\lambda_i$ 相关的变量；而均值 $\bar{I}_{\text{haze}}$ 为公共统计量，对所有样本而言是常量。因此，本小节利用比值和均值来构建投影模型，使梯度融合变分模型中的辐射增量调整值满足式（8.16）的比例关系，投影关系如图 8.13 所示。原始坐标系中的曲线表示瑞利散射的强度与波长的关系，$\lambda_1$、$\lambda_2$ 和 $\lambda_3$ 分别对应蓝绿红三个波段的波长，相应的云雾辐射值为 $I_{\text{haze},\lambda_i}, i = 1,2,3$。在坐标系外，以云雾辐射均值 $\bar{I}_{\text{haze}}$ 和 $I_{\text{haze},\lambda_i}$ 为两条直角边构建直角三角形，以散射强度均值的右端点为投影中心，如图 8.13 中箭头所示。假设已知三个波段的辐射增量均值为 $\bar{I}_{\text{haze}}$，那么从投影中心向右延伸 $\bar{I}_{\text{haze}}$ 距离处的竖直平面即为投影平面。直角三角形的斜边穿过投影中心在投影平面上的映射即为调整后的辐射增量，即

$$I_{\text{Achange},\lambda_i} = R_i \cdot \bar{I}_{\text{change}} \tag{8.19}$$

由相似三角形的比例关系可知，$I_{\text{Achange},\lambda_i}$ 正比于 $I_{\text{haze},\lambda_i}$，因此 $I_{\text{Achange},\lambda_i}$ 与波长间的关系同样满足指数的四次方，且不同波段间的校正辐射值满足式（8.16）比例关系，即

$$I_{\text{Achange},\lambda_1} : I_{\text{Achange},\lambda_2} : \cdots : I_{\text{Achange},\lambda_K} = \lambda_1^{-4} : \lambda_2^{-4} : \cdots : \lambda_K^{-4} \tag{8.20}$$

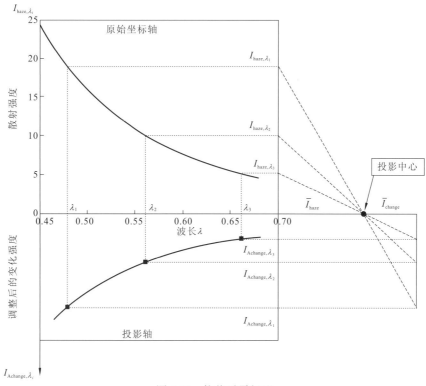

图 8.13 均值雾霭投影

因此，在下方的投影坐标系中，对应各波段波长的三个辐射增量点可以用指数曲线拟合，如图 8.13 所示。综上，本节将基于相似三角形的用于调整云雾辐射值的中心投影定义为均值雾霭投影（mean haze projection，MHP），其核心方程为式（8.19），相应变量的计算方式参考式（8.17）和式（8.18）。

由于光学传感器波长随着序号递增，$R_1 > R_2 > \cdots > R_K$，且 $R_{\max} = R_1 > 1$，$R_{\min} = R_K < 1$，$R_i \in [R_1, R_K]$。因此，调整后的辐射增量随波长单调递减，即 $I_{\mathrm{Achange},\lambda_1} > I_{\mathrm{Achange},\lambda_2} > \cdots > I_{\mathrm{Achange},\lambda_K}$，其变化趋势与瑞利散射模型相一致。

## 8.3.3 有约束的归一化梯度融合模型

根据以上均值雾霭投影（MHP）的定义，本小节提出 MHP 约束的归一化梯度融合（constraint normalized gradient based fusion，CNGF）模型。利用波段相关性派生的 MHP 控制梯度融合模型求解的迭代过程，以在增强可见光影像对比度的同时去除薄云雾，重建地物的真实光谱，避免光谱畸变。梯度融合的解是通过迭代方程式（8.21）获得的，$tG$ 对应每次迭代中的辐射校正值 $I_{\mathrm{change},\lambda_i}$，即 $I_{\mathrm{Achange},\lambda_i} = tG$。因此，MHP 约束的归一化梯度融合（CNGF）模型可以表示为

$$\min F(u) = \frac{1}{2} \iint_{\Omega} \left| \nabla \hat{u} - \nabla f \right|^2 + \alpha \left| u - u_0 \right|^2 \mathrm{d}x\mathrm{d}y , \quad \mathrm{MHP}: \ u_{\mathrm{change}} \to \hat{u}_{\mathrm{change}} \quad (8.21)$$

式中：$u_{\mathrm{change}} = tG$，$u_{\mathrm{Achange}}$ 表示调整后的辐射增量，$u_{\mathrm{Achange},\lambda_i} = R_i \hat{u}_{\mathrm{change}}$，迭代方程为

$$u_{m+1} = u_m - u_{\mathrm{Achange}} \quad (8.22)$$

在梯度融合模型中融入 MHP 约束是在变分模型的数值求解过程中加入一种强制约束，使各波段辐射校正值满足瑞利散射模型，最小化甚至避免地物的光谱畸变。与归一化的梯度融合模型求解不同的是，CNGF 模型对多光谱影像 $u$ 的求解是多波段同时进行的，而 NGF 模型的求解是逐波段进行的。CNGF 模型的收敛性将在实验部分进行讨论。

## 8.3.4 实验结果与分析

### 1. 处理结果与对比分析

以 Landsat ETM+数据为实验对象对融合方法进行验证，基于对可见光和短波红外各波段性质的分析，将包含三个可见光波段的多光谱影像（波段 1、2、3）与短波红外波段（波段 7）融合，增强多光谱影像的梯度和对比度，同时去除薄云雾影响（Li et al.,2012）。该方法实验的薄云雾影像，获取时间为 2002 年 10 月 13 日，数据覆盖了森林、水体、城市和土壤等多种地物类型，用于检验梯度融合方法的云雾去除效果，如图 8.14 和图 8.15 所示。两幅影像覆盖的主要地物类型包括城区、湖泊、农田和裸土。

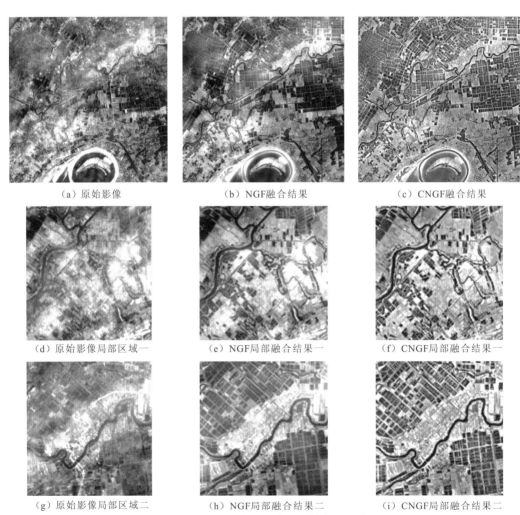

（a）原始影像　　　　　　（b）NGF融合结果　　　　　　（c）CNGF融合结果

（d）原始影像局部区域一　（e）NGF局部融合结果一　（f）CNGF局部融合结果一

（g）原始影像局部区域二　（h）NGF局部融合结果二　（i）CNGF局部融合结果二

图 8.14　第一幅有云影像及其梯度融合结果

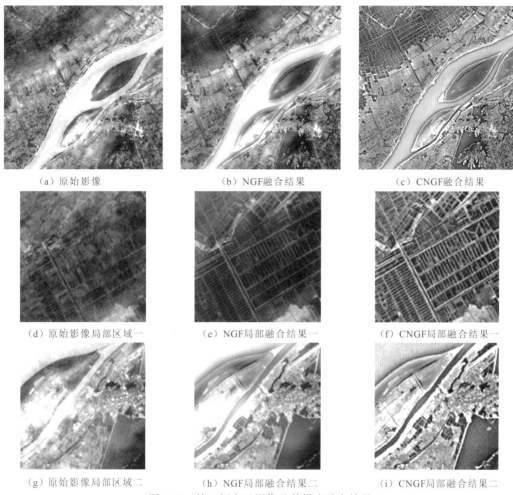

(a)原始影像          (b) NGF 融合结果          (c) CNGF 融合结果

(d) 原始影像局部区域一      (e) NGF 局部融合结果一      (f) CNGF 局部融合结果一

(g) 原始影像局部区域二      (h) NGF 局部融合结果二      (i) CNGF 局部融合结果二

图 8.15　第二幅有云影像及其梯度融合结果

从实验结果可以得出：梯度融合方法能够增强可见光影像的边缘特征，且保持其原始色调；附加 MHP 约束的梯度融合（CNGF）方法具有良好的薄云/雾霭的去除效果，而常规的归一化梯度融合（NGF）方法则只能用于增强边缘特征，处理效果比 CNGF 逊色。这是因为薄云雾造成的辐射增量与波长直接相关，MHP 约束将散射强度与波长的关系融入了归一化梯度融合方法中，顾及了波段间的相关性，通过多波段的同时求解获得了最优解。需要特别说明的是，有云影像覆盖的区域为湖北地区，图 8.14 底部的环形水域和图 8.15 中部的水域为长江。在图 8.14 和图 8.15 的融合结果中，长江流域的形状和色彩发生了明显变化，它被清晰地分成了两部分，即中心区的河床和边界的河堤。这是因为提供梯度参考的红外波段中，被水覆盖的河床的反射率很低，而河堤的泥沙或混凝土材质则具有较高的反射率，所以在融合结果中河床的辐射亮度较低，而河堤的辐射亮度较高。另外，由于长江水中悬浮的泥沙量较大，河床的色调接近裸土。长江区域形状和色彩的变化在 CNGF 结果中比 NGF 结果中更加显著，这主要还是因为在顾及波段相关性的基础上，MHP 约束削弱了长江水域的大气效应。

梯度融合模型中的参数 $\alpha$ 直接影响结果的对比度和噪声水平，当参数 $\alpha$ 较小时，模型对梯度逼近项的约束权重较大，结果影像的对比度增加，这意味着薄云/雾霭的干扰得到了削弱，同时影像的同质性受到了抑制；当参数$\alpha$较大时，模型对数据保真项的约束权重较大，对梯度的增强不足，结果对薄云/雾霭的抑制不足。

使用 MetricQ（Zhu et al.，2010）对有云影像的梯度融合结果进行评价，如表 8.2 所示。显然，在可见光的三个波段上，融合结果的 MetricQ 统计值均有明显的提升，且 CNGF 方法对前两个波段的提升明显高于 NGF 方法。由于第三波段（红光）是可见光中受薄云雾干扰最弱的波段，而 CNGF 方法在增强边缘的同时也会提高同质区的对比度，带来的噪声导致了第三波段的 MetricQ 统计值小于 NGF 方法。另外，MetricQ 统计值的提升随着波长的增加而逐渐减弱，与大气效应在各波段的分布一致。

表 8.2　有云数据的 MetricQ 统计值

| 数据 | 影像 | 波段 1 | 波段 2 | 波段 3 |
|---|---|---|---|---|
| | 原始影像 | 0.018 2 | 0.026 5 | 0.039 6 |
| 数据 1 | NGF 融合影像 | 0.045 1 | 0.049 4 | 0.058 2 |
| | CNGF 融合影像 | 0.066 6 | 0.066 7 | 0.052 0 |
| | 原始影像 | 0.011 4 | 0.018 7 | 0.034 4 |
| 数据 2 | NGF 融合影像 | 0.058 5 | 0.060 4 | 0.069 0 |
| | CNGF 融合影像 | 0.061 1 | 0.068 5 | 0.062 7 |

综上所述，对融合后影像的定性和定量评价均表明，归一化的梯度融合（NGF）方法和附加 MHP 约束的梯度融合（CNGF）方法均能有效增强梯度信息，并保持原始光谱。而 NGF 方法不能用于去除有云影像中的薄云和雾霭，CNGF 方法能够在增强影像梯度的同时有效去除薄云和雾霭，这证明了基于瑞利散射模型的 MHP 约束的合理性和有效性。

**2. 收敛性分析**

由于均值雾霭投影（MHP）作为一种强制约束附加在归一化梯度融合变分模型中，需要对有约束的梯度融合（CNGF）模型的收敛性进行讨论。本节通过分析以上实验中迭代误差与迭代次数的关系，来确定模型的收敛性，以上两幅有云影像在融合过程中的迭代误差曲线如图 8.16 所示。可以发现，对于中纬度地区的 Landsat ETM+数据，CNGF模型的迭代误差可以在迭代 50 次以内达到迭代终止条件，获得稳定的最优解。由此可见，CNGF 方法具有良好的收敛性。

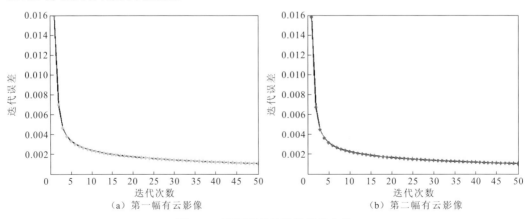

（a）第一幅有云影像　　　　　　　　　　（b）第二幅有云影像

图 8.16　两幅影像的迭代误差曲线

# 8.4 短波红外波段引导的融合重建方法

8.3 节利用中心波长为 2.2 μm 的短波红外波段为辅助，通过梯度融合方法建立了可见光波段的薄云去除方法，充分展示了短波红外与可见光波段的互补优势。然而，对于更复杂或者更厚的云，梯度融合方法容易出现光谱畸变或者失效。为此，本节建立短波红外引导的融合重建方法，基本思路是以短波红外为引导，在可见光波段上搜索最优的无云像元对受云影响的像元进行替代重建，整体流程图如图 8.17 所示，主要包括了三个步骤：首先，对影像的云区与非云区进行分离，确定待校正区域；其次，利用短波红外波段可有效穿透大部分薄云雾的优势，将其作为空间引导逐一地寻找云区像元在非云区的若干相似像元作为备选；最后，将薄云雾校正问题视为无云区相似像元对云区目标像元的替换问题，构建带边界条件的空谱马尔可夫随机场模型，实现在广义融合框架下的信息重建。

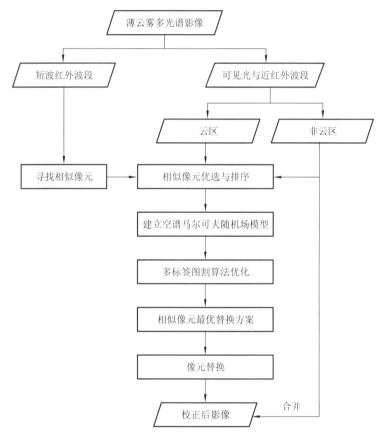

图 8.17　短波红外波段引导的融合重建方法流程图

## 8.4.1　云区与非云区分离

在进行相似像元匹配前，需要预先对待处理影像进行云掩膜提取，以此分离出云区与非云区，常用的云区掩膜获取方式有人工手动勾绘、质量波段标记法和专门云检测算法

（Lv et al., 2016）。为减少人工交互以提升方法的自动化程度，本小节选择经典的 Fmask 4.0 算法进行云区识别（Qiu et al., 2019）。Fmask 4.0 算法可用于众多主流的多光谱遥感数据，如 Landsat 系列和 Sentinel 系列及 NPP VIIRS 传感器等。该检测算法以定标后的表观反射率为数据输入，此外还可以根据传感器的具体情况将亮温、卷云波段等作为辅助的选择性输入。在实际操作中，需要设置云概率阈值和膨胀核大小，前者主要决定了检测区域的大小，值越小则检测出的云区越大；后者决定了在初始检测结果上的膨胀程度，以降低漏检率。图 8.18 为一组利用 Fmask 4.0 算法的云检测结果，检测结果中白色标记为云区，黑色标记为非云区。为了避免漏检，往往设置较为严格的阈值，尽可能将云区全部提取出来，出现部分错检（即非云区检测为云区）不会产生太大影响。

（a）真彩色影像  （b）云掩膜

图 8.18　云掩膜提取示例

## 8.4.2　相似像元高精度匹配

在获得云区掩膜的基础上，利用短波红外波段几乎不受薄云雾干扰、可提供清晰地表细节参考的特点，以此为空间引导逐个为云区像元匹配其在非云区的相似像元。理论上，如果目标像元 $(x, y)$ 和其相似像元 $(x', y')$ 为同一地表覆被类型且具有极高的相似性，那么在短波红外波段上做出的光谱响应应是相近的。这一条件可以定量化为像元辐射相似性，可表示为

$$\left| \rho_{\text{swir}}(x, y) - \rho_{\text{swir}}(x', y') \right| < \Delta t \tag{8.23}$$

式中：$\rho$ 为辐射值；下标 swir 为中心波长为 2.2 μm 的短波红外波段；$\Delta t$ 为辐射容差阈值，可经验性设定取值。该值越小则筛选出的相似像元与目标像元的辐射差异越小、相似性越高，反之则辐射差异越大、相似性越低。理论上，满足式（8.23）的像元对在短波红外波段上具有较高的辐射一致性和相似性，但是仅利用单一波段进行匹配往往会受到同谱异物现象的影响。因此，需要根据薄云雾的特性在波段间挖掘更多的有效匹配规则以提升准确性。

为解决上述问题，利用薄云雾在波段间强度差异可定量地用散射模型进行表达的特

征，对预匹配像元对进行优选。理想化地假定：通过式（8.23）预筛选出的相似像元对 $(x',y')$ 和 $(x,y)$ 完全相同，像元对在可见光波段的辐射差即可认为是云区像元 $(x,y)$ 的云雾辐射增量，可由式（8.24）（Makarau et al.，2014）表示：

$$\begin{cases} \rho_{c,b}(x,y) = \rho_b(x,y) - \rho_b(x',y') \\ \rho_{c,g}(x,y) = \rho_g(x,y) - \rho_g(x',y') \\ \rho_{c,r}(x,y) = \rho_r(x,y) - \rho_r(x',y') \end{cases} \tag{8.24}$$

式中：$\rho_c$ 为薄云雾辐射；下标 b、g 和 r 分别为蓝、绿和红波段。在定性关系上，云雾辐射因散射强度随波长衰减而减弱，因此，各可见光波段的云雾辐射应满足如下关系：

$$\rho_{c,b}(x,y) > \rho_{c,g}(x,y) > \rho_{c,r}(x,y) \tag{8.25}$$

利用式（8.25）可以排除部分无法定性满足散射模型的相似像元对。然而，仅施加定性的约束筛选仍然无法完全得到高精度的匹配结果，需要进一步地将散射模型转换为定量约束筛选。由散射模型可知，可见光各波段的云雾辐射增量除满足上述定性关系外，任意两波段的云雾辐射比值还应满足以下定量关系式（Chavez，1988）：

$$\frac{\rho_{c,j}}{\rho_{c,i}} = \left(\frac{\lambda_i}{\lambda_j}\right)^{\gamma_{i,j}} \tag{8.26}$$

式中：$i$ 和 $j$ 为可见光内任意波段对；$\lambda$ 为中心波长；$\gamma$ 在 0～4 随机变化，且像元越浑浊该值越小。此外，对于同一像元，$\gamma$ 在不同波段上应保持一致，因此，本节将散射模型转换为对 $\gamma$ 值的定量约束，$\gamma$ 的计算公式为

$$\gamma_{i,j} = \log_{\frac{\lambda_i}{\lambda_j}} \frac{\rho_{c,j}}{\rho_{c,i}} \tag{8.27}$$

由上述可知，不同波段对组合计算出的 $\gamma$ 值应该十分接近，即所有 $\gamma$ 值中的最大值和最小值之差应很小。该条件可表示为

$$\max[\gamma_{r,g}, \gamma_{r,b}, \gamma_{g,b}] - \min[\gamma_{r,g}, \gamma_{r,b}, \gamma_{g,b}] < t_2 \tag{8.28}$$

式中：$t_2$ 为针对 $\gamma$ 施加的经验性阈值。当云区目标像元与非云区相似像元的关系同时满足式（8.23）、式（8.25）和式（8.28）时，即可筛选出高精度的相似像元对。

## 8.4.3　空谱马尔可夫薄云校正模型

在相似像元高精度匹配的基础上，如何从待填补的相似像元中选择全局最优的替换方案对云区进行修复是另外一个关键问题。对此，本小节构建了一种空谱马尔可夫随机场模型，将最优像元替换方案转换为能量泛函的最小化问题（孙涛，2012；Melgani，2006）。马尔可夫随机场（Markov random field，MRF）可以高效地表达图像矩阵中像元在空间维度关系的模型，在图像处理领域常用于描述某一像素与空间邻近像素间灰度值的关系，具有较强大的包容性和可拓展性。根据其定义，若影像内任一像素及其邻近像素的分布条件均是已知的，那么模型可以有效地刻画局部统计特征，并将像素间复杂的空间联系以局部邻域的方式表征。对于多光谱影像的处理，马尔可夫变分模型可以同时表达像元及其邻域在空间与光谱的关系（Cheng et al.，2014）。

假定输入的薄云雾影像 $\rho^*$ 与对应的校正影像 $\rho$ 之间的关系可以用一幅位移图 $L=(s_x, s_y)$ 来表示。位移图 $L=(s_x, s_y)$ 表示云区待校正像元 $\rho(x, y)$ 是由像元 $\rho(x+s_x, y+s_y)$ 替换得到的。因此，校正的本质可以归结为对所有薄云雾像元计算出最适宜的位移图 $L$。为确定 $L$ 的分布，本小节利用空谱马尔可夫变分模型（程青，2015）进行优化求解：

$$E(L) = \sum_{X \in \Omega} E_{\mathrm{d}}(L(X)) + \alpha \sum_{X \in \Omega} E_{\mathrm{spectral}}(L(X), L(X'))$$
$$+ \beta \sum_{(X, X'') \in N} E_{\mathrm{spatial}}(L(X), L(X'')) \tag{8.29}$$

式中：$\Omega$ 为待校正的薄云区域；$N$ 为像素的空间四邻域；$X$ 为目标影像上的待校正像素，等同于 8.4.2 小节中的图标像元 $(x, y)$；$X'$ 为短波红外波段上与目标影像上 $X$ 空间位置相同的点；$X''$ 为目标影像上 $X$ 的相邻像素；$L$ 为待优化求解的位移图；$\alpha$ 和 $\beta$ 为权重参数，用于衡量谱段信息和空间信息对校正过程的影响。下面具体说明模型中各项的意义。

第一项 $E_{\mathrm{d}}$ 为数据项。当标签有效时，即待校正像元 $X$ 位于云区，$E_{\mathrm{d}} = 0$，此时模型可最小化；当标签无效时，像元 $X$ 位于非云区，无须进行校正，此时 $E_{\mathrm{d}} \to +\infty$，模型无法最小化。因此，该项确保了只有薄云雾区域被校正而非整景数据。

第二项 $E_{\mathrm{spectral}}$ 为光谱平滑项，主要反映了参考短波红外波段与待校正可见光与近红外波段间的关系，具体可表示为

$$E_{\mathrm{spectral}}(L(X), L(X')) = \|\rho(X + L(X)) - \rho(X + L(X'))\|^2 \tag{8.30}$$

该项用来约束云区像元与非云区的相似像元在短波红外波段的相对位置在可见光波段的位置不变，从而保证校正时是使用相似像元来替换云区像元。其中，$L(X')$ 是在参考短波红外影像上对像元 $X'$ 进行相似像元匹配，然后计算高精度匹配像元对之间的位移 $L(X')$，可表示为

$$L(X') = \arg \min_{L(X')} \|\rho(X' + L(X')) - \rho(X')\| \tag{8.31}$$

为了减少计算量并且消除波段间可能异常导致相似像元的位置变化（Stein et al.，2002），实验中选取 6 个与像元 $X'$ 最相似的像元，于是可以得到 6 个不同的位移值。本节将 $\rho(X' + L(X'))$ 的 6 个位移值进行平均作为 $\rho(X' + L(X'))$ 的计算值。

第三项 $E_{\mathrm{spatial}}$ 为空间平滑项，主要确保校正后的云区与非云区在局部区域存在连续性，可具体表示为

$$E_{\mathrm{spatial}}(L(X), L(X'')) = \|\rho(X + L(X)) - \rho(X + L(X''))\|^2$$
$$+ \|\rho(X'' + L(X)) - \rho(X'' + L(X''))\|^2 \tag{8.32}$$

该项主要用于约束两个相邻像素 $X$ 和 $X''$ 所计算的位移相同，即 $L(X)=L(X'')$，保持校正后云区与非云区空间连续性和一致性。其中，$L(X)$ 与 $L(X')$ 所表示的位移值相同，$L(X'')$ 的计算方式可参考 $L(X')$ 的计算方式。由于本节提出方法主要依靠短波红外波段辅助信息，待校正波段利用的空间信息依赖较少，实验中选取 $\alpha =1$、$\beta =0.5$ 来权衡光谱项与空间项的贡献度。式（8.29）中能量函数的求解采用多标签图割算法（Delong et al.，2012；Boykov et al.，2004，2001）实现，确定全局最优替换方案，从而实现影像校正。

## 8.4.4　实验结果与分析

为验证本节提出方法的鲁棒性和有效性,选取不同场景下的 Landsat 8 OLI 定标辐射数据用于实验验证,并以经典的雾化优化转换(haze optimized transformation, HOT)方法(Zhang et al., 2002)和一种卷云波段辅助的校正方法(Zhang et al., 2021)作为对比。

图 8.19 为第一组实验结果,由图 8.19(a)可知,薄云主要在影像左侧散落分布且在右上角也有少量分布。图 8.19(b)为 HOT 的校正结果,可以看到薄云雾干扰在一定程度上得到了抑制但依然有部分残留,校正后云区依然比周围非云区具有更高的辐射亮度,校正前后的光谱发生了偏移,主要是 HOT 所利用波段相关性先验的稳定性随着场景而变化,导致云雾辐射估计不准确,且在校正过程中没有考虑云雾间波段相关性,导致校正结果出现光谱畸变。图 8.19(c)为卷云波段辅助方法的校正结果,校正前后几乎没有任何明显变化,图 8.19(g)给出的是卷云波段影像,说明影像中覆盖的薄云并不属于卷云,因此不适合非卷云情况下的校正。图 8.19(d)为本节提出方法的校正结果,首先就非云区来说,校正前后光谱信息完全一致,这主要是因为本节提出方法对影像进行局部处理,并不改变非云区的光谱;其次,对于云区,由于综合利用了短波红外波段和散射模型对相似像元进行高精度匹配,构建了严谨的空谱马尔可夫随机场模型,以确定全局最优校正方案。因此,经过校正后薄云雾完全被去除且地表信息得到了较好的恢复,整体上光谱空间连续。进一步将原始影像和结果相减可以得到残差图,如图 8.19(h)和(i)所示,分别为 HOT 方法和本节提出方法的残差图,可以看到 HOT 残差图在非云区存在不可忽视的地表信息,这说明校正结果在辐射数值精度上受到影响;本节提出方法的残差图非云区云雾辐射值基本为零,因此校正前后该区域的光谱信息将不会被改变。

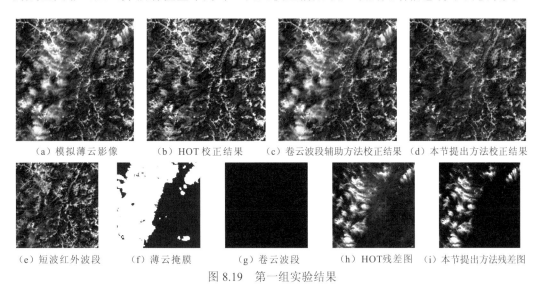

|（a）模拟薄云影像|（b）HOT 校正结果|（c）卷云波段辅助方法校正结果|（d）本节提出方法校正结果|

|（e）短波红外波段|（f）薄云掩膜|（g）卷云波段|（h）HOT残差图|（i）本节提出方法残差图|

图 8.19　第一组实验结果

图 8.20 为第二组实验影像及其结果,场景中地表类型更为复杂,除森林植被外还包括了左下方的水体和右上方的少部分建城区。真实数据中薄云主要分布在影像中部,下方也有两处零散薄云。在 HOT 的结果中,可以看到大部分的薄云都被有效地去除,但仍有少部分残留。这主要与 HOT 的分级校正策略有关。此外,仔细观察可知在水体区

域出现了轻微的光谱畸变，这是因为 HOT 方法对水体区域较为敏感，云雾强度估计不准确。图 8.20（c）为卷云波段辅助方法的校正结果，可以发现校正前后并无任何明显的变化，原因与第一组实验相同。图 8.20（d）为本节提出方法的校正结果，场景内所有的薄云都能被有效地校正，且云下地表细节恢复良好，光谱呈现了较高的空间连续性，明显优于对比方法结果。

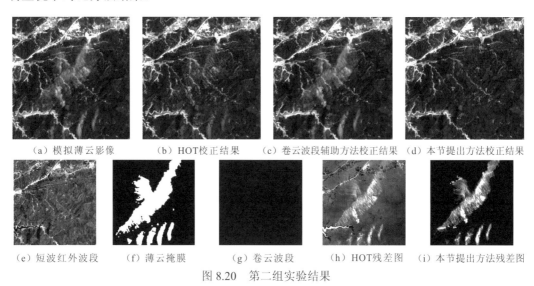

（a）模拟薄云影像　　（b）HOT校正结果　　（c）卷云波段辅助方法校正结果　　（d）本节提出方法校正结果

（e）短波红外波段　　（f）薄云掩膜　　（g）卷云波段　　（h）HOT残差图　　（i）本节提出方法残差图

图 8.20　第二组实验结果

# 8.5　本章小结

本章充分挖掘可见光波段与短波红外波段数据的相关性与互补性，利用短波红外波段穿透性强的优势，建立了三种对可见光波段进行云雾去除的方法：卷云波段辅助的可见光波段校正方法、基于梯度融合的影像薄云雾校正方法、短波红外引导的融合重建方法。三种方法各有不同的适用场景：卷云波段辅助的可见光波段校正方法对卷云影响下可见光波段的校正处理非常有效，但不适用于非卷云的处理；基于梯度融合的影像薄云雾校正方法适用于不同类型的薄云，但云层较厚的区域适用性较弱；短波红外引导的融合重建方法适用于云层较厚的场景，但当短波红外波段也无法穿透时其应用也会存在限制。此外，本章方法在建模时更多地考虑线性关系，基于机器学习方法考虑更加复杂的非线性关系，并进一步将机器学习与大气散射规律进行深度结合，是未来的重要发展方向。

# 参 考 文 献

程青, 2015. 光学遥感影像缺失信息的空域修复方法研究. 武汉: 武汉大学.

李慧芳, 2013. 多成因遥感影像亮度不均的变分校正方法研究. 武汉: 武汉大学.

孙涛, 2012. 光学遥感影像复原与超分辨率重建. 北京: 国防工业出版社.

张弛, 2021. 散射模型约束的光学遥感影像薄云雾校正研究. 武汉: 武汉大学.

BALLESTER C, CASELLES V, IGUAL L, et al., 2006. A variational model for P+ XS image fusion.

International Journal of Computer Vision, 69(1): 43-58.

BOUCHER O, 2015. Atmospheric aerosols. Dordrecht: Springer.

BOYKOV Y, KOLMOGOROV V, 2004. An experimental comparison of min-cut/max-flow algorithms for energy minimization in vision. IEEE Transactions on Pattern Analysis and Machine Intelligence, 26(9): 1124-1137.

BOYKOV Y, VEKSLER O, ZABIH R, 2001. Fast approximate energy minimization via graph cuts. IEEE Transactions on Pattern Analysis and Machine Intelligence, 23(11): 1222-1239.

BURT P J, KOLCZYNSKI R J, 1993. Enhanced image capture through fusion// 4th International Conference on Computer Vision, IEEE: 173-182.

CHAO W, YE Z, 2007. Perceptual contrast-based image fusion: A variational approach. Acta Automatica Sinica, 33(2): 132-137.

CHAVEZ JR P S, 1988. An improved dark-object subtraction technique for atmospheric scattering correction of multispectral data. Remote Sensing of Environment, 24(3): 459-479.

CHENG Q, SHEN H, ZHANG L, et al., 2014. Cloud removal for remotely sensed images by similar pixel replacement guided with a spatio-temporal MRF model. ISPRS Journal of Photogrammetry and Remote Sensing, 92: 54-68.

DELONG A, OSOKIN A, ISACK H N, et al., 2012. Fast approximate energy minimization with label costs. International Journal of Computer Vision, 96(1): 1-27.

DU H, 2004. Mie-scattering calculation. Applied Optics, 43(9): 1951-1956.

GADALLAH F, CSILLAG F, SMITH E, 2000. Destriping multisensor imagery with moment matching. International Journal of Remote Sensing, 21(12): 2505-2511.

GAO B, LI R, 2017. Removal of thin cirrus scattering effects in Landsat 8 OLI images using the cirrus detecting channel. Remote Sensing, 9(8): 834.

HOFFMAN N, PREETHAM A J, 2002. Rendering outdoor light scattering in real time// Proceedings of Game Developer Conference: 337-352.

KARNIELI A, KAUFMAN Y J, REMER L, et al., 2001. AFRI: Aerosol free vegetation index. Remote Sensing of Environment, 77(1): 10-21.

KAUFMAN Y J, WALD A E, REMER L A, et al., 1997. The MODIS 2.1-μm channel-correlation with visible reflectance for use in remote sensing of aerosol. IEEE Transactions on Geoscience and Remote Sensing, 35(5): 1286-1298.

LI H, ZHANG L, SHEN H, et al., 2012. A variational gradient-based fusion method for visible and SWIR imagery. Photogrammetric Engineering & Remote Sensing, 78(9): 947-958.

LI J, ROY D P, 2017. A global analysis of Sentinel-2A, Sentinel-2B and Landsat-8 data revisit intervals and implications for terrestrial monitoring. Remote Sensing, 9(9): 902.

LIANG S, FANG H, CHEN M, 2001. Atmospheric correction of Landsat ETM+ land surface imagery. I. Methods. IEEE Transactions on Geoscience and Remote Sensing, 39(11): 2490-2498.

LOCKWOOD D J, 2016. Rayleigh and Mie scattering// Encyclopedia of color science and technology. New York: Springer.

LV H, WANG Y, SHEN Y, 2016. An empirical and radiative transfer model based algorithm to remove thin clouds in visible bands. Remote Sensing of Environment, 179: 183-195.

MAKARAU A, RICHTER R, MÜLLER R, et al., 2014. Haze detection and removal in remotely sensed multispectral imagery. IEEE Transactions on Geoscience and Remote Sensing, 52(9): 5895-5905.

MELGANI F, 2006. Contextual reconstruction of cloud-contaminated multitemporal multispectral images. IEEE Transactions on Geoscience and Remote Sensing, 44(2): 442-455.

MISSIONS L, 2016. Using the USGS Landsat 8 product. US Department of the Interior-US Geological Survey-NASA.

NAYAR S K, NARASIMHAN S G, 1999. Vision in bad weather// Proceedings of the Seventh IEEE International Conference on Computer Vision, 2: 820-827.

PETROVIC V S, XYDEAS C S, 2004. Gradient-based multiresolution image fusion. IEEE Transactions on Image Processing, 13(2): 228-237.

POHL C, VAN GENDEREN J L, 1998. Review article multisensor image fusion in remote sensing: Concepts, methods and applications. International Journal of Remote Sensing, 19(5): 823-854.

QIU S, ZHU Z, HE B, 2019. Fmask 4.0: Improved cloud and cloud shadow detection in Landsats 4-8 and Sentinel-2 imagery. Remote Sensing of Environment, 231: 111205.

RASKAR R, ILIE A, YU J, 2005. Image fusion for context enhancement and video surrealism. ACM SIGGRAPH 2005 Courses: 85-93.

SHEN Y, WANG Y, LV H, et al., 2015. Removal of thin clouds in Landsat-8 OLI data with independent component analysis. Remote Sensing, 7(9): 11481-11500.

SLATER P N, 1980. Remote sensing: Optics and optical systems. Boston: Addison-Wesley.

STEIN D W, BEAVEN S G, HOFF L E, et al., 2002. Anomaly detection from hyperspectral imagery. IEEE Signal Processing Magazine, 19(1): 58-69.

STUKE S, 2016. Characterizing thin clouds using aerosol optical depth information. Innsbruck: University of Innsbruck.

TUCHIN V V, 2016. Polarized light interaction with tissues. Journal of Biomedical Optics, 21(7): 071114.

WISCOMBE W J, 1980. Improved Mie scattering algorithms. Applied Optics, 19(9): 1505-1509.

XIA L, ZHAO F, CHEN L, et al., 2018. Performance comparison of the MODIS and the VIIRS 1.38pm cirrus cloud channels using libRadtran and CALIOP data. Remote Sensing of Environment, 206(34-4257): 363-374.

XU M, JIA X, PICKERING M, 2014. Automatic cloud removal for Landsat 8 OLI images using cirrus band. IEEE Geoscience and Remote Sensing Symposium: 2511-2514.

YOUNG A T, 1981. Rayleigh scattering. Applied Optics, 20(4): 533-535.

YOUNG A T, 1982. Rayleigh scattering. Physics Today, 35(1): 42-48.

ZHANG C, LI H, SHEN H, 2021. A scattering law based cirrus correction method for Landsat 8 OLI visible and near-infrared images. Remote Sensing of Environment, 253: 112202.

ZHANG L, SHEN H, GONG W, et al., 2012. Adjustable model-based fusion method for multispectral and panchromatic images. IEEE Transactions on Systems, Man, and Cybernetics, Part B (Cybernetics), 42(6): 1693-1704.

ZHANG Y, GUINDON B, CIHLAR J, 2002. An image transform to characterize and compensate for spatial variations in thin cloud contamination of Landsat images. Remote Sensing of Environment, 82(2-3): 173-187.

ZHU X, MILANFAR P, 2010. Automatic parameter selection for denoising algorithms using a no-reference measure of image content. IEEE Transactions on Image Processing, 19(12): 3116-3132.

# 第9章 多参量数据融合降尺度方法

空间分辨率不足是限制遥感参量数据精细应用的主要瓶颈问题之一，而空间降尺度是提升遥感参量数据空间分辨率与应用能力的有效途径。本章主要研究如何融合多参量遥感数据的互补信息进行空间降尺度，即在粗尺度上构建目标数据与多参量辅助数据之间的关系模型，然后基于尺度不变假设将之应用于精尺度的辅助数据上，从而实现目标参量数据的空间降尺度。本章重点阐述两种空间降尺度方法：第一种是多元自适应回归样条降尺度方法，该方法直接利用基函数迭代构建显式的回归模型，顾及目标参量的空间规律和多参量间的相关关系，具备简单、灵活的特点；第二种是顾及尺度一致约束的卷积神经网络降尺度方法，该方法通过多层卷积结构，可以充分利用高维数据中的局部空间信息并能够表征多参量间更复杂的非线性关系。实验中以卫星降水产品为例，验证两种方法的降尺度效果。

## 9.1 概　　述

### 9.1.1 空间降尺度

空间降尺度主要针对遥感反演或模型模拟的定量参数数据，是一个提升空间分辨率、增加细节信息的处理过程。无论何种降尺度方法都需要引入并融合互补信息，才能达到提升分辨率的目的，因此对绝大多数降尺度方法而言，其本质就是一个信息融合的过程。为此，根据互补信息来源及数据融合的视角，可将遥感降尺度方法划分为时-空融合方法、遥感-模型融合方法、超分辨率融合方法和多参量融合方法等（Peng et al.，2017）。时-空融合方法充分利用多传感器数据在时空分辨率上的互补性，构建目标参量时相转换或空间尺度转换的映射关系，实现对目标时相参量的空间降尺度（张良培 等，2016）。遥感-模型融合方法基于动力学过程模型，通过不断融合遥感数据和模型输出，实现目标参量的空间降尺度，也被称为动态降尺度（Boussetta et al.，2008；Kaheil et al.，2008）。超分辨率融合方法以多尺度数据库为驱动，一般利用机器学习训练高-低分辨率数据对，获得空间降尺度模型并进行应用（Leinonen et al.，2021；Yu et al.，2021）。多参量融合方法通过融合低分辨率的目标参量和高分辨率的辅助参量，实现目标参量的空间降尺度。此类方法首先在粗尺度上构建辅助参量与目标参量之间的关系模型，然后基于尺度不变假设应用于精尺度的数据上，通过输入高分辨率的辅助参量输出高分辨率的目标参量。多参量融合方法简单、高效，是当前遥感参量空间降尺度应用最为广泛的方法之一，也是本章的重点研究内容。根据关系模型的构建准则，多参量融合方法又分为确定性降尺度方法和统计降尺度方法。

## 9.1.2 确定性降尺度

确定性降尺度方法利用机理模型融合多参量数据，显式地表征辅助参量与目标参量之间的内在物理关联，实现目标参量的空间降尺度，如图 9.1 所示。在多参量融合的框架下，确定性降尺度主要依赖确定的物理模型，从而降低模型构建造成的不确定性。然而，确定性降尺度方法对模型参数具有严格要求。

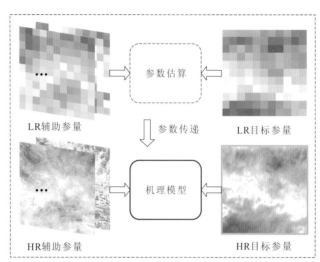

图 9.1 物理确定性降尺度方法

LR 为低分辨率，HR 为高分辨率，后同

实际应用中，利用低分辨率的辅助参量与目标参量估算模型参数（宋承运 等，2021；Merlin et al.，2012a），随后将高分辨率的辅助参量和模型参数输入机理模型，进而输出高分辨率的目标参量。例如，基于物理和理论尺度变化的分解系列经典算法，利用蒸散发效率模型融合地表温度、植被指数和土壤水分，通过低分辨率的遥感观测数据估算复杂的土壤参数，进而反演高分辨率的土壤水分（Song et al.，2021；Merlin et al.，2010，2008）。又如，Ranney 等（2015）利用粗尺度上估算的权重参数求解综合土壤水分，有效解决了平衡水分模型中如何衡量各收入项和支出项重要程度的难题。此外，在模型参数已知的少数情况下，研究者直接将高分辨率的辅助参量输入机理模型，估算高分辨率的目标参量，而低分辨率的遥感观测数据被用于残差校正，进一步提升降尺度数据的精度（Merlin et al.，2012b）。

确定性降尺度方法具有理论严谨、模型相对稳定和物理可解释等优势。然而，此类方法同样受辅助参量精度和连续性的影响较大；仍然难以顾及模型参数的尺度效应，在空间异质性较高的地区适用性较差；此外，机理模型往往对自然界真实过程进行简化，从而增加了模型的不确定性。

## 9.1.3 统计降尺度

统计降尺度方法利用统计模型融合多参量数据，首先构建低分辨率的辅助参量与目标参量之间的统计关系模型，随后基于空间尺度不变原则，将高分辨率的辅助参量输入统计关系模型，估算高分辨率的目标参量，如图9.2所示。

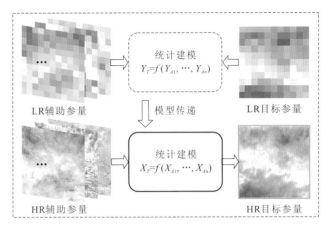

图 9.2　统计降尺度方法

$Y$ 为低分辨率参量，$X$ 为高分辨率参量，$T$ 为目标参量，$A$ 为辅助参量，$n$ 为辅助参量数目

现有统计降尺度方法可分为传统回归方法和机器学习方法。大量研究采用传统回归方法拟合辅助参量与目标参量之间的相关关系，包括广义线性回归模型和非线性回归模型。其中，广义线性回归模型包括普通线性回归（Jia et al.，2011；曹永攀 等，2011）、地理加权回归（Xu et al.，2015）、泊松回归（Das et al.，2015）等模型；非线性回归模型包括二阶多项式（Piles et al.，2011）、幂函数（Wang et al.，2019）等模型。然而，传统回归模型对多种参量构建统一、显式的关系模型，难以顾及地球表层系统各要素相互作用的复杂性，从而限制了统计降尺度的精度。为此，研究者引入机器学习方法建立多参量之间的复杂、隐式关联，包括决策树（He et al.，2016）、支持向量机（Weng et al.，2014）和人工神经网络（Srivastava et al.，2013）等算法。在训练样本充足的条件下，机器学习方法显著提升了统计降尺度的效果（Li et al.，2019）。近年来，由于多层次网络能够深入挖掘各种参量的空间特征和潜在关联，深度学习算法被逐步应用于遥感参量数据的降尺度研究（Yuan et al.，2020）。由于其处理高维数据的优势，此类算法在统计降尺度研究领域极具潜力（Jing et al.，2022）。但实际上，辅助参量与关系模型往往是相互依赖的，统计降尺度方法应根据不同的数据条件选取最优的统计模型（Dong et al.，2020）。

目前，统计降尺度方法仍然是遥感参量空间降尺度的主流方法，已经被广泛应用于土壤水分（邓雅文 等，2021；Long et al.，2019；Piles et al.，2016）、地表温度（祝新明 等，2021；Zhang et al.，2020；王斐 等，2017）、降水（Tan et al.，2022；胡实 等，2020；Ma et al.，2017）、PM$_{2.5}$（Yang et al.，2020；张亮林 等，2019）和水汽含量（Carella et al.，2020）等多种遥感参量。近期典型的应用案例包括但不限于：Jin 等（2018）提出地理加权面到面回归克里金方法，融合海拔、地表温度和植被指数，估算高分辨率的土壤水分；Zhang 等（2018a）构建二次抛物剖面模型表征降水随海拔和植被指数变化的规律，对每月降水进行空间降尺度；Dong 等（2020）设计由 7 组辅助参量和 5 种回归模型组成的35 种方案，对地表温度进行降尺度测试，发现辅助参量与回归模型相互依赖，机器学习方法对高维辅助数据的适用性更强；Li 等（2021）利用全残差深度神经网络融合多种空间因子、气象因子和社会经济因子，实现了二氧化氮参量的空间降尺度。

融合多种参量的统计降尺度方法计算简单，并且充分考虑了环境背景信息，具有较强的实用性。然而，在数据层面，此类方法受辅助参量精度、连续性和各种参量相关性的影响较大；在模型层面，由于地球表层系统的时空复杂性、相互作用复杂性和驱动机制复杂性（陈旻 等，2021），多参量之间的统计关系在不同尺度条件下可能并不统一，尺度不变假设存在一定的不确定性，缺乏可靠的机理解释。总体来说，鉴于多参量遥感数据的互补信息丰富，相比于确定性降尺度方法，统计降尺度方法一般具有更强的实用性。因此，本章以多元自适应回归样条方法和内嵌注意力机制的密集卷积网络为例进行介绍。

# 9.2  多元自适应回归样条降尺度方法

多元自适应回归样条（multivariate adaptive regression splines，MARS）方法是一种基于分段策略的非线性、非参数回归方法，在高维数据拟合领域应用广泛（Tan et al.，2022；谭伟伟，2020；Friedman，1991）。其拟合过程为：首先，通过自适应选取结点将解释变量划分为大量子集，利用截断线性函数或截断三次样条函数构建候选基函数；然后，通过前向逐步回归选取和构建新的基函数以逼近目标参量；最后，基于广义交叉验证准则循环删减基函数以防止过拟合，直至获得最优的模型。MARS 方法无须假设辅助变量与目标参量之间的特定函数关系，直接利用基函数迭代构建显式的回归模型，能够顾及目标参量的空间规律和多参量间的相关关系，同时具备灵活性和可解释性。因此，本节将其用于遥感参量的统计降尺度研究，首先利用低分辨率数据构建 MARS 模型，随后基于空间尺度不变原则，将高分辨率的辅助参量输入 MARS 模型，估算高分辨率的目标参量。下面将简要介绍 MARS 方法的基本原理。

假设 $Y$ 是目标参量，$x_i$ 是各种辅助参量。MARS 模型的定义可表示为

$$Y = \sum_{m=0}^{M} a_m B_m(x_1, \cdots, x_p) = a_0 + \sum_{m=1}^{M} a_m \prod_{k=1}^{km} [C(x_{v(k,m)} | s_{km}, t_{-km}, t_{km}, t_{+km})] \tag{9.1}$$

式中：$B_m(x)$ 为第 $m$ 个截断的基函数，可以是单变量线性/样条函数形成的基函数，也可以是多个单变量线性/样条函数的张量积；区域之间的线性回归线的交点为结点，$km$ 为结点数；$x_{v(k,m)}$ 为辅助变量；$t_{-km}$、$t_{km}$ 和 $t_{+km}$ 为基函数结点的值；$s_{km}$ 取值 1 或-1，该值决定结点分裂的方向（左/右）；$a_m$ 为第 $m$ 个基函数的系数，可采用普通最小二乘法估计。基于上述定义，MARS 模型的回归过程包括前向选择和后向剪枝两个步骤。

## 9.2.1  前向选择

在前向选择过程中，MARS 方法对低分辨率的目标参量训练集进行迭代地分割，每次迭代会选择一个辅助参量并计算和生成截断函数。基函数的形式通常为截断线性函数或截断三次样条函数，如图 9.3 所示。Friedman（1991）指出分段线性函数的主要缺点是在每个结点处的一阶导数不连续。因此，采用截断三次样条函数作为 MARS 模型的基函数形式，以保证模型的连续可导性。截断三次样条函数的形式为

$$C(x|s=+1,t_-,t,t_+) = \begin{cases} 0, & x \leqslant t_- \\ p_+(x-t_-)^2 + r_+(x-t_-)^3, & t_- < x < t_+ \\ x-t, & x \geqslant t_+ \end{cases} \quad (9.2)$$

$$C(x|s=-1,t_-,t,t_+) = \begin{cases} -(x-t), & x \leqslant t_- \\ p_-(x-t_+)^2 + r_-(x-t_+)^3, & t_- < x < t_+ \\ 0, & x \geqslant t_+ \end{cases} \quad (9.3)$$

式中：$t$ 为单变量结点的位置，$t_- < t < t_+$；$p_+$、$r_+$、$p_-$ 和 $r_-$ 具有以下的形式：

$$p_+ = (2t_+ + t_- - 3t)/(t_+ - t_-)^2 \quad (9.4)$$

$$r_+ = (2t - t_+ - t_-)/(t_+ - t_-)^3 \quad (9.5)$$

$$p_- = (3t - 2t_- - t_+)/(t_- - t_+)^2 \quad (9.6)$$

$$r_- = (t_- + t_+ - 2t)/(t_- - t_+)^3 \quad (9.7)$$

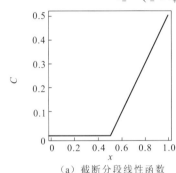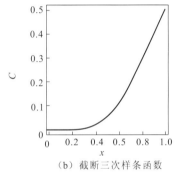

（a）截断分段线性函数　　　　　　（b）截断三次样条函数

图 9.3　截断分段线性函数和截断三次样条函数对比图

左结点 $t_- = 0.2$，中心结点 $t = 0.5$，右结点 $t_+ = 0.7$

为确保截断三次样条函数 $C(x|s,t_-,t,t_+)$ 的连续性和一阶导数的连续性，初始基函数为 $B_0(x) = 1$，每次迭代产生的基函数对为

$$\begin{cases} B_{2I-1}(x) = B_I(x)b(x_v|p) \\ B_{2I-1}(x) = B_I(x)b(x_v|\overline{p}) \end{cases} \quad (9.8)$$

式中：$I$ 为迭代次数；$B_I(x)$ 为上一次迭代生成的一个基函数；$x_v$ 为独立变量；$b(x_v|\cdot)$ 为截断函数镜像对 $p$ 和 $\overline{p}$。在每次迭代中，新的基函数由当前基函数 $B(x)$、$x_v$ 和 $p$ 确定。前向过程的目标是通过最小二乘法求解三个参数（$l^*,v^*,p^*$），其公式为

$$(l^*,v^*,p^*) = \arg\min \sum_{n=1}^{N} \left[ \overline{Y}_n - \sum_{i=0}^{2I-2} a_i B_i(x_n)a_{2I-1}B_I(x_n)b(x_{vn}|p)a_{2I}B_I(x_n)b(x_{vn}|\overline{p}) \right]^2 \quad (9.9)$$

式中：$N$ 为训练数据对数。将求解得到的三个参数（$l^*,v^*,p^*$）保存并用于下一次迭代，直到生成的基函数达到预先设定的最大基函数数目（$M_{\max}$）或满足前向选择的精度要求。

## 9.2.2　后向剪枝

前向选择过程建立的 MARS 模型是过拟合的，这是由于 MARS 方法在迭代过程中由先前生成的基函数来构建新的基函数。该过程生成的部分基函数对模型的贡献较小甚

至没有贡献，部分基函数的作用仅在于生成后继的基函数。因此，MARS 方法的前向迭代过程允许构造大量的基函数，使得后向剪枝过程对 MARS 方法至关重要。后向剪枝过程的机制是通过每次循环删除一个基函数而得到子模型，该过程使用了广义交叉验证（generalized cross validation，GCV）准则。GCV 准则定义为

$$\text{GCV}(\lambda) = \frac{\sum_{i=1}^{N}[y_i - F(x_i)]^2}{\left(1 - \dfrac{M(\lambda)}{N}\right)} \tag{9.10}$$

式中：$N$ 为模型中基函数的数量；$M(\lambda)$ 为模型中参数的有效数量；$F$ 为估计的最佳模型；$\lambda$ 为模型项的最佳数量。

目前已有多种回归技术（如多元线性回归和地理加权回归）被用于建立目标参量和各种环境因子之间的关系，但是这些回归模型具有不光滑的特点，导致目标图像出现急剧变化的问题，如图 9.4 所示。在本章中，MARS 模型采用截断三次样条函数作为基函数，使响应面具有显著平滑性，并利用 GCV 准则筛选基函数，不断优化模型，达到多参量融合降尺度的目的。

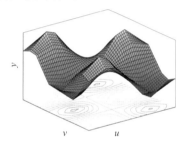 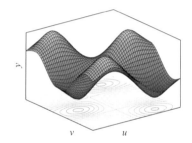

（a）不光滑的响应建模曲面　　　　　　　（b）光滑的响应建模曲面

图 9.4　响应建模曲面

# 9.3　顾及尺度一致约束的卷积网络降尺度方法

深度学习方法能够提取高维数据中的多层次特征，挖掘出目标参量与辅助参量之间的潜在关系，在多参量融合降尺度方面具有极大的潜力。一般过程为：首先，低分辨率的辅助参量由输入层输入神经网络，经多层次结构传递到输出层，对比输出值与低分辨率的目标参量以计算损失函数；然后对该损失函数进行最小化优化，使深度学习网络能够拟合理想的辅助参量-目标参量关系；最后基于空间尺度不变原则，将高分辨率的辅助参量输入训练好的模型，估算高分辨率的目标参量。与回归方法相比，深度学习方法能够充分利用高维数据中的局部空间信息，表征多参量间更复杂的非线性关系。鉴于此，本节将介绍一种内嵌注意力机制与尺度一致性物理约束的密集卷积网络（attention mechanism based convolutional network，AMCN）方法，用于遥感参量的空间降尺度（Jing et al.，2022）。

AMCN 是一种端到端的卷积神经网络，输入为低分辨率目标参量（$Y_p$）和各种高分辨率辅助参量（$X_A$），输出为高分辨率目标参量（$X_p$），如式（9.11）所示。网络结构如图 9.5 所示，首先设计双模式交叉注意力模块，即全局交叉注意力模块和多因子交

又注意力模块，提取和重新校准特征图，以期充分利用粗糙目标参量中更准确的量级信息和精细辅助数据中更丰富的细节信息；然后，提出内嵌注意力的残差密集卷积模块，进一步提取高层次信息；最后，通过全局残差学习，获得高分辨率目标参量。

$$X_{\mathrm{P}} = \xi(f_{\mathrm{u}}(Y_{\mathrm{P}}), X_{\mathrm{A}}) \tag{9.11}$$

式中：$f_{\mathrm{u}}(\cdot)$ 为上采样函数，本章采用双线性插值方法；$\xi(\cdot)$ 为残差网络。此外，提出双尺度自适应损失函数，对训练过程进行物理约束。下面依次介绍各模块的结构。

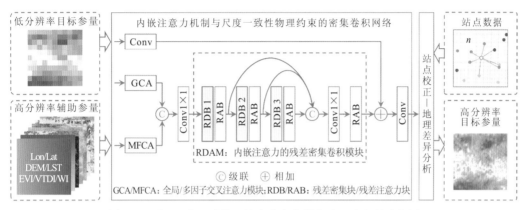

图 9.5 顾及尺度一致物理约束的密集卷积降尺度方法流程图

## 9.3.1 双模式交叉注意力模块

注意力机制通过赋予相关信息较高的权重及赋予无关信息较低的权重来实现特征图的重校正（Ghaffarian et al.，2021）。基于注意力机制的深度学习网络可以有效地聚焦重要目标，从而提高特征提取的效率和准确性。因此，本章利用交叉注意力对低分辨率目标参量与高分辨率辅助参量的浅层特征图进行交叉赋权，引导量级信息和细节信息的提取。考虑输入数据的多样性，通过两种不同的数据组合模式构建双模式交叉注意力模块，旨在充分利用多参量数据的互补信息。

交叉注意力包括低分辨率目标参量的通道注意力和高分辨率辅助数据的空间注意力，如图 9.6 所示。一方面，通道注意力利用低分辨率目标参量中的实际量级信息来引导高分辨率辅助数据的特征图校正。具体包括：卷积层，从低分辨率目标参量的上采样数据中提取量级相关的特征图；Sigmoid 函数，对特征图进行归一化处理得到通道注意力权重；元素乘运算，将卷积层提取的高分辨率辅助数据特征图逐元素乘以权重，实现信息重校正。由于目标参量往往具有高偏态分布和宽数据范围的特征，在通道注意力中移除广泛使用的池化操作以避免数值异常。另一方面，空间注意力从高分辨率辅助数据特征图中获取包含细节信息的空间注意力权重，使之重校正低分辨率目标参量特征图。最后，通过元素加运算融合来自通道注意力和空间注意力的重校正特征图，得到准确的量级信息和丰富的细节信息。交叉注意力机制可表示为

$$F_{\mathrm{LPCA}} = (W_{\mathrm{LPCA1}} \circ F_{\mathrm{A}} + b_{\mathrm{LPCA1}}) \otimes \sigma(W_{\mathrm{LPCA2}} \circ F_{\mathrm{P}} + b_{\mathrm{LPCA2}}) \tag{9.12}$$

$$F_{\mathrm{HASA}} = (W_{\mathrm{HASA1}} \circ F_{\mathrm{P}} + b_{\mathrm{HASA1}}) \otimes \sigma(W_{\mathrm{HASA2}} \circ F_{\mathrm{A}} + b_{\mathrm{HASA2}}) \tag{9.13}$$

$$F_{\text{CroA}} = F_{\text{HASA}} + F_{\text{LPCA}} \qquad (9.14)$$

式中：$F_{\text{LPCA}}$ 和 $F_{\text{HASA}}$ 分别为通道注意力和空间注意力的输出特征图；$F_{\text{A}}$ 和 $F_{\text{P}}$ 分别为高分辨率辅助数据和低分辨率目标参量的特征图；$W$ 为交叉注意力模块的卷积核；$\otimes$ 和。分别为元素乘运算和卷积运算；$b$ 为每个注意力模块的偏差；$F_{\text{CroA}}$ 为交叉注意力的输出特征图。

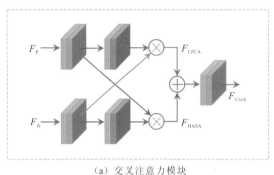

（a）交叉注意力模块

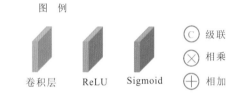

（b）全局交叉注意力模块

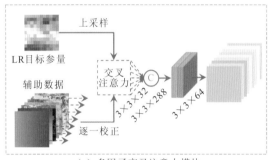

（c）多因子交叉注意力模块

图 9.6　双模式交叉注意力模块

本章通过两种不同的数据组合模式构建双模式交叉注意力模块，即全局交叉注意力模块和多因子交叉注意力模块。全局交叉注意力模块将各种辅助数据视为一个整体，联合所有高分辨率辅助数据与低分辨率目标参量作为模块输入。由于辅助数据种类较多，全局注意力模块难免顾此失彼。因此，本章还设计多因子交叉注意力模块，旨在进一步丰富特征图。在该模块中，每种辅助数据依次输入交叉注意力模块，以获取逐一校正的特征图。因此，该模块包含多个单因子交叉注意力模块。全局交叉注意力模块能够使模型更加稳健，而多因子交叉注意力模块挖掘潜在特征的能力更强，二者在一定程度上优势互补。最后，通过级联函数将双模式交叉注意力模块的输出特征图合并以作为后续模块的输入。

## 9.3.2　内嵌注意力的残差密集卷积模块

内嵌注意力的残差密集卷积模块旨在提取特征图中的高层次信息。如图 9.5 所示，该模块具有三层结构，每层包括一个残差密集块（residual dense block，RDB）和一个残差注意力块（residual attention block，RAB），并通过级联函数整合多层次特征图。

为了解决层间信息流传递问题，Huang 等（2017）通过密集跳跃连接将任意卷积层提取的特征图引入后续卷积层中，增强了不同层次特征图之间的信息传递能力。在此基础上，Zhang 等（2018b）通过残差结构将原始特征图引入高层次特征图中，充分利用了原始特征信息，形成经典的 RDB 结构，如图 9.7 所示。由于其在信息传递与提取方面的显著优势，本章将 RDB 引入主体模块，以期充分提取多参量数据的局部特征信息。

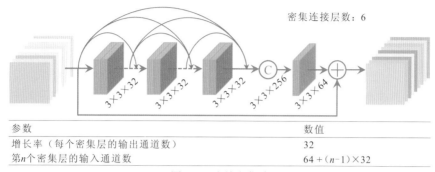

| 参数 | 数值 |
| --- | --- |
| 增长率（每个密集层的输出通道数） | 32 |
| 第$n$个密集层的输入通道数 | $64 + (n-1) \times 32$ |

图 9.7　残差密集块

　　然而，经过双模式交叉注意力模块处理的特征图包含复合的量级信息和细节信息，简单的 RDB 难以充分表达高维数据中的特征异质性。因此，在该模块中嵌入 RAB 以不断增强 RDB 的输出特征图。如图 9.8 所示，RAB 联合空间注意力和通道注意力对特征图进行重校正。其中，通道注意力包括均值池化运算、全连接层和 Sigmoid 归一化运算。由于该模块的输入是经过注意力模块处理后的特征图，而非具有高偏态结构和宽动态范围的原始数据，该通道注意力利用了均值池化运算来聚合多通道特征图。此外，空间注意力由卷积层和 Sigmoid 归一化运算组成。最后，通过元素加运算整合通道注意力和空间注意力的输出特征图，并通过局部残差学习获得 RAB 的输出特征图，如下式所示：

$$F_{\text{RAB}} = F_{\text{input}} + (W_{\text{RAB}} \circ (F_{\text{CA}} + F_{\text{SA}}) + b_{\text{RAB}}) \tag{9.15}$$

式中：$F_{\text{input}}$ 和 $F_{\text{RAB}}$ 分别为 RAB 的输入和输出特征图；$F_{\text{CA}}$ 和 $F_{\text{SA}}$ 分别为通道注意力和空间注意力子块的输出特征图；$W_{\text{RAB}}$ 和 $b_{\text{RAB}}$ 分别为 RAB 的卷积核和偏差项。总之，通过交替的 RDB 和 RAB 结构，内嵌注意力的残差密集卷积模块能够有效地提取出多层次的量级和细节信息。最后，通过全局残差学习，将原始低分辨率目标参量的浅层特征图与该模块处理后的深层特征图合并，估算高分辨率的目标参量。

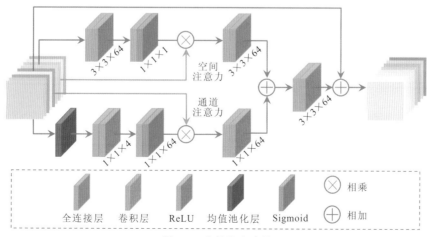

图 9.8　残差注意力块

### 9.3.3 损失函数设计

预测的高分辨率目标参量应与输入的低分辨率目标参量在物理上保持一致，可将其称为尺度一致性。因此，在设计退化损失函数 $L_d(\Theta)$ 时，可以加入尺度一致性约束，对训练过程进行约束引导，具体公式为

$$L_d(\Theta) = \frac{1}{N} \sum_{i=1}^{N} \sqrt{\left\| y_P^i - f_d(\xi(y_P^i, x_A^i)) \right\|^2 + \varepsilon^2} \tag{9.16}$$

式中：$y_P^i$ 和 $x_A^i$ 分别为低分辨率目标参量和高分辨率辅助数据；$f_d(\cdot)$ 为基于双线性插值的下采样函数；$\xi(\cdot)$ 为网络输出；$\varepsilon$ 为常数项，经验值为 0.001；$N$ 为训练块的数量。退化损失函数在粗尺度上约束训练过程，使模型在不同时间和空间尺度下具有良好的一致性和鲁棒性。

除退化损失函数外，本小节还引入 Charbonnier 损失函数（Lai et al.，2017）在精细尺度上约束训练过程。由于目标参量往往具有高偏态结构和宽动态范围的特点，对少数异常值敏感的 L2 损失难以快速收敛，采用在超分领域广泛使用的 Charbonnier 损失函数来衡量降尺度结果与标签数据之间的一致性。Charbonnier 损失是一种改进的 L1 损失，如下：

$$L_c(\Theta) = \frac{1}{N} \sum_{i=1}^{N} \sqrt{\left\| \hat{x}_P^i - \xi(y_P^i, x_A^i) \right\|^2 + \varepsilon^2} \tag{9.17}$$

式中：$\hat{x}_P^i$ 为真实的高分辨率目标参量。

因此，总体损失函数定义为

$$L_{total}(\Theta) = \alpha L_c(\Theta) + \beta L_d(\Theta) \tag{9.18}$$

$$\alpha = \frac{val(L_c(\Theta))}{val(L_c(\Theta)) + val(L_d(\Theta))}, \quad \beta = \frac{val(L_d(\Theta))}{val(L_c(\Theta)) + val(L_d(\Theta))} \tag{9.19}$$

式中：$\alpha$ 和 $\beta$ 均为正则化参数，由损失函数 $L_c(\Theta)$ 和 $L_d(\Theta)$ 的数值自适应确定，以快速获取最优的训练网络。当总体损失函数收敛后，训练好的网络被用于后续的降尺度测试。

# 9.4 实验结果与分析

## 9.4.1 研究区域与数据

本节以全国陆地降水降尺度研究为例，评估 MRAS 方法和 AMCN 方法的有效性。每月卫星降水数据来自全球降水测量（global precipitation measurement，GPM）任务的综合多卫星检索（integrated multi-satellite retrievals for the GPM，IMERG）数据集（GPM_3IMERGM，https://search.earthdata.nasa.gov/search/），其空间分辨率为 0.1°，该数据集被广泛证明在公开发布的卫星降水数据集中具有较高的精度水平。对于辅助数据，日间/夜间地表温度、增强型植被指数和地表反射率数据分别来自中分辨率成像光谱仪（MODIS，https://search.earthdata.nasa.gov/search/）的 MOD11A2、MOD13A3 和 MOD09A1

产品。数字高程模型数据来自航天飞机雷达地形测绘任务（shuttle radar topography mission，STRM，https://earthexplorer.usgs.gov/）。辅助数据的预处理包括：首先，采用时空自适应张量补全（Chu et al.，2021）方法或反距离加权方法重建云层或水体导致的缺失区域；然后，采用低通滤波（Xu et al.，2015）进行平滑处理，以削减极值和噪声的影响；最后，所有辅助数据均重采样至 0.01° 和 0.1° 两个空间尺度，分别用于网络训练和测试。此外，全国 612 个气象站点的降雨测量数据被用于评估模型精度，该数据来源于中国气象科学数据中心（http://data.cma.cn，最后一次访问时间为 2021 年 3 月）。研究区地形概况及气象站点分布如图 9.9 所示。

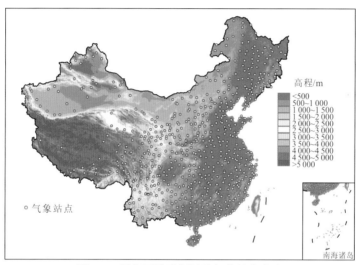

图 9.9　研究区地形概况及气象站点分布

利用 9 种地理、环境参量作为降水降尺度研究的辅助参量。其中，地理参量包括经度、纬度和海拔。环境参量包括日间地表温度、夜晚地表温度、增强型植被指数、温度植被干旱指数、归一化差分水体指数和地表水体指数，反映了地表温度、植被覆盖度和内陆水体的分布特征。降水与各种辅助参量之间的相关性可表示为

$$X_{\mathrm{p}} = f(Y_{\mathrm{p}}, \mathrm{Lon}, \mathrm{Lat}, \mathrm{DEM}, \mathrm{LSTD}, \mathrm{LSTN}, \mathrm{EVI}, \mathrm{TVDI}, \mathrm{NDWI}, \mathrm{LSWI}) \qquad （9.20）$$

式中：$X_{\mathrm{p}}$ 和 $Y_{\mathrm{p}}$ 分别为高分辨率和低分辨率的降水数据；括号中第 2～9 项为 9 种高分辨率的辅助数据。温度植被干旱指数是一种经验变量，用于参数化地表温度与植被指数之间的关系（Gao et al.，2011；Sandholt et al.，2002），如下：

$$\mathrm{TVDI} = \frac{\mathrm{Ts} - \mathrm{Ts}_{\min}}{\mathrm{Ts}_{\max} - \mathrm{Ts}_{\min}} \qquad （9.21）$$

式中：TVDI 为温度植被干旱指数；Ts 为目标像元的地表温度；$\mathrm{Ts}_{\min}$ 和 $\mathrm{Ts}_{\max}$ 分别为"大三角"特征空间中湿边的最小地表温度和干边的最大地表温度，更多细节参见 Sandholt 等（2002）。此外，归一化差分水体指数（Gao，1996）和地表水体指数（Chandrasekar et al.，2010）的计算公式分别为

$$\mathrm{NDWI} = \frac{\rho_{\mathrm{nir}} - \rho_{\mathrm{mir}}}{\rho_{\mathrm{nir}} + \rho_{\mathrm{mir}}} \qquad （9.22）$$

$$LSWI = \frac{\rho_{nir} - \rho_{swir2}}{\rho_{nir} + \rho_{swir2}} \qquad (9.23)$$

式中：NDWI 和 LSWI 分别为归一化差分水体指数和地表水体指数；$\rho_{nir}$、$\rho_{mir}$ 和 $\rho_{swir2}$ 分别为 MODIS 地表反射率的近红外、中红外和短波红外波段。

## 9.4.2　实验方案设计

本小节从模拟实验和真实实验两方面，验证 MARS 和 AMCN 方法对卫星降水数据空间降尺度的有效性。在两组实验中，选取随机森林（random forest，RF）（Breiman，2001）和反向传播神经网络（back propagation neural network，BPNN）（Rumelhart et al.，1986）作为基准方法进行对比分析。选取三种定量评价指标对降水降尺度结果进行精度评估，即决定系数（$R^2$）、偏差（Bias，结果−真值）和归一化均方根误差（normalized root-mean-square error，nRMSE）。具体实验设计如下。

（1）训练数据。如表 9.1 所示，训练数据集为 2018 年的 12 组数据，每组数据包括：1°分辨率的降水数据（由原始降水数据下采样获得）和 0.1°分辨率的辅助数据作为输入数据；0.1°分辨率的降水数据作为标签数据。影像重采样均采用双线性插值算法。为了提高网络训练的针对性和准确性，所有非研究区域和光学影像中的云覆盖区域均被排除。

表 9.1　训练和测试数据信息

| 实验 | 时序×行数×列数×类别 | 时间范围 | 空间分辨率 | |
| --- | --- | --- | --- | --- |
| | | | 输入（降水，辅助数据） | 输出（降水） |
| 训练 | 12×360×620×10 | 2018 年 1 月～2018 年 12 月 | 1°，0.1° | 0.1° |
| 模拟测试 | 24×360×620×10 | 2019 年 1 月～2020 年 12 月 | 1°，0.1° | 0.1° |
| 真实测试 | 24×3 600×6 200×10 | 2019 年 1 月～2020 年 12 月 | 0.1°，0.01° | 0.01° |

（2）测试数据。模拟实验和真实实验的测试数据集均为 2019～2020 年的 24 组数据。其中，模拟测试与训练过程的数据配置完全一致，拟将降水数据从 1°分辨率降尺度至 0.1°分辨率，旨在验证相同降尺度倍数下各种方法的有效性；真实测试的数据分辨率是训练过程和模拟测试的 10 倍，即拟将降水数据从 0.1°分辨率降尺度至 0.01°分辨率，旨在验证真实情况下各种方法的有效性。

（3）参数设置。在 MARS 模型的训练过程中，最大基函数个数 $M_{max}$ 和终止阈值是前向选择步骤的两个关键参数。前向选择构建的初始模型将随着 $M_{max}$ 的增加而逐渐稳定，即 $M_{max}$ 超过一定数值时，才能确保前向过程建立的模型是稳定的，在本实验中设置为 100。此外，前向选择的终止阈值设置为 0.01，即当 $R^2$（模型拟合值与标签数据的决定系数）的变化小于该阈值时，终止前向选择过程。前向选择在两个关键参数的共同约束下构建初始模型，后向剪枝采用最小化 GCV 准则对初始模型进行剪枝，最终确定最佳基函数个数和最佳预测模型。在 AMCN 网络的训练过程中，采用 Adam（Kingma et al.，2014）优化器作为梯度下降优化算法。网络训练次数设置为 100 个周期，初始学习率为 0.001，并在 50 个周期后下降一半。

### 9.4.3 模拟实验

在模拟实验中，将原始降水数据下采样模拟低分辨率降水数据，然后通过训练好的降尺度模型将低分辨率降水数据的分辨率从 1° 提升至 0.1°。此时，可将原始卫星降水数据作为参考，从目视效果和定量指标两方面对降尺度结果进行评价，本章称为参考数据评价。此种区域尺度评价方法能够反映降水空间分布的一致性。此外，采用气象站点降水测量数据作为参考进行定量评价，则称为站点评价。此种点尺度评价方法能够反映局部降水数值的准确性。本章结合两种评价方法，对 RF、BPNN、MARS 和 AMCN 4 种方法的降尺度效果进行全面评估。

图 9.10 和图 9.11 展示了 2019 年 2 月和 2020 年 7 月两组数据的降尺度结果及其空间细节。由于东南季风带来大量的太平洋水汽，东南地区是我国降水最丰富的区域。图 9.10 中的两幅原始降水影像（即参考数据）均呈现出该现象。BPNN、MARS 和 AMCN 降尺度结果的降水空间分布模式与对应的参考数据均保持了较高的一致性，而 RF 降尺度结果在 2019 年 2 月呈现出较大的差异。具体而言，输入数据（a2）包含的降水信息极少，因此空间约束不足的 RF 方法从各种辅助数据中引入了不准确的空间分布信息。相比之下，BPNN、MARS 和 AMCN 方法能够从最低分辨率影像中提取有效的空间特征，并反演出具有合理分布的高分辨率降水数据。在 2020 年 7 月，4 种方法的降尺度结果都与真实卫星降水数据具有较高的一致性。

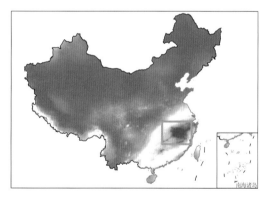

（a1）参考数据

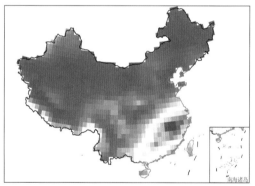

（a2）输入数据

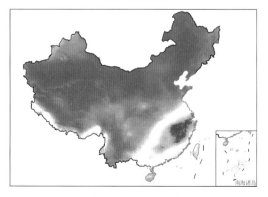

（a3）RF降尺度结果

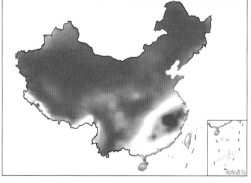

（a4）BPNN降尺度结果

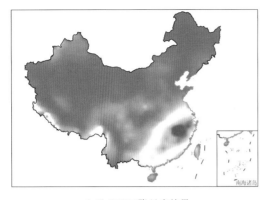

（a5）MARS降尺度结果

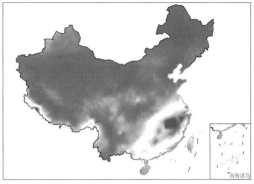

（a6）AMCN降尺度结果

a组： 0　34　68　136　204　289　mm/月

（a）2019年2月

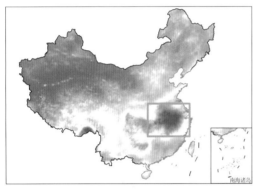

（b1）参考数据

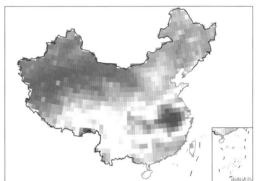

（b2）输入数据

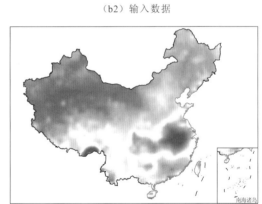

（b3）RF降尺度结果

（b4）BPNN降尺度结果

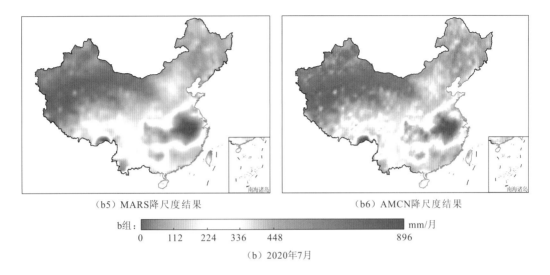

（b5）MARS降尺度结果　　　　　　　　　　　（b6）AMCN降尺度结果

b组： 0　112　224　336　448　　　　　　896　mm/月

（b）2020年7月

图9.10　2019年2月（a组）和2020年7月（b组）的降尺度数据

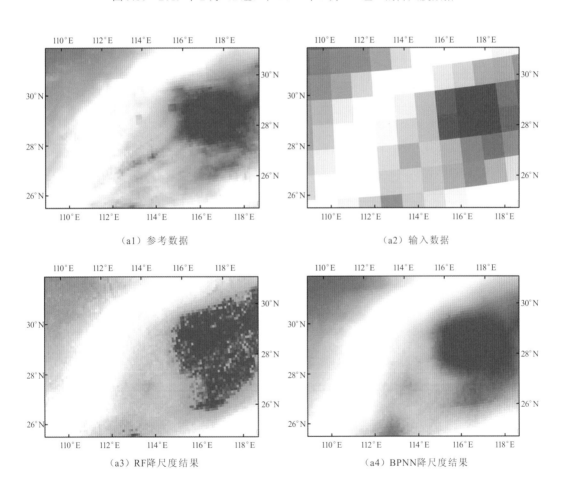

（a1）参考数据　　　　　　　　　　　　　（a2）输入数据

（a3）RF降尺度结果　　　　　　　　　　　（a4）BPNN降尺度结果

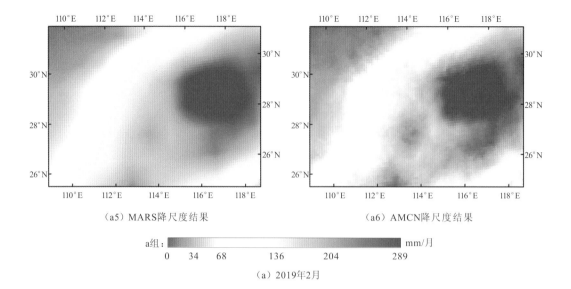

（a5）MARS降尺度结果　　　　　　　　（a6）AMCN降尺度结果

a组：　0　34　68　　136　　204　　289　mm/月

（a）2019年2月

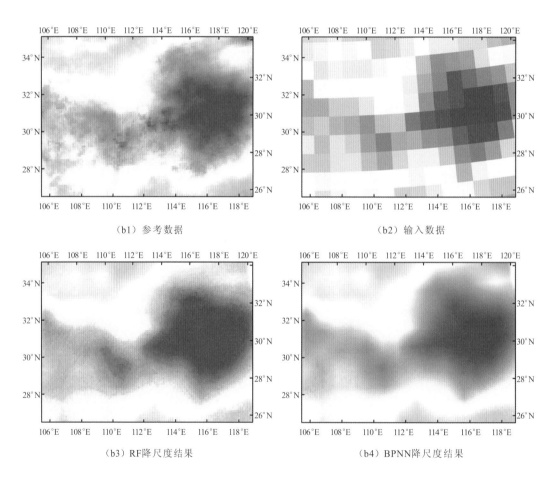

（b1）参考数据　　　　　　　　　　　（b2）输入数据

（b3）RF降尺度结果　　　　　　　　　（b4）BPNN降尺度结果

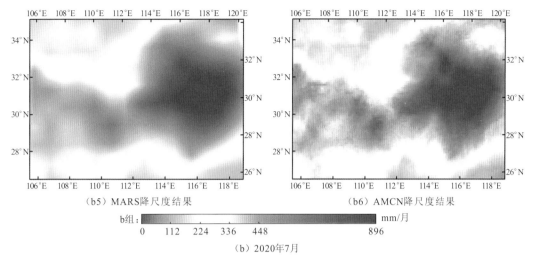

（b5）MARS降尺度结果　　　　　　　　　（b6）AMCN降尺度结果

b组：　　　　　　　　　　　　　　　　　　　mm/月
0　　112　　224　　336　　448　　　　　896

（b）2020年7月

图9.11　2019年2月（a组）和2020年7月（b组）的降尺度数据的空间细节
对应于图9.10

　　局部放大图进一步揭示了不同方法的降尺度差异，如图9.11所示。RF方法显著缩小了降水的动态数值范围，造成低值高估和高值低估现象。然而，本实验未对RF方法进行优化，在足够的空间约束和稳定的降水模式下，RF方法也被证明具有良好的表现。此外，由于地理/环境辅助参量与降水的相关性较低，BPNN和MARS方法难以充分表征多参量数据之间的复杂非线性关系，因此不能充分体现降水的空间异质性。其中，MARS降尺度结果最平滑，尽管平滑性能够提升模型的降噪性能，但会导致低分辨率影像中的有效信息丢失。相比之下，AMCN降尺度结果呈现出丰富的空间细节特征。这表明，由于注意力机制的特征有效性和深度卷积滤波器的特征丰富性，AMCN方法可以有效地从辅助数据中引入相关信息。此外，AMCN方法在一定程度上优化了原始降水数据中的异常细节，如图9.10（a1）中的"矩形"区域。因此，与RF、BPNN和MARS方法相比，AMCN方法表现出更优的降尺度性能。

　　以原始卫星影像和站点测量数据为参考，通过定量评价进一步分析AMCN方法的降尺度性能，结果如表9.2所示。从数值相关性来看，RF、BPNN、MARS和AMCN方法降尺度结果与原始卫星影像都具有较高的一致性，$R^2$分别达到0.92、0.93、0.92和0.95。尽管在目视评价上存在显著差异，RF、BPNN和MARS方法的定量评价结果是相似的。而AMCN方法降尺度结果获得了最低的偏差和nRMSE，表明其空间细节是相对准确的。在站点评价中，首先计算原始降水影像的定量指标值，以衡量卫星观测与站点观测的差异。与站点数据相比，原始降水影像的$R^2$和nRMSE分别为0.83和0.083。在4种降尺度方法中，AMCN方法的定量指标值与原始降水影像最接近，$R^2$和nRMSE分别为0.80和0.091。较高的正偏差表明，卫星降水数据显著高估了地面实际降水量。总体而言，定量评价结果进一步证明了AMCN方法在降水降尺度方面的优势。

　　在模拟实验中，采用4种方法将降水数据从1°分辨率降尺度至0.1°分辨率。其中，RF方法无法准确地估计降水的量级信息；BPNN和MARS方法难以有效地表征降水的空间细节；而AMCN方法能够呈现出丰富的空间细节，与原始降水影像和站点测量数据都具有较高的一致性。

表 9.2　模拟实验定量评价结果　　　　　　　　　　　　　（Bias 单位：mm/月）

| 数据与方法 | 参考数据评价 | | | 站点评价 | | |
|---|---|---|---|---|---|---|
| | $R^2$ | Bias | nRMSE | $R^2$ | Bias | nRMSE |
| 原始数据 | — | — | — | 0.83 | 16.01 | 0.083 |
| RF | 0.92 | 3.40 | 0.035 | 0.76 | 18.60 | 0.092 |
| BPNN | 0.93 | 2.20 | 0.034 | 0.76 | 17.40 | 0.095 |
| MARS | 0.92 | 1.36 | 0.035 | 0.75 | **15.99** | 0.095 |
| AMCN | **0.95** | **0.34** | **0.027** | **0.80** | 17.15 | **0.091** |

## 9.4.4　真实实验

在真实实验中，采用真实的卫星降水影像作为输入数据，通过训练好的降尺度模型将低分辨率降水数据从 0.1° 分辨率提升至 0.01° 分辨率。随后，利用地理差异分析（geographic difference analysis，GDA）方法（Tan et al.，2022；Duan et al.，2013）与一种基于反距离加权插值的残差校正方法，对降水降尺度结果进行站点校正，获得高精度且高分辨率的遥感降水数据。最后，采用保真度评价和站点评价两种方式对结果进行综合评估。保真度评价是对经过降尺度后的遥感数据进行下采样，将空间分辨率转换到降尺度之前的状态，进而比较其与原始输入数据的差异情况。

首先对 4 种方法的降尺度性能进行目视评价，以 2019 年 6 月和 2020 年 3 月两组数据为例，如图 9.12 所示。在真实实验中，RF 降尺度结果仍然难以准确地表征降水的量级信息，显著高估了降水丰富地区的空间范围。相比之下，BPNN、MARS 和 AMCN 降尺度结果都呈现出合理的空间分布模式，具有较高的保真度。与模拟实验相比，真实实验的降水数据具有更高的分辨率，适当的平滑性能够减少降尺度结果中的噪声和伪痕，因此 MARS 方法的表现优于 BPNN 方法、仅次于 AMCN 方法。在 4 种方法中，AMCN 降尺度结果与原始降水影像的一致性最高。

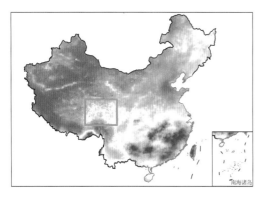

（a1）输入数据

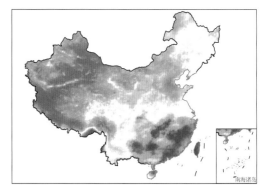

（a2）RF降尺度结果

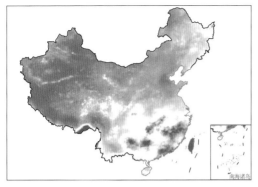

（a3）BPNN降尺度结果　　　　　　　　　　　（a4）MARS降尺度结果

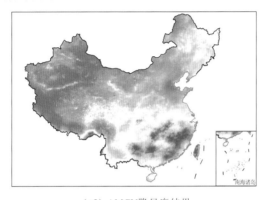

（a5）AMCN降尺度结果

a组： 0　72　144　216　324　595　mm/月

（a）2019年6月

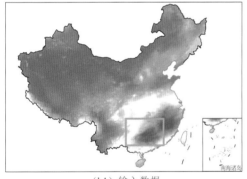

（b1）输入数据　　　　　　　　　　　　　（b2）RF降尺度结果

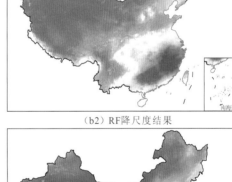

（b3）BPNN降尺度结果　　　　　　　　　　（b4）MARS降尺度结果

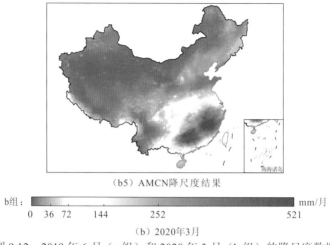

（b5）AMCN降尺度结果

b组： 0　36　72　　144　　　252　　　　　　　521 mm/月

（b）2020年3月

图 9.12　2019 年 6 月（a 组）和 2020 年 3 月（b 组）的降尺度数据

　　图 9.13 展示了具有不同降水模式的半湿润/半干旱地区（a 组）和湿润地区（b 组）的局部放大图。RF 方法降尺度结果基本反映出原始降水数据的空间分布模式，但低估了最大降水量且高估了降水丰富地区的范围。此外，2020 年 3 月，RF 方法从辅助数据中引入了明显的伪痕，主要来自数字高程模型（DEM）数据。BPNN、MARS 和 AMCN 方法均较好地保留了原始影像的空间分布，并引入了辅助数据的细节信息。其中，BPNN方法降尺度结果也轻微高估了降水丰富地区的范围；MARS 方法降尺度结果与原始降水影像具有极高的一致性，并且相对平滑，没有明显的噪声或伪痕；AMCN 方法降尺度结果在保留原始空间分布模式的同时，呈现出最丰富的细节信息。实验表明，AMCN 方法中内嵌的注意力机制显著提升了空间细节信息提取的高效性和准确性。总之，在真实实验中，MARS 和 AMCN 方法均获得了较好的降尺度性能。在实际应用中，如果对噪声水平的限制要求较高，则 MARS 方法是一种良好的选择；如果对细节丰富性的需求更大，则 AMCN 方法是一种有效的选择。

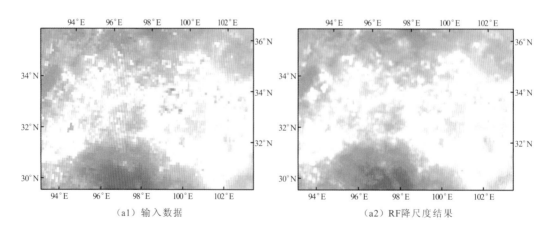

（a1）输入数据　　　　　　　　　　　　　　（a2）RF降尺度结果

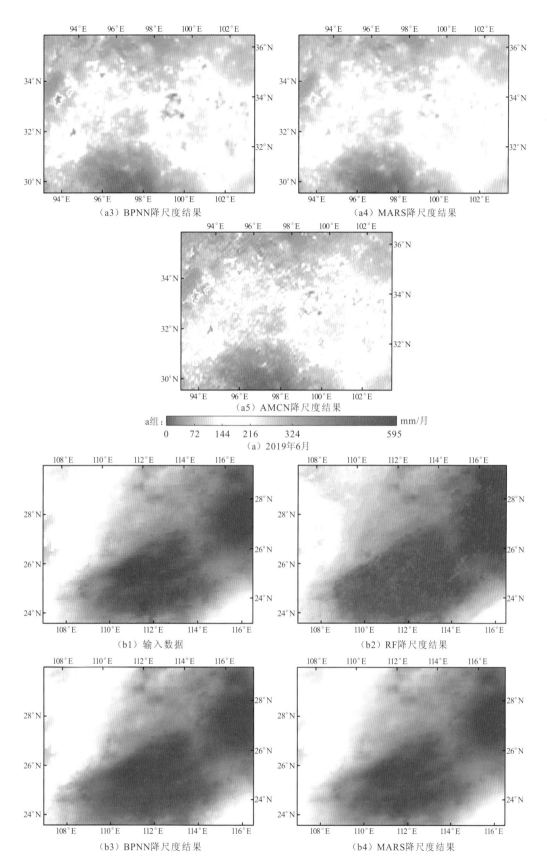

（a3）BPNN降尺度结果　　　　　　　　　　（a4）MARS降尺度结果

（a5）AMCN降尺度结果

a组： ▭ mm/月

0　72　144　216　324　　595

（a）2019年6月

（b1）输入数据　　　　　　　　　　　　（b2）RF降尺度结果

（b3）BPNN降尺度结果　　　　　　　　　　（b4）MARS降尺度结果

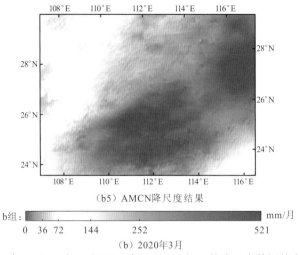

（b5）AMCN降尺度结果

b组： 　　　　　　　　　　　　　　　　　　　　　mm/月

0　36　72　　144　　　　252　　　　　　　521

（b）2020年3月

图 9.13　2019 年 6 月（a 组）和 2020 年 3 月（b 组）的降尺度数据的空间细节

对应于图 9.12

真实实验的定量评价结果如表 9.3 所示。在保真度评价中，需对所有降尺度结果进行下采样，以匹配真实降水影像的空间分辨率。可以看出，RF、BPNN、MARS 和 AMCN方法降尺度结果与真实降水影像显著相关，$R^2$ 均大于 0.94。其中，AMCN 方法降尺度结果与真实降水影像具有更高的一致性，获得最低的偏差（Bias）和 nRMSE，分别为0.27 mm/月和 0.008。AMCN 方法在保真度方面的显著优势主要得益于残差结构和退化损失函数设计，残差结构充分利用了低分辨率降水数据的特征信息，而退化损失函数在粗尺度上充分约束了网络训练过程。MARS 方法仅次于 AMCN 方法，其偏差和 nRMSE分别为 4.04 mm/月和 0.017，显著优于 RF 和 BPNN 方法。站点评价结果与保真度评价结果相似，AMCN 方法的降尺度性能最佳，其次是 MARS、BPNN 与 RF 方法，4 种方法的 $R^2$ 分别为 0.83、0.81、0.79 和 0.77。这表明，深度卷积网络在降水降尺度方面表现良好，而机器学习方法存在一定的不确定性。与 MARS 方法相比，AMCN 方法将 nRMSE进一步降低了 0.011，表明在降尺度研究中细节丰富性的重要程度通常大于平滑性。总体而言，MARS 和 AMCN 方法均具有良好的遥感降水降尺度性能。

表 9.3　真实实验定量评价结果　　　　　　　　　　（Bias 单位：mm/月）

| 方法 | 保真度评价 | | | 站点评价 | | |
|---|---|---|---|---|---|---|
| | $R^2$ | Bias | nRMSE | $R^2$ | Bias | nRMSE |
| RF | 0.948 | 16.82 | 0.047 | 0.77 | 38.98 | 0.129 |
| BPNN | 0.962 | 7.02 | 0.035 | 0.79 | 25.80 | 0.109 |
| MARS | 0.988 | 4.04 | 0.017 | 0.81 | 20.64 | 0.095 |
| AMCN | **0.996** | **0.27** | **0.008** | **0.83** | **15.99** | **0.084** |

如前所述，卫星降水与站点降水相比存在不可忽视的偏差，直接利用卫星数据进行降水监测会导致严重的高估。因此，本章引入 GDA 方法对降水降尺度数据进行站点校正。以 2020 年 6 月为例，校正实验结果如图 9.14 所示。与气象站点测量值相比，原始

卫星降水数据呈现出明显的高估现象。GDA方法有效地消除了降水降尺度数据中的系统偏差，并保留了空间细节信息。然而，RF和BPNN方法在降尺度过程中引入一些伪痕，这些伪痕是GDA无法去除的，如图中红色方框标记区域。此外，MARS方法降尺度结果在经过站点校正后仍然表现出显著的平滑性。相比之下，AMCN-GDA组合方法获得了高精度且高分辨率的遥感降水数据，具有准确的空间分布与丰富的细节信息。

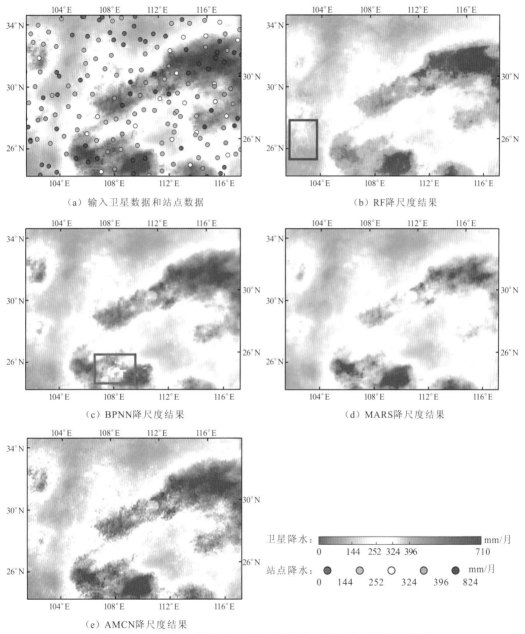

（a）输入卫星数据和站点数据　　　　　　　　（b）RF降尺度结果

（c）BPNN降尺度结果　　　　　　　　（d）MARS降尺度结果

（e）AMCN降尺度结果

图9.14　2020年6月基于气象站点测量值（彩色点）的校正结果

最后，利用十折交叉验证方法，对所有降尺度结果及其校正结果进行整体定量评价（非前述月平均定量评价），如图9.15所示。经过站点校正后，RF、BPNN、MARS和

AMCN 方法降尺度结果的剩余偏差均可忽略不计。尽管在降水丰富的东南地区存在轻微的过度校正现象，但 GDA 仍然是一种简单且有效的偏差校正方法，每种降水降尺度数据的 $R^2$ 均相应地增加约 0.02。虽然站点校正过程显著改善了所有降尺度结果的定量评价指标值，且原始 nRMSE 值越高则改善效果越明显。但 AMCN-GDA 组合方法仍然表现出最优的性能，其次是 MARS-GDA 组合方法。实验结果进一步证明 MARS 和 AMCN 方法在卫星降水降尺度任务中的显著优势，以及 MARS-GDA 和 AMCN-GDA 两种组合方法在生产高精度且高分辨率降水产品方面的潜力。

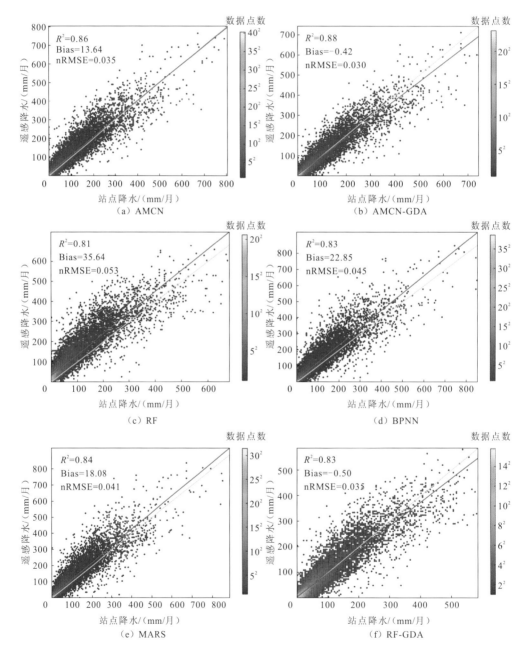

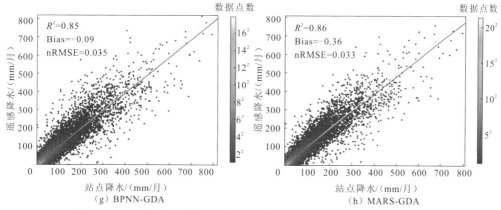

图 9.15　2019 年 1 月至 2020 年 12 月的卫星降水和站点降水的散点图

综合评价结果表明，MARS 和 AMCN 方法均具有良好的遥感降水降尺度性能，并在平滑性（无噪声和伪痕）及细节丰富性两方面各具优势。此外，MARS-GDA 和 AMCN-GDA 两种组合方法在生产高精度且高分辨率降水产品方面具有优良的潜力。

# 9.5　本 章 小 结

本章重点阐述了两种多参量融合降尺度方法——多元自适应回归样条方法和顾及尺度一致约束的卷积网络方法。前者通过自适应选取结点将训练数据集划分为多个子集，利用平滑样条函数构建每个子集中目标参量与辅助参量之间的统计关系。后者通过交叉注意力机制提取和重校正多参量数据中的多尺度互补信息，利用残差密集卷积结构进一步提取和融合多层次复杂特征，构建目标参量与各种辅助参量之间的潜在关联。降水降尺度实验表明，两种方法均获得较好的降尺度结果，整体上明显优于常规的随机森林和反向传播神经网络方法；多元自适应回归样条方法能够消除其他回归模型的伪痕问题，顾及尺度一致约束的卷积网络方法则呈现出更为丰富的细节信息。

但是，多参量融合降尺度方法需要辅助数据支持，不可避免地受辅助数据完整性、时空分辨率等因素的限制，特别是云覆盖对光学遥感数据的影响很大，经常无法获取所需的辅助数据集。值得说明的是，此类方法没有充分利用时相上的互补信息，与第 4 章介绍的时空融合方法各有优势与不足，为此，本书将在第 13 章中将两种方法结合，通过构建广义时-空-谱一体化融合方法，实现最优的时空降尺度。

# 参 考 文 献

曹永攀, 晋锐, 韩旭军, 等, 2011. 基于 MODIS 和 AMSR-E 遥感数据的土壤水分降尺度研究. 遥感技术与应用, 26(5): 590-597.

陈旻, 闾国年, 周成虎, 等, 2021. 面向新时代地理学特征研究的地理建模与模拟系统发展及构建思考. 中国科学(地球科学), 51(10): 1664-1680.

邓雅文, 凌子燕, 孙娜, 等, 2021. 基于广义回归神经网络的京津冀地区土壤湿度遥感逐日估算研究. 地球信息科学学报, 23(4): 749-761.

胡实, 韩建, 占车生, 等, 2020. 太行山区遥感卫星反演降雨产品降尺度研究. 地理研究, 39(7): 1680-1690.

宋承运, 胡光成, 王艳丽, 等, 2021. 基于表观热惯量与温度植被指数的FY-3B土壤水分降尺度研究. 国土资源遥感, 33(2): 20-26.

谭伟伟, 2020. 长江经济带卫星遥感降水数据空间降尺度研究. 武汉: 武汉大学.

王斐, 覃志豪, 宋彩英, 2017. 利用 Landsat TM 影像进行地表温度像元分解. 武汉大学学报(信息科学版), 42(1): 116-122.

张良培, 沈焕锋, 2016. 遥感数据融合的进展与前瞻. 遥感学报, 20(5): 1050-1061.

张亮林, 潘竟虎, 赖建波, 等, 2019. 基于 GWR 降尺度的京津冀地区 $PM_{2.5}$ 质量浓度空间分布估算. 环境科学学报, 39(3): 832-842.

祝新明, 宋小宁, 冷佩, 等, 2021. 多尺度地理加权回归的地表温度降尺度研究. 遥感学报, 25(8): 1749-1766.

BOUSSETTA S, KOIKE T, YANG K, et al., 2008. Development of a coupled land-atmosphere satellite data assimilation system for improved local atmospheric simulations. Remote Sensing of Environment, 112(3): 720-734.

BREIMAN L, 2001. Random forests. Machine Learning, 45(1): 5-32.

CARELLA G, VRAC M, BROGNIEZ H, et al., 2020. Statistical downscaling of water vapour satellite measurements from profiles of tropical ice clouds. Earth System Science Data, 12(1): 1-20.

CHANDRASEKAR K, SESHA SAI M V R, ROY P S, et al., 2010. Land surface water index(LSWI) response to rainfall and NDVI using the MODIS vegetation index product. International Journal of Remote Sensing, 31(15): 3987-4005.

CHU D, SHEN H, GUAN X, et al., 2021. Long time-series NDVI reconstruction in cloud-prone regions via spatio-temporal tensor completion. Remote Sensing of Environment, 264: 112632.

DAS D, GANGULY A R, OBRADOVIC Z, 2015. A Bayesian sparse generalized linear model with an application to multiscale covariate discovery for observed rainfall extremes over the United States. IEEE Transactions on Geoscience and Remote Sensing, 53(12): 6689-6702.

DONG P, GAO L, ZHAN W, et al., 2020. Global comparison of diverse scaling factors and regression models for downscaling Landsat-8 thermal data. ISPRS Journal of Photogrammetry and Remote Sensing, 169: 44-56.

DUAN Z, BASTIAANSSEN W G M, 2013. First results from Version 7 TRMM 3B43 precipitation product in combination with a new downscaling-calibration procedure. Remote Sensing of Environment, 131: 1-13.

FRIEDMAN J H, 1991. Multivariate adaptive regression splines. Annals of Statistics, 19(1): 1-67.

GAO B C, 1996. NDWI: A normalized difference water index for remote sensing of vegetation liquid water from space. Remote Sensing of Environment, 58(3): 257-266.

GAO Z, GAO W, CHANG N, 2011. Integrating temperature vegetation dryness index(TVDI) and regional water stress index(RWSI) for drought assessment with the aid of Landsat TM/ETM+images. International Journal of Applied Earth Observation and Geoinformation, 13(3): 495-503.

GHAFFARIAN S, VALENTE J, VAN DER VOORT M, et al., 2021. Effect of attention mechanism in deep learning-based remote sensing image processing: A systematic literature review. Remote Sensing, 13(15): 2965.

HE X, CHANEY N W, SCHLEISS M, et al., 2016. Spatial downscaling of precipitation using adaptable random forests. Water Resources Research, 52(10): 8217-8237.

HUANG G, LIU Z, VAN DER MAATEN L, et al., 2017. Densely connected convolutional networks// Proceedings of the IEEE Conference on Computer Vision and Pattern Recognition.

JIA S, ZHU W, LU A , et al., 2011. A statistical spatial downscaling algorithm of TRMM precipitation based on NDVI and DEM in the Qaidam Basin of China. Remote Sensing of Environment, 115(12): 3069-3079.

JIN Y, GE Y, WANG J, et al., 2018. Deriving temporally continuous soil moisture estimations at fine resolution by downscaling remotely sensed product. International Journal of Applied Earth Observation and Geoinformation, 68: 8-19.

JING Y, LIN L, LI X, et al., 2022. An attention mechanism based convolutional network for satellite precipitation downscaling over China. Journal of Hydrology, 613: 128388.

KAHEIL Y H, GILL M K, MCKEE M, et al., 2008. Downscaling and assimilation of surface soil moisture using ground truth measurements. IEEE Transactions on Geoscience and Remote Sensing, 46(5): 1375-1384.

KINGMA D P, BA J, 2014. Adam: A method for stochastic optimization. arXiv:1412.6980.

LAI W, HUANG J, AHUJA N, et al., 2017. Deep Laplacian pyramid networks for fast and accurate super-resolution// Proceedings of the IEEE Conference on Computer Vision and Pattern Recognition: 5835-5843.

LEINONEN J, NERINI D, BERNE A, 2021. Stochastic super-resolution for downscaling time-evolving atmospheric fields with a generative adversarial network. IEEE Transactions on Geoscience and Remote Sensing, 59(9): 7211-7223.

LI L, WU J, 2021. Spatiotemporal estimation of satellite-borne and ground-level $NO_2$ using full residual deep networks. Remote Sensing of Environment, 254: 112257.

LI W, NI L, LI Z, et al., 2019. Evaluation of machine learning algorithms in spatial downscaling of MODIS land surface temperature. IEEE Journal of Selected Topics in Applied Earth Observations and Remote Sensing, 12(7): 2299-2307.

LONG D, BAI L, YAN L, et al., 2019. Generation of spatially complete and daily continuous surface soil moisture of high spatial resolution. Remote Sensing of Environment, 233: 111364.

MA Z, SHI Z, ZHOU Y, et al., 2017. A spatial data mining algorithm for downscaling TMPA 3B43 V7 data over the Qinghai-Tibet Plateau with the effects of systematic anomalies removed. Remote Sensing of Environment, 200: 378-395.

MERLIN O, CHEHBOUNI A, WALKER J P, et al., 2008. A simple method to disaggregate passive microwave-based soil moisture. IEEE Transactions on Geoscience and Remote Sensing, 46(3): 786-796.

MERLIN O, AL BITAR A, WALKER J P, et al., 2010. An improved algorithm for disaggregating microwave-derived soil moisture based on red, near-infrared and thermal-infrared data. Remote Sensing of Environment, 114(10): 2305-2316.

MERLIN O, JACOB F, WIGNERON J P, et al., 2012a. Multidimensional disaggregation of land surface temperature using high-resolution red, near-infrared, shortwave-infrared, and microwave-L bands. IEEE

Transactions on Geoscience and Remote Sensing, 50(5 PART 2): 1864-1880.

MERLIN O, RÜDIGER C, AL BITAR A, et al., 2012b. Disaggregation of SMOS soil moisture in Southeastern Australia. IEEE Transactions on Geoscience and Remote Sensing, 50(5 PART 1): 1556-1571.

PENG J, LOEW A, MERLIN O, et al., 2017. A review of spatial downscaling of satellite remotely sensed soil moisture. Reviews of Geophysics, 55(2): 341-366.

PILES M, CAMPS A, VALL-LLOSSERA M, et al., 2011. Downscaling SMOS-derived soil moisture using MODIS visible/infrared data. IEEE Transactions on Geoscience and Remote Sensing, 49(9): 3156-3166.

PILES M, PETROPOULOS G P, SÁNCHEZ N, et al., 2016. Towards improved spatio-temporal resolution soil moisture retrievals from the synergy of SMOS and MSG SEVIRI spaceborne observations. Remote Sensing of Environment, 180: 403-417.

RANNEY K J, NIEMANN J D, LEHMAN B M, et al., 2015. A method to downscale soil moisture to fine resolutions using topographic, vegetation, and soil data. Advances in Water Resources, 76: 81-96.

RUMELHART D E, HINTON G E, WILLIAMS R J, 1986. Learning representations by back-propagating errors. Nature, 323(6088): 533-536.

SANDHOLT I, RASMUSSEN K, ANDERSEN J, 2002. A simple interpretation of the surface temperature/vegetation index space for assessment of surface moisture status. Remote Sensing of Environment, 79(2-3): 213-224.

SONG P, ZHANG Y, TIAN J, 2021. Improving surface soil moisture estimates in humid regions by an enhanced remote sensing technique. Geophysical Research Letters, 48(5): e2020GL091459.

SRIVASTAVA P K, HAN D, RAMIREZ M R, et al., 2013. Machine learning techniques for downscaling SMOS satellite soil moisture using MODIS land surface temperature for hydrological application. Water Resources Management, 27(8): 3127-3144.

TAN W, TIAN L, SHEN H, et al., 2022. A new downscaling-calibration procedure for TRMM precipitation data over Yangtze River Economic Belt Region based on a multivariate adaptive regression spline model. IEEE Transactions on Geoscience and Remote Sensing, 60: 1-19.

WANG Y, HUANG X, WANG J, et al., 2019. AMSR2 snow depth downscaling algorithm based on a multifactor approach over the Tibetan Plateau, China. Remote Sensing of Environment, 231: 111268.

WENG Q, FU P, 2014. Modeling diurnal land temperature cycles over Los Angeles using downscaled GOES imagery. ISPRS Journal of Photogrammetry and Remote Sensing, 97: 78-88.

XU S, WU C, WANG L, et al., 2015. A new satellite-based monthly precipitation downscaling algorithm with non-stationary relationship between precipitation and land surface characteristics. Remote Sensing of Environment, 162: 119-140.

YANG Q, YUAN Q, YUE L, et al., 2020. Mapping $PM_{2.5}$ concentration at a sub-km level resolution: A dual-scale retrieval approach. ISPRS Journal of Photogrammetry and Remote Sensing, 165: 140-151.

YU Z, YANG K, LUO Y, et al., 2021. Research on the lake surface water temperature downscaling based on deep learning. IEEE Journal of Selected Topics in Applied Earth Observations and Remote Sensing, 14: 5550-5558.

YUAN Q, SHEN H, LI T, et al., 2020. Deep learning in environmental remote sensing: Achievements and challenges. Remote Sensing of Environment, 241: 111716.

ZHANG Q, WANG N, CHENG J, et al., 2020. A stepwise downscaling method for generating high-resolution land surface temperature from AMSR-E data. IEEE Journal of Selected Topics in Applied Earth Observations and Remote Sensing, 13: 5669-5681.

ZHANG T, LI B, YUAN Y, et al., 2018a. Spatial downscaling of TRMM precipitation data considering the impacts of macro-geographical factors and local elevation in the Three-River Headwaters Region. Remote Sensing of Environment, 215: 109-127.

ZHANG Y, TIAN Y, KONG Y, et al., 2018b. Residual dense network for image super-resolution// Proceedings of the IEEE Conference on Computer Vision and Pattern Recognition: 2472-2481.

# 第10章 遥感与地基观测数据点-面融合方法

地基观测精度高、时间连续性强，但存在以"点"代"面"的问题；遥感可以获取宏观面域观测数据，但参量估算精度往往受到较多不确定因素的影响。为此，本章研究地基观测与卫星遥感观测的点-面融合方法，通过发挥二者的互补优势，获得高精度的特征参量数据。具体上，主要以大气 $PM_{2.5}$ 浓度的估算为例，介绍如何在经典机器学习模型的基础上，通过顾及地学变量的时空规律进一步提升估算精度。本章着重介绍三种顾及时空关联的机器学习点-面融合方法：时空关联深度学习点-面融合方法、时空地理加权学习点-面融合方法、全局-局部结合时空神经网络点-面融合方法，并进行系统的实验验证与对比分析。

## 10.1 概　　述

### 10.1.1 点-面融合基本概念

地面站点监测具有精度高、时间连续的优势，是监测资源环境状况最为直接的手段之一，但监测站点建设成本高昂、实施难度较大，空间分布也相对较为稀疏，难以实现大范围空间连续监测。例如，在空气质量地基观测中，全球仅有 24 个国家的 $PM_{2.5}$ 监测站点密度超过 3 个/百万居民，仍有 141 个国家尚无 $PM_{2.5}$ 常规监测站点；并且，全球范围内居民到 $PM_{2.5}$ 监测站的平均距离达到 220 km，这些均表明地面站点无法全面监测大气污染（Martin et al.，2019）。我国于 2012 年底初步建成全国地面空气质量监测网，并通过全国城市空气质量实时发布平台发布大气污染物浓度数据。迄今为止，全国地面监测网包含超过 2 000 个国控站点，但仍难以提供全国或区域尺度的高精度面域大气污染分布状况。

卫星遥感具有宏观大尺度观测、面域覆盖等优势（Yang et al.，2013；Hoff et al.，2009），恰好弥补了地面监测站点分布稀疏这一不足，为地球资源调查、环境变化监测研究提供了先进的观测手段。随着航天及传感器等相关技术的进步，越来越多的卫星遥感数据被应用于资源环境的监测。在我国，一系列自主研发的卫星可以满足资源环境参量定量估算的需求，如风云系列卫星（周永波 等，2014）、环境卫星（王中挺 等，2012）、高分系列卫星（Sun et al.，2017）等。但需要指出的是，遥感参数估计受多种不确定因素的影响，其精度要比地面观测低，地基观测数据往往被用来作为遥感估算的验证数据。

由此可见，地基观测与遥感观测具有天然的互补性，融合地基的点位观测和遥感的面域观测，可以扬长避短，获得高精度的面域数据，可以称之为点-面融合，如图10.1所示。点-面融合一般被用于各种定量参数的估算，其核心是建立遥感与地基观测数据之间的非线性映射关系模型，进而从点位数据和遥感观测估计得到面域的参量数据（Li et al.，

2017a，2017b）。点-面融合方法的基本技术流程一般可分为三个步骤，如图 10.2 所示，即星地匹配、关系建模和时空预测。

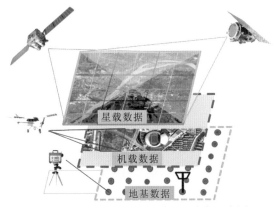

图 10.1　遥感与地基观测点-面融合示意图

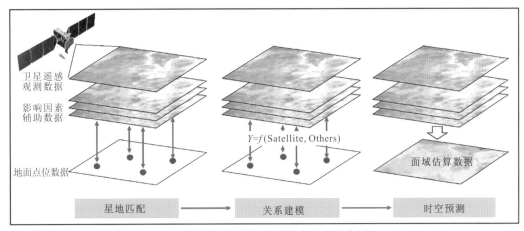

图 10.2　点-面融合方法技术流程示意图

### 1. 星地匹配

通过收集地面点位数据、卫星遥感观测数据与影响因素辅助数据，对各数据源进行时间和空间上的匹配，形成时空统一的样本集。星地匹配是点-面融合方法最基本的步骤，在整个技术流程中通常相当于数据预处理，包括对数据集的时空匹配、坐标系统一、点对提取等操作。

### 2. 关系建模

构建地面点位数据、卫星遥感观测数据与其他辅助数据之间的映射关系，建立点-面融合关系模型，即 $Y=f(\text{Satellite, Others})$，其中 Satellite 指卫星遥感观测数据，Others 指其他辅助数据，$Y$ 表示待估计的面域数据。该步骤是点-面融合过程中最关键的，其准确性直接影响生成面域数据的精度。

### 3. 时空预测

在对模型进行训练并对其估算能力进行精度评估后，得到蕴含点-面映射关系的模型，利用该模型估算没有地基观测数据点位位置的资源环境要素数值，最终生成空间连续的高精度资源环境要素数据集，实现从点位数据到连续面域数据的重构。

## 10.1.2 大气 $PM_{2.5}$ 浓度点-面融合估算

本章主要以大气细颗粒物 $PM_{2.5}$ 浓度的估算为例，介绍点-面融合的模型与方法，其基本模型也可以用于其他参数的估算问题。$PM_{2.5}$ 是指空气中空气动力学直径≤2.5 μm 的悬浮颗粒物，其粒径小，可直接到达人体肺部，并且富含各种有毒有害物质，在空气中停留时间长、输送距离远，严重危害人体健康和生态环境（李同文，2020）。随着经济快速发展，大气 $PM_{2.5}$ 污染已成为全球范围内的重大环境问题。2016 年世界卫生组织发布的报告显示，全球 92%的人口暴露于年均>10 μg/m³ 的大气 $PM_{2.5}$ 污染中（World Health Organization，2016），公众健康受到极大的威胁。大气 $PM_{2.5}$ 污染已成为我国广受关注的环境问题（马宗伟，2015；曹军骥，2012）。2011 年底，环境保护部通过了《环境空气质量标准》（GB 3095—2012），首次将大气 $PM_{2.5}$ 浓度限值纳入了常规监测标准。

一般将基于地基的 $PM_{2.5}$ 观测和遥感反演的气溶胶光学厚度（aerosol optical depth，AOD）进行融合，从而估算面域的地面 $PM_{2.5}$ 浓度（王子峰 等，2019；吴健生 等，2017）。经过十几年的蓬勃发展，学者提出了大量 $PM_{2.5}$ 遥感估算方法，现有的点-面融合关系建模方法可以分为四大类别：模式比例因子法、基于物理机理的半经验法、统计模型与机器学习方法、混合模型方法（沈焕锋 等，2019）。

**1. 模式比例因子法**

模式比例因子法的核心在于利用化学模型模拟卫星遥感观测数据与地面监测数据之间的比例关系，从而由卫星遥感数据估算地面连续空间位置的数据。该方法最早由 Liu 等（2004）提出，应用于模拟 AOD 与地面 $PM_{2.5}$ 浓度之间的关系，通过 MISR AOD 数据估算 2001 年美国地面 $PM_{2.5}$ 浓度分布。其后，Van Donkelaar 等（2010）利用 MODIS 和 MISR 融合 AOD 数据，基于该方法估算了全球 2001~2006 年 $PM_{2.5}$ 平均浓度分布。该项研究经 NASA 转载后，引起了国际社会（尤其是我国）的广泛关注。该方法优势在于化学模型模拟过程不依赖地面站点监测数据，由模拟值得到点位上的比例系数，从而直接由卫星观测值估算地面连续空间位置的数据。然而，该方法使用的化学模型结构与模拟过程往往十分复杂，并且模型模拟使用的数据源，例如污染物排放清单等，常常存在较大的不确定性，这往往导致生成的面域数据精度有限。

**2. 基于物理机理的半经验法**

基于地面点位数据、卫星遥感观测数据及其各类影响因素辅助数据之间的物理机理，可以建立卫星遥感与地基观测之间的物理关系方程，应用于估算地面连续空间位置的数据。例如，基于 $PM_{2.5}$ 与 AOD、大气边界层高、空气湿度、颗粒物粒径等之间的物理机理，可以建立卫星 AOD 与地面 $PM_{2.5}$ 的物理关系方程（Lin et al.，2015；Zhang et al.，2015）。Chu 等（2013）构建了我国台湾北部地区由卫星 AOD 估算 $PM_{2.5}$ 的物理方程，而 Lin 等（2015）则在我国中东部地区发展了类似的 $PM_{2.5}$ 遥感估算物理模型。该类方法优势在于具备严密的理论推导，充分考虑了地面待估计值、卫星遥感观测值及其影响因素的物理关系，一般能取得比模式比例因子法更好的估计效果；然而，地基观测值与卫星遥感数据之间往往存在非常复杂的关系，难以基于物理方程进行准确描述；此外，物理方程中的部分参数难以直接获取，其求解一般需要进行经验统计关系的拟合，因而限制了该类方法的深入应用。

**3. 统计模型与机器学习方法**

统计模型与机器学习方法是目前研究数量最多、最为流行的一类点-面融合关系建模方法（Yuan et al.，2020），核心是通过经典统计模型或机器学习模型拟合卫星遥感观测数据与地面站点监测数据之间的定量关系，并对这一定量关系进行时空扩展（Bai et al.，2016；Hu et al.，2014）。

到目前为止，多元线性回归（Gupta et al.，2009a）、土地利用回归（Briggs et al.，1997）、广义可加模型（Liu et al.，2009）、线性混合效应模型（Lee et al.，2011）、（时空）地理加权回归（Guo et al.，2017；Ma et al.，2014）等经典统计模型被相继应用于点-面融合建模中。其中，线性混合效应（linear mixed effect，LME）模型通常在时间维度上添加随机效应，用以考虑地基观测数据与卫星遥感数据关系的时间异质性，而在空间维度上是全局的。单时相（如天、小时）地理加权回归（geographical weighted regression，GWR）模型利用局部回归技术，构建基于卫星遥感数据的地面观测数据局部估算模型，其模型系数为空间位置的函数，然而，该模型仅利用单个时相数据进行建模，未考虑时间上的依赖性，难以处理单个时相点-面同一位置上匹配样本较少的问题。此外，进一步引入时间依赖性，时空地理加权回归（geographically and temporally weighted regression，GTWR）模型能够更为有效地应对地基与卫星遥感数据点-面融合问题。GTWR 模型建模思路与GWR 模型类似，主要改进在于引入了时间依赖性，进一步提高了模型的稳定性。尽管由于该类统计模型考虑了点-面数据的异质性，从而在传统统计模型中取得了较广泛的应用，但统计模型本身通常基于线性假设，对地基与卫星遥感数据关系的非线性特征处理能力有限。

鉴于地面站点监测数据与相关卫星遥感观测数据之间通常具有较复杂的关系，具有强大非线性刻画能力的机器学习模型是近年来点-面融合建模方法的研究热点。人工神经网络是最早应用于点-面融合关系建模的机器学习模型之一，早期主要有两类神经网络被引入地基与卫星遥感数据关系建模，即反向传播神经网络（back propagation neural network，BPNN）（Wu et al.，2012；Gupta et al.，2009b）和广义回归神经网络（generalized regression neural network，GRNN）。其中，BPNN 模型是最为典型的神经网络模型之一，利用多层学习构建地面站点监测变量与卫星遥感观测变量、辅助变量之间的非线性关系。该模型相比于传统统计模型，估算精度取得了一定的提升。其后，为了克服 BPNN 模型收敛速度慢、容易陷入局部最小等缺陷，学者利用 GRNN 模型进行点-面关系的建模（Zang et al.，2018；Li et al.，2017a），取得了更为理想的估计效果。

近年来，深度神经网络（含有两个及以上隐含层）越来越受到学者的关注，在环境遥感领域得到了广泛的应用（Yuan et al.，2020）。Li 等（2017b）基于深度置信网络（deep belief network，DBN）模型，采用地面站点 PM$_{2.5}$、卫星 AOD、气象条件等变量，通过点-面融合估算全国 PM$_{2.5}$ 浓度数据。目前，基于深度神经网络模型的点-面数据关系建模取得了较为快速的发展（Park et al.，2020；Sun et al.，2019；Li et al.，2018；Shen et al.，2018）。总体来看，深度神经网络模型在点-面融合关系建模中是一个重要的发展趋势。

除此之外，很多其他机器学习模型，如随机森林模型（Bi et al.，2019；Brokamp et al.，2018）、支持向量机（De Hoogh et al.，2018；赵笑然 等，2017）、贝叶斯最大熵（Jiang et al.，2018）、梯度增强学习（Chen et al.，2019）、弹性网回归（Xue et al.，2019）等，近年来发展也十分迅速，逐渐被用于点-面融合的关系建模。

**4. 混合模型方法**

混合模型方法是指集成使用上述方法，较为流行的方式是首先通过化学模型模拟（Lyu et al.，2019；Di et al.，2016）或与遥感卫星数据结合（即模式比例因子法）得到待估计的地面初始数据，其次将该初始数据作为统计模型的建模输入变量与地面站点变量进行点-面融合。例如，Van 等（2016）首先基于化学传输模型与遥感 AOD 数据获得全球 $PM_{2.5}$ 浓度分布数据，然后结合地面站点观测数据及其他辅助数据，利用地理加权回归技术对初始 $PM_{2.5}$ 浓度进行校正。此外，更多学者将化学传输模型直接模拟得到的时空全覆盖的地面估计值作为统计模型的输入变量，例如 Di 等（2016）基于化学传输模型模拟结果、卫星 AOD 及气象条件等数据，构建神经网络估算模型，获取 2000～2012 年美国大气 $PM_{2.5}$ 浓度数据。该类点-面融合建模方法正得到各领域学者的广泛关注，其优势在于结合了物理化学机理与统计模型，兼顾多种方法的优势，但难点在于操作较为复杂，精度往往取决于地基观测与统计模型。

## 10.1.3 顾及时空规律的机器学习点-面融合建模

综上可知，由于机器学习具备强大的非线性复杂关系刻画能力，基于机器学习的大气 $PM_{2.5}$ 遥感估算方法取得了蓬勃的发展，已成为目前最为流行的技术手段之一。然而，地球表层系统过程极其复杂，使传统机器学习模型孤立的变量映射建模方式受到挑战，其关键局限之一在于没有充分考虑时空相关性、时空异质性等基本的地理规律，从而缺乏必要的时空先验知识，导致模型泛化应用能力的不足。为此，亟须发展顾及地理相关性与时空异质性的机器学习模型，实现 AOD-$PM_{2.5}$ 关系的时空地理特性与非线性特征协同处理与分析，从而提高大气 $PM_{2.5}$ 估算的精度与模型稳健性。为此，本章主要介绍三种相关机器学习方法：时空关联深度学习方法（Li et al.，2017a）、时空地理加权学习方法（Li et al.，2017b）、全局-局部结合的神经网络方法（Li et al.，2021），并进行实验与对比分析。

# 10.2 研究区域与数据

研究区域及站点分布，如图 10.3 所示，研究时段为 2015 年。

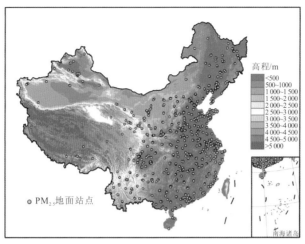

图 10.3　研究区域及站点分布示意图

## 10.2.1　地基站点数据

从中国环境监测总站（China National Environmental Monitoring Center，CNEMC）网站（http://www.cnemc.cn）收集 2015 年 $PM_{2.5}$ 小时浓度数据。根据中国国家环境空气质量标准（Chinese National Ambient Air Quality Standard，CNAAQS），地面 $PM_{2.5}$ 浓度的测量通常采用振荡微天平法或 β 射线法，其测量精度非常高，能够满足业务化监测应用需求。截至 2015 年底，全国大约有 1 500 个空气质量监测站点，中部和东部区域的站点密度较高，而西北区域的站点分布相对稀疏。本章仅采用每日有效观测大于 18 h 的数据，并且根据国内通用的方法，将每小时 $PM_{2.5}$ 数据平均到每一天，使用日平均 $PM_{2.5}$ 数据进行基于卫星遥感的大气 $PM_{2.5}$ 估算（Ma et al.，2016；Liu et al.，2007）。

## 10.2.2　卫星观测数据

卫星观测数据使用 Aqua 和 Terra 卫星 MODIS C6 版本、空间分辨率为 10 km 的 AOD 产品；为了提高空间覆盖度，实验中采用了两种反演算法融合的产品，其字段为"AOD_550_Dark_Target_Deep_Blue_Combined"。实验利用 Aqua 和 Terra 的 AOD 均值估算近地面大气 $PM_{2.5}$ 浓度；具体而言，对于每个像素，如果只有 Aqua 或者 Terra AOD 有效，便采用有效的作为 AOD 值；如果两者均有效，便采用两者的均值；如果两者均无效，则该像素就被判定为缺失值。另外，实验中还使用 MODIS 归一化植被指数（normalized difference vegetation index，NDVI）产品（MOD13），该产品的时间和空间分辨率分别为 16 天和 1 km；将该数据引入 $PM_{2.5}$ 遥感估算模型中，用以反映土地利用类型。

## 10.2.3　气象再分析资料

已有研究表明，气象条件对大气 $PM_{2.5}$ 浓度有较大的影响（Yang et al.，2017），因而本章从 MERRA-2（Second Modern-Era Retrospective Analysis for Research and

Applications，现代研究与应用再分析，第二版）数据集（Molod et al.，2015）中提取了相对湿度（RH，单位为%）、距地面 2 m 处的气温（TMP，单位为 K）、距地面 10 m 处的风速（WS，单位为 m/s）、地面气压（PS，单位为 Pa）和大气边界层高（PBL，单位为 m）。这些气象数据的空间分辨率为 0.5°（纬度）×0.625°（经度）；同时为了匹配卫星观测值，取与卫星过境时间（大约是北京时间 9:00～16:00）一致的气象变量均值进行模型的构建。

## 10.2.4　数据预处理

在构建各种方法模型之前需要对数据进行预处理。首先，将所有数据重新投影到相同的投影坐标系（WGS84 地理坐标系）；其次，利用双线性插值方法对卫星 AOD 产品、气象数据和卫星 NDVI 进行 0.1° 的重采样；然后，提取地面 $PM_{2.5}$ 监测站点所在位置的卫星数据和气象数据，形成建模点对。此外，对于每个 0.1° 的网格单元，对多个站点的地面 $PM_{2.5}$ 测量值进行平均。最终得到适用于点-面融合方法应用研究的时空统一数据集。

# 10.3　时空关联深度学习点-面融合方法

本章希望在经典机器学习模型的基础上进一步充分考虑时空分布规律，以提升点-面融合模型的泛化性。为此，本节主要基于深度置信网络（DBN），构建一种时空关联的深度学习 $PM_{2.5}$ 遥感估算模型（Li et al.，2017a）。其基本思路是在输入变量中直接添加时空关联因子，以此充分考虑大气 $PM_{2.5}$ 的时空自相关性，从而提升估算精度。

## 10.3.1　深度置信网络

DBN 作为典型的深度学习模型之一，是由 Hinton 等（2006）提出的。DBN 含有多个限制性玻尔兹曼机（restricted Boltzmann machine，RBM）层和一个反向传播（back-propagation，BP）层。其中，多个 RBM 层以"串联"的形式连接，上一个 RBM 的隐含层为下一个 RBM 的显层，上一个 RBM 的输出为下一个 RBM 的输入。图 10.4 为含有两个 RBM 层的 DBN 结构示意图，该网络含有 $n$ 个输入节点和 $m$ 个输出节点。

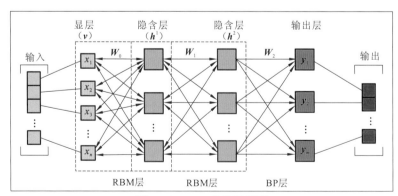

图 10.4　DBN 结构示意图

## 1. RBM 结构与训练

RBM 作为 DBN 的基本单元，由一个显层和一个隐含层构成，同时上一个 RBM 的隐含层是下一个 RBM 的显层。RBM 是双向连接的，其工作方式是由显层计算得到隐含层，再由隐含层重建得到显层。以第一个 RBM 层为例，从显层（$v$）到隐含层（$h^1$）：

$$h_i^1 = \begin{cases} 1, & f(\boldsymbol{W}_{0,i}\boldsymbol{x} + b_i) \geqslant \mu \\ 0, & f(\boldsymbol{W}_{0,i}\boldsymbol{x} + b_i) < \mu \end{cases} \qquad \mu \sim U(0,1) \qquad (10.1)$$

式中：$b_i$ 为第 $i$ 个神经元的偏置项；$\boldsymbol{W}_{0,i}$ 为第 $i$ 个神经元与输入层的权值向量；$\boldsymbol{x}$ 为输入向量；随机变量 $\mu \sim U(0,1)$；$f(\cdot)$ 为激活函数，其函数形式为 $f(x) = \dfrac{1}{1+\mathrm{e}^{-x}}$。同样地，由隐含层重建得到显层的计算方式也类似。

对于一个 RBM 层，由式（10.1）可以从显层获得隐含层，而得到隐含层后，通过类似的计算过程可以重建显层。假设从隐含层得到的显层与原来的显层相同，那么得到的隐含层可看作显层的另外一种表达，因而，隐含层可以作为显层输入数据的特征。换言之，RBM 不断重构的过程就是特征提取的过程，并且通过 RBM 的堆叠将提取到的特征逐层传递。

对 RBM 的训练是一个无监督学习的过程，Hinton（2002）提出了对比散度方法，其权值迭代更新规则为

$$\boldsymbol{W}_0^{n+1} = \boldsymbol{W}_0^n + \varepsilon \cdot [(\boldsymbol{h}_1^1)^\mathrm{T}\boldsymbol{x} - (\boldsymbol{h}_2^1)^\mathrm{T}\boldsymbol{v}_1] \qquad (10.2)$$

式中：$\varepsilon$ 为学习率；$\boldsymbol{v}_1$ 为从隐含层（$\boldsymbol{h}_1^1$）到显层的重建结果；$\boldsymbol{h}_1^1$、$\boldsymbol{h}_2^1$ 分别为利用方程（10.1）从 $\boldsymbol{x}$、$\boldsymbol{v}_1$ 生成的。在 RBM 模型的训练过程中，对偏置项也有类似的更新规则。

## 2. DBN 训练

由图 10.4 可知，将多个 RBM 层"串联"起来，并叠加一个 BP 层，即可构成一个 DBN，DBN 的训练过程主要包括无监督预训练与微调。

无监督预训练过程是逐层进行的。具体而言，对于每一层 RBM，基于对比散度算法进行无监督训练，DBN 中上一层 RBM 训练完成之后，将继续下一层 RBM 的训练，直至最后一层。通过 RBM 逐层训练的过程，获得 DBN 中每两层之间的连接权值，从而对 DBN 进行初始化。

微调在本质上是利用真值标签数据进行网络权值参数调整的过程。将网络得到的输出值与真值进行比较，并计算其误差；将该误差逐层向后传递，调整 DBN 的权值参数，该过程实际上与多层反向传播神经网络（BPNN）相同，只是基于 BP 算法的误差反向传播在 DBN 中被称为微调。

综合上述两个过程，归纳 DBN 的训练流程如下。

（1）充分训练第一个 RBM 层，然后固定第一个 RBM 层的权值参数，即第一个 RBM 层训练完成后不再受后面 RBM 层训练的影响，并将隐含层作为第二个 RBM 层的输入。

（2）充分训练第二个 RBM 层，将第二个 RBM 层堆叠在第一个 RBM 层上方；重复上述步骤，直至所有 RBM 层完成无监督训练。

（3）利用上述步骤得到的权值参数对 DBN 进行初始化，得到初始的 DBN，并计算网

络输出值。

（4）利用真值标签数据，计算网络输出与真值之间的误差，并由此基于 BP 算法对 DBN 权值参数进行更新。

（5）重复步骤（4）直至达到迭代终止条件。

分析上述 DBN 结构及其训练过程可以发现，DBN 本质上是一个多层反向传播神经网络，在输出层之前，相邻两层构成一个 RBM 结构，利用 RBM 无监督训练得到初始权值，随后 DBN 的工作方式与多层反向传播神经网络相同。因此，与多层反向传播神经网络相比，DBN 增加了无监督预训练的过程，在训练样本量较少的情况下可能会获得更大的优势。

## 10.3.2　时空关联因子提取

地理学第一定律（Tobler，1970）指出，空间中的事物总是相关的，距离越近则其相关性越强。资源环境监测中的各类要素作为典型的地理变量，其时空分布往往具有很强的自相关性。对于一个给定的网格单元，其空间邻近 $n$ 个网格单元和该网格单元前 $m$ 个时刻的待估计要素值与当前网格单元的待估计要素值是高度相关的（Di et al.，2016）。本节针对资源环境监测要素的时空自相关性，采用以下三个参数：

$$S_Y = \frac{\sum_{i=1}^{n} \text{ws}_i Y_i}{\sum_{i=1}^{n} \text{ws}_i}, \qquad \text{ws}_i = \frac{1}{\text{ds}_i^2} \qquad (10.3)$$

$$T_Y = \frac{\sum_{j=1}^{m} \text{wt}_j Y_j}{\sum_{j=1}^{m} \text{wt}_j}, \qquad \text{wt}_j = \frac{1}{\text{dt}_j^2} \qquad (10.4)$$

$$\text{DIS} = \frac{1}{\min(\text{ds}_i)}, \qquad i = 1, 2, \cdots, n \qquad (10.5)$$

式中：$\text{ws}_i$ 和 $\text{wt}_j$ 分别为第 $i$ 个空间网格的空间权重和第 $j$ 个时相的时间权重；$\text{ds}_i$ 和 $\text{dt}_j$ 分别为第 $i$ 个空间网格的空间距离和第 $j$ 个时相的时间距离；$m$ 和 $n$ 分别为空间邻近网格单元数和邻近时相数；$Y$ 为资源环境监测要素值；$S_Y$ 为表示空间自相关性的因子；$T_Y$ 为表示时间自相关性的因子；DIS 为距离参数，用于反映地面点位不均匀分布的空间异质性。需要注意的是，上述 $S_Y$、$T_Y$ 分别为待估计的资源环境监测要素的空间、时间自相关性，下文将 $S_Y$、$T_Y$、DIS 三个参数统称为地理相关性。

## 10.3.3　时空关联深度学习

本小节构建时空关联深度置信网络（或称地理智能深度置信网络，geo-intelligent deep belief network，Geoi-DBN）模型，该模型的总体结构如式（10.6）所示，结构见图 10.5。

$$Y = f(\text{Satellite}, \text{Others}, S_Y, T_Y, \text{DIS}) \qquad (10.6)$$

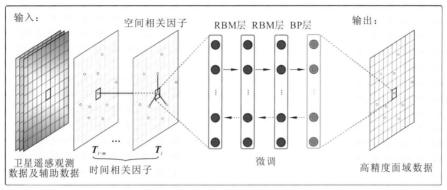

图 10.5　Geoi-DBN 模型结构示意图

基于此时空关联深度学习模型的点-面融合方法面域数据估计过程可分为三个步骤，如图 10.6 所示。

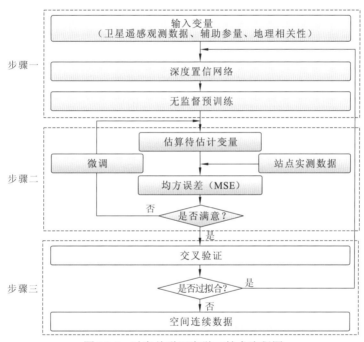

图 10.6　时空关联深度学习技术流程图

步骤一：预训练。基于样本数据集，对 RBM 进行无监督预训练。该预训练过程能够提取与待估计变量相关的特征，然后由低层 RBM 向高层 RBM 传递。因而，高层 RBM 能够提取与待估计变量相关的深层次特征。

步骤二：微调。由步骤一的预训练过程可得到网络的初始权值，进而计算网络的输出待估计变量值，将网络输出值与站点观测值进行对比，并将两者的误差向后传递，通过 BP 算法微调网络的权值参数。

步骤三：预测。利用交叉验证的策略，评估 Geoi-DBN 模型是否过拟合，并预测没有站点位置处的待估计变量值。由上述过程，可以由地面点位监测数据估计得到空间连续的数据。

至此，耦合深度学习和时空相关性，本节发展了时空关联深度学习的点-面融合模型。基于此模型，下面将以时空关联深度学习的点-面融合方法在PM$_{2.5}$估算及其时空制图的具体应用为例，进行实验并分析其结果。

## 10.3.4 实验结果与分析

### 1. 点-面融合模型构建

在本实验中，卫星观测数据采用AOD和NDVI产品，气象数据采用相对湿度（RH）、距地面10 m处的风速（WS）、距地面2 m处的气温（TMP）、地面气压（PS）和大气边界层高（PBL），模型结构可表示为

$$PM_{2.5} = f(AOD, RH, WS, TMP, PBL, PS, NDVI, S\text{-}PM_{2.5}, T\text{-}PM_{2.5}, DIS) \quad (10.7)$$

由该式可知，本实验的任务为利用时空关联深度学习模型构建卫星AOD、NDVI、气象数据、时空自相关因子与地面PM$_{2.5}$浓度之间的映射关系。其中各种数据的描述可见10.2节，时空自相关因子可参考10.3.2小节。

后续讨论与分析中多采用目前应用最广泛的验证方式，即基于样本交叉验证和基于站点交叉验证（Li et al., 2020b）。使用的指标包括模型估算值与真值回归方程的决定系数（$R^2$，无单位）、模型估算值与真值之间的均方根误差（RMSE，单位为μg/m$^3$）、平均预测误差（MPE，单位为μg/m$^3$）、相对预测误差（RPE，单位为%）。

对应图10.4中Geoi-DBN的模型结构，该网络的输入层含有10个节点，分别是上述的10个变量，输出层含有1个变量（地面PM$_{2.5}$浓度）。关于RBM的层数和节点数，在实验过程中根据模型性能进行调整。

本节对Geoi-DBN模型的RBM层数与神经元个数进行敏感性分析，结果如表10.1所示。在一定范围内，不同参数方案表现出的模型性能没有显著的差异。综合考虑模型预测能力、计算量和AOD-PM$_{2.5}$关系建模的复杂度，选择两个RBM层及每层15个神经元。

表 10.1　Geoi-DBN层数与神经元个数对模型性能的影响分析

| RBM 层数 | 神经元个数 | 基于样本交叉验证 | | | |
|---|---|---|---|---|---|
| | | $R^2$ | RMSE/（μg/m$^3$） | MPE/（μg/m$^3$） | RPE/% |
| 1 | 10 | 0.88 | 12.84 | 8.57 | 23.80 |
| | 15 | 0.88 | 13.04 | 8.55 | 23.64 |
| | 20 | 0.88 | 12.62 | 8.54 | 23.65 |
| 2 | 10 | 0.88 | 13.15 | 8.55 | 23.67 |
| | 15 | 0.88 | 13.03 | 8.54 | 23.73 |
| | 20 | 0.88 | 12.85 | 8.59 | 23.82 |
| 3 | 10 | 0.88 | 13.02 | 8.60 | 23.80 |
| | 15 | 0.88 | 13.01 | 8.58 | 23.73 |
| | 20 | 0.88 | 13.18 | 8.60 | 23.80 |

对时空关联因子参数进行敏感性分析,结果如表10.2所示。在一定范围内,Geoi-DBN模型性能对参数($m$, $n$)的敏感性较低。因此,顾及计算复杂度和模型性能,分别采用$m$=3 和 $n$=10。

表10.2　时空关联因子参数对模型性能的影响分析

| 空间邻近格网数 $n$ | 邻近时相数 $m$ | 基于样本交叉验证 | | | |
|---|---|---|---|---|---|
| | | $R^2$ | RMSE/($\mu g/m^3$) | MPE/($\mu g/m^3$) | RPE/% |
| 2 | 5 | 0.88 | 13.06 | 8.55 | 23.79 |
| | 10 | 0.88 | 12.97 | 8.55 | 23.63 |
| | 15 | 0.88 | 13.07 | 8.58 | 23.80 |
| 3 | 5 | 0.88 | 13.09 | 8.61 | 23.84 |
| | 10 | 0.88 | 13.03 | 8.54 | 23.73 |
| | 15 | 0.88 | 13.04 | 8.57 | 23.76 |
| 4 | 5 | 0.88 | 13.09 | 8.60 | 23.83 |
| | 10 | 0.88 | 13.00 | 8.55 | 23.68 |
| | 15 | 0.88 | 13.03 | 8.55 | 23.72 |

**2. 模型性能对比与分析**

为了评估本节所发展模型的性能,将 DBN 模型与 BPNN(Gupta et al.,2009b)和 GRNN(Li et al.,2017b)模型进行比较。各模型的性能如表 10.3 所示,当时空自相关因子未被引入建模时(即原始模型,表中以"Ori-"表示),Ori-GRNN 模型取得了最优的性能,其基于样本和基于站点交叉验证的 $R^2$ 值分别为 0.60 和 0.58,RMSE 值分别为 24.22 $\mu g/m^3$ 和 24.79 $\mu g/m^3$;Ori-BPNN 模型性能最差,基于样本交叉验证 $R^2$ 和 RMSE 值分别为 0.42 和 29.96 $\mu g/m^3$。Ori-DBN 模型的结构相对更为复杂,理应获得更佳的性能;然而,其模型效果却不如 Ori-GRNN 模型。一个可能的原因是,DBN 模型的原理是拟合大气 $PM_{2.5}$ 与影响因子之间的关系,而 GRNN 模型则是在影响因子的辅助下依赖 $PM_{2.5}$ 自身相关性进行 $PM_{2.5}$ 浓度的估算;当未引入时空自相关因子时,卫星 AOD 和气象条件对全国范围内的 $PM_{2.5}$ 解释能力有限,而大气 $PM_{2.5}$ 对自身的解释能力(或者说自相关性)更强,因此 GRNN 模型表现得更为理想。从原始模型到地理智能模型(表中"Geoi-"),各个模型的性能均有大幅的提升。其中,Geoi-DBN 模型表现最优,其基于样本和基于站点交叉验证的 $R^2$ 值分别为 0.88 和 0.84,RMSE 值分别为 13.03 $\mu g/m^3$ 和 15.39 $\mu g/m^3$;而 Geoi-GRNN 模型表现最差,这与原始模型的验证结果大相径庭。一个可能的原因是时空自相关因子极大地增强了预测变量与因变量($PM_{2.5}$)之间的相关性,预测变量对 $PM_{2.5}$ 的解释能力高于其自身的,因而 Geoi-GRNN 表现更差。此外,值得注意的是,作为一种空间"留出"验证策略,基于站点交叉验证的结果表明,Geoi-DBN 具备出色的空间预测能力,是非常有效的基于点-面融合的大气 $PM_{2.5}$ 遥感估计方法。

对 Ori-DBN 和 Geoi-DBN 模型进行对比,如表 10.3 所示,对于 Ori-DBN 模型,基于样本交叉验证的 $R^2$ 和 RMSE 值分别为 0.54 和 25.86 $\mu g/m^3$,基于站点交叉验证的 $R^2$ 和 RMSE 值分别为 0.52 和 26.67 $g/m^3$,结果表明 Ori-DBN 模型对 $PM_{2.5}$ 浓度的解释能力是较为有限的。在引入时空自相关因子的情况下，AOD-PM$_{2.5}$模型能够更好地描述大气PM$_{2.5}$的时空特征。因此，模型性能得到了显著的提升，Geoi-DBN基于样本和基于站点交叉验证的$R^2$值分别提升至0.88和0.84。另一方面，拟合模型估算PM$_{2.5}$与PM$_{2.5}$观测值之间的线性回归方程，Geoi-DBN模型基于样本交叉验证的斜率为0.88，截距为6.39 μg/m$^3$。该结果表明，当近地面PM$_{2.5}$质量浓度大于60 μg/m$^3$时，Geoi-DBN模型易于低估PM$_{2.5}$浓度，因而高PM$_{2.5}$浓度水平可能无法得到充分的解释。然而，需要注意的是，Geoi-DBN模型的交叉验证斜率（0.88）远远大于Ori-DBN模型的交叉验证斜率（0.55），这意味着Geoi-DBN模型比Ori-DBN模型对数据的低估程度要小得多，更适合用于PM$_{2.5}$面域数据的生成。

表 10.3　各模型交叉验证结果

| 模型 | 基于样本交叉验证 | | | | 基于站点交叉验证 | | | |
| --- | --- | --- | --- | --- | --- | --- | --- | --- |
| | $R^2$ | RMSE / （μg/m$^3$） | MPE / （μg/m$^3$） | RPE / % | $R^2$ | RMSE / （μg/m$^3$） | MPE / （μg/m$^3$） | RPE / % |
| Ori-BPNN | 0.42 | 29.96 | 21.10 | 54.74 | 0.39 | 29.71 | 20.80 | 53.95 |
| Ori-GRNN | 0.60 | 24.22 | 16.81 | 44.26 | 0.58 | 24.79 | 17.22 | 45.01 |
| Ori-DBN | 0.54 | 25.86 | 18.10 | 47.24 | 0.52 | 26.67 | 18.52 | 48.43 |
| Geoi-BPNN | 0.84 | 15.23 | 10.34 | 27.75 | 0.78 | 17.89 | 12.09 | 32.48 |
| Geoi-GRNN | 0.82 | 16.93 | 12.34 | 30.83 | 0.75 | 19.43 | 13.88 | 35.28 |
| Geoi-DBN | 0.88 | 13.03 | 8.54 | 23.73 | 0.84 | 15.39 | 9.87 | 28.06 |

### 3. 全国 PM$_{2.5}$ 浓度制图

基于本节构建的 Geoi-DBN 模型，能够获得每天的面域 PM$_{2.5}$ 浓度分布数据；图 10.7 绘制了 2015 年全国 PM$_{2.5}$ 平均质量浓度分布图。如图 10.7 所示，2015 年 PM$_{2.5}$ 平均质量浓度卫星估算结果与地面站点实测 PM$_{2.5}$ 平均质量浓度的空间分布具有高度一致性，表明本小节所获得的 PM$_{2.5}$ 平均质量浓度估算结果精度很高。与 Fan 等（2020）研究结论类似，本节研究结果表明全国范围内的 PM$_{2.5}$ 浓度水平存在较大的空间差异，北部地区 PM$_{2.5}$ 浓度整体上高于南部地区；其中，华北平原是一个污染较为严重的区域。Chen 等（2008）研究表明，华北平原的气候特点是天气静稳、风力较弱和边界层高度较低，容易导致气溶胶的形成和积累，是造成该地区 PM$_{2.5}$ 污染较为严重的重要原因之一。此外，

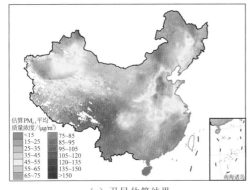

（a）卫星估算结果

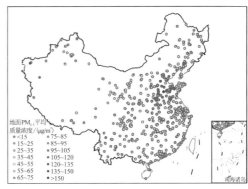

（b）站点观测结果

图 10.7　2015 年全国 PM$_{2.5}$ 平均质量浓度分布图

台湾资料暂缺

PM$_{2.5}$浓度在内陆地区（如湖北和湖南）普遍较高，而在沿海地区（如广东和福建）较低。海南和云南是 PM$_{2.5}$ 污染程度最轻的地区，这得益于较低的人为排放水平和良好的大气扩散条件。西北地区的 PM$_{2.5}$ 污染水平较高。一个可能的原因是，西北地区的沙尘颗粒导致了大气 PM$_{2.5}$ 的积累（Fang et al.，2016）。

本小节绘制 2015 年季均 PM$_{2.5}$ 浓度分布图（春季为 3～5 月，夏季为 6～8 月，秋季为 9～11 月，冬季为 12～次年 2 月），如图 10.8 所示。在季节上，冬季 PM$_{2.5}$ 污染最为严重，而夏季是最洁净的，这与人为活动（如冬季取暖）和大气扩散条件均有内在的联系。另外，各季节的 PM$_{2.5}$ 浓度空间分布十分相似，例如华北平原在各个季节均是 PM$_{2.5}$ 浓度污染中心；同时也存在一定的差异，例如，相比于其他季节，春季西北地区 PM$_{2.5}$ 污染较为严重，这可能与春季沙尘有关。综上所述，本节基于时空关联深度学习的点-面融合方法的星地联合建模得到高精度面域大气 PM$_{2.5}$ 浓度分布数据，对污染监控具有十分重要的应用价值。

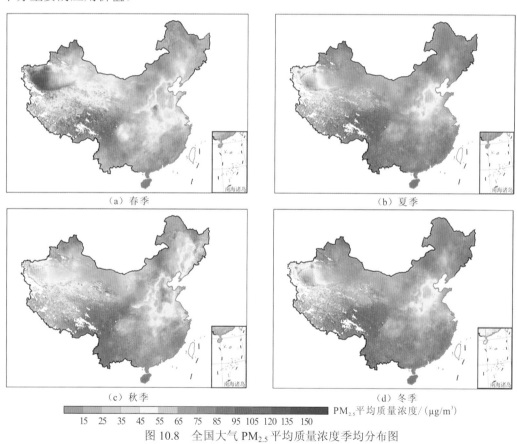

（a）春季　　　　　　　　　　　　（b）夏季

（c）秋季　　　　　　　　　　　　（d）冬季

PM$_{2.5}$平均质量浓度/（μg/m³）

15　25　35　45　55　65　75　85　95 105 120 135 150

图 10.8　全国大气 PM$_{2.5}$ 平均质量浓度季均分布图

台湾资料暂缺

## 10.4　时空地理加权学习点-面融合方法

10.3 节讨论的时空关联学习模型主要在输入变量中考虑时空关联因子，本节则建立一种能够在网络结构中考虑关联因子的方法。地基观测数据、卫星遥感观测数据及其影响因子之间的关系通常随着空间位置和时间而改变，即具有很强的时空异质性，同时它们之间存在复杂的非线性关系，而现有点-面融合建模方法难以同时顾及时空异质性与非线性关系。为此，本节将地理加权回归模型与神经网络模型的优势结合起来，通过单个位置和时相分别构建模型来考虑时空异质性，并利用广义回归神经网络拟合数据间非线性关系，构建时空地理加权神经网络的点-面融合模型（Li et al.，2017b）。

## 10.4.1 模型结构

经典时空地理加权回归模型虽然能够有效建模数据间的时空异质性，但基于线性假设而无法处理非线性特征。神经网络模型是非常有效的非线性建模工具，因此，本小节借鉴经典时空地理加权回归理论，并发挥神经网络非线性建模的优势，发展时空地理加权神经网络（geographically and temporally weighted neural network，GTWNN）模型用于点-面关系的时空建模。本方法构建的模型结构为

$$Y_j = f_{(x_j,y_j,t_j)}(\text{Satellite}_j, \text{Others}_j) \quad (10.8)$$

式中：$Y_j$ 为预测网格单元 $j$ 的平均待估计变量值；$(x_j,y_j)$ 为网格单元 $j$ 的中心坐标；$t_j$ 为一年中的天数；$f_{(x_j,y_j,t_j)}(\cdot)$ 为随位置和时间而改变的估算函数。具体而言，本小节采用广义回归神经网络（GRNN）来拟合地面待估计变量、卫星遥感观测变量与其他影响因子之间的关系，将所构建的模型命名为时空地理加权广义回归神经网络（GTW-GRNN），其结构如图 10.9 所示。同时，需要注意的是，当时间维度的信息未被纳入建模时，所构建的模型称为地理加权广义回归神经网络（GW-GRNN）。

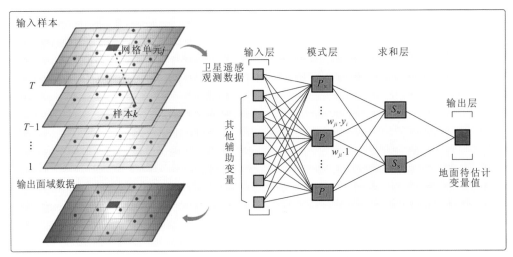

图 10.9　GTW-GRNN 模型结构示意图

$w_{ji}$ 表示空间网格 $i$ 到 $j$ 的权重；$y_i$ 表示网格 $i$ 的待估计变量值

图 10.9 右侧展示的是常规的广义回归神经网络结构，主要包含四层：第一层为输入层，其中卫星遥感观测数据、其他辅助变量（影响因子）等数据输入网络；第二层为模式层，其神经元个数与样本数量相同；第二层的输出传递到第三层（求和层）的求和神经元；最后一层（输出层）只包含一个神经元，即地面待估计变量值。本小节利用 GRNN

构建地面待估计变量值关于输入变量的连续表面进行变量值的估算。GRNN 已被证明能够快速收敛到全局最优，常用于函数拟合问题。此外，与传统神经网络模型相比，GRNN 模型需要更少的参数，即控制拟合函数平滑程度的"spread"参数需要在网络训练时进行调节。关于 GRNN 模型的更多细节，请参考已有研究（Specht，1993，1991）。

本小节主要介绍 GTW-GRNN 模型的总体结构及 GRNN 建模进行点-面融合估计的基本结构。下面将详细阐述 GRNN 与时空加权如何结合及如何求解。

## 10.4.2　时空加权方案

受传统时空回归建模策略（He et al，2018）的启发，将时空加权策略引入随时间和位置而改变的 GRNN 模型，即 GTW-GRNN 模型。对于网格单元 $j$ 内［空间坐标为 $(x_j, y_j)$，时间 $t_j=T$］GTW-GRNN 模型的构建，本小节采用时间 $T$ 及 $T$ 之前的样本进行模型的训练。此外，采用高斯距离递减加权函数来刻画样本 $k$ 对预测网格单元 $j$ 的重要性（He et al.，2018），样本 $k$ 的权重数学表达式为

$$w_{jk} = \mathrm{e}^{-\frac{(\mathrm{ds}_{jk})^2 + \lambda(\mathrm{dt}_{jk})^2}{h_{\mathrm{ST}}^2}} \qquad (10.9)$$

式中：ds 和 dt 分别为样本 $k$ 和预测网格单元 $j$ 之间的空间距离和时间距离。权重函数有两个关键参数，一个是平衡空间和时间距离的参数 $\lambda$；另一个是时空带宽参数 $h_{\mathrm{ST}}$，它描述样本 $k$ 对预测网格单元 $j$ 的影响随时空距离的衰减快慢程度。当 $\lambda=0$ 时，时间距离对权重没有影响，也就是说即使样本所在的日期与目标日期非常遥远，也仍然仅根据空间距离赋予相应的权重。当 $\lambda=\infty$ 时，仅目标日期当天（$T$）的样本对预测网格单元 $j$ 有影响，其模型效果实际上与 GW-GRNN 模型相同。在本节的研究中，为了节省计算资源，只有权值大于 $1 \times 10^{-6}$ 的样本点被用于 GTW-GRNN 模型的构建。

## 10.4.3　权值优化求解

对于网格单元 $j$ 的模型构建，假设共收集到 $N$ 个样本，那么模式层的神经元数为 $N$。对于原始的 GRNN 模型，输入层和模式层中的第 $i$ 个神经元（$P_i$）的权重为 $\boldsymbol{x}_i$（$\boldsymbol{x}_i$ 是样本 $i$ 的输入向量）。模式层中第 $i$ 个神经元的输出为

$$a_i = \exp[-(\|\boldsymbol{x}_i - \boldsymbol{x}_j\| \cdot b)^2] \qquad (10.10)$$

式中：$\|\|$ 为欧氏距离；$b = 0.832\,6 / \mathrm{spread}$ 为偏移量，spread 为控制拟合函数平滑度的参数。模式层中第 $i$ 个神经元和加权求和单元（$S_{\mathrm{W}}$）的网络权重为 $y_i$，$y_i$ 表示样本 $i$ 的待估计要素值。模式层神经元与求和单元（$S_{\mathrm{S}}$）之间的网络权重为 1。因此网格单元 $j$ 的待估计要素输出可以表示为

$$y_j = \frac{\sum_i a_i y_i}{\sum_i a_i} \qquad (10.11)$$

对 GTW-GRNN 模型而言，根据时空加权函数［式（10.9）］，时空相距较近的样本

具有更大的贡献。将时空权值引入 GRNN，模式层第 $i$ 个神经元和加权求和单元神经元的 NN 权重可以用式（10.12）表示，而模式层第 $i$ 个神经元和求和单元神经元的权重可以用式（10.13）表示：

$$NW_{i-s_w} = w_{ji} \cdot y_i \tag{10.12}$$

$$NW_{i-s_s} = w_{ji} \cdot 1 \tag{10.13}$$

式中：$w_{ji}$ 为样本 $i$ 和预测网格单元 $j$ 之间通过式（10.9）计算得到的时空权重。因此预测网格单元 $j$ 的待估计要素浓度数学表达式为

$$y_j = \frac{\sum_i a_i w_{ji} y_i}{\sum_i a_i w_{ji}} \tag{10.14}$$

可以发现，将时空权值引入 GRNN 并没有改变其结构，而是改变了模式层与求和层之间的连接权值。

## 10.4.4　模型参数选择

GTW-GRNN 模型有 3 个关键参数，即时空加权函数的平衡因子（$\lambda$）、时空带宽（$h_{ST}$）和 GRNN 模型的 spread 参数。对于时空加权，GTW-GRNN 模型存在两种加权方案：一是固定带宽方案，距离保持不变而邻近样本点数改变；二是自适应带宽方案，与距离改变而邻近样本点数保持不变。值得注意的是，本小节采用高斯距离衰减加权函数，固定点数外的站点没有被舍弃；此外，空间邻近点数保持固定不变的策略被用于自适应带宽加权方案。与已有研究一致，本节采用交叉验证技术选择模型参数。通过嵌套循环过程，固定带宽方案中的 $\lambda$ 和 $h_{ST}$ 分别被选为 6 000 和 120 km·天；自适应带宽方案中 $\lambda$ 和 $h_{ST}$ 分别被选为 30 000 和 4 km·天。综合考虑模型精度和计算复杂度，本小节选择自适应带宽加权方案，这是因为该方案能够获得与固定带宽方案相仿的模型精度，并且在地面站点分布不均匀的情况下更为有效地生成面域数据分布图。对于 GRNN 模型的 spread 参数，本节测试了 0.01～0.5 的范围，结果表明 spread=0.01 的情况下能够获得更好的地面值估算结果。

基于时空地理加权神经网络的点-面融合模型，下面将以 PM$_{2.5}$ 估算及其时空制图的具体应用为例，展开实验并分析其效果。

## 10.4.5　实验结果与分析

### 1. GTW-GRNN 模型性能

采用基于样本交叉验证和基于站点交叉验证两种验证方法，对 GTW-GRNN 模型的性能进行评估，结果如图 10.10 所示。对于基于样本交叉验证，$R^2$ 和 RMSE 值分别为 0.80 和 17.38 μg/m$^3$，这说明 GTW-GRNN 模型具有较强的整体预测能力。与基于样本交叉验证的结果相比，基于站点交叉验证的结果仅表现出轻微的下降（$R^2$ 值下降 0.01，RMSE 值增大 0.43 μg/m$^3$），其 $R^2$ 和 RMSE 值分别为 0.79 和 17.81 μg/m$^3$。作为一种空间"留出"验证策略，基于站点交叉验证表明 GTW-GRNN 模型具备稳健的空间预测能力。另外，基于

样本交叉验证和基于站点交叉验证的斜率分别为 0.82 和 0.81。尽管这表明 GTW-GRNN 模型容易低估高值（>60 μg/m³）和高估低值（<60 μg/m³），然而这是大气 PM$_{2.5}$ 遥感估算领域的普遍现象。与同样是全国范围内基于卫星 AOD 的 PM$_{2.5}$ 估算研究（Fang et al.，2016）相比，本节的结果展现出更为轻微的低估高值和高估低值现象。

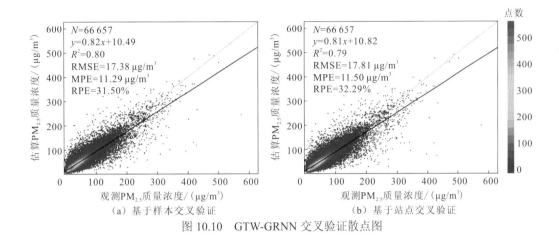

图 10.10    GTW-GRNN 交叉验证散点图

除此之外，图 10.11 展示了春、夏、秋、冬 4 个季节的模型性能。整体而言，GTW-GRNN 模型表现出了较为显著的季节差异。在 4 个季节中，冬季取得了最高的 $R^2$ 值，基于样本交叉验证和基于站点交叉验证分别为 0.81 和 0.80，表明 GTW-GRNN 模型在冬季拟合得最好，与站点观测值的一致性较高。然而，从 RMSE 值来看，冬季表现出最差的结果，基于样本交叉验证和基于站点交叉验证的 RMSE 值分别为 22.14 μg/m³ 和 22.59 μg/m³，这是因为冬季的 PM$_{2.5}$ 浓度水平是 4 个季节中最高的。GTW-GRNN 模型在春季和秋季的结果类似，其中：春季基于样本交叉验证和基于站点交叉验证的 $R^2$ 值分别为 0.76 和 0.75，RMSE 值分别为 15.07 μg/m³ 和 15.51 μg/m³；秋季基于样本交叉验证和基于站点交叉验证的 $R^2$ 值分别为 0.76 和 0.75，RMSE 值分别为 17.49 μg/m³ 和 18.01 μg/m³。GTW-GRNN 模型在夏季表现得最差，这与 He 等（2018）基于全国尺度研究的结果一致。该模型在夏季基于样本交叉验证的各项指标值分别为 0.67（$R^2$）、14.17 μg/m³（RMSE）、9.45 μg/m³（MPE）和 34.85%（RPE）。

本小节对 GTW-GRNN 模型的空间性能进行评价。计算每个网格单元 PM$_{2.5}$ 质量浓度观测值与模型估算值之间的基于样本交叉验证和基于站点交叉验证的 $R^2$ 值，并将其绘制在地图上，如图 10.12 所示。总体上，基于样本交叉验证与基于站点交叉验证的 $R^2$ 平均值均为 0.75；此外，基于样本交叉验证 $R^2$ 的空间分布模式与基于站点交叉验证 $R^2$ 相似。这些结果表明，该模型具备与整体预测能力相当的空间预测能力。空间上，基于样本交叉验证和基于站点交叉验证 $R^2$ 值的标准差分别为 0.19 和 0.20，表明空间异质性较为显著。GTW-GRNN 模型在我国中部、东部地区表现较好，而在西部地区表现相对较差。这可能是因为监测站点在中部和东部地区的分布更为密集，而在西部的分布较为稀疏。尽管模型性能的空间分布不均匀，但总体来说 GTW-GRNN 模型具有良好的预测性能，71%网格单元基于站点交叉验证的 $R^2$ 值大于 0.7，表明 GTW-GRNN 模型在大气 PM$_{2.5}$ 浓度遥感空间预测方面具有广阔的应用前景。

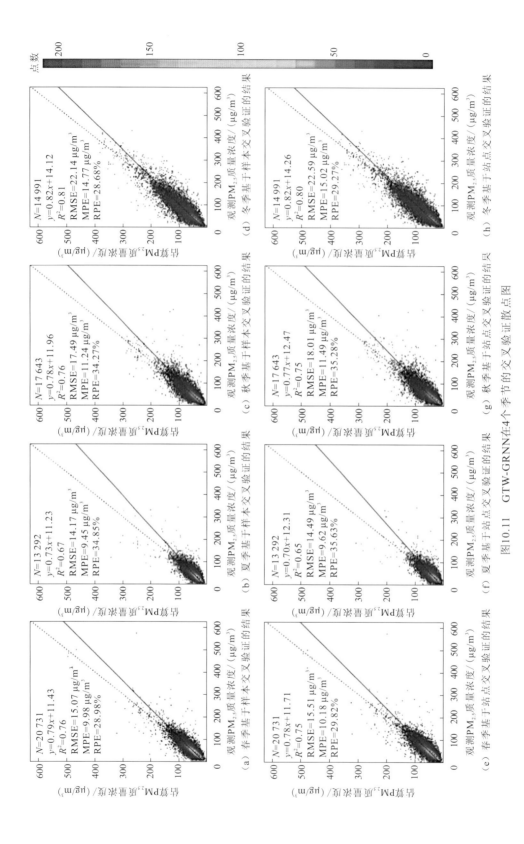

图10.11 GTW-GRNN在4个季节的交叉验证散点图

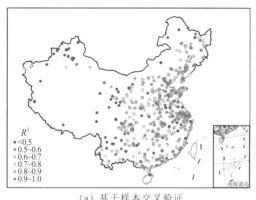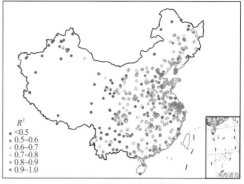

(a) 基于样本交叉验证　　　　　　　　　(b) 基于站点交叉验证

图 10.12　GTW-GRNN 模型 $R^2$ 的分布图

台湾资料暂缺

**2. 整体性能对比**

表 10.4 展示了各模型基于样本交叉验证和基于站点交叉验证的性能。首先，考虑 AOD-PM$_{2.5}$ 关系的时空异质性，利用时空局部样本，对每个位置和时间建立原始的 GRNN（Ori-GRNN）模型。在此模型中，时空加权并没有引入 GRNN 模型。Ori-GRNN 模型基于样本交叉验证和基于站点交叉验证的 $R^2$（RMSE）值分别为 0.73（19.90 μg/m$^3$）和 0.72（20.29 μg/m$^3$），表明该模型取得了比 GTW-GRNN 模型更差的效果。上述结果表明，在神经网络模型中引入时空加权可以提高大气 PM$_{2.5}$ 质量浓度的估算精度。其次，与 GTW-GRNN 模型相比，GW-GRNN 模型仅使用空间信息来刻画 AOD-PM$_{2.5}$ 关系，其性能比 GTW-GRNN 模型相对更差，基于样本交叉验证和基于站点交叉验证的 $R^2$ 值均为 0.78，RMSE 值分别为 18.19 μg/m$^3$ 和 18.24 μg/m$^3$。通过同时利用空间和时间信息，GTW-GRNN 模型取得了更为理想的性能，基于样本交叉验证和基于站点交叉验证的 $R^2$（RMSE）值分别为 0.80（17.38 μg/m$^3$）和 0.79（17.81 μg/m$^3$）。值得注意的是，与 GW-GRNN 模型相比，GTW-GRNN 模型并没有取得非常显著的优越性，尤其是基于站点交叉验证的结果。上述结果表明，AOD-PM$_{2.5}$ 关系的时间依赖性对 GRNN 建模的提升在日尺度上可能没有显著的作用。

表 10.4　各模型基于样本交叉验证和基于站点交叉验证的性能对比

| 模型 | 基于样本交叉验证 | | | | 基于站点交叉验证 | | | |
|---|---|---|---|---|---|---|---|---|
| | $R^2$ | RMSE /（μg/m$^3$） | MPE /（μg/m$^3$） | RPE/% | $R^2$ | RMSE /（μg/m$^3$） | MPE /（μg/m$^3$） | RPE/% |
| GTW-GRNN | 0.80 | 17.38 | 11.29 | 31.50 | 0.79 | 17.81 | 11.50 | 32.29 |
| GW-GRNN | 0.78 | 18.19 | 11.61 | 32.98 | 0.78 | 18.24 | 11.63 | 33.06 |
| Ori-GRNN | 0.73 | 19.90 | 13.19 | 36.08 | 0.72 | 20.29 | 13.47 | 36.78 |
| GTWR | 0.75 | 19.53 | 12.77 | 35.41 | 0.73 | 20.26 | 13.05 | 36.73 |
| GWR | 0.72 | 20.46 | 13.08 | 37.10 | 0.72 | 20.54 | 13.14 | 37.25 |

对 GTW-GRNN、GTWR 和天尺度 GWR 模型进行比较。在这三个模型中，GWR 模型表现最差，其基于样本交叉验证和基于站点交叉验证的 $R^2$（RMSE）值分别为 0.72

型表现最差，其基于样本交叉验证和基于站点交叉验证的 $R^2$（RMSE）值分别为 0.72（20.46 μg/m³）和 0.72（20.54 μg/m³）。这可能是因为 GWR 模型基于线性假设描述 AOD-PM$_{2.5}$ 关系，并且仅利用空间信息来构建模型。通过进一步引入 AOD-PM$_{2.5}$ 关系的时间依赖性，GTWR 模型比 GWR 模型更显优势，其基于样本交叉验证和基于站点交叉验证的 $R^2$（RMSE）值分别为 0.75（19.53 μg/m³）和 0.73（20.26 μg/m³）。类似地，可以发现 GTWR 模型基于站点交叉验证结果（$R^2$=0.73，RMSE=20.26 μg/m³）仅比 GWR 模型（$R^2$=0.72，RMSE=20.54 μg/m³）略显优势。得益于非线性建模的优势，GTW-GRNN 模型基于样本交叉验证和基于站点交叉验证均取得了最佳的性能，表明 GTW-GRNN 模型在基于卫星遥感的地面 PM$_{2.5}$ 估算中更具优越性。

**3. 季节和空间性能对比**

图 10.13 给出了 GTW-GRNN、GTWR 和 GWR 模型的季节性能。从图 10.13（a）可看出，对于基于样本交叉验证，GTW-GRNN 模型在 4 个季节的表现都优于其他两个模型，4 个季节的 $R^2$（RMSE）值分别为 0.76（15.07 μg/m³）、0.67（14.17 μg/m³）、0.76（17.49 μg/m³）和 0.81（22.14 μg/m³）；其次是 GTWR 模型，而 GWR 模型的表现最差，4 个季节的 $R^2$ 值分别为 0.64、0.58、0.68 和 0.75。此外，从图中可以发现，GTWR 和 GWR 模型的 $R^2$ 值季节变化趋势与 GTW-GRNN 模型一致，在冬季最高而在夏季最低。对于图 10.13（b）所示的基于站点交叉验证的结果，与基于样本交叉验证的结果相似，其中 GTW-GRNN 模型的性能最佳，而 GWR 模型表现最差。上述结果表明，GTW-GRNN 模型在 4 个季节的地面大气 PM$_{2.5}$ 遥感制图中均具备比经典时空回归模型更佳的表现。

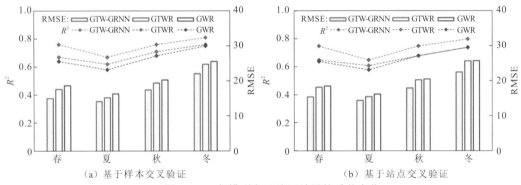

（a）基于样本交叉验证 （b）基于站点交叉验证

图 10.13 各模型交叉验证结果的季节变化

在空间上，利用不同模型的交叉验证结果计算每个网格单元的 $R^2$ 值，各模型的空间性能箱形图如图 10.14 所示。对于基于样本交叉验证 [图 10.14（a）]，GTW-GRNN、GTWR 和 GWR 模型的 $R^2$ 均值分别为 0.75、0.70 和 0.69，表明 GTW-GRNN 模型取得了更优的估算性能。此外，在 GTW-GRNN 模型的箱形图中可以观察到更为轻微的空间差异，表明 GTW-GRNN 模型的性能更为稳健。另外，对于基于站点交叉验证 [图 10.14（b）]，GTW-GRNN 模型也表现出显著的优势，其 $R^2$ 均值为 0.75，而 GTWR 和 GWR 模型的 $R^2$ 均值均为 0.69。因此，从空间性能上讲，相比于经典时空回归模型，GTW-GRNN 模型是更为有效的大气 PM$_{2.5}$ 点-面融合建模方法。

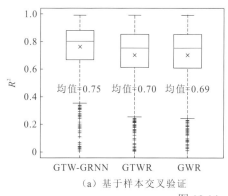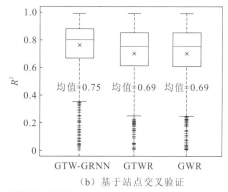

|（a）基于样本交叉验证|（b）基于站点交叉验证|
|---|---|

图 10.14　空间性能箱形图

### 4. 全国 PM$_{2.5}$ 浓度制图

鉴于 GTW-GRNN 模型具有出色的预测能力，利用该模型对大气 PM$_{2.5}$ 的空间浓度进行预测。图 10.15 为全国地面 PM$_{2.5}$ 浓度年均和季均分布图，是基于 Li 等（2020）发展的制图策略绘制的。总体而言，我国 PM$_{2.5}$ 质量浓度的平均值约为 43 μg/m$^3$，约 69%网格单元的 PM$_{2.5}$ 浓度大于国家环境空气质量标准（CNAAQS）的二级标准（35 μg/m$^3$）。上述研究结果表明，我国 PM$_{2.5}$ 污染依然较为严重，同时也表明，卫星遥感与地面站点观测相结合能够提供比地面站点更为详细的污染监测信息。

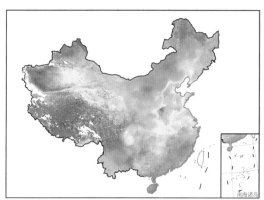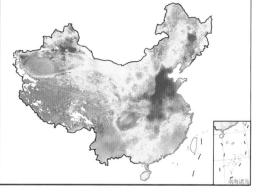

（a）春季PM$_{2.5}$浓度分布图　　　　　　　　　　（b）夏季PM$_{2.5}$浓度分布图

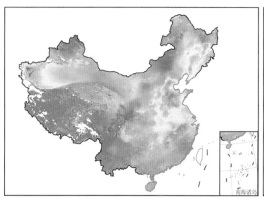

（c）秋季PM$_{2.5}$浓度分布图　　　　　　　　　　（d）冬季PM$_{2.5}$浓度分布图

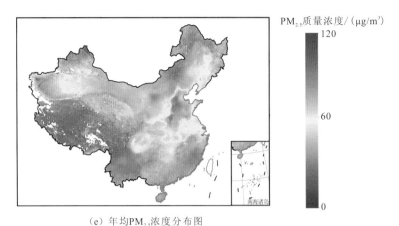

（e）年均PM₂.₅浓度分布图

图 10.15　基于 GTW-GRNN 模型的全国地面 PM$_{2.5}$ 浓度分布图

台湾资料暂缺

# 10.5　全局-局部结合时空神经网络点-面融合方法

时空地理加权学习模型仅适用于广义回归神经网络模型，本节将建立一种更为通用的时空地理加权方法，使之适用于任何神经网络模型。另外，针对局部训练方式导致点-面融合建模稳定性不高、估计不平稳的问题，建立一种全局-局部结合的时空神经网络点-面融合方法，利用全局神经网络模型学习输入变量对待估计变量的整体效应，并以该全局模型为初始条件，建立时空地理加权神经网络局部模型，用于处理点-面关系的时空异质性，从而构建全局引导、局部微调的学习框架（Li et al.，2021）。

## 10.5.1　通用时空地理加权学习模型

在本节所构建的全局-局部结合的时空神经网络框架中，局部微调模型（时空地理加权学习）是最为关键的，因而本小节先对其进行介绍，而全局-局部结合的时空神经网络框架将在 10.5.2 小节进行阐述。

### 1. 模型构建

全局神经网络模型往往假设卫星与地面观测数据关系在研究区域和时段内是恒定的。尽管全局神经网络模型具备强大的非线性关系拟合能力，但并未考虑卫星-地面观测数据关系的时空异质性。为了解决这一问题，本小节基于多层反向传播神经网络发展了时空地理加权神经网络（GTWNN）模型。对于给定的网格单元 $j$，GTWNN 模型结构如图 10.16 所示，基本表示与式（10.8）类似。

### 2. 模型优化求解

对 $f_j(\cdot)$ 的训练，本节仅采用时间 $T$ 及其 $T$ 之前的样本。假设距离网格单元 $j$ 越近的样本对待估计值的估算具有更大的贡献，采用高斯时空距离衰减加权函数对样本点的重要性进行刻画，具体而言，样本 $k$ 的权值 $w_k$ 可由式（10.9）得到。

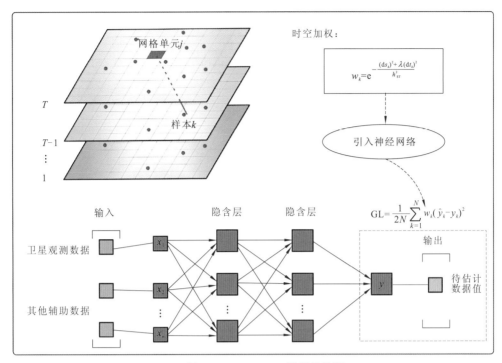

图 10.16　GTWNN 模型结构图

将时空加权引入神经网络，即构建 GTWNN 模型，为 GTWNN 模型设计地理加权损失函数：

$$\mathrm{GL} = \frac{1}{2N} \sum_{k=1}^{N} w_k (\hat{y}_k - y_k)^2 \qquad (10.15)$$

式中：GL 为全局损失（global loss，GL）；$\hat{y}_k$ 为 $k$ 网格上的预测值；$y_k$ 为 $k$ 网格上的真实值。

时空距离越近的样本对待估计值的估算表现出越大的贡献。其后，利用 BP 算法对该地理加权损失函数进行误差下降求解；通过这个求解过程，GTWNN 模型能够获得预期的结果。分析上述过程可以发现，GTWNN 模型并未改变神经网络模型结构，而是将时空加权融入损失函数中进行优化求解。

然而，基于 GTWNN 模型的资源环境要素点-面融合估算仍然面临三个问题。首先，GTWNN 模型采用的是局部建模策略，而在局部环境中获取足够的样本来训练 GTWNN 模型往往存在较大困难。其次，由于 GTWNN 模型是针对单个位置和时间分别建立的，与全局建模相比计算成本将大大增加。最后，由于神经网络的随机初始化，GTWNN 模型在不同位置和不同时间可能产生不平衡的估算结果。针对以上问题，本节提出了一个全局-局部的两步框架，其整体架构与技术流程将在下一小节进行描述。

## 10.5.2　全局-局部建模框架

### 1. 整体架构

以 GTWNN 模型为核心，进一步发展基于卫星遥感的全局-局部时空神经网络框架

（space-time neural network framework，STNNF）点-面融合估计方法。如图 10.17 所示：首先，利用所有样本构建全局神经网络模型；其次，对每个位置和时间分别建立 GTWNN 模型，基于全局神经网络（net$_0$）进行初始化，并利用时空局部样本进行微调。全局-局部框架的可行性归结为全局神经网络模型和局部 GTWNN 模型共享相同的网络结构。

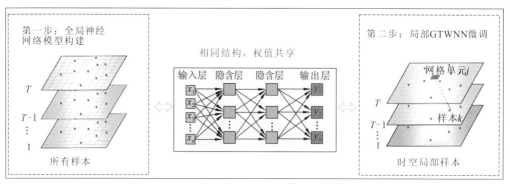

图 10.17　STNNF 建模整体架构

STNNF 能够解决前面提到的 GTWNN 模型面临的三个问题的原因归纳如下。在全局-局部学习框架下，全局神经网络模型实际上学习了输入变量对整个区域和时间段内的待估计变量的整体影响（类似于普通线性回归模型是整个区域的平均估计），而 GTWNN 只需要进行微调来解释卫星与地面观测数据关系的时空变化。对局部 GTWNN 模型的微调，时空局部范围内数据样本是足够的，并且避免了模型训练的大量迭代。此外，所有 GTWNN 模型都是基于相同的全局神经网络模型进行初始化，这有助于消除 GTWNN 模型的不平衡估算现象。因此，本节提出的全局-局部的两步框架能够有效应对 GTWNN 模型面临的三个问题。

### 2. 技术流程

图 10.18 所示为基于卫星遥感的 STNNF 点-面融合估算过程。首先，收集地面站点监测数据、卫星观测数据、其他辅助数据，进行一定预处理的操作，形成时空统一的数据集。在此基础上，构建全局神经网络模型，作为 STNNF 建模的第一步。然后，对每个位置和时间分别建立 GTWNN 模型，这些 GTWNN 模型由全局神经网络（net$_0$）进行初始化，并利用时空局部数据样本进行微调。对于微调过程，以地理加权损失函数为优化目标。这一过程构成 STNNF 建模的第二步，在基于卫星遥感的点-面融合估算中起着关键的作用。最后，对 STNNF 模型进行验证与评价，并生成面域待估计变量估算结果。

为了测试 STNNF 模型的可行性和预测能力，本节采用了广泛应用的基于站点交叉验证技术。值得注意的是，在本估算框架的验证过程中，第一步（全局神经网络构建）和第二步（局部 GTWNN 微调）均未使用验证站点。下面将以 PM$_{2.5}$ 估算及其时空制图的具体应用为例，展开实验并分析其效果。

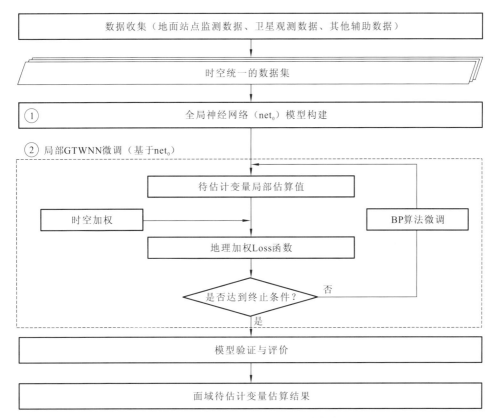

图 10.18　STNNF 点-面融合估算技术流程图

## 10.5.3　实验结果与分析

**1. 实验方案设计**

对于 STNNF 的测试，本小节选择全国范围作为研究区域，研究时段为 2015 年。为 STNNF 建模收集的数据包括 $PM_{2.5}$ 地面观测数据、卫星 AOD 产品、气象再分析数据和卫星 NDVI 产品，关于这些数据详细的介绍参见 10.2 节。基于该数据集，本小节对三种不同的建模方案进行比较，即：①利用收集到的所有样本构建全局神经网络模型；②在全局神经网络的支持下建立 STNNF；③直接训练 GTWNN 模型。直接训练的 GTWNN 模型与 STNNF 的不同之处在于，该模型没有基于全局神经网络进行微调。为了进一步验证 STNNF 的有效性，还将在下一小节与其他广泛应用的大气 $PM_{2.5}$ 估算模型进行对比。

**2. STNNF 建模参数方案**

在 STNNF 建模中主要有两类参数需要调节：一类是神经网络结构参数，另一类是时空加权参数。对于神经网络结构参数，全局神经网络模型和 GTWNN 模型具有相同的结构，其包含一个输入层（7 个节点用于输入卫星观测数据和气象数据）和一个输出层（1 个节点用于输出地面 $PM_{2.5}$ 浓度）。对于隐含层，如图 10.19 和表 10.5 所示，随着隐含层数的增加，全局神经网络模型在一定范围内的性能越来越好（$R^2$ 值增大），而 STNNF 则相反（$R^2$ 值减小）。因此，综合考虑 STNNF 建模的预测能力和计算复杂度，选择 1 个隐含层和 15 个节点。此外，全局神经网络模型训练、局部 GTWNN 模型微调和 GTWNN 模型直接训练的迭代次数分别设置为 800、120 和 800。另外，对于时空加权参数，采用了邻近点数不变而距离变化的自适应带宽方案；基于交叉验证方法（Li et al.，2020b），并通过嵌套循环过程确定 $\lambda$ 和 $h_{ST}$ 分别为 $8 \times 10^4$ 和 2。

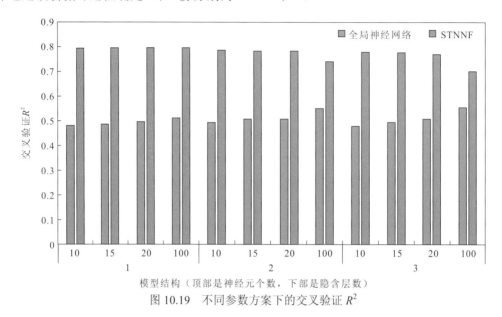

图 10.19 不同参数方案下的交叉验证 $R^2$

表 10.5 不同隐含层数与神经元数条件下的模型性能

| 隐含层数 | 神经元数 | 全局神经网络 | | STNNF | |
|---|---|---|---|---|---|
| | | $R^2$ | RMSE/（$\mu g/m^3$） | $R^2$ | RMSE/（$\mu g/m^3$） |
| 1 | 10 | 0.481 | 27.79 | 0.793 | 17.57 |
| | 15 | 0.487 | 27.62 | 0.797 | 17.42 |
| | 20 | 0.497 | 27.36 | 0.796 | 17.50 |
| | 100 | 0.512 | 26.94 | 0.797 | 17.49 |
| 2 | 10 | 0.494 | 27.42 | 0.787 | 17.86 |
| | 15 | 0.508 | 27.05 | 0.783 | 18.00 |
| | 20 | 0.509 | 27.05 | 0.783 | 18.05 |
| | 100 | 0.551 | 26.00 | 0.741 | 19.93 |
| 3 | 10 | 0.479 | 27.83 | 0.779 | 18.16 |
| | 15 | 0.495 | 27.41 | 0.778 | 18.22 |
| | 20 | 0.508 | 27.06 | 0.770 | 18.57 |
| | 100 | 0.556 | 26.04 | 0.701 | 21.49 |

## 3. STNNF 模型总体性能

全局神经网络模型、直接训练的 GTWNN 模型和 STNNF 模型的基于站点交叉验证结果如图 10.20 所示。从图中可以明显看出，全局神经网络模型的性能最差，其 $R^2$、RMSE、MPE 和 RPE 值分别为 0.49、27.62 μg/m³、19.37 μg/m³ 和 50.08%。尽管全局神经网络模型考虑了地面 PM$_{2.5}$ 与预测因子之间的非线性关系，但未顾及 PM$_{2.5}$ 与影响因子关系的时空异质性，因而在三个模型中表现最差。为了克服全局神经网络模型的局限性，GTWNN 模型考虑了 AOD-PM$_{2.5}$ 关系的时空异质性，模型性能得到了显著改善，$R^2$ 值增加了 0.29（从 0.49 提升到 0.78）和 RMSE 值降低 9.36 μg/m³（从 27.62 μg/m³降低到 18.26 μg/m³）。此外，STNNF 模型性能最为优越，其基于站点交叉验证的 $R^2$ 和 RMSE 值分别为 0.80 和 17.44 μg/m³。与直接训练的 GTWNN 模型相比，STNNF 模型的优势在于全局神经网络模型基于所有样本学习到 AOD-PM$_{2.5}$ 整体关系（相当于整个研究区域和时段的平均关系），为局部 GTWNN 模型的微调提供了良好的引导。同时，STNNF 模型的另一个优势是计算效率的提高，STNNF 模型训练时间仅为 GTWNN 模型的三分之一。

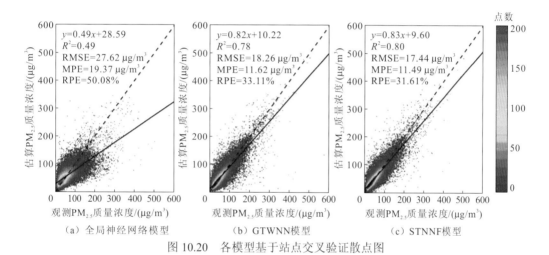

图 10.20　各模型基于站点交叉验证散点图

虚线表示 $y=x$ 参考线；$N=66\ 657$

### 4. STNNF 性能的时间维度评价

表 10.6 给出了全局神经网络模型、GTWNN 模型和 STNNF 模型基于站点交叉验证结果的季节性统计。在 3 个模型中，全局神经网络模型在 4 个季节中均表现得最差，其中春季、夏季、秋季和冬季的 $R^2$ 值分别为 0.33、0.39、0.44 和 0.51。同时，全局神经网络模型 4 个季节的 RMSE 值分别为 25.85 μg/m³、20.05 μg/m³、26.74 μg/m³ 和 35.65 μg/m³。与全局神经网络模型相比，GTWNN 模型在 4 个季节中的表现均有显著改善，$R^2$ 值分别增加了 0.39（从 0.33 到 0.72）、0.26（从 0.39 到 0.65）、0.30（从 0.44 到 0.74）、0.29（从 0.51 到 0.80）。显然，STNNF 模型在 4 个季节的性能均有明显的优势，$R^2$（RMSE、斜率）值分别为 0.74（15.83 μg/m³、0.79）、0.68（13.99 μg/m³、0.76）、0.76（17.40 μg/m³、0.79）和 0.82（21.82 μg/m³、0.84）。另外，4 个季节中冬季的 $R^2$ 值最高，表明冬季模型拟合最好；同时值得注意的是，冬季的 RMSE 值也是最高的，这是因为冬季大气 PM$_{2.5}$ 浓度水平较高。

表 10.6　全局神经网络模型、GTWNN 模型和 STNNF 模型基于站点交叉验证结果的季节性统计

（RMSE 单位：μg/m³）

| 季节 | 全局神经网络模型 | | GTWNN 模型 | | STNNF 模型 | |
|---|---|---|---|---|---|---|
| | $R^2$ | RMSE | $R^2$ | RMSE | $R^2$ | RMSE |
| 春季 | 0.33 | 25.85 | 0.72 | 16.33 | 0.74 | 15.83 |
| | $y=0.41x+33.62$ | | $y=0.77x+12.09$ | | $y=0.79x+11.45$ | |
| 夏季 | 0.39 | 20.05 | 0.65 | 14.66 | 0.68 | 13.99 |
| | $y=0.48x+26.01$ | | $y=0.71x+11.96$ | | $y=0.76x+10.23$ | |
| 秋季 | 0.44 | 26.74 | 0.74 | 18.37 | 0.76 | 17.40 |
| | $y=0.40x+29.80$ | | $y=0.78x+11.52$ | | $y=0.79x+10.59$ | |
| 冬季 | 0.51 | 35.65 | 0.80 | 22.94 | 0.82 | 21.82 |
| | $y=0.52x+32.05$ | | $y=0.84x+13.00$ | | $y=0.84x+12.33$ | |

注：表中的方程为模型估算值与地面观测值之间的回归方程

图 10.21 所示为基于站点交叉验证的 $PM_{2.5}$ 日均观测值和模型估算值。首先，日平均 $PM_{2.5}$ 质量浓度的最小值和最大值分别是 17.33 μg/m³ 和 152.68 μg/m³，表明全国地面 $PM_{2.5}$ 浓度年内变化较大；同时，从红色阴影带中可以看出，$PM_{2.5}$ 值在全国范围内呈现出明显的空间变化（标准差较大）。其次，全局神经网络模型估算值与地面 $PM_{2.5}$ 浓度观测值存在显著偏差，而 GTWNN 模型估算值和 STNNF 模型估算值与地面 $PM_{2.5}$ 浓度观测值均呈现明显相似的变化趋势，如图 10.21 所示。此外，STNNF 模型估算值更接近地面 $PM_{2.5}$ 浓度观测值（如左侧黑色框线放大图所示）的情况更为常见，而相对较少的情况是 GTWNN 模型估算值更接近地面 $PM_{2.5}$ 浓度观测值（如右侧黑色框线放大图所示）。与此同时，将日均观测值与模型估算值进行拟合，结果表明 STNNF 模型估算结果（$R^2$=0.996，RMSE= 1.43 μg/m³）比 GTWNN 模型估算结果（$R^2$=0.994，RMSE=1.62 μg/m³）更加接近地面 $PM_{2.5}$ 浓度观测值。

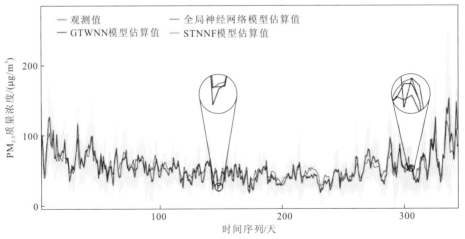

图 10.21　地面 $PM_{2.5}$ 浓度日均观测值和模型估算值

红色阴影带表示全国地面 $PM_{2.5}$ 浓度观测值的标准差，黑色圆圈表示局部放大图

## 5. STNNF 模型性能的空间维度评价

为了对 STNNF 模型进行更为全面的评价,本小节对模型性能指标进行空间统计。收集每个含有 PM$_{2.5}$ 站点的网格单元地面 PM$_{2.5}$ 浓度观测值和模型交叉验证估算值的时间序列,并计算其 $R^2$ 和 RMSE 值。图 10.22 展示了各模型所有网格单元 $R^2$ 和 RMSE 值的箱形图。从图中可以看出,全局神经网络模型的 $R^2$ 和 RMSE 的平均值分别是 0.42 和 25.00 μg/m$^3$,是三个模型中表现最差的。对于 GTWNN 和 STNNF 模型,GTWNN 和 STNNF 模型的 $R^2$ 均值都为 0.76,相比于全局神经网络模型有大幅的提升。GTWNN 模型 RMSE 值为 3.64~80.44 μg/m$^3$,均值为 15.21 μg/m$^3$;STNNF 模型的最小、最大和平均 RMSE 值分别是 4.14 μg/m$^3$、67.08 μg/m$^3$ 和 15.01 μg/m$^3$。同时,需要注意的是,GTWNN 模型有 66 个网格单元的 $R^2$ 低于 0.4,而 STNNF 模型则仅有 53 个网格单元的 $R^2$ 低于 0.4,表明 STNNF 模型可以在一定程度上缓解 PM$_{2.5}$ 浓度极差的估算情况($R^2 < 0.4$)。这是因为在全局神经网络模型的引导下,STNNF 模型能够比 GTWNN 模型更为有效地拟合局部 AOD-PM$_{2.5}$ 关系。

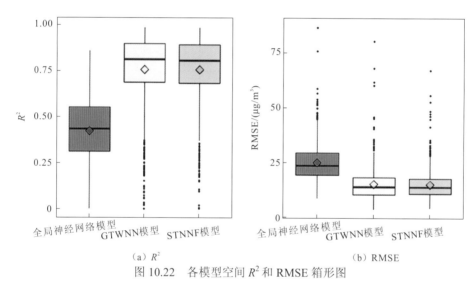

(a) $R^2$           (b) RMSE

图 10.22　各模型空间 $R^2$ 和 RMSE 箱形图

## 6. 基于 STNNF 点-面融合方法的 PM$_{2.5}$ 浓度制图

利用 STNNF 模型获得地面 PM$_{2.5}$ 浓度的天尺度估算结果。考虑卫星缺失数据导致的采样偏差,利用 Li 等(2020a)发展的制图策略绘制 PM$_{2.5}$ 浓度的年均、季均分布图。如图 10.23 所示,全国 PM$_{2.5}$ 浓度污染情况依然十分严峻,其空间平均值为 44.8 μg/m$^3$,超过国家环境空气质量标准二级标准(35 μg/m$^3$)的 28%。同时,胡焕庸线(或黑河—腾冲线)(Hu,1990)揭示了一种 PM$_{2.5}$ 浓度分布的空间差异。胡焕庸线西边的 PM$_{2.5}$ 平均质量浓度为 43.9 μg/m$^3$,而东边的 PM$_{2.5}$ 平均质量浓度为 46.4 μg/m$^3$,这与我国经济发展和城市化的程度相符合。从上述结果可以看出,虽然地面站点能够获得全国范围内大气 PM$_{2.5}$ 浓度的整体空间分布趋势,但点-面融合的 STNNF 模型有助于更为精细地揭示 PM$_{2.5}$ 浓度的时空分布模式,从而为污染精准管控与治理提供科学决策支持。

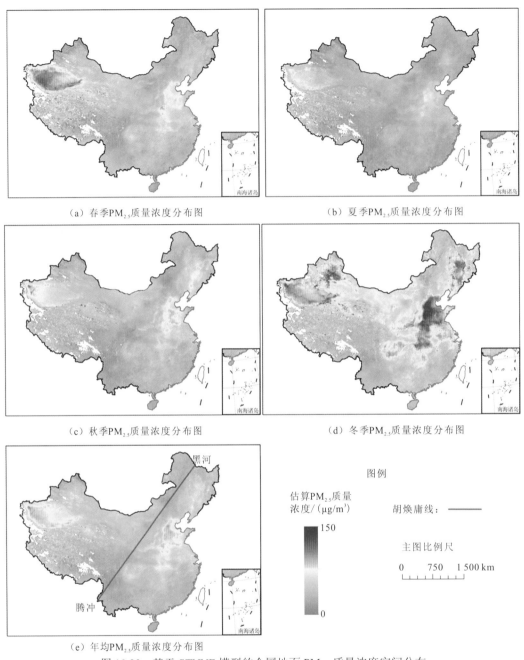

（a）春季PM$_{2.5}$质量浓度分布图　　　　　　　　（b）夏季PM$_{2.5}$质量浓度分布图

（c）秋季PM$_{2.5}$质量浓度分布图　　　　　　　　（d）冬季PM$_{2.5}$质量浓度分布图

估算PM$_{2.5}$质量
浓度/（μg/m$^3$）

图例

胡焕庸线：

主图比例尺

0　　750　1 500 km

（e）年均PM$_{2.5}$质量浓度分布图

图 10.23　基于 STNNF 模型的全国地面 PM$_{2.5}$ 质量浓度空间分布

台湾资料暂缺

# 10.6　点-面融合方法对比评估

本节主要对 PM$_{2.5}$ 浓度估算中使用的不同点-面融合方法进行对比，除了前面重点阐述的 Geoi-DBN 模型、GTW-GRNN 模型和 STNNF 模型，还选择了 GWR 模型、GTWR 模型和 LME 模型。值得说明的是，现有的模型验证方法往往忽略了地面验证站点的不均匀分布，一方面容易导致模型的精度高估，另一方面也可能给不同方法的对比带来偏差。例如，对高度依赖邻近站点观测的模型（如空间插值）而言，基于站点交叉验证的模型性能非常出色，然而，随着与地面站点距离的增大，该类模型的性能会急剧下降。为此，本节将采用 Li 等（2020b）所提出的考虑地面站点不均匀分布的验证方法对现有方法进行比较分析。

## 10.6.1 考虑站点不均匀分布的验证方法

考虑站点不均匀分布的验证方法，可更全面地评价模型精度与估算效果（Li et al.，2020b）。该方法基于十折交叉验证，地面监测站点（这里的"站点"，实质上是指包含监测站点的网格单元）被随机地分成十等分。对于给定的验证集，假设其包含 $m$ 个监测站点，形成一个验证集 $S_{\text{val}} = \{S_{\text{v},1}, S_{\text{v},2}, \cdots, S_{\text{v},m}\}$，则建模集 $S_{\text{fit}} = \{S_{\text{f},1}, S_{\text{f},2}, \cdots, S_{\text{f},n}\}$ 表示包含 $n$ 个监测站点的建模集（$n \approx 9m$），其中 $S$ 为监测站点（$S_{\text{v}}$ 和 $S_{\text{f}}$ 分别表示验证站点和建模站点）。为了在模型验证过程中考虑站点的不均匀分布，设置一个距离 $d$（单位为 km）。对于给定的距离 $d$，与任意一个验证站点的距离小于 $d$ 的建模站点从建模集 $S_{\text{fit}}$ 中舍弃，如图 10.24 所示。那么，验证站点与建模站点之间的距离均不小于 $d$。对于任意给定的 $d$，构建的 PM$_{2.5}$ 估算模型可表示为

$$\text{PM}_{d\text{-fit}} = f_{(d)}(X_{d\text{-fit}}) \tag{10.16}$$

式中：$X_{d\text{-fit}}$ 为以距离 $d$ 更新后的建模集输入变量（如卫星观测数据、气象条件等）；$f_{(d)}$ 为距离 $d$ 条件下的估算函数。基于上述构建的 PM$_{2.5}$ 估算模型，利用验证集的输入变量对 PM$_{2.5}$ 值进行估算：

$$\text{PM}_{\text{val}} = f_{(d)}(X_{\text{val}}) \tag{10.17}$$

式中：$X_{\text{val}}$ 为验证集的输入变量，不随距离 $d$ 变化。通过比较模型估算值与真实观测值，对模型性能进行验证。

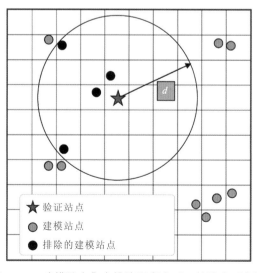

图 10.24　建模站点集中排除距离小于 $d$ 的站点示意图

## 10.6.2 模型评价结果及其对比

将距离（$d$）设定在 0～200 km 内，步长设定为 10 km，使用考虑空间分布的交叉验证（spatial distribution cross validation，SDCV）方法对模型的 $PM_{2.5}$ 估算效果进行评价与对比。各模型 SDCV 方法评价结果如图 10.25 所示，从图中可以看出，总体而言，所有模型的性能均随着距离 $d$ 的增加而下降。首先，对于空间插值方法，当距离为 0 km 时（基于站点交叉验证），它取得了非常出色的估算性能（$R^2$=0.83）。随后，空间插值方法的性能从 $d$=0 km 到 $d$=30 km 呈现急剧下降的趋势，$R^2$ 值从 0.83 下降到 0.64，其原因在于空间插值方法严重依赖邻近的监测站点，当邻近 0～30 km 范围内没有监测站点时模型性能迅速下降。对于 LME 模型，其模型性能整体上呈现缓慢下降的趋势，当 $d$=0 km 时 $R^2$ 值为 0.55，而当 $d$=200 km 时 $R^2$ 值为 0.38，这可能是因为 LME 模型在空间上是一个全局模型，对空间距离的敏感性相对较低。GWR 模型随着 $d$ 的增加，模型性能显著下降，尤其是在 0～30 km 范围内，主要原因是 GWR 模型通过空间局部回归技术建立

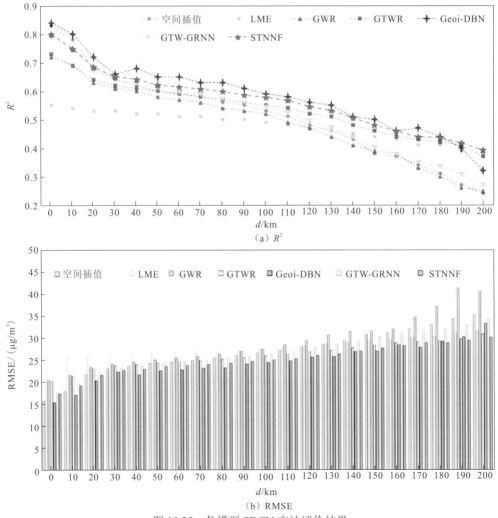

（a）$R^2$

（b）RMSE

图 10.25　各模型 SDCV 方法评价结果

AOD-PM$_{2.5}$关系，受与建模站点的距离影响较大。同样地，GTWR 模型性能也呈现相似的下降趋势。最后是本章所发展的三个 PM$_{2.5}$ 遥感估算模型，其中 Geoi-DBN 模型性能呈现与空间插值较为相似的下降趋势，其原因为 Geoi-DBN 在建模过程中引入了大气 PM$_{2.5}$ 时空自相关性；GTW-GRNN 模型性能整体上表现出较为急剧的下降趋势，分析其原因，该模型本质上相当于卫星 AOD、气象条件等辅助下的依赖大气 PM$_{2.5}$ 自身相关性的 PM$_{2.5}$ 浓度估算，对空间距离较为敏感；STNNF 模型性能呈现先迅速后缓慢的下降趋势，这是由于 STNNF 模型是基于局部样本建模的，当邻近 0～30 km 范围内不存在监测站点时模型估算精度受到很大影响，而当距离逐渐增大，STNNF 模型对空间距离的敏感性降低。

对比各模型的性能，当距离 $d$ 设定为 0 km（基于站点交叉验证），上述模型中 Geoi-DBN 模型表现最优，空间插值方法紧随其后，其 $R^2$ 值和 RMSE 值分别为 0.83 和 15.79 μg/m$^3$，优于 LME、GWR 和 GTWR 遥感估算模型，也比本章发展的 GTW-GRNN 和 STNNF 模型更具优势。上述结果表明，在传统基于站点交叉验证方法的评价下，空间插值方法比遥感估算方法（LME、GWR、GTWR、GTW-GRNN 和 STNNF 模型）具备更优的性能。然而，随着距离 $d$ 的增加，LME、GTWR、GTW-GRNN 和 STNNF 模型分别在距离 $d$ 约为 130 km、70 km、40 km 和 20 km 时超越了空间插值方法。换句话说，随着与监测站点距离的增大，遥感估算方法相比于空间插值方法取得了优势。本章重点阐述的三种方法具有如下对比特点。

（1）Geoi-DBN 模型。Geoi-DBN 模型在建模过程中引入了大气 PM$_{2.5}$ 的空间自相关性，因而在所有距离（$d$）上都优于空间插值方法。总体而言，Geoi-DBN 模型相比于传统遥感估算方法（LME、GWR 和 GTWR 模型）表现更好，尤其是在距离 $d$ 较小的情况下。然而，值得注意的是，LME 和 GTWR 模型在距离 $d$ 约为 190 km 时超越 Geoi-DBN 模型，取得了一定的优势。分析其原因，Geoi-DBN 模型利用了大气 PM$_{2.5}$ 时空自相关性，当距离 $d$ 较小时邻近站点的自相关性对 Geoi-DBN 模型作用非常大；而随着距离 $d$ 逐渐增大，PM$_{2.5}$ 站点观测自身相关性的贡献减小，而基于卫星 AOD、气象条件等因子的回归模型（GTWR 和 LME 模型）表现得更为理想。

（2）GTW-GRNN 模型。当距离 $d$ 较小时，GTW-GRNN 模型相比于传统遥感估算模型更具优势，而当 $d>80$ km（140 km）时，GTWR（LME）模型则比 GTW-GRNN 模型表现得更为理想。分析其原因，GTW-GRNN 模型在卫星 AOD、气象条件等辅助下依赖大气 PM$_{2.5}$ 自身相关性进行求解，对监测站点的依赖性较大。当距离 $d$ 较小时，与空间插值、Geoi-DBN 模型类似，GTW-GRNN 模型比传统遥感估算模型表现得更好，但随着 $d$ 的增大，这类基于插值的方法逐渐失去优势。另外，与 Geoi-DBN 模型相比，GTW-GRNN 模型并未取得优势，其原因为 Geoi-DBN 模型不仅引入了时空自相关性，还同时基于卫星 AOD、气象条件进行关系学习与构建。

（3）STNNF 模型。相比于传统 GWR 和 GTWR 模型，STNNF 模型在所有距离下均取得了更为优越的估算性能，这得益于 STNNF 模型的非线性建模能力。同时，与 Geoi-DBN 模型相比，在距离 $d$ 较小的情况下，由于大气 PM$_{2.5}$ 自身相关性非常强，Geoi-DBN 模型表现得更为出色；而当距离 $d$ 增大至约 190 km 时，STNNF 模型在性能上实现了反超；同时，STNNF 模型也比 GTWR、LME 等模型表现得更好。而对比

GTW-GRNN 和 STNNF 模型，它们均是局部建模的神经网络模型，但 STNNF 模型在大气 $PM_{2.5}$ 遥感估算中更具优势。

通过上述分析可见，监测站点观测的时空相关性对参量估算是十分有用的信息，在与监测站点较为密集的情况下，插值结果甚至比一些遥感估算方法更具优势。不同模型在不同距离条件下的性能存在较大差异，Geoi-DBN 模型在大部分情况下均表现得最好，当距离 $d$ 增大至 190 km 时，LME、GTWR 和 STNNF 模型均实现了性能上的反超，其中 STNNF 模型表现得最好。因此，具体应用中当监测站点较为密集时可选择 Geoi-DBN 模型，而当监测站点较为稀疏时则可以选择 STNNF 模型。

# 10.7　本章小结

本章针对遥感与地基观测数据的点-面融合展开研究，首先介绍了点-面融合基本概念，进而以大气 $PM_{2.5}$ 浓度估算为例进一步阐述了时空关联深度学习的点-面融合、时空地理加权学习的点-面融合、全局-局部结合的点-面融合三种方法，实验证明三种方法可有效实现地基与卫星观测优势互补，有助于更为精细地揭示要素的时空分布模式，实现高精度的面域感知。本章提出的方法具有推广性，适用于其他各类资源环境要素的监测与分析。此外，大气 $PM_{2.5}$ 等环境参量不但与自然因素相关，也与很多人文社会因素相关，考虑更多的因素值得深入研究。

# 参 考 文 献

曹军骥, 2012. 我国 $PM_{2.5}$ 污染现状与控制对策. 地球环境学报, 3(5): 1030-1036.

李同文, 2020. 顾及时空特征的大气 $PM_{2.5}$ 神经网络遥感反演. 武汉: 武汉大学.

马宗伟, 2015. 基于卫星遥感的我国 $PM_{2.5}$ 时空分布研究. 南京: 南京大学.

沈焕锋, 李同文, 2019. 大气 $PM_{2.5}$ 遥感制图研究进展. 测绘学报, 48(12): 1624-1635.

王中挺, 厉青, 王桥, 等, 2012. 利用深蓝算法从 HJ-1 数据反演陆地气溶胶. 遥感学报, 16(3): 596-610.

王子峰, 曾巧林, 陈良富, 等, 2019. 利用卫星遥感数据估算 $PM_{2.5}$ 浓度的应用研究进展. 环境监控与预警, 11(5): 33-38.

吴健生, 王茜, 2017. 基于 AOD 数据反演地面 $PM_{2.5}$ 浓度研究进展. 环境科学与技术, 40(8): 68-76.

赵笑然, 石汉青, 杨平吕, 等, 2017. NPP 卫星 VIIRS 微光资料反演夜间 $PM_{2.5}$ 质量浓度. 遥感学报, 21(2): 291-299.

周永波, 白洁, 周著华, 等, 2014. FY-3A/MERSI 海上沙尘天气气溶胶光学厚度反演. 遥感学报, 18(4): 771-787.

BAI Y, WU L, QIN K, et al., 2016. A geographically and temporally weighted regression model for ground-level $PM_{2.5}$ estimation from satellite-derived 500 m resolution AOD. Remote Sensing, 8(3): 262.

BI J, BELLE J H, WANG Y, et al., 2019. Impacts of snow and cloud covers on satellite-derived $PM_{2.5}$ levels. Remote Sensing of Environment, 221: 665-674.

BRIGGS D J, COLLINS S, ELLIOTT P, et al., 1997. Mapping urban air pollution using GIS: A regression-based approach. International Journal of Geographical Information Science, 11(7): 699-718.

BROKAMP C, JANDAROV R, HOSSAIN M, et al., 2018. Predicting daily urban fine particulate matter concentrations using a random forest model. Environmental Science & Technology, 52(7): 4173-4179.

CHEN Z H, CHENG S Y, LI J B, et al., 2008. Relationship between atmospheric pollution processes and synoptic pressure patterns in northern China. Atmospheric Environment, 42(24): 6078-6087.

CHEN Z Y, ZHANG T H, ZHANG R, et al., 2019. Extreme gradient boosting model to estimate $PM_{2.5}$ concentrations with missing-filled satellite data in China. Atmospheric Environment, 202: 180-189.

CHU D A, TSAI T C, CHEN J P, et al., 2013. Interpreting aerosol LiDAR profiles to better estimate surface $PM_{2.5}$ for columnar AOD measurements. Atmospheric Environment, 79: 172-187.

DE HOOGH K, HÉRITIER H, STAFOGGIA M, et al., 2018. Modelling daily $PM_{2.5}$ concentrations at high spatio-temporal resolution across Switzerland. Environmental Pollution, 233: 1147-1154.

DI Q, KOUTRAKIS P, SCHWARTZ J, 2016. A hybrid prediction model for $PM_{2.5}$ mass and components using a chemical transport model and land use regression. Atmospheric Environment, 131: 390-399.

FAN H, ZHAO C, YANG Y, 2020. A comprehensive analysis of the spatio-temporal variation of urban air pollution in China during 2014—2018. Atmospheric Environment, 220: 117066.

FANG X, ZOU B, LIU X, et al., 2016. Satellite-based ground $PM_{2.5}$ estimation using timely structure adaptive modeling. Remote Sensing of Environment, 186: 152-163.

GUO Y, TANG Q, GONG D Y, et al., 2017. Estimating ground-level $PM_{2.5}$ concentrations in Beijing using a satellite-based geographically and temporally weighted regression model. Remote Sensing of Environment, 198: 140-149.

GUPTA P, CHRISTOPHER S A, 2009a. Particulate matter air quality assessment using integrated surface, satellite, and meteorological products: 2. a neural network approach. Journal of Geophysical Research, 114(D20): D20205.

GUPTA P, CHRISTOPHER S A, 2009b. Particulate matter air quality assessment using integrated surface, satellite, and meteorological products: Multiple regression approach. Journal of Geophysical Research, 114(D14): D14205.

HE Q, HUANG B, 2018. Satellite-based mapping of daily high-resolution ground $PM_{2.5}$ in China via space-time regression modeling. Remote Sensing of Environment, 206: 72-83.

HINTON G E, 2002. Training products of experts by minimizing contrastive divergence. Neural Computation, 14(8): 1771-1800.

HINTON G E, OSINDERO S, TEH Y W, 2006. A fast learning algorithm for deep belief nets. Neural Computation, 18(7): 1527-1554.

HOFF R M, CHRISTOPHER S A, 2009. Remote sensing of particulate pollution from space: Have we reached the promised land? Journal of the Air & Waste Management Association, 59(6): 645-675.

HU H, 1990. The distribution, regionalization and prospect of China's population. Acta Geographica Sinica, 2: 139-145.

HU X, WALLER L A, LYAPUSTIN A, et al., 2014. Estimating ground-level $PM_{2.5}$ concentrations in the southeastern United States using MAIAC AOD retrievals and a two-stage model. Remote Sensing of Environment, 140: 220-232.

JIANG Q, CHRISTAKOS G, 2018. Space-time mapping of ground-level $PM_{2.5}$ and $NO_2$ concentrations in heavily polluted northern China during winter using the Bayesian maximum entropy technique with satellite data. Air Quality, Atmosphere & Health, 11(1): 23-33.

LEE H J, LIU Y, COULL B A, et al., 2011. A novel calibration approach of MODIS AOD data to predict $PM_{2.5}$ concentrations. Atmospheric Chemistry and Physics, 11(15): 7991-8002.

LI T, SHEN H, YUAN Q, et al., 2017a. Estimating ground-level $PM_{2.5}$ by fusing satellite and station observations: A geo-intelligent deep learning approach. Geophysical Research Letters, 44(23): 11985-11993.

LI T, SHEN H, ZENG C, et al., 2017b. Point-surface fusion of station measurements and satellite observations for mapping $PM_{2.5}$ distribution in China: Methods and assessment. Atmospheric Environment, 152: 477-489.

LI T, ZHANG C, SHEN H, et al., 2018. Real-time and seamless monitoring of ground-level $PM_{2.5}$ using satellite remote sensing. ISPRS Annals of Photogrammetry, Remote Sensing and Spatial Information Sciences: 143-147.

LI T, SHEN H, YUAN Q, et al., 2020a. Geographically and temporally weighted neural networks for satellite-based mapping of ground-level $PM_{2.5}$. ISPRS Journal of Photogrammetry and Remote Sensing, 167: 178-188.

LI T, SHEN H, ZENG C, et al., 2020b. A validation approach considering the uneven distribution of ground stations for satellite-based $PM_{2.5}$ estimation. IEEE Journal of Selected Topics in Applied Earth Observations and Remote Sensing, 13: 1312-1321.

LI T, SHEN H, YUAN Q, et al., 2021. A locally weighted neural network constrained by global training for remote sensing estimation of $PM_{2.5}$. IEEE Transactions on Geoscience and Remote Sensing, 60: 1-13.

LIN C, LI Y, YUAN Z, et al., 2015. Using satellite remote sensing data to estimate the high-resolution distribution of ground-level $PM_{2.5}$. Remote Sensing of Environment, 156: 117-128.

LIU Y, FRANKLIN M, KAHN R, et al., 2007. Using aerosol optical thickness to predict ground-level $PM_{2.5}$ concentrations in the St. Louis area: A comparison between MISR and MODIS. Remote Sensing of Environment, 107(1-2): 33-44.

LIU Y, PACIOREK C J, KOUTRAKIS P, 2009. Estimating regional spatial and temporal variability of $PM_{2.5}$ concentrations using satellite data, meteorology, and land use information. Environmental Health Perspectives, 117(6): 886-892.

LIU Y, PARK R J, JACOB D J, et al., 2004. Mapping annual mean ground-level $PM_{2.5}$ concentrations using multiangle imaging spectroradiometer aerosol optical thickness over the contiguous United States: Mapping surface $PM_{2.5}$ using MISR AOT. Journal of Geophysical Research: Atmospheres, 109(D22): D22206-22201.

LYU B, HU Y, ZHANG W, et al., 2019. Fusion method combining ground-level observations with chemical transport model predictions using an ensemble deep learning framework: Application in China to estimate spatiotemporally-resolved $PM_{2.5}$ exposure fields in 2014—2017. Environmental Science & Technology, 53(13): 7306-7315.

MA Z, HU X, HUANG L, et al., 2014. Estimating ground-level $PM_{2.5}$ in China using satellite remote sensing.

Environmental Science & Technology, 48(13): 7436-7444.

MA Z, HU X, SAYER A M, et al., 2016. Satellite-based spatiotemporal trends in $PM_{2.5}$ concentrations: China, 2004—2013. Environmental Health Perspectives, 124(2): 184-192.

MARTIN R V, BRAUER M, VAN DONKELAAR A, et al., 2019. No one knows which city has the highest concentration of fine particulate matter. Atmospheric Environment, X3: 100040.

MOLOD A, TAKACS L, SUAREZ M, et al., 2015. Development of the GEOS-5 atmospheric general circulation model: Evolution from MERRA to MERRA2. Geoscientific Model Development, 8(5): 1339-1356.

PARK Y, KWON B, HEO J, et al., 2020. Estimating $PM_{2.5}$ concentration of the conterminous United States via interpretable convolutional neural networks. Environmental Pollution, 256: 113395.

SHEN H, LI T, YUAN Q, et al., 2018. Estimating regional ground-level $PM_{2.5}$ directly from satellite top-of-atmosphere reflectance using deep belief networks. Journal of Geophysical Research: Atmospheres, 123(24): 13875-13886.

SPECHT D F, 1991. A general regression neural network. IEEE Transactions on Neural Networks, 2(6): 568-576.

SPECHT D F, 1993. The general regression neural network-rediscovered. Neural Networks, 6(7): 1033-1034.

SUN K, CHEN X, ZHU Z, et al., 2017. High resolution aerosol optical depth retrieval using Gaofen-1 WFV camera data. Remote Sensing, 9(1): 89.

SUN Y, ZENG Q, GENG B, et al., 2019. Deep learning architecture for estimating hourly ground-level $PM_{2.5}$ using satellite remote sensing. IEEE Geoscience and Remote Sensing Letters, 16(9): 1343-1347.

TOBLER W R, 1970. A computer movie simulating urban growth in the Detroit region. Economic Geography, 46(sup1): 234-240.

VAN DONKELAAR A, MARTIN R V, BRAUER M, et al., 2010. Global estimates of ambient fine particulate matter concentrations from satellite-based aerosol optical depth: Development and application. Environmental Health Perspectives, 118(6): 847-855.

VAN DONKELAAR A, MARTIN R V, BRAUER M, et al., 2016. Global estimates of fine particulate matter using a combined geophysical-statistical method with information from satellites, models, and monitors. Environmental Science & Technology, 50(7): 3762-3772.

WORLD HEALTH ORGANIZATION, 2016. Ambient air pollution: A global assessment of exposure and burden of disease. https://apps.who.int/iris/handle/10665/250141

WU Y, GUO J, ZHANG X, et al., 2012. Synergy of satellite and ground based observations in estimation of particulate matter in eastern China. Science of the Total Environment, 433: 20-30.

XUE T, ZHENG Y, TONG D, et al., 2019. Spatiotemporal continuous estimates of $PM_{2.5}$ concentrations in China, 2000–2016: A machine learning method with inputs from satellites, chemical transport model, and ground observations. Environment International, 123: 345-357.

YANG J, GONG P, FU R, et al., 2013. The role of satellite remote sensing in climate change studies. Nature Climate Change, 3(10): 875-883.

YANG Q, YUAN Q, LI T, et al., 2017. The relationships between $PM_{2.5}$ and meteorological factors in China: Seasonal and regional variations. International Journal of Environmental Research and Public Health,

14(12): 1510.

YUAN Q, SHEN H, LI T, et al., 2020. Deep learning in environmental remote sensing: Achievements and challenges. Remote Sensing of Environment, 241: 111716.

ZANG L, MAO F, GUO J, et al., 2018. Estimating hourly $PM_1$ concentrations from Himawari-8 aerosol optical depth in China. Environmental Pollution, 241: 654-663.

ZHANG Y, LI Z, 2015. Remote sensing of atmospheric fine particulate matter($PM_{2.5}$) mass concentration near the ground from satellite observation. Remote Sensing of Environment, 160: 252-262.

# 第 11 章 对地观测与社会感知数据融合方法

环境要素的时空分布往往与人类活动密切相关，但是现有的环境参量估算方法往往对人类社会活动因素考虑不足；社会感知数据能够有效反映人类社会生产生活的静态与动态特征，但又缺乏解释自然因素的能力。因此，结合对地观测数据的自然属性和社会感知数据的社会特性，是解决以上问题的有效途径。本章围绕对地观测与社会感知数据的融合展开研究，首先介绍对地观测与社会感知融合的基本概念与发展现状，重点以 $PM_{2.5}$ 浓度估算这一应用场景为例，在遥感与地基观测数据点-面融合的基础上进一步引入社会感知数据，构建对地观测与社会感知数据的深度学习融合框架，充分利用多源互补优势提升 $PM_{2.5}$ 浓度的估算能力。

## 11.1 概　　述

地基观测、卫星观测、航空观测是获取环境参数的三种基本观测方式。地基观测是最直接的也是精度最高的观测方式，目前针对各种环境参数已构建了系列观测站网，此外，兼顾轻小、低耗、易使用、灵活便捷的低成本集成传感器也已逐渐应用于资源环境要素监测（秦孝良 等，2019；Morawska et al.，2018）。卫星遥感技术在大范围和长时序对地观测中发挥突出作用，国内外众多的卫星传感器被广泛应用于环境参数的观测（Kikuchi et al.，2018；Sun et al.，2017；周永波 等，2014）。近年来，无人机搭载各类传感器可实现三维立体空间对地面要素的精细观测，自然资源、生态环境部门和相关行业已将其应用于快速、精准、灵活地感知突发资源环境事件（Yang et al.，2017；Peng et al.，2015）。综合以上三种方式，空天地一体化是当前对地观测领域的前沿发展方向（李德仁，2012）。

众所周知，人类活动对地面环境要素产生了越来越显著的影响，而现有的地面站点、卫星遥感观测手段对人类社会活动信息的收集能力有限，导致对地观测缺乏对人类活动与社会信息的有效解释能力。"社会感知"（social sensing）一词伴随着大数据和人工智能时代的到来而产生，同时也是地理时空大数据研究中重要的组成部分。北京大学刘瑜教授将其定义为：以个体为基本的感知单元，基于人类社会生产生活空间中大规模部署的多类别传感设备获取时空大数据，借助地理空间分析方法和模型，采用多源数据融合、人工智能算法等技术手段来感知识别社会个体的行为，进而揭示社会经济要素的地理时空分布、变化及联系的理论和方法（Liu et al.，2015b）。利用社会感知手段获取的数据被称为社会感知数据，例如通过传感器直接感知（如城市视频监控设备、环境要素传感器等）、被动请求（如移动驾驶位置服务、手机 App 签到等）、主动感知（如众包、社交媒体等）来获取的具有时空标记数据集（刘瑜，2016）。该类数据对探究地理环境要素的分布规律，研究单独个体行为在时空维度上的变化意义不大，但是当个体数据增加至研究样本足够充分代表群体的行为特征时，挖掘社会感知数据便可反映出与地理环境要素分布相关联的社会经济特征。因此，社会感知数据可以作为对地观测数据的有效补充，在地学与环境领域应用中发挥相应作用。

社会感知数据在地学领域的研究应用主要分为三类（朱递 等，2017）：①基于静态感知和动态群体行为时空变化特征分析用地功能，如利用兴趣点（points of interest，POI）、浮动车轨迹、人口签到数据等辅助划分土地利用类型、提取城市建成区（Glaeser et al.，2018；Liu et al.，2012）；②基于具备空间交互特性的数据发现城市或区域的空间结构，如分析手机信令数据、交通轨迹数据、人口流动数据等在不同城市间、区域间的变化来获得更为丰富的地理空间结构（Liu et al.，2015a；Pei et al.，2014）；③基于语义数据提取特定地理事件或感知地理环境，如根据公众在微博、微信等社交媒体上发表的言论研判城市洪涝灾害，进行预警防治，挖掘新闻报道和历史消息识别犯罪高发时空隐患点，帮助发现交通拥堵规律和认知流行传染疾病机制与过程等（Yang et al.，2015；Crooks et al.，2013；Li et al.，2013）。此外，微软研究院 Zheng 等（2013）提出的"Urban Air"城市空气质量研究项目聚焦社会感知数据在城市大气环境的监测中，应用出租车轨迹、POI、路网等预测空气质量指数；Zhu 等（2017）使用包括气象、交通指数数据、车速、道路饱和度数据、POI 数据和城市形态的城市感知数据进行深圳和香港的空气质量评估；Lin 等（2017）利用公开可用的开放街道地图（open street map，OSM）数据，在洛杉矶都会城区估算 $PM_{2.5}$ 浓度。这些研究证实了社会感知数据用于资源要素和地理环境感知方面的潜力。

上述应用往往对社会感知数据依赖程度较高，没有或很少引入具有自然因素和完备时空信息的对地观测数据，然而，社会感知数据要考虑"人与地"的复杂关系，对于人文地理现象，特别是涉及人的行为的现象，其是否遵循地理学第一定律（即空间自相关）和相似度距离衰减规律还需要进一步研究（刘瑜，2016）。因此，越来越多的学者将卫星遥感等对地观测数据与社会感知数据融合，实现数据之间的优势互补。黄益修（2016）融合可见光及近红外辐射仪（visible infrared imaging radiometer suite，VIIRS）的月合成夜间灯光遥感影像数据与出租车 GPS 轨迹数据等社会感知数据，通过多元线性回归方法估算得到了 500 m 分辨率下的人口分布格网，分析了上海市人口空间化情况。杨建思等（2021）通过欧洲航天局 Sentinel-1A 的合成孔径雷达（SAR）数据检测城市建筑区域，利用基于智能手机终端和 Wi-Fi 热点定位位置的热力图得到人口稀疏和密集程度的社会感知数据，并利用地理加权回归（GWR）融合两类数据对城市街区活力及冷热电街区分类进行了计算分析。在环境要素估算方面，Xu 等（2018）将风云卫星气溶胶光学厚度（aerosol optical thickness，AOT）数据与 POI、路网和气象数据相结合，使用两步推断方法来推算北京的每日空气质量指数（air quality index，AQI），其结果优于上述没有使用遥感数据的研究（Zheng et al.，2013）；此外，Brokamp 等（2018）和 Xiao 等（2018）还尝试将 MODIS AOT 数据与一些静态社会数据（包括道路网和人口数据）结合起来，分别估算每日和每月的 $PM_{2.5}$ 浓度。

值得注意的是，现有的对地观测与社会感知数据融合方法研究更多尝试使用相对静态的社会感知变量来感知资源环境要素，并且仍然缺乏更加高效的建模方法，特别将动态社会感知数据与对地观测数据应用于环境参量，仍然有较大的发展空间（周曼，2020）。为此，本章将以城市大气 $PM_{2.5}$ 浓度估算为例，结合静态和动态社会感知、地面监测与卫星遥感等多源数据优势,构建一种对地观测与社会感知数据的深度学习融合方法(Shen et al.,2019), 获取高精度的城市大气PM$_{2.5}$浓度要素时空分布。

# 11.2 研究区域与数据

如图11.1所示,选取湖北省武汉市的中心城区作为主要研究区域。之所以仅选择武汉市中心城区,是因为郊区和农村往往缺乏足够多的社会感知数据,这也是社会感知数据应用中的局限之一。研究时间段为2018年1月24日至2018年7月31日,时间跨越冬季、春季和夏季。结合当前数据源公开性、可获取性、可靠性和适用性,本节综合选取四大类数据:地面监测站点PM$_{2.5}$小时观测数据、社会感知数据(包括实时签到数据、动态交通指数、路网密度和兴趣点)、遥感数据(气溶胶光学厚度、归一化植被指数)、辅助数据(气象数据和地形数据)。表11.1列出了数据源类型、对应变量和变量的英文缩写符号。

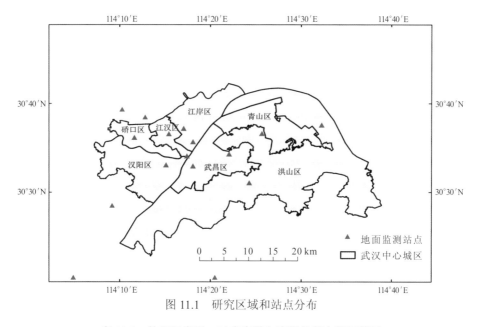

图 11.1 研究区域和站点分布

表 11.1 数据源类型、对应变量和变量的英文缩写符号

| 数据源类型 | 变量 | | 缩写 | |
|---|---|---|---|---|
| 地面监测站点 PM$_{2.5}$小时观测数据 | PM$_{2.5}$ | | PM$_{2.5}$ | |
| | 空间插值 PM$_{2.5}$ | | PM$_s$ | |
| | 时间插值 PM$_{2.5}$ | | PM$_t$ | |
| 社会感知数据 | 实时签到数据 | | RTCI | |
| | 交通指数密度 | | TID | |
| | 路网密度 | | ROAD | |
| | 兴趣点 | 潜在污染源类型 | POIs | PS |
| | | 清洁区域类型 | | Scen |

| 数据源类型 | | 变量 | 缩写 |
|---|---|---|---|
| 遥感数据 | | 气溶胶光学厚度 | AOT |
| | | 归一化植被指数 | NDVI |
| 辅助数据 | 气象数据 | 相对湿度 | RH |
| | | 气温 | TEM |
| | | 东风风速、北风风速 | EWS，NWS |
| | | 气压 | SP |
| | | 大气边界层高度 | PBLH |
| | 地形数据 | 数字高程模型 | DEM |

对地观测数据主要是站点数据和卫星遥感观测数据。其中，PM$_{2.5}$浓度数据来自中国国家环境监测中心官方网站和湖北环境监测中心，采用了武汉市中心城区及周边地区共20个站点的小时级 PM$_{2.5}$ 质量浓度数据；气溶胶光学厚度来自 Himawari-8 卫星的每小时分辨率 AOT 产品，空间分辨率为 5 km（Kikuchi et al.，2018）。本章仅采用可信度最高（"very good"）的气溶胶反演结果；植被指数采用 MODIS 传感器观测数据反演的归一化植被指数（MOD13Q1）产品，空间分辨率为 1 km 的 16 天合成产品。

社会感知数据包括实时签到数据、交通指数密度、路网密度和兴趣点。前两种是动态实时数据，后两种为相对静态的数据。实时签到数据来自"腾讯位置大数据"服务网站（https://heat.qq.com/）。该网站提供覆盖全球的人口签到数据，用户通过使用腾讯产品的位置定位请求服务便向数据库发送一条定位数据，开放的定位数据具有位置、时间标签，每 5 min 更新一次，空间分辨率约为 0.01°。对实验区域覆盖的约 6 000 个签到网格，每小时收集一次人口签到数据；交通指数密度来自四维（Navinfo）交通指数分析平台（http://www.nitrafficindex.com/）发布的道路实时交通指数。指数共分为六等级，数值越大，道路越拥堵。平台每 5 min 更新一次数据以反映交通流量状况。从网站获取武汉市每小时 502 条道路的交通指数数据；路网密度采用 2018 年更新后的 OSM 开源平台（https://www.openstreetmap.org/）提供的武汉市路网数据，兴趣点从高德地图开发者平台（https://lbs.amap.com/）抓取，包括公司企业、交通设施、道路设施、景点等多种类型。

使用的辅助数据主要为气象数据和地形数据。选用小时尺度的再分析资料 GEOS 5-FP 中的气象网格化数据，空间分辨率为 0.25°（纬度）×0.312 5°（经度）。参数包括6 种，分别为：相对湿度（RH）、地面以上 2 m 处空气温度（TEM）、地面以上 10 m 处东风风速（EWS）和北风风速（NWS）、表面气体压强（SP）及大气边界层高度（PBLH）。地形数据使用 NASA 航天飞机雷达地形任务（SRTM）发布的数字高程模型（DEM）产品，其在赤道处的分辨率为 90 m。

# 11.3 融合对地观测与社会感知的 $PM_{2.5}$ 估算方法

本节构建对地观测与社会感知数据的深度学习融合框架，并基于此实现 $PM_{2.5}$ 浓度估算。框架分为三个步骤：特征变量提取、关系建模和参量估计，如图 11.2 所示。

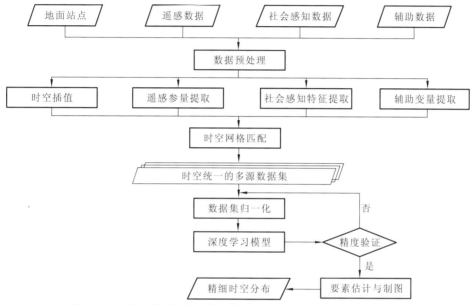

图 11.2　对地观测与社会感知数据的深度学习融合框架基本步骤

## 11.3.1　特征变量提取

该步骤包含对收集到的地面、遥感观测数据、社会感知数据与其他影响因素辅助数据等多源异构数据的信息挖掘和对抽象程度高的数据具体定量化的处理，包括了数据预处理环节。选用的对地观测与社会感知数据存在时空分辨率不一致、数据组织形式和数据结构不同的特点，且其中的社会感知数据具有一定的抽象性，需要使用地理空间分析、地理统计和图像处理方法来有效地从多源异构数据中提取特征，进而构建时空统一的样本集。

### 1. $PM_{2.5}$ 时空特征变量提取

$PM_{2.5}$ 浓度的时空分布在不考虑人类活动和突发事件的影响时，一定程度上遵循地理学第一定律（Tobler，1970），这意味着越接近的事物之间的联系更加紧密。基于此，利用 $PM_{2.5}$ 的时空自相关性，计算浓度的初始分布作为特征变量。图 11.3 为 $PM_{2.5}$ 时空特征变量计算示意图，图中红色方块为未标记格网，绿色方块为标记格网，$t_i$、$t_{i-1}$、$t_{i+1}$ 分别表示当前估算时刻、该时刻前一小时、该时刻后一小时；标记格网 $s_1$、$s_2$、$s_3$、$s_4$ 代表包含地面监测站点的区域单元，而未标记格网 $s_0$ 代表待估算 $PM_{2.5}$ 浓度区域单元。实线和虚线则表示未标记格网、标记格网之间的空间相关性和时间依赖性，可以通过相

邻观测站点得到的 $PM_{2.5}$ 浓度对未标记格网的浓度进行推断。本章中是在空间上进行浓度估算，则时间信息可以考虑前后依赖关系，最终选择邻近站点个数为 4、时间间隔为 3 h（即待估算时刻相邻站点前后 3 h 的浓度数据），采用反距离加权（inverse distance weighting，IDW）方法计算 $PM_{2.5}$ 的空间特征 $PM_s$ 和时间特征 $PM_t$。

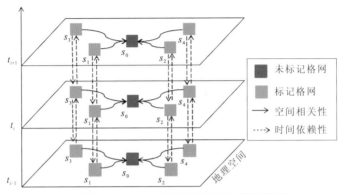

图 11.3 $PM_{2.5}$ 时空特征变量计算示意图

**2. 社会感知特征变量提取**

与传统的人口统计数据相比，腾讯实时签到数据能够动态地反映人口的空间分布和时间变化特征。采用 Python 工具包 requests 和正则化表达式抓取和解析实时签到位置数据，请求方式为 post。原始数据采用 JavaScript 对象表示法格式（JSON），数据覆盖全球，属性包含各签到格网的位置请求数量、地理经纬度坐标和时间信息。首先对每个文本文件进行转码和矢量化，得到每小时的 0.01° 空间分辨率的点要素数据。由于服务器设备维护、网络传输中断、定位信号丢失等，社会感知数据的采集会有不稳定性和不确定性，从而导致某些区域或某些点的数据在个别时刻无规律性缺失。签到数据的空间粒度较为精细，因此使用 IDW 空间插值方法来填补数据缺失，并得到栅格化的网格数据，数据空间覆盖整个研究区域。每个网格的签到数代表人口分布。最终，通过以上步骤可获得研究时段内小时尺度的实时签到（RTCI）特征。

实时交通指数数据能够反映交通流信息，通过抓取研究区域的原始交通指数数据，该数据包含城区主要路段名称、编码、实时交通指数等关键属性，但不具备空间位置属性，需要抓取与之对应的道路各分段坐标，从而得到兼具地理时空属性的交通指数属性的文本数据，再通过文本格式转换和矢量化操作得到线状要素。将 502 条道路的交通指数作为全集中的采样数据集，便可针对整个研究区域进行交通指数的量化。本章利用核密度分析（kernel density analysis，KDA）方法（Silverman，2018）估计研究区域交通指数的核密度，KDA 能够捕捉到交通拥堵位置和指数热点区域，并且能够快速计算出线状要素属性特征的空间分布。最终，得到 0.01° 空间分辨率下交通指数密度特征（TID）的逐小时的栅格数据。

道路网络布局可以反映一个城市的空间格局。它的形式和布局往往将一个城市系统划分为不同大小和不同功能区域的街区。从 OSM 原始路网数据中依据属性字段提取我国大中型城市的 4 种主要道路类型，即公路、主要道路、次要道路和支路，4 种类型的道路在变量提取时看作相同等级，采用 0.01° 单元格网内的路网密度（RD）作为特征变量。道路总长度与某一区域面积的比值被视为路网（道路）的密度。在研究期间，路网密度是一个静态变量。

POIs 可以看作一个城市中从各种实体中抽象出来的大量兴趣点，包括基础设施、商业区、餐饮娱乐场所、办公楼、工业企业、景点等。POIs 是整个城市的写照，反映了城市发展的面貌。考虑并非所有的 POIs 和 $PM_{2.5}$ 都是相关的，从所有的 POIs 中筛选出两组具有代表性的特征变量：潜在污染源类型（PS），包括化工厂、钢厂、纺织厂、印刷厂等在内的潜在污染源兴趣点；清洁区域类型（Scen），包括公园、景点等。缓冲区分析方法计算缓冲区范围内的 POIs 数，考虑 POIs 的聚集性和关联性，相邻单元格网内 POIs 的数量特征可能存在相似性，并且对该格网内的 $PM_{2.5}$ 浓度都产生影响，但同时要体现空间分布差异性，因此需要对不同大小缓冲区进行分析比较，选择最适合范围建立缓冲区。最后，以 0.01° 格网大小内的每种类型 POIs 数量作为特征变量。

**3. 遥感特征变量及其他辅助变量提取**

对比社会感知数据的处理，遥感数据（AOT、NDVI）、气象数据和地形数据处理有较为成熟的流程化步骤，且有定量属性值直接对应各种特征变量。研究中首先通过图像处理工具 GDAL 从原始数据中提取出目标属性并转为栅格数据，其中原始 Himawari-8 AOT 产品、气象同化数据格式为 NETCDF 格式，MODIS NDVI 产品为 HDF 格式，SRTM 数据为 HGT 格式，多种格式统一转换为 TIFF 格式，然后依次进行坐标转换、重采样、裁剪预处理操作。以 0.01° 的空间分辨率对所有类型的栅格数据进行重采样，以实现空间尺度上的统一。对于时间尺度，AOT 和 6 种气象数据均可直接得到小时级数据，16 天合成的 NDVI 产品需要进行以 16 天为一个周期的小时数据匹配；DEM 数据在研究期间保持不变，可直接对应每小时其他特征变量。

**4. 时空格网匹配**

多源感知数据通过预处理和特征提取步骤，不同时空尺度和不同数据格式的数据可以统一为空间分辨率为 0.01° 的栅格形式，相比于矢量数据和文本数据，栅格数据便于进行属性信息批量提取。采用格网化方式对多源感知数据进行时间和空间的匹配，在时间上以每种数据的时间属性为索引，实现小时尺度的数据对应，在空间尺度上逐格网对应每种数据特征属性，对于时序上存在某种数据属性缺失、数据异常和数据错误的情况，则去除该时刻的全部数据，用以保证训练数据的完整性。时空格网匹配过程后便能生成训练和预测的完整数据集，提取其中有地面监测站点真值的格网单元的所有属性值作为一个训练样本单元，即一个训练样本包含站点 $PM_{2.5}$ 观测值及站点所在格网内其他多源感知数据的特征值；提取没有站点真值的格网内多源感知数据特征值作为待估算数据集。

由于气溶胶光学厚度产品在云层高覆盖、高反射率的明亮地表等区域无法得到高质量的有效估算结果，存在较为严重的时间序列上和空间覆盖上的缺失，据统计，在研究期间，武汉市中心城区的每小时 AOT 数据中缺失现象严重，而其他类型的感知数据在研究期间有较好的时间和空间连续性与完整性，因此，提取两个多源感知数据样本集：

一组（样本集 A）不对 AOT 数据进行格网匹配，共提取得到约 80 000 个样本对；另一组（样本集 B）匹配了 AOT 数据，仅提取得到约 1 600 个样本对。

## 11.3.2 关系建模与参量估计

关系建模是指构建对地观测数据、社会感知数据与其他辅助数据之间的融合映射关系，建立与待估计资源环境要素之间的关系模型，即：$Y=f(\text{Observe,Social,Others})$，其中 Observe 指各类对地观测数据，Social 指社会感知数据，Others 指其他辅助数据，$Y$ 表示待估计的资源环境要素数据。

使用深度学习模型之一的深度置信网络（DBN）模型（Hinton et al.，2006）学习多源感知数据与站点 $PM_{2.5}$ 浓度间的非线性关系。除 11.3.1 小节所述数据类型外，在 DBN 模型的输入数据中还加入了时间变量，用来表征多源感知变量在时间上的变化规律。DBN 模型估算 $PM_{2.5}$ 浓度的概念公式为

$$PM_{2.5} = f(\text{Time,SSD,RSD,PM}_s,\text{PM}_t,\text{Wea,DEM}) \tag{11.1}$$

式中：时间变量（Time）为月、日、小时；社会感知数据（SSD）包含小时分辨率的交通指数密度（TCD）、实时签到数据（RTCI）及路网密度（RD）和兴趣点（POIs）；遥感数据（RSD）包含小时级 Himawari-8 气溶胶光学厚度（AOT）、归一化植被指数（NDVI）；$PM_s$ 和 $PM_t$ 分别为 $PM_{2.5}$ 的空间插值和时间插值；气象数据（Wea）包含气温（TEM）、相对湿度（RH）、气压（SP）、风速（EWS、NWS）、大气边界层高度（PBLH）；数字高程模型（DEM）则表示深度置信网络学习到的多源感知变量与 $PM_{2.5}$ 浓度之间的关系。图 11.4 为本节方法中采用的 DBN 结构示意图。网络由输入、多层受限玻尔兹曼机（RBM）、BP 神经网络和输出层组成。将上节中所述经过时空格网匹配得到的多源感知变量样本集以向量 $\boldsymbol{X}$ 的形式输入模型中，经过模型预训练、微调，最终输出预测的 $PM_{2.5}$ 浓度值。具体建模过程与第 10 章内容类似，本章不再赘述。模型经过训练以后，就可以用于参量要素的估计。

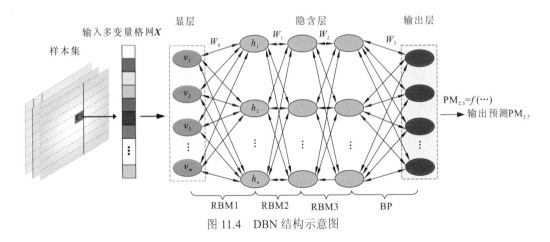

图 11.4　DBN 结构示意图

# 11.4　实验结果与分析

## 11.4.1　描述性统计结果

根据研究期间收集到的数据进行描述性统计，PM₂.₅的质量浓度为$2\sim209\ \mu g/m^3$，平均质量浓度为$53.88\ \mu g/m^3$。图11.5为研究期间某日武汉市中心城区各站点逐小时PM₂.₅浓度分布图，每个站点在一天中浓度变化都比较明显，并且站点之间的浓度差异也较大，可见PM₂.₅浓度时空变化较大：一方面在估算天尺度或更大时间尺度的浓度时会平均小时尺度上的变化，从而无法进行动态精细监测；另一方面，空间差异大则给空间尺度估算带来困难，需要有表征时空差异的关联变量的解释信息。

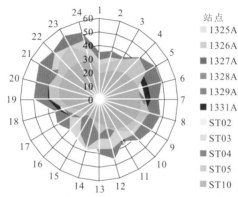

图11.5　某日各站点逐小时PM₂.₅质量浓度分布图

图中0～60数值单位为$\mu g/m^3$

图11.6为多源感知变量的复合分析矩阵，复合分析矩阵兼具双变量相关分析的定量结果和数据可视化功能，更加直观，便于分析统计结果和各变量间的关系。矩阵中各变量含义在表11.1中已说明；矩阵的对角线显示每个变量的频率分布直方图，矩阵下三角元素显示双变量散点图，用来表征变量间的相关性；上三角元素中数值表示两个变量之间的Pearson相关系数，图形大小与相关系数呈正比。本节以样本集$B$为例仅展示了部分变量的统计结果。观察对角线发现，图中除NDVI变量外，其他变量均不是正态分布的（如偏斜分布、多峰分布等）。下三角中的双变量散点图表明，PM₂.₅与其他大多数变量表现出非线性关系，可以推断基于线性假设的模型较难以拟合这种复杂关系；观察样本集中各变量的数值分布，发现某些变量（如Scen、DEM等）的值分布得非常不均匀，这意味着在训练模型时，这些特征的代表性较小，可能在模型预测过程中出现异常，在后面建模和验证中应该格外注意。从矩阵上三角图中，可以发现：①PM₂.₅与RH和TEM呈负相关；②PBLH和NDVI也与PM₂.₅呈负相关关系，较低的大气边界层高度不利于PM₂.₅的扩散和稀释，而植被覆盖率高的区域由于植被有一定吸收有害气体净化空气的作用而表现出环境较好；③社会感知变量与PM₂.₅之间几乎没有线性关系，而Pearson相关系数无法衡量变量间的非线性关系。以上结果表明，基于变量之间线性关系假设的传统方法不适用于挖掘和解释变量之间这些复杂的非线性关系。

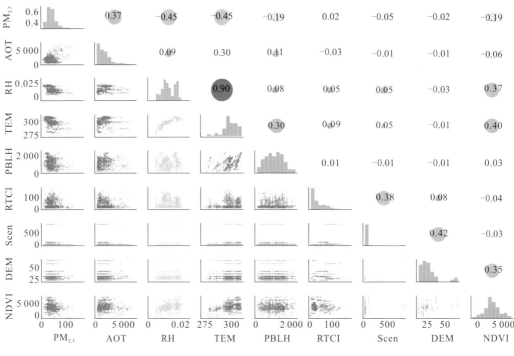

图 11.6　多元感知变量复合分析矩阵

## 11.4.2　定量评价结果

定量评价采用十折交叉验证方法（Rodriguez et al.，2009），其结果可以衡量模型构建是否有效、估算结果是否可靠。基于该方法设计的建模框架和多种验证方式，对武汉市中心城区进行实验。最后，基于样本集 $A$ 变量组合（Time、NDVI、$PM_s$、$PM_t$、RTCI、TID、RH、TEM、EWS、NWS、SP、PBLH）表现出最佳模型定量验证精度和制图结果，后续讨论中将更详细地分析社会感知变量对模型的影响。

表 11.2 列出了十折交叉验证的定量评价结果。最佳变量组合 $A$ 对应的为模型最终结果，拟合 $R^2$ 为 0.850，RMSE 为 9.303 μg/m³，十折交叉验证 $R^2$、RMSE、MPE 和 RPE 的数值分别为 0.832、9.864 μg/m³、6.961 μg/m³ 和 23.764%。对比拟合与验证结果，数值差异较小，说明训练模型的泛化能力较好，模型精度是可靠的。十折交叉验证 $R^2$ 表明该模型解释了地面站点观测的 $PM_{2.5}$ 的 83.2% 的变化。

表 11.2　模型定量评价结果（样本集 $A$）

| 变量组合 | 模型拟合 | | | | 十折交叉验证 | | | |
|---|---|---|---|---|---|---|---|---|
| | $R^2$ | RMSE /(μg/m³) | MPE /(μg/m³) | RPE/% | $R^2$ | RMSE /(μg/m³) | MPE /(μg/m³) | RPE/% |
| 最佳变量组合$A$ | 0.850 | 9.303 | 6.683 | 22.412 | 0.832 | 9.864 | 6.961 | 23.764 |
| 无RTCI、TID | 0.792 | 10.966 | 7.889 | 26.418 | 0.787 | 11.084 | 7.934 | 26.704 |
| 无$PM_s$、$PM_t$ | 0.830 | 9.916 | 7.180 | 23.890 | 0.810 | 10.478 | 7.573 | 25.244 |
| 无Wea | 0.831 | 9.888 | 7.021 | 23.822 | 0.824 | 10.092 | 7.099 | 24.313 |

| 变量组合 | 模型拟合 | | | | 十折交叉验证 | | | |
|---|---|---|---|---|---|---|---|---|
| | $R^2$ | RMSE /（μg/m³） | MPE /（μg/m³） | RPE/% | $R^2$ | RMSE /（μg/m³） | MPE /（μg/m³） | RPE/% |
| 无NDVI | 0.833 | 9.813 | 7.057 | 23.643 | 0.810 | 10.467 | 7.414 | 25.216 |
| 无Time | 0.825 | 10.065 | 7.158 | 24.250 | 0.821 | 10.168 | 7.198 | 24.496 |

为了进一步研究最佳变量组合 $A$（Time、NDVI、$PM_s$、$PM_t$、RTCI、TID、RH、TEM、EWS、NWS、SP、PBLH）中每种变量的影响，分别测试从最佳变量组合 $A$ 中去掉不同感知类型的变量对模型精度的影响。如表 11.2 所示，"无 RTCI、TID"表示组合 $A$ 去掉实时签到数据变量和交通指数密度变量、"无 $PM_s$、$PM_t$"表示组合 $A$ 去掉 $PM_{2.5}$ 时空特征变量、"无 Wea"表示组合 $A$ 去掉气象变量、"无 NDVI"表示组合 $A$ 去掉归一化植被指数变量、"无 Time"表示组合 $A$ 去掉时间变量。在当前最佳变量组合中删除任何类别的变量时，模型的准确性都会不同程度地降低，显现了融合多源感知数据在估算污染物浓度中的优势。特别是，如果删除 RTCI 和 TID 变量，则 $R^2$ 降低 0.045、RMSE 增加 1.22 μg/m³，对比其他变量对模型精度影响较大。先前的研究发现，颗粒物浓度热点主要分布在人类活动聚集的城市中心，人为活动带来 $PM_{2.5}$ 浓度的升高（Yun et al.，2018），而实时签到数据变量（RTCI）反映了人口活动和流动状况；汽车尾气排放是城市地区 $PM_{2.5}$ 污染的主要来源之一，汽车尾气排放产生大量含碳、氮、硫的气体，在环境空气中稀释和冷却凝结成颗粒态 $PM_{2.5}$ 的组分，导致 $PM_{2.5}$ 浓度升高。近年来，武汉市交通改造工程兴起，道路拥堵导致汽车在缓慢行驶、停走过程中排放更多的污染气体，成为 $PM_{2.5}$ 的又一大来源（曹军骥，2014），而交通指数大则代表拥堵严重，汽车尾气排放也更集中。RTCI和 TID 的引入可以反映相关信息，进而影响模型精度。归一化植被指数（NDVI）反映植被覆盖情况，由于植被的潜在过滤和吸收功能降低 $PM_{2.5}$ 浓度（Tian et al.，2018），NDVI在一定程度上会影响模型的准确性。定量结果表明，结合遥感数据、动态社会感知数据和其他辅助数据，可以获得较高精度的建模结果。

表 11.3 列出了本章中部分具有代表性的调参实验结果，主要针对不同网络层数和每一层中的神经元数进行测试，层数由 1 逐层增加至 4，每层神经元数量设为 10 或 15。十折交叉验证结果显示，在根据经验预设的参数范围内，模型精度随层数和神经元数量的增加而升高，但是，将层数设置为 4 时，模型性能会急剧下降，因此，将网络层数设置为 3。随着神经元数量的增加，精度一定程度上提高，但是各层神经元数量的增加会大大增加模型训练的时间成本。深度置信网络中 RBMs 主要用于特征学习，尝试各层设置不同的神经元数量来挖掘潜在特征关系，综合考虑性能和计算之间的平衡，最终选择每一层中的神经元数量为 12、24、36。值得注意的是，该模型的参数设置对特定的研究是灵活的。

表 11.3 调参实验结果

| 网络各层 神经元数量 | 模型拟合 | | | | 十折交叉验证 | | | |
|---|---|---|---|---|---|---|---|---|
| | $R^2$ | RMSE /（μg/m³） | MPE /（μg/m³） | RPE/% | $R^2$ | RMSE /（μg/m³） | MPE /（μg/m³） | RPE/% |
| 10 | 0.809 | 10.476 | 7.422 | 25.300 | 0.808 | 10.487 | 7.416 | 25.329 |
| 15 | 0.821 | 10.120 | 7.162 | 24.441 | 0.816 | 10.270 | 7.261 | 24.803 |

| 网络各层<br>神经元数量 | 模型拟合 | | | | 十折交叉验证 | | | |
|---|---|---|---|---|---|---|---|---|
| | $R^2$ | RMSE<br>/（μg/m³） | MPE<br>/（μg/m³） | RPE/% | $R^2$ | RMSE<br>/（μg/m³） | MPE<br>/（μg/m³） | RPE/% |
| 10,10 | 0.831 | 9.844 | 6.997 | 23.775 | 0.820 | 10.152 | 7.120 | 24.518 |
| 15,15 | 0.841 | 9.560 | 6.844 | 23.088 | 0.829 | 9.891 | 7.007 | 23.889 |
| 10,10,10 | 0.824 | 10.042 | 7.114 | 24.254 | 0.822 | 10.091 | 7.130 | 24.372 |
| 15,15,15 | 0.835 | 9.736 | 6.916 | 23.513 | 0.829 | 9.909 | 6.985 | 23.931 |
| 10,10,10,10 | 0.247 | 23.939 | 18.417 | 57.817 | 0.079 | 22.968 | 17.296 | 55.472 |
| 15,15,15,15 | 0.009 | 23.939 | 18.416 | 57.817 | 0.086 | 22.888 | 17.256 | 55.279 |

## 11.4.3 制图评价结果

利用训练好的模型进行 $PM_{2.5}$ 估算后的制图结果作为反馈，可以剔除导致 $PM_{2.5}$ 分布明显异常且不能显著提高估计精度的变量。最终通过测试选择最佳变量组合和最佳网络参数进行研究区域小时级 $PM_{2.5}$ 浓度估算。采用最佳变量组合 $A$ 训练得到的网络对无站点区域进行小时级 $PM_{2.5}$ 浓度的估算，以 0.01° 分辨率进行制图。本小节以一天（2018 年 4 月 17 日）为例展示武汉中心城区 $PM_{2.5}$ 浓度 24 h 空间分布制图结果，如图 11.7 所示，时间为世界标准时间东八区时间，为了便于分析日变化特征，24 h 的制图采用统一符号化标准，绿色表示较低浓度，红色表示较高浓度。与大多数使用 AOT 预测 $PM_{2.5}$ 的研究相比，该方法可以对夜间的 $PM_{2.5}$ 浓度进行空间估算和制图，实现 24 h 空间连续性制图。

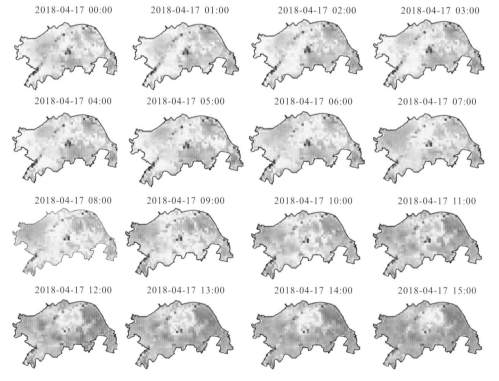

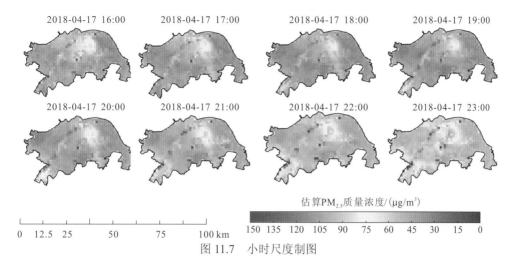

图 11.7　小时尺度制图

小时尺度制图结果反映了PM$_{2.5}$浓度的更多时空变化特征。从时间上看,PM$_{2.5}$浓度在这一天内变化明显,总体上夜间、上午浓度高于下午,对比研究区域内所有站点的平均观测浓度日变化折线图(图11.8),两者大体趋势一致。在空间分布上,整体分布较为平缓,符合空气污染物空间分布特征,局部会有少量异常格网,如长江水域会有极小值分布,主要是由于在水域没有可用来训练的样本格网分布,导致预测偏差较大。图11.7中橙色区域为重工业聚集的青山区,PM$_{2.5}$浓度相对较高,其次是黄色区域,多分布在交通运输繁忙、人为活动较为集中的洪山区、武昌区。相关文献也表明,工业区、交通繁忙区域和居民区的 PM$_{2.5}$ 浓度高于其他地区(黄亚林 等,2015)。此外,从可视化结果中可以发现高污染区域,在低污染区域中较高浓度的斑点可以被识别为潜在污染事件,可以进一步跟踪调查。

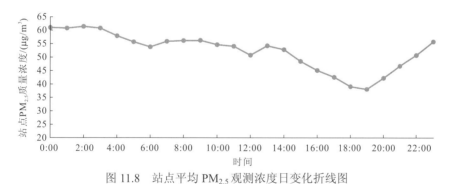

图 11.8　站点平均 PM$_{2.5}$ 观测浓度日变化折线图

通过小时尺度的空间估算结果可以生成更大时间尺度(每天、每月、季节性等)的PM$_{2.5}$分布。图11.9展示了月均PM$_{2.5}$浓度制图结果,研究时段共跨越了7个月,制图结果显示月均PM$_{2.5}$浓度差异较大,其中冬季1月、2月武汉中心城区整体呈现较高浓度,春季3~5月浓度逐渐降低,夏季6月、7月PM$_{2.5}$污染最弱,尤其是7月整体浓度基本达到《中国空气质量指南》设定的年平均标准(35 μg/m$^3$),空气质量良好。通过月均浓度制图反映出 PM$_{2.5}$ 浓度变化的季节特征,主要是受到天气(温度、相对湿度、气压、降水等)和人为活动的双重作用:天气方面,冬季地面相对大气为冷源,尤其夜间辐射降温明显,近地面气温低于上层气温,与通常所说的温度随海拔升高而降低的现象相反,出现"逆温层",空气无法上下对流,导致污染物积聚难以扩散,加上武汉冬季降水量比夏季少，持续时长短，不利于污染物的清除；而夏季地面相对于大气为热源，大气垂直运动活跃，尤其武汉夏季降水及大风天气较多，有利于 PM$_{2.5}$ 的扩散和清除。在人为活动方面，冬季气温降低导致的汽车发动机工作循环的气体压力与温度不高，燃料燃烧速度变慢，引起不完全燃烧，汽车尾气中 PM$_{2.5}$ 及其前体物的排放量就会增加，此外，研究期间 2 月正值春节，武汉市中心城区虽执行了烟花禁放政策，但周边地区燃放烟花爆竹造成的空气污染也会影响武汉市中心城区的空气质量。

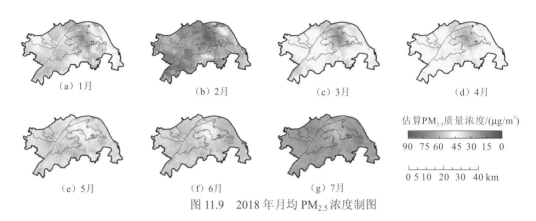

图 11.9　2018 年月均 PM$_{2.5}$ 浓度制图

图 11.10 显示了研究期间每个监测站点的平均 PM$_{2.5}$ 观测浓度与模型估算的平均浓度叠加图。两组数据显示出良好的一致性，从可视化效果上说明了模型估算结果。整体平均的结果无法分析时序上的变化，从空间分布上可以看出，武汉市区的平均 PM$_{2.5}$ 浓度的空间分布差异大。与小时尺度制图结果一致，图中橙色区域为青山区，监测站点 1329A 设立在该区域内，由于武钢集团及其他重工业制造业集聚，工业废气排放对周围地区的空气质量有不良影响，PM$_{2.5}$ 污染较重。总体而言，大多数制图网格单元的平均 PM$_{2.5}$ 浓度都高于《中国空气质量指南》设定的年平均标准（35 μg/m$^3$），而与世界卫生组织设定的标准（10 μg/m$^3$）相差甚远。由此，武汉市针对污染颗粒物的防治任重道远。

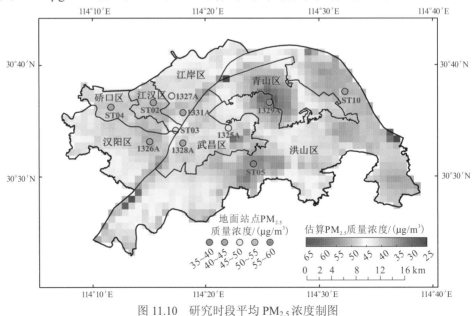

图 11.10　研究时段平均 PM$_{2.5}$ 浓度制图

## 11.4.4　社会感知变量影响分析

该方法最初考虑了 4 种社会感知数据，最终用于估算模型的为实时签到数据（RTCI）和交通指数密度（TID），本小节进一步探究各种社会感知变量对当前估算模型的影响。同样地，采取定量和制图双重检验方式，分析各变量在提高模型精度和提升制图效果上的作用。图 11.11 为十折交叉验证后绘制的散点图。当不考虑 RTCI 和 TID 的情况下，$R^2$ 从 0.832 降至 0.787，图 11.11（b）中蓝色拟合线的斜率（0.790）比图 11.11（a）中的斜率（0.838）要小得多。散点图中，斜率为 1 时代表估算值等于真实观测值；图 11.11（a）所示模型最优结果的数据点相较于图 11.11（b）更收敛于拟合线，数据点越聚集于拟合直线，说明估算值与真实观测值偏差越小，该验证结果意味着 RTCI 和 TID 在模型中发挥了积极作用，因为它们提高了模型的准确性并减少了低估的程度。图 11.11（c）和（d）的散点图和验证结果显示了将 ROAD 和 POIs（PS 和 Scen）添加到最佳变量组合 $A$ 中均可以稍微提高模型精度（$R^2$ 分别为 0.837、0.848）。依据定量评价，4 种社会感知变量均对模型精度起到提高作用，在深度学习模型中，大量数据可较好地发挥数据优势。在定量指标的结果上，进一步分析模型制图结果，更直观地评价社会感知变量对估算空间连续分布的 $PM_{2.5}$ 浓度的影响。

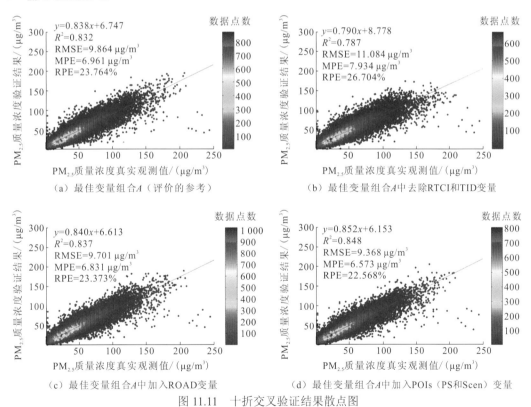

图 11.11　十折交叉验证结果散点图

图 11.12 展示了 4 种模型输入对应的小时制图结果。理想的 $PM_{2.5}$ 浓度分布制图应该可以体现空间异质性和细节信息，又能在视觉上呈现平滑过渡。为便于对比浓度值及其分布，采用相同符号可视化设置。与图 11.12（a）相比，图 11.12（b）缺少更多的空间

细节，并且对高值格网的捕捉不足，这说明 RTCI 和 TID 对绘制 PM$_{2.5}$ 浓度是有效的。当添加 ROAD 和 POIs 来估计 PM$_{2.5}$ 浓度时，图 11.12（c）和（d）中包含更多异常值，空间纹理不自然，并且 PM$_{2.5}$ 浓度的空间分布也与图 11.12（a）中所示的结果表现出一些差异，例如图 11.12（c）中所示的武汉市区东北部的低值异常、图 11.12（d）所示的武汉市区西南部的高值异常。分析相应的 ROAD 和 POIs 数据分布和特征，发现这两种变量在研究时段内不随时间变化，即属于前面所述的静态变量，且这些变量的时空异质性很大，导致数量有限的标记格网（有监测站点）中这些特征变量不足以代表全域特征，在模型训练中代表性不足，模型泛化能力弱。

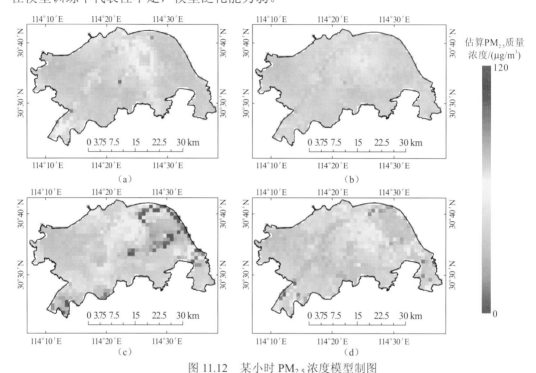

图 11.12　某小时 PM$_{2.5}$ 浓度模型制图

（a）最佳变量组合 A 的浓度制图结果；（b）最佳变量组合 A 中去除 RTCI 和 TID 变量的浓度制图结果；（c）最佳变量组合 A 中加入 ROAD 变量的浓度制图结果；（d）最佳变量组合 A 中加入 POIs（PS 和 Scen）变量的浓度制图结果

综合考量定量评估和制图结果，尽管 ROAD 和 POIs 可以稍微提高估计精度，但在绘制 PM$_{2.5}$ 浓度的连续分布时会带来明显的异常。因此，在最终建模过程中删除了这些变量。总体而言，当样本分布稀疏、特征变量时空异质性强时，实时变化的动态社会感知变量（RTCI 和 TID）会比静态变量（POIs 和 ROAD）表现得更好。

## 11.4.5　其他城市扩展应用

曹军骥（2014）研究表明 PM$_{2.5}$ 在我国华北、西北、华中区域尤其是京津冀城市群、关中地区、中部地区的污染程度较大，华东和华南地区空气质量相对较好。本章方法在以武汉市中心城区为主要研究区域的同时，为了验证方法模型在其他区域的适用性和可行性，分别在大气污染较为严重的华北、西北地区选择北京市和西安市，在空气质量较好的华南地区选择深圳市，进行小时分辨率 PM$_{2.5}$ 浓度的估算与制图，并进行不同城市间的精度对比与制图评价。各个城市数据集选用与武汉市相同的变量组合及网络层数，由于数据获取的因素，研究时段为 2018 年 5 月 14 日至 2018 年 12 月 31 日，验证区域为城市功能集聚、较发达的中心城区。最终参与模型构建的北京市、西安市和深圳市数据集样本点对数量分别为 52 185、58 352、49 481，PM$_{2.5}$ 浓度数据仅来自国家监测站点，站点数量依次为 12、13、11。

表 11.4 给出了三个城市的定量评价结果。北京市、西安市和深圳市的模型拟合 $R^2$ 依次为 0.959、0.922 和 0.789，十折交叉验证 $R^2$ 依次为 0.952、0.898 和 0.731，拟合与验证结果表现出较好的一致性，证明该方法中的模型及变量组合在不同城市进行应用的可行性。模型在不同城市的结果有高低之分，在北京、西安这种污染程度较大的区域表现出更好的验证精度，而深圳市中心城区的模型精度较低，原因可能是深圳市与北方城市的污染物特征和污染源存在差异，在武汉市适用的模型在深圳市可能不完全适用，在应用中需要进一步对模型进行区域化、本地化的改进。对比本章中武汉市中心城区的建模结果（验证 $R^2$ 为 0.832），北京市和西安市的精度更高一些：一方面说明城市地面监测站点数量对建模精度和结果的影响，站点数量越多、分布更均匀，有助于模型学习到更多有效的特征和变量间的关系；另一方面也体现出本章方法在不同城市的适用性较强，尤其是在多源感知数据获取方便、完整的城市地区，因为模型有良好的数据基础。

表 11.4　其他三个城市定量评价结果

| 城市 | 模型拟合 | | | | 十折交叉验证 | | | |
|---|---|---|---|---|---|---|---|---|
| | $R^2$ | RMSE / (μg/m³) | MPE / (μg/m³) | RPE/% | $R^2$ | RMSE / (μg/m³) | MPE / (μg/m³) | RPE/% |
| 北京市 | 0.959 | 9.018 | 5.658 | 19.209 | 0.952 | 9.781 | 5.980 | 20.833 |
| 西安市 | 0.922 | 11.608 | 7.902 | 24.198 | 0.898 | 13.287 | 8.686 | 27.698 |
| 深圳市 | 0.789 | 5.952 | 4.107 | 26.856 | 0.731 | 6.727 | 4.500 | 30.356 |

图 11.13（a）、（b）和（c）分别为西安市、北京市和深圳市中心城区在研究时段内平均 PM$_{2.5}$ 浓度估算制图。三个城市中心城区的平均 PM$_{2.5}$ 质量浓度由高至低为西安市、北京市、深圳市，分别为 48.76 μg/m³、47.57 μg/m³ 和 28.58 μg/m³，三个城市的中心城区平均 PM$_{2.5}$ 质量浓度在空间分布上较为均匀，这也符合大中型城市中心城区空气污染分布特征，同时印证了我国华北、关中地区 PM$_{2.5}$ 污染较严重的现象。在每个城市的整体空间可视化目视效果上，浓度分布正常，过渡较为均匀，一定程度上证明了模型的可靠性；但也暴露了一些问题，制图中存在局部异常制图格网单元和气象格网数据的伪痕，如深圳市南山区西南边缘区域的异常高值，判断是由此处和邻近周边没有地面监测站点以致训练模型无法学习到该区域有效特征导致的；北京市海淀区西北角出现了线状格网伪痕，是由原始气象同化数据较粗的空间分辨率导致的。

在验证实验中，多源感知数据在北京市、西安市、深圳市这种大中型城市均可以获取，为深度学习模型构建提供数据基础；相同的数据处理、特征提取、时空格网匹配流程在其他城市同样可生成有效的建模样本集；本章建立的深度置信网络模型在三个城市的定量评价和空间制图上较为理想。一定程度上，验证了本章建立的模型应用推广的可行性、可靠性。

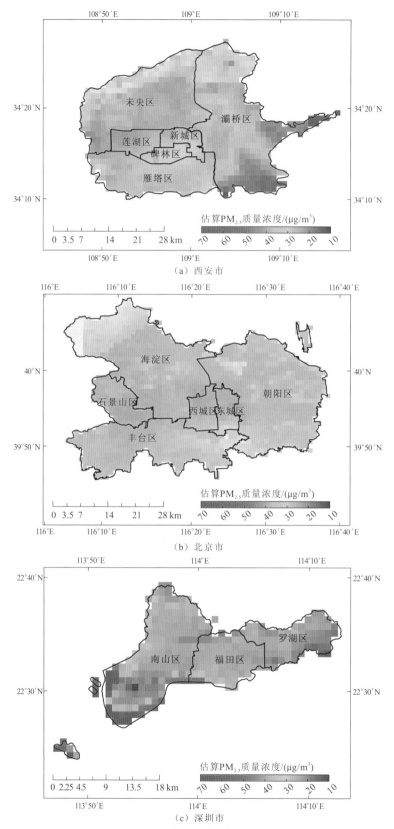

（a）西安市

（b）北京市

（c）深圳市

图 11.13　三个城市平均 PM$_{2.5}$ 浓度制图

# 11.5 本章小结

本章以 $PM_{2.5}$ 浓度估算为例，建立了一种基于深度置信网络的对地观测数据和社会感知数据融合应用方法。实验结果表明：实时签到数据和交通指标数据对 $PM_{2.5}$ 浓度估算具有积极影响，有利于精细的空气污染制图，其动态特征可以帮助识别热点事件；路网密度、兴趣点等相对静态的变量在时空尺度上变化很大且代表性样本不足时，在估算 $PM_{2.5}$ 浓度的过程中发挥的作用不大，甚至有较大的副作用。如何获取并优选更多的社会感知数据类型，是值得进一步深入研究的方向。此外，社会感知数据另一个局限性就是在非城市区域往往难以获得足够的数据，也成为其应用的主要限制因素之一。本章证明了结合对地观测数据和社会感知数据在环境参量估算中的应用潜力，后续仍值得进一步开展深入探索研究。

# 参 考 文 献

曹军骥, 2014. $PM_{2.5}$ 与环境. 北京: 科学出版社.

黄亚林, 丁镭, 张冉, 等, 2015. 武汉城市圈城市化发展与环境空气质量关系探讨. 长江流域资源与环境, 24(12): 2117-2124.

黄益修, 2016. 基于夜间灯光遥感影像和社会感知数据的人口空间化研究. 上海: 华东师范大学.

李德仁, 2012. 论空天地一体化对地观测网络. 地球信息科学学报, 14(4): 419-425.

刘瑜, 2016. 社会感知视角下的若干人文地理学基本问题再思考. 地理学报, 71(4): 564-575.

秦孝良, 高健, 王永敏, 等, 2019. 传感器技术在环境空气监测与污染治理中的应用现状, 问题与展望. 中国环境监测, 35(4): 162-172.

杨建思, 柳帅, 王艳东, 等, 2021. 利用遥感和社会感知数据的城市冷热点街区分类研究. 测绘地理信息, 46(5): 66-70.

周曼, 2020. 多源感知数据融合的 $PM_{2.5}$ 深度学习估算与制图. 武汉: 武汉大学.

周永波, 白洁, 周著华, 等, 2014. FY-3A/MERSI 海上沙尘天气气溶胶光学厚度反演. 遥感学报, 18(4): 771-787.

朱递, 刘瑜, 2017. 多源地理大数据视角下的城市动态研究. 科研信息化技术与应用, 83(3): 7-17.

BROKAMP C, JANDAROV R, HOSSAIN M, et al., 2018. Predicting daily urban fine particulate matter concentrations using a random forest model. Environmental Science & Technology, 52(7): 4173-4179.

CROOKS A, CROITORU A, STEFANIDIS A, et al., 2013. Earthquake: Twitter as a distributed sensor system. Transactions in GIS, 17(1): 124-147.

GLAESER E L, KOMINERS S D, LUCA M, et al., 2018. Big data and big cities: The promises and limitations of improved measures of urban life. Economic Inquiry, 56(1): 114-137.

HINTON G E, OSINDERO S, TEH Y W, 2006. A fast learning algorithm for deep belief nets. Neural Computation, 18(7): 1527-1554.

KIKUCHI M, MURAKAMI H, SUZUKI K, et al., 2018. Improved hourly estimates of aerosol optical thickness using spatiotemporal variability derived from Himawari-8 geostationary satellite. IEEE

Transactions on Geoscience and Remote Sensing, 56(6): 3442-3455.

LI L, GOODCHILD M F, XU B, 2013. Spatial, temporal, and socioeconomic patterns in the use of Twitter and Flickr. Cartography and Geographic Information Science, 40(2): 61-77.

LIN Y, CHIANG Y Y, PAN F, et al., 2017. Mining public datasets for modeling intra-city $PM_{2.5}$ concentrations at a fine spatial resolution// Proceedings of the 25th ACM SIGSPATIAL International Conference on Advances in Geographic Information Systems: 1-10.

LIU X, GONG L, GONG Y, et al., 2015a. Revealing travel patterns and city structure with taxi trip data. Journal of Transport Geography, 43: 78-90.

LIU Y, LIU X, GAO S, et al., 2015b. Social sensing: A new approach to understanding our socioeconomic environments. Annals of the Association of American Geographers, 105(3): 512-530.

LIU Y, WANG F, XIAO Y, et al., 2012. Urban land uses and traffic 'source-sink areas': Evidence from GPS-enabled taxi data in Shanghai. Landscape and Urban Planning, 106(1): 73-87.

MORAWSKA L, THAI P K, LIU X, et al., 2018. Applications of low-cost sensing technologies for air quality monitoring and exposure assessment: How far have they gone? Environment International, 116: 286-299.

PEI T, SOBOLEVSKY S, RATTI C, et al., 2014. A new insight into land use classification based on aggregated mobile phone data. International Journal of Geographical Information Science, 28(9): 1988-2007.

PENG Z R, WANG D, WANG Z, et al., 2015. A study of vertical distribution patterns of $PM_{2.5}$ concentrations based on ambient monitoring with unmanned aerial vehicles: A case in Hangzhou, China. Atmospheric Environment, 123: 357-369.

RODRIGUEZ J D, PEREZ A, LOZANO J A, 2009. Sensitivity analysis of k-fold cross validation in prediction error estimation. IEEE Transactions on Pattern Analysis and Machine Intelligence, 32(3): 569-575.

SHEN H, ZHOU M, LI T, et al., 2019. Integration of remote sensing and social sensing data in a deep learning framework for hourly urban $PM_{2.5}$ mapping. International Journal of Environmental Research and Public Health, 16(21): 4102.

SILVERMAN B W, 2018. Density estimation for statistics and data analysis. London: Routledge.

SUN K, CHEN X, ZHU Z, et al., 2017. High resolution aerosol optical depth retrieval using Gaofen-1 WFV camera data. Remote Sensing, 9(1): 89.

TIAN L, HOU W, CHEN J, et al., 2018. Spatiotemporal changes in $PM_{2.5}$ and their relationships with land-use and people in Hangzhou. International Journal of Environmental Research and Public Health, 15(10): 2192.

TOBLER W R, 1970. A computer movie simulating urban growth in the detroit region. Economic Geography, 46(sup1): 234-240.

XIAO L, LANG Y, CHRISTAKOS G, 2018. High-resolution spatiotemporal mapping of $PM_{2.5}$ concentrations at Mainland China using a combined BME-GWR technique. Atmospheric Environment, 173: 295-305.

XU Y, HO H C, WONG M S, et al., 2018. Evaluation of machine learning techniques with multiple remote sensing datasets in estimating monthly concentrations of ground-level $PM_{2.5}$. Environmental Pollution, 242: 1417-1426.

YANG W, MU L, SHEN Y, 2015. Effect of climate and seasonality on depressed mood among Twitter users.

Applied Geography, 63: 184-191.

YANG Y, ZHENG Z, BIAN K, et al., 2017. Real-time profiling of fine-grained air quality index distribution using UAV sensing. IEEE Internet of Things Journal, 5(1): 186-198.

YUN G, ZUO S, DAI S, et al., 2018. Individual and interactive influences of anthropogenic and ecological factors on forest $PM_{2.5}$ concentrations at an urban scale. Remote Sensing, 10(4): 521.

ZHENG Y, LIU F, HSIEH H P, 2013. U-air: When urban air quality inference meets big data// Proceedings of the 19th ACM SIGKDD International Conference on Knowledge Discovery and Data Mining: 1436-1444.

ZHU J Y, SUN C, LI V O K, 2017. An extended spatio-temporal granger causality model for air quality estimation with heterogeneous urban big data. IEEE Transactions on Big Data, 3(3): 307-319.

# 第12章　对地观测数据与动力学模式同化融合方法

观测与模拟是获取地学数据的两种基本手段，对地观测数据与模型模拟数据往往在精度与时空连续性等方面各有优势与不足，并存在较强的互补性。为了获取具有更高精度、更高时空连续性的地表参量，本章从两个角度研究对地观测数据与动力学模型的耦合方法：以模型为主的模式-遥感数据同化方法、以遥感为主的遥感-模式数据融合方法。在介绍相关基本概念、基本原理及常用方法的基础上，结合土壤水分、地表温度等地表参量介绍发展的同化与融合方法，并进行研究实例分析。

## 12.1　概　　述

尽管遥感观测是获取宏观面域地表参量的重要手段，但传感器硬件的限制使其很难同时获取高时间分辨率、高空间分辨率的数据（Wu et al.，2021；赵书河，2008）。另外，遥感观测易受到云雾覆盖等天气状况的影响，使得光学、红外等遥感数据经常存在大范围地表信息的缺失（Shen et al.，2015）。因此，遥感观测的时空分辨率制约、云覆盖等导致的时空断续问题使其在应用过程中受到较大的限制。

模型模拟是获取地表参量的另一个重要手段，其利用物理、化学、生物动力学框架的数值化过程模拟得到时间和空间更加连续的地表数据集，主要优势体现在时空连续性方面，但是由于其中经常存在一系列不确定过程，模拟精度也容易受到相应影响。以陆面模型为例，地表不均质性、参数化问题、人类活动影响及气候系统对下垫面的敏感性等都增加了陆面过程刻画的复杂度，进而提高陆面过程模型自身的不确定性（刘建国，2013）。并且，模型运行的初值条件、驱动数据的不确定性等问题使其更为复杂。此外，与遥感观测数据相比，模型模拟数据的空间分辨率一般相对较低。

综上所述，遥感观测和模型模拟各有局限，同时又具有较强的互补性。通过遥感观测数据来调整数值模型运行的轨迹，使模型模拟的结果更为准确；利用模型模拟数据弥补遥感观测数据的缺失，提升遥感观测数据的时空连续性，则可以有机结合遥感观测和模型模拟的优势，发挥不同来源、不同分辨率、直接和间接的对地观测数据与模型模拟数据的优势，从而获得具有时空一致性和物理一致性的地表状态数据集。本节从两个角度介绍对地观测和动力学模型融合的方法，分别是模式-遥感数据同化和遥感-模式数据融合。

基于动力学模型，数据同化是在有效估计模型模拟和观测误差的基础上，在某种代价函数或者优化准则的约束下，融合具有物理机制的数值模式与多源观测数据的方法（Talagrand，1997）。常用算法包括卡尔曼滤波、变分等同化算法，通过融合高精度的遥感观测数据，不断调整动力学模型轨迹，改善模型状态的估计精度，最终提高模型预测能力（赵英时，2013）。数据同化目前已广泛应用于大气海洋、陆面过程和水文循环等多个研究领域。

遥感-模式数据融合旨在结合遥感观测高精度、高分辨率的特性及数值模拟时空连续的特性，获取同时具备高时空连续性和高精度、高分辨率的地表状态数据集，主要有两个方向：一是针对厚云等导致的遥感信息缺失，通过模型模拟的辅助完成遥感缺失数据的重建；二是针对模式数据空间分辨率的不足，通过遥感数据和模拟数据统计建模，提升模式数据的空间分辨率（Ma et al.，2022；Long et al.，2020）。

# 12.2　模式-遥感数据同化方法

遥感手段为地球系统科学研究提供了丰富的数据源，促使大气、海洋及陆面数据同化在全球与区域尺度上不断发展。本节首先介绍数据同化的基本原理，然后简要介绍陆面数据同化算法的基本类型，给出顺序同化的卡尔曼滤波理论基础，最后以通用陆面模型为例给出一个陆面数据同化的研究案例。

## 12.2.1　数据同化基本原理

数据同化最早起源于大气和海洋研究领域，"同化"本意，是将不同事物变得相近、相似或相同的过程（王跃山，1999）。在当前地球系统科学领域，数据同化一般定义为数值模式与观测资料的有效融合，通过考虑两者的相对不确定性，不断将观测资料融入模式预报，更新系统状态与参数估计，从而提升物理模型模拟与预报能力的方法（李新 等，2004）。一般而言，数据同化能够同时融合物理过程模型与外部观测信息，将统计学或估计理论作为指导，充分利用多源异质的信息，从而尽可能准确地获取模型当前时刻的状态估计，并为后续预测下一时刻提供较优的初始条件。

20世纪90年代末陆面数据同化领域开始逐步活跃并不断发展。陆面数据同化是在陆面过程模型的动力框架内，融合不同来源和不同分辨率的直接与间接观测，将陆面过程模型和各种观测算子（如辐射传输模型）集成，并不断地依靠观测而自动调整模型轨迹，并且减小误差的预报系统，提高数值模型的模拟预报精度，同时弥补观测数据在时空不连续上的缺陷，从而获得高精度且具有时空和物理一致性的各种地表状态的数据集（黄春林 等，2011；宫鹏，2009；李新 等，2007）。以陆面数据同化为例，其基本框架如图12.1所示。

## 12.2.2　数据同化算法

### 1. 同化算法的分类

建立于估计理论、控制论、优化方法及误差估计理论之上，数据同化早期所用方法通常是较为简单的多项式插值、经验性连续修正、松弛法及优化插值等方法。当前主流的数据同化算法可分为连续同化算法、顺序同化算法和其他同化算法三大类（李新 等，2010），如图12.2所示。其中，连续同化算法中的代表算法为变分同化算法，其作为最

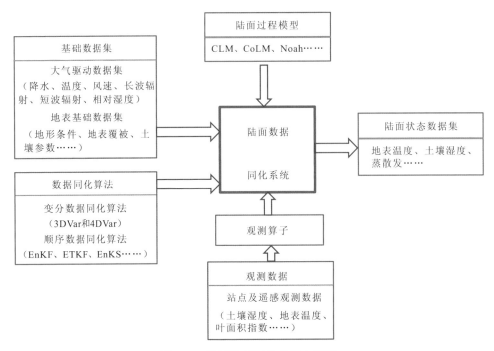

图 12.1　陆面数据同化的基本框架

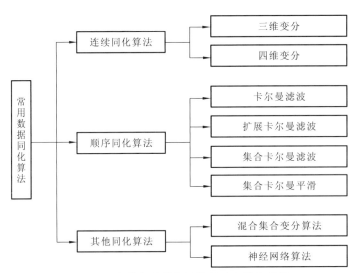

图 12.2　当前主流数据同化基本方法与分类

优统计差值方法的推广,以分析值与观测值及背景场之间的偏差为目标函数,通过对目标函数最小化获取整个数据同化时段的最优解。变分约束法不受分析变量与观测之间线性条件的约束,能够有效地利用多源观测,在大气、海洋研究领域得到较为广泛的应用。以三维变分同化算法和四维变分同化算法为例,通过构造定义域为模式积分时空域的目标泛函,将观测、分析与预报两两之间的方差组合在一起,以模式方程组为约束条件,将观测的数据同化问题转换为具有约束条件的变分问题(王跃山,1999)。然而,变分同化算法的应用极度依赖模型切线性伴随方程的后向积分,而绝大部分水文陆面过程模型与辐射传输模型为高度非线性的物理模型,发展复杂数值模式的切线性伴随方程十分困难,进而一定程度上阻碍了变分同化算法在水文数据同化的广泛应用(刘成思 等,2005)。

顺序同化算法以卡尔曼滤波及其后续改进算法为代表,其基本过程可分为时间更新与观测更新两个阶段。模式随时间不断向前推进过程中,当存在观测时进行观测更新,分析观测与模型的相对误差,利用两者的加权项对模型状态进行更新,获得分析值的同时给出当前时刻分析误差;状态更新后,模型进行时间更新,运用观测更新后改进的初始状态,进行下一时刻的预报,直至再次获取观测进行观测更新过程。与变分约束法相比,顺序同化算法无须发展模式的切线性伴随方程,极大地提高了计算效率。卡尔曼滤波主要针对线性系统的随机过程状态估计,后续不断发展出非线性的滤波算法,如扩展卡尔曼滤波、集合卡尔曼滤波、集合卡尔曼平滑等算法。同时,针对高斯假定的限制,非线性、非高斯的粒子滤波也引起了广泛关注;而集合变分与滤波两者优势的混合算法(Clayton et al.,2013)也逐渐发展起来,并在大气、海洋研究领域取得一定成果,然而在陆面、水文数据同化中仍需进一步探讨。尽管如此,卡尔曼滤波及其后续改进算法仍为目前陆面数据同化中的主流算法。本小节将以卡尔曼滤波为例,说明顺序同化算法的基本方法,并介绍以蒙特卡罗方法处理非线性问题的集合卡尔曼滤波算法。

**2. 集合卡尔曼滤波算法**

数据同化必备的三要素为模型、观测与数据同化算法,图 12.3 为顺序数据同化的基本过程与组成要素。

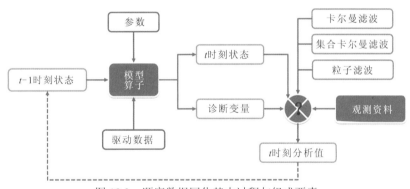

图 12.3　顺序数据同化基本过程与组成要素

在数据同化系统中,非线性的前向状态预报模型,即模型算子 $\boldsymbol{M}$ 可表示为

$$x_t = \boldsymbol{M}(x_{t-1}, \alpha, u_t) + v_t \qquad (12.1)$$

式中:$x_t$ 和 $x_{t-1}$ 分别为时刻 $t$ 和 $t-1$ 的模型状态变量;$\alpha$ 为模型中不随时间而改变的参数;$u_t$ 为驱动数据;$v_t$ 为独立同分布(independently and identically distributed,IID)的模型误差。对不同来源的观测 $z_t$ 而言,其通过统一的观测算子 $\boldsymbol{H}$ 与状态关联起来:

$$z_t = \boldsymbol{H}(x_t, \beta) + \omega_t \qquad (12.2)$$

式中:$\beta$ 为观测算子的量测参数;$\omega_t$ 为独立同分布的观测误差。一般情况下,假定模型预报误差与观测误差都是均值为 0 的高斯分布白噪声,且其误差协方差矩阵分别为 $\boldsymbol{Q}$ 与 $\boldsymbol{R}$。

卡尔曼滤波算法包含时间更新与观测更新两个步骤,如图 12.4 所示。模型预测阶段,根据前一时刻模型状态估计预测当前时刻的状态,同时计算模型预报的背景误差协方差矩阵。当出现观测时，考虑观测与模型两者的相对误差，获取更正后的状态估计。

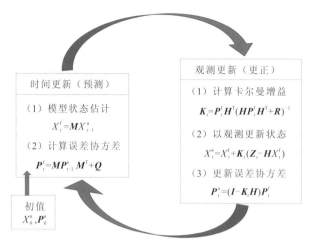

图 12.4　卡尔曼滤波算法基础流程

设定初始状态变量 $X_0^{\mathrm{a}}$ 及其误差协方差矩阵 $\boldsymbol{P}_0^{\mathrm{a}}$，以时刻 $t-1$ 的状态变量分析值 $X_{t-1}^{\mathrm{a}}$ 与分析背景误差协方差矩阵 $\boldsymbol{P}_{t-1}^{\mathrm{a}}$ 作为前向模型的预测初始条件，获得当前时刻 $t$ 的预报状态变量 $X_t^{\mathrm{f}}$ 与预报背景误差协方差矩阵 $\boldsymbol{P}_t^{\mathrm{f}}$

$$X_t^{\mathrm{f}} = \boldsymbol{M} X_{t-1}^{\mathrm{a}} \tag{12.3}$$

$$\boldsymbol{P}_t^{\mathrm{f}} = \boldsymbol{M} \boldsymbol{P}_{t-1}^{\mathrm{a}} \boldsymbol{M}^{\mathrm{T}} + \boldsymbol{Q} \tag{12.4}$$

式中：$\boldsymbol{M}$ 为线性的模型算子，上标 T 为转置；$\boldsymbol{Q}$ 为模型预报误差；上标 a 表示分析，上标 f 表示预测。

当存在观测时，首先计算其对应的卡尔曼增益 $\boldsymbol{K}_t$

$$\boldsymbol{K}_t = \boldsymbol{P}_t^{\mathrm{f}} \boldsymbol{H}^{\mathrm{T}} (\boldsymbol{H} \boldsymbol{P}_t^{\mathrm{f}} \boldsymbol{H}^{\mathrm{T}} + \boldsymbol{R})^{-1} \tag{12.5}$$

式中：$\boldsymbol{H}$ 为线性的观测算子；$\boldsymbol{R}$ 为观测误差协方差矩阵。通过卡尔曼增益，将实际观测 $\boldsymbol{Z}_t$ 与模型预报状态所对应的观测预报 $\boldsymbol{H} X_t^{\mathrm{f}}$ 间的信息 $(\boldsymbol{Z}_t - \boldsymbol{H} X_t^{\mathrm{f}})$ 加于模型预报状态之上，获得时刻 $t$ 的状态分析值 $X_t^{\mathrm{a}}$ 及其所对应的分析误差协方差矩阵 $\boldsymbol{P}_t^{\mathrm{a}}$

$$X_t^{\mathrm{a}} = X_t^{\mathrm{f}} + \boldsymbol{K}_t (\boldsymbol{Z}_t - \boldsymbol{H} X_t^{\mathrm{f}}) \tag{12.6}$$

$$\boldsymbol{P}_t^{\mathrm{a}} = (\boldsymbol{I} - \boldsymbol{K}_t \boldsymbol{H}) \boldsymbol{P}_t^{\mathrm{f}} \tag{12.7}$$

式中：$\boldsymbol{I}$ 为单位矩阵。通过观测与模型预报的结合获得更正的状态分析值，并进入时刻 $t+1$ 的预报过程，当存在观测数据时继续进行状态更新。卡尔曼滤波算法仅在模型与观测算子都为线性的情况下成立，然而对地学相关领域而言，其所关注的系统都是高度非线性系统，因此针对非线性的滤波算法得到发展，如扩展卡尔曼滤波、无迹卡尔曼滤波、集合卡尔曼滤波及粒子滤波等算法。这里重点介绍本节用的数据同化算法——集合卡尔曼滤波算法。

集合卡尔曼滤波算法由 Evensen（1994）提出，其主要基于蒙特卡罗方法的思想以集合预报的形式解决了标准卡尔曼滤波对模型与观测算子的线性约束，通过集合预报、滤波及误差矩阵的计算，克服了扩展卡尔曼滤波算法计算模型切线性伴随矩阵的缺陷，能够有效融合模型与观测并显式发展误差协方差矩阵，因此成为顺序数据同化领域应用非常广泛的滤波算法。Burgers 等（1998）进一步发展解决了集合卡尔曼滤波算法在实际应用时可能出现的问题，明确指出在分析阶段须将观测看作随机变量加以正确扰动，才能有效更新模型状态获取最优估计。

如图 12.5 所示，集合卡尔曼滤波以蒙特卡罗方法获取模型集合预报。假定集合大小为 $N$，由时刻 $t-1$ 的状态集合 $X_{t-1,i}^{\mathrm{a}}$ 通过非线性模型算子 $\boldsymbol{M}(\cdot)$，预报获得时刻 $t$ 的状态集合 $X_{t,i}^{\mathrm{f}}$，即

$$X_{t,i}^{\mathrm{f}} = \boldsymbol{M}(X_{t-1,i}^{\mathrm{a}}) + v_{t,i}, \quad v_{t,i} \sim N(0, \boldsymbol{Q}) \tag{12.8}$$

式中：下标 $i$ 为第 $i$ 个集合元素；$v_{t,i}$ 为模型预报误差，属于均值等于 0 且方差为 $\boldsymbol{Q}$ 的高斯分布白噪声。

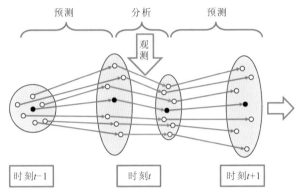

图 12.5　集合卡尔曼滤波算法蒙特卡罗基本思想

当时刻 $t$ 出现观测时，考虑观测的随机误差情况下，以集合元素计算模型的预报误差协方差矩阵，获得卡尔曼增益 $\boldsymbol{K}_t$，即

$$\boldsymbol{K}_t = \boldsymbol{P}_t^{\mathrm{f}} \boldsymbol{H}^{\mathrm{T}} (\boldsymbol{H}\boldsymbol{P}_t^{\mathrm{f}}\boldsymbol{H}^{\mathrm{T}} + \boldsymbol{R})^{-1} \tag{12.9}$$

其中

$$\boldsymbol{P}_t^{\mathrm{f}} = \frac{1}{N-1} \sum_{i=1}^{N} \left( X_{t,i}^{\mathrm{f}} - \overline{X_t^{\mathrm{f}}} \right) \left( X_{t,i}^{\mathrm{f}} - \overline{X_t^{\mathrm{f}}} \right)^{\mathrm{T}} \tag{12.10}$$

$$\boldsymbol{P}_t^{\mathrm{f}} \boldsymbol{H}^{\mathrm{T}} = \frac{1}{N-1} \sum_{i=1}^{N} \left[ X_{t,i}^{\mathrm{f}} - \overline{X_t^{\mathrm{f}}} \right] \left[ \boldsymbol{H}\left( X_{t,i}^{\mathrm{f}} \right) - \boldsymbol{H}\left( \overline{X_t^{\mathrm{f}}} \right) \right]^{\mathrm{T}} \tag{12.11}$$

$$\boldsymbol{H}\boldsymbol{P}_t^{\mathrm{f}}\boldsymbol{H}^{\mathrm{T}} = \frac{1}{N-1} \sum_{i=1}^{N} \left[ \boldsymbol{H}\left( X_{t,i}^{\mathrm{f}} \right) - \boldsymbol{H}\left( \overline{X_t^{\mathrm{f}}} \right) \right] \left[ \boldsymbol{H}\left( X_{t,i}^{\mathrm{f}} \right) - \boldsymbol{H}\left( \overline{X_t^{\mathrm{f}}} \right) \right]^{\mathrm{T}} \tag{12.12}$$

$$\overline{X_t^{\mathrm{f}}} = \frac{1}{N} \sum_{i=1}^{N} X_{t,i}^{\mathrm{f}} \tag{12.13}$$

式中：$\boldsymbol{H}(\cdot)$ 为非线性观测算子；$\boldsymbol{R}$ 为观测的误差协方差矩阵；$\overline{X_t^{\mathrm{f}}}$ 为集合预报的均值。通过卡尔曼增益，加入当前观测数据 $Z_t$ 并考虑其误差，获得时刻 $t$ 的状态分析集合 $X_{t,i}^{\mathrm{a}}$、均值 $\overline{X_t^{\mathrm{a}}}$（即为估计值）及分析误差协方差矩阵 $\boldsymbol{P}_t^{\mathrm{a}}$，即

$$X_{t,i}^{\mathrm{a}} = X_{t,i}^{\mathrm{f}} + \boldsymbol{K}_t [\boldsymbol{Z}_t + \omega_{t,i} - \boldsymbol{H}(X_{t,i}^{\mathrm{f}})] \tag{12.14}$$

$$\overline{X_t^{\mathrm{a}}} = \frac{1}{N} \sum_{i=1}^{N} X_{t,i}^{\mathrm{a}} \tag{12.15}$$

$$\boldsymbol{P}_t^{\mathrm{a}} = \frac{1}{N-1} \sum_{i=1}^{N} \left( X_{t,i}^{\mathrm{a}} - \overline{X_t^{\mathrm{a}}} \right) \left( X_{t,i}^{\mathrm{a}} - \overline{X_t^{\mathrm{a}}} \right)^{\mathrm{T}} \tag{12.16}$$

式中：$\omega_{t,i}$ 为观测误差，其服从均值为 0 且方差为 $\boldsymbol{R}$ 的高斯分布。集合卡尔曼滤波通过观测与状态的误差协方差矩阵更新各个集合元素，获得分析场集合，而集合均值即为模型的状态后验估计值（又称最优估计）。通过观测更新后的状态集合进一步向时刻 $t+1$ 预报。

## 12.2.3　模型算子与观测算子

**1. 陆面过程模型**

公用陆面过程模型（community land model，CLM）是耦合在通用地球系统模型（community Earth system model，CESM）中的陆面模块，由 CESM 陆地模型工作组（CESM Land Model Working Group，LMWG）和美国国家大气研究中心（National Center for Atmospheric Research，NCAR）共同研发。从 1996 年至今，CLM 经历了多个版本的发展与更新，目前最新版本是 CLM5.0。相比先前版本，5.0 版本在参数化方案，包括土壤水文、作物模拟、径流模拟、积雪密度、碳氮耦合、冠层过程等多方面进行了新的改进（Lawrence et al.，2019）。CLM 通过嵌套次网格的方式表征陆表的空间异质性，将每个网格划分为多个陆表单元，陆表单元划分为多个雪/土壤柱，柱又进一步划分为多个植被功能类型（plant functional type，PFT）（Lawrence et al.，2019）。在 CLM5.0 运行过程中，每个网格共享驱动数据，但在次网格尺度上独立通过生物地球物理过程和生物地球化学过程来模拟预报变量。CLM5.0 次网格的组织结构如图 12.6（Lawrence et al.，2019）所示。

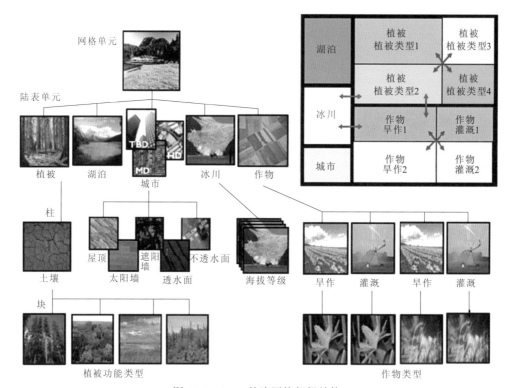

图 12.6　CLM 的次网格组织结构

通用陆面过程模型（common land model，CoLM）（Dai et al.，2003）是在 20 世纪 90 年代后期，由 Dickinson、戴永久和曾旭斌等合作在 CLM 基础上约简优化开发出来的第三代陆面过程模型，在本小节中充当模型算子 CoLM 的垂直分层包括 1 层植被、10 层非等宽分布的土壤层和最多 5 层的积雪层。模型的初始化需要土壤类型、地表覆盖类型和高程等地表数据集；模型驱动需要的气象数据包括下行短波辐射、下行长波辐射、降雨、气温、气压、比湿和风速。本小节选用 CoLM 作为模型算子来进行地表状态变量预报，例如土壤水分和土壤温度。

水分在土壤层的垂直运动主要由下渗、径流、梯度扩散、重力、用于植被蒸腾的根系吸水量控制。CoLM 中液态土壤水的计算公式为

$$\frac{\Delta z_j}{\Delta t}\Delta\theta_j = q_{j-1} - q_j - f_{\text{root},j} \cdot E_{\text{tr}} \tag{12.17}$$

式中：$\Delta\theta_j$ 为第 $j$ 层土壤水分自上一模拟时刻后的变化量；$\Delta z_j$ 和 $\Delta t$ 分别为第 $j$ 层的土壤厚度和模型计算步长；$f_{\text{root},j}$ 为有效根分数；$E_{\text{tr}}$ 为植物蒸腾；$q_j$ 为第 $j$ 层和第 $j$+1 层土壤界面处的水流通量，它遵循达西定律：

$$q = -K\left(\frac{\partial\psi}{\partial z} - 1\right) \tag{12.18}$$

式中：$K$ 和 $\psi$ 分别为土壤水力传导和潜在水势，其大小取决于当前层土壤水分和土壤质地（Clapp et al.，1978）。地表的净水流通量的计算遵循质量守恒定律，由融雪、降水、冠层结露的总和减去地表径流和蒸发得出。

CoLM 中利用 Crank-Nicholson 差分方法对土壤热传导方程进行离散化，因此土壤中温度变化可表示为

$$c_j\Delta z_j\frac{T_j^{k+1} - T_j^k}{\Delta t} = \frac{1}{2}\left(F_j^k - F_{j-1}^k + F_j^{k+1} - F_{j-1}^{k+1}\right) \tag{12.19}$$

式中：$c_j$ 为第 $j$ 层的土壤体积热容，等于土壤不同组分热容的体积加权总和；$T_j^k$ 为 $k$ 时刻第 $j$ 层土壤平均温度；$F_j^k$ 为 $k$ 时刻第 $j$ 层和第 $j$+1 层土壤界面处的热通量，计算公式为

$$F_j = \lambda(z_{h,j})\frac{T_{j+1} - T_j}{z_{j+1} - z_j} \tag{12.20}$$

式中：$\lambda(z_{h,j})$ 为土壤界面 $z_{h,j}$ 处的热力传导，其大小的求解是通过假设从节点 $j$ 到两层界面处的热通量与从节点 $j$+1 到两层界面处的热通量相等。地表的热通量计算遵循能量守恒定律，即 $F=R_{n,g} - H_g - \text{LE}_g$，$R_{n,g}$ 为被地面吸收的净辐射能量，$H_g$ 和 $\text{LE}_g$ 分别为感热和潜热通量。土壤温度通过逐层求解式（12.17）～式（12.20）得到，而土壤热通量下层边界条件为 $F=0$。

**2. 辐射传输模型**

辐射传输模型是一种用于模拟不同下垫面的亮温信息的正向模型，也是建立陆面模型中土壤水分与先进微波辐射计（the advanced microwave scanning radiometer for EOS，AMSR-E）亮温观测间联系的媒介，在本小节中充当观测算子。$Q$-$h$ 模型是用来计算裸土辐射亮温的经验模型，考虑植被对地表辐射信息的影响，对 $Q$-$h$ 模型进行微改动，将

植被表示为粗糙地表上方的一个单次散射层。因此，辐射传输模型对亮温的计算公式为

$$T_{\mathrm{B,H(V)}} = T_{\mathrm{g}}(1 - \Gamma_{\mathrm{H(V)}})\exp(-\tau_{\mathrm{c}}) + T_{\mathrm{c}}(1 - \omega)[1 - \exp(-\tau_{\mathrm{c}})][1 + \Gamma_{\mathrm{H(V)}} \times \exp(-\tau_{\mathrm{c}})] \quad (12.21)$$

式中：$T_{\mathrm{B}}$ 为模拟亮温，下标 H(V) 表示水平（垂直）极化；$T_{\mathrm{g}}$ 和 $T_{\mathrm{c}}$ 分别为土壤温度和冠层温度；$\tau_{\mathrm{c}}$ 为植被光学厚度，它与植被含水量 $w_{\mathrm{c}}$、入射角度 $\gamma$、波长 $\lambda$ 相关（Jackson et al., 1991）。

$$\tau_{\mathrm{c}} = \frac{b(100\lambda)^{\chi} w_{\mathrm{c}}}{\cos\gamma} \quad (12.22)$$

式中：$b$ 和 $\chi$ 均为与植被类型相关的经验系数；植被含水量可以通过与叶面积指数 LAI 的关系计算得到：

$$w_{\mathrm{c}} = \exp\left(\frac{\mathrm{LAI}}{3.3}\right) - 1 \quad (12.23)$$

$\omega$ 为植被的单次散射反照率：

$$\omega = \frac{0.000\,83}{\lambda} \quad (12.24)$$

土壤反射率采用 Wang 等（1981）提出的计算公式：

$$\Gamma_{\mathrm{H(V)}} = [(1 - Q) \cdot R_{\mathrm{H(V)}} + Q \cdot R_{\mathrm{V(H)}}]\exp(-h) \quad (12.25)$$

式中：$Q$ 和 $h$ 均为由经验公式计算得到的地表粗糙度参数：$Q = 0.35[1 - \exp(-0.6s^2\lambda)]$，$h = (2ks\cos\gamma)^2$。波数定义为 $k = 2\pi/\lambda$；$s$ 为均方根高度。菲涅耳反射系数 $R$ 的计算方程采用 Dobson 等（1985）提出的公式：

$$R_{\mathrm{H}} = \left|\frac{\cos\gamma - \sqrt{\varepsilon_{\mathrm{r}} - \sin^2\gamma}}{\cos\gamma + \sqrt{\varepsilon_{\mathrm{r}} - \sin^2\gamma}}\right|^2 \quad (12.26)$$

$$R_{\mathrm{V}} = \left|\frac{\varepsilon_{\mathrm{r}}\cos\gamma - \sqrt{\varepsilon_{\mathrm{r}} - \sin^2\gamma}}{\varepsilon_{\mathrm{r}}\cos\gamma + \sqrt{\varepsilon_{\mathrm{r}} - \sin^2\gamma}}\right|^2 \quad (12.27)$$

式中：$R_{\mathrm{H}}$ 为水平极化菲涅耳反射系数；$R_{\mathrm{V}}$ 为垂直极化菲涅耳反射系数；$\varepsilon_{\mathrm{r}}$ 为介电常数，其大小与土壤水分相关。

## 12.2.4 研究区、数据与实验方案

### 1. 研究区

研究区位于青藏高原的中部地区，以那曲镇为中心向四周延伸，形成一个大约 100 km×100 km 的正方形区域，经纬度范围分别为 91°30′~92°30′E、31°~32°N（图12.7）。研究区的平均海拔为 4 650 m，地表覆盖类型主要为高寒草甸，在研究区的西部存在零星分布的小片水域。研究区为典型的半干旱季风气候，年降水量约为 500 mm，降水主要集中在 5~10 月。永冻层是该区域自然生态系统的重要组成部分，一般的土壤冻融过程分别出现在 5 月和 11 月。

### 2. 数据

实验中的地面观测数据是通过青藏高原中部地区中尺度土壤水分与温度观测网

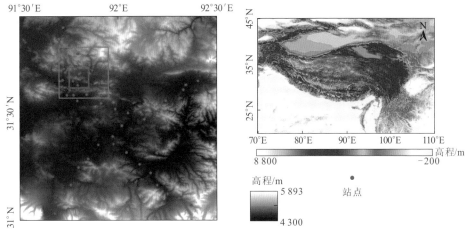

图 12.7  研究区及地面站点分布

（central Tibetan Plateau soil moisture and temperature monitoring network，CTP-SMTMN）获取的，该观测网的覆盖范围正好与实验区一致（Yang et al.，2013）。CTP-SMTMN 每个地面站点配备有 4 个 ECH2O EC-TM/5TM 电容探头，用于监测不同深度（5 cm、10 cm、20 cm、40 cm）的土壤水分和温度的变化。观测数据的时间间隔为 30 min，每条记录反映的是最近半个小时土壤的平均状态。本小节使用简单的算术平均将观测数据处理为小时平均数。

本小节研究中用于驱动 CoLM 的气象数据来自中国科学院青藏高原研究所水文气象研究小组所开发的一套中国区域地面气象要素驱动数据集（the China meteorological forcing dataset，CMFD）（He et al.，2020）。CMFD 以 Princeton 再分析资料、GLDAS 资料、GEWEX-SRB 辐射资料及 TRMM 降水资料为背景场，融合了中国气象局 753 个业务站点常规气象观测数据制作而成，空间分辨率为 0.1°×0.1°，时间分辨率为 3 h。数据集包括降水、气温、气压、比湿、风速、下行短波辐射和下行长波辐射 7 个要素。CMFD 被广泛应用于气候、水文和环境等研究中，并被认为是我国最好的气象驱动数据集之一（Li et al.，2018）。本小节利用 MicroMet 方法（Liston et al.，2006）对驱动数据进行时空降尺度，得到一套时间分辨率为 1 h、空间分辨率为 0.05° 的气象数据集。

本小节用到的遥感数据包括 MODIS 地表温度产品、AMSR-E 亮温产品和 MODIS 叶面积指数产品，其中，前两者分别用于土壤温度和土壤水分同化，后者用于提供地表植被信息。MOD11C1/MYD11C1 是分别由 Terra 和 Aqua 卫星获取的每日地表温度产品，每日提供白天和晚上各一次的观测数据，空间分辨率为 0.05°。其中，QC 字段提供了地表温度产品的质量信息，选取质量控制符为 0 的地表温度数据用作同化实验中的观测数据。MCD15A3 是 Aqua 和 Terra 卫星的合成产品，提供全球范围内的叶面积指数和光合有效辐射吸收比率数据，时间分辨率为 4 天，空间分辨率为 1 km。为了匹配 CoLM 的计算网格的空间分辨率，实验中对原始的叶面积指数数据进行了重投影、重采样和异常值剔除，最后将处理后的叶面积指数数据输入 CoLM 中替代原有数值。AMSR-E 是搭载在近日极地轨道卫星 Aqua 上的微波辐射计，包含 6 个波段，其频率分别为 6.9 GHz、10.7 GHz、18.7 GHz、23.8 GHz、36.5 GHz、89 GHz，视场范围从 75 km×43 km 到 6 km×4 km。实验中用到的 AMSR-E 产品为 NSDIC-0302，是全球 0.25° 的逐日亮温数据。

## 3. 实验方案

同化实验流程如图 12.8 所示。为了减少土壤温度对模拟亮温的影响，首先同化 MODIS 地表温度产品来校正模型模拟的土壤温度廓线，然后将更新后的土壤温度输入辐射传输模型。集合卡尔曼滤波用于土壤温度更新，是因为集合卡尔曼滤波的逐步反馈机制能够及时修正输入辐射传输模型的温度信息。在进行土壤水分同化中，考虑参数不确定性带来的土壤水分估计的偏差，利用 AMSR-E 亮温数据进行土壤水分和相关参数的同步估计。本小节使用平行双滤波进行状态参数同步估计，为了顾及状态/参数与观测数据在时间尺度上的相关性，选择使用集合卡尔曼滤波算法。第一阶段进行模型参数的校正（假设两次更新的参数值固定不变），第二阶段进行模型状态的更新。更新后的土壤水分和参数只在每一次的平滑窗口计算结束后反馈到模型中，并作为下一个平滑窗口的初始条件影响下一步的计算。

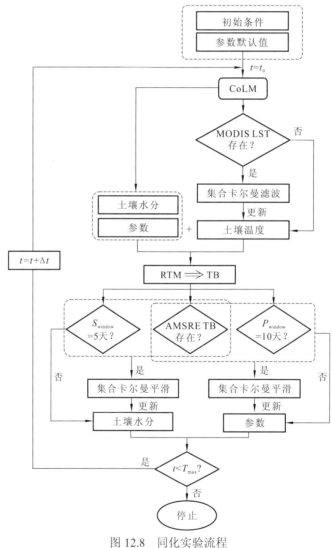

图 12.8 同化实验流程

$P_{window}$ 和 $S_{window}$ 分别为参数与状态的计算窗口

考虑土壤冻融期的水热过程存在明显差异，实验期选择在土壤解冻时期，因此可以忽略冻土的参数化方案。实验期从 2011 年 5 月 31 日开始持续 120 天。将一整年的驱动数据循环多次对模型进行预热，以期获得平稳、合理分布的初始状态变量。实验前，根据 CTP-SMTMN 地面站点的观测深度，对 CoLM 的土壤分层进行重新划分。新的土壤分层节点深度分别为：0.05 m、0.1 m、0.2 m、0.4 m、0.6 m、0.8 m、1.0 m、1.2 m、1.4 m 和 1.6 m。沙土含量、黏土含量、有机质体积分数、孔隙度和均方根高度共同组成了待估计的参数向量。考虑参数相对于土壤水分已在时间尺度上变化得更稳定的特点，集合卡尔曼平滑算法中参数估计窗口设为 10 天，土壤水分估计窗口设为 5 天。

## 12.2.5 实验结果与分析

CoLM 计算网格的时空分辨率分别为 1 h 和 0.05°，这也决定了输出变量的时空分辨率。本小节选择的实验区共包含 400 个 CoLM 网格，其中 49 个网格存在地面观测站点。结果比较时，采用相应网格内所有观测数据的算数平均值作为真值进行验证。

图 12.9 展示的是土壤水分 [（a）～（b）] 和土壤温度 [（c）～（d）] 相关误差统计指标的箱形图，每幅箱形图反映的是对应误差指标在 49 个网格内的分布情况，OLa 和 Ass 分别表示模拟、同化实验。图 12.9（a）表明土壤水分的模型模拟结果与观测数据之间存在明显的偏差，前两层高估而后两层在大部分时候呈现低估现象，而同化实验（Ass）明显地减少了 OLa 中表层土壤水分的偏差。然而，同化实验中深层土壤水分的估计精度较低。考虑微波有限的穿透深度，亮温一般仅能表征地表以下几厘米处的土壤水分信息。因此，利用地表观测信息来实现深层土壤水分估计精度的提升依赖模型结构的完备性，特别是模型中土壤水分传导机制。从图 12.9（c）中可以看出，4 层土壤温度的模型模拟都存在高估现象，高估程度并不严重。同化对土壤温度的估计同样起到一定改进作用，平均偏差的减少量在 4 层土壤中大约都在 1 K。如图 12.9（d）所示，土壤温度的均方根误差也略有减小，但不如偏差明显。土壤温度的校正一方面归功于 MODIS 地表温度的同化作用，另一方面归功于土壤水分估计精度的提高。土壤水分不仅影响土壤层间热量传导，还决定着不同土壤层的热量存储。

为了验证得到的参数估计值的有效性，用更新后的参数代替模型默认值重新进行模拟实验，保持其他实验条件与 OLa 一致。将该模拟实验结果与地面观测数据（OBS）进行对比，计算得到的误差统计指标同样展示于图 12.9 中，标记为 OLb。与 OLa 实验结果相比，OLb 有效地减少了土壤水分模拟的平均偏差与均方根误差，特别是前两层。深层土壤水分的提高并不明显，主要是因为土壤垂向异质性的存在，通过同化表面观测获取的参数估计值并不总能提高深层土壤状态量的估计。另外，从图 12.9（c）～（d）中可以看出，更新后的参数值对土壤温度的模拟具有消极作用。用于参数估计的亮温数据与地表土壤水分高度相关，而与土壤温度的相关性非常低。因此，参数估计值也可称为有效参数，它能够促成表层土壤水分模拟与地面观测的匹配，但对多变量模拟精度的提升往往是无法保证的。

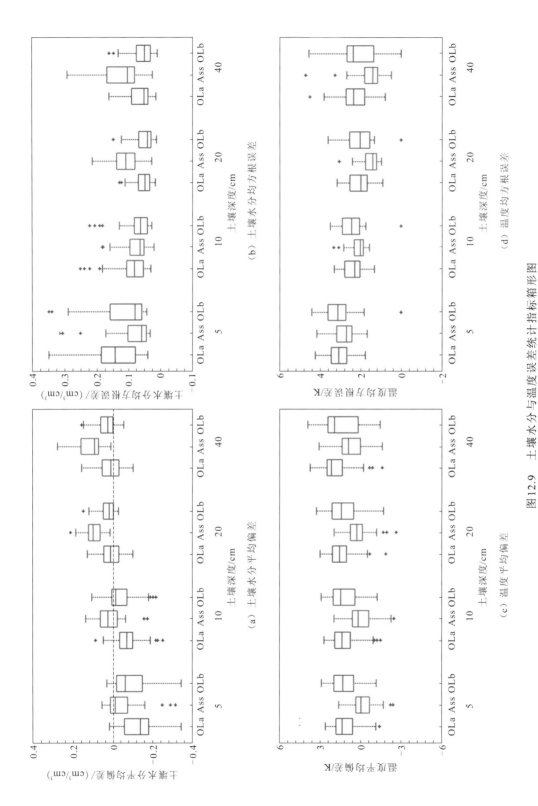

图 12.9　土壤水分与温度误差统计指标箱形图

为了进一步验证同化实验的效果，选择 0.1°和 0.25°（分别对应图 12.7 的蓝色和绿色方形框）两个加密观测网和整个实验区（1°）进行结果的详细展示，根据区域大小将其分别用小、中、大网格指代。结果比较使用的是模型输出的小时值，空间上采用简单的算术平均。从图 12.10（a）、（e）和（i）中可以看出，Ola 在表层土壤水分模拟中表现出极大的系统偏差，而 Ass 有效地提高了表层土壤水分的估计精度。小、中网格的误差统计结果呈现出明显的下降趋势，同化后表层土壤水分的均方根误差减少了 70%以上，大网格的均方根误差减少了 55%。上述同化结果表明，微波观测数据的同化在获取高精度地表土壤水分信息上具有一定的可行性。第二层土壤相对较浅（10 cm），并且其观测数据与表层土壤水分具有较高的相关性，这决定了表层土壤水分的校正也能同时提高第二层土壤水分估计精度。同化后三个网格的第二层土壤水分估计的平均偏差都低于 0.03，而均方根误差减少 36%～72%。表层土壤水分的增加不可避免地引起深层土壤水分的增加。然而，从图 12.10 中可以看出，深层土壤水分的模型模拟具有很好的精度，这就导致土壤水分过校正问题。

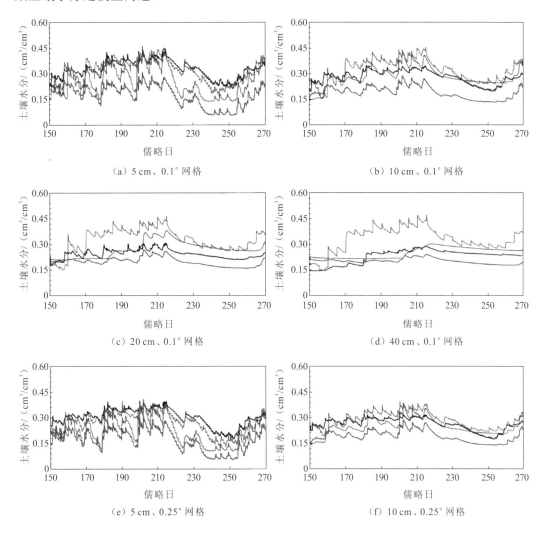

（a）5 cm、0.1°网格

（b）10 cm、0.1°网格

（c）20 cm、0.1°网格

（d）40 cm、0.1°网格

（e）5 cm、0.25°网格

（f）10 cm、0.25°网格

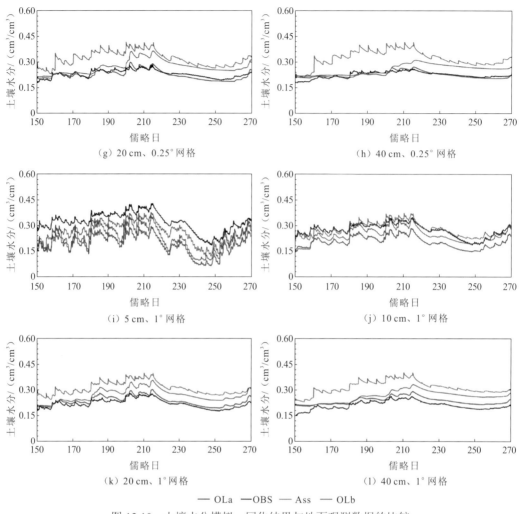

（g）20 cm、0.25°网格

（h）40 cm、0.25°网格

（i）5 cm、1°网格

（j）10 cm、1°网格

（k）20 cm、1°网格

（l）40 cm、1°网格

—— OLa —— OBS —— Ass —— OLb

图 12.10　土壤水分模拟、同化结果与地面观测数据的比较

　　图 12.11 是三个网格不同层土壤温度的结果比较，红色和绿色散点分别表示模拟和同化实验结果。OLa 的误差统计指标表明土壤温度的模型模拟与地面观测具有很好的相关性，其中，小、中网格的平均偏差约为 2 K，大网格对应数值非常小；三个网格模拟结果的均方根误差略高于平均偏差。从图中可以看出，OLa 中有部分偏离 1∶1 线的散点，表明了土壤温度的高估部分，而这种高估现象经过同化后得到很好的改善。对同化结果而言，小、中网格的平均偏差均有超过 1 K 的下降，这表明同化实验有效地减少了土壤温度估计的偏差。相应地，随着土壤深度的增加均方根误差减少 20%～50%。然而，从大网格的结果来看，同化实验的改进效果非常小，主要是受到了土壤温度模型模拟结果的改进空间的限制。由于大网格对应的 OLa 的均方根误差与预先定义的观测误差标准差非常接近，同化算法的内在机制决定了同化 MODIS LST 在此时发挥的作用非常小。因此，大网格中深层土壤温度在同化实验中对应的改进主要归因于土壤水分的增加，由于水的热容较高，土壤水分的增加反过来促使土壤温度模拟值的降低。

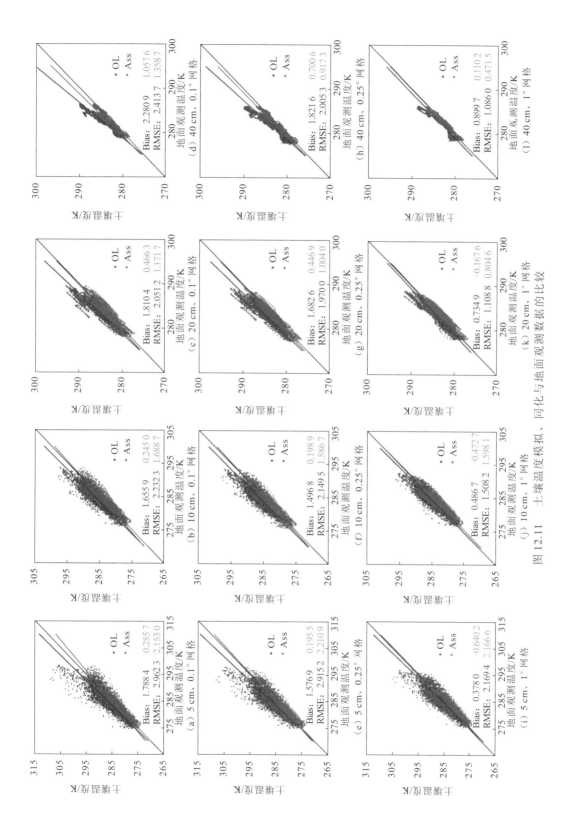

图 12.11 土壤温度模拟、同化与地面观测数据的比较

# 12.3　遥感-模式数据融合方法

## 12.3.1　基本原理与研究现状

　　遥感-模式数据融合即融合遥感数据和陆面、大气、水文等动力学模型的模拟数据，结合数值模拟时空连续的特性及遥感观测高空间分辨率、高精度等特性，生成时空连续、高精度的地表数据（Li et al.，2020；Long et al.，2020；张良培 等，2016）。遥感-模式数据融合方法主要有两类：一类是面向信息重建的融合方法，利用数值模拟能够反映地表参量云下特征的优势，对厚云等导致的遥感缺失信息进行重建，从而获取时空一致性和物理一致性的地表状态数据集；另一类是面向分辨率提升的融合方法，通过遥感数据和模拟数据统计建模，提升模式数据的空间分辨率。本节对地表温度参量展开研究。

　　面向信息重建的融合方法借助数值模拟能刻画真实云下特征的优势对遥感缺失数据进行重建。Marullo 等（2014）基于移动时间窗口的最优化插值方法融合地中海预报系统模拟海表温度与旋转增强可见光和红外成像仪（spinning enhanced visible and infrared imager，SEVIRI）海表温度，生成了地中海 0.062 5°和小时级无缝海表温度产品（Pisano et al.，2022）。Fu 等（2019）和 Zhang 等（2022）利用机器学习模型训练了 MODIS 地表温度和气象研究与预报模型/城市冠层模型（weather research and forecasting model/urban canopy model，WRF/UCM）模拟地表温度在晴空条件下的关系，并认为这一关系也适用于非晴空条件，从而完成地表温度的重建。时间序列分解方法的核心是根据模式模拟数据具有"时间连续"及"全天候"的特征，把待重建变量分解为气候影响下的"稳态变量"和天气影响下的"非稳态变量"，并且假设模拟数据的非稳态变量和遥感数据的非稳态变量是一致的，通过谐波分析、累积分布函数匹配等方法融合模拟数据完成重建。基于此，Shiff 等（2021）基于时间傅里叶分析把地表温度分解为气候学组分温度和异常组分温度，通过融合非晴空条件下美国国家环境预报中心（National Centers for Environmental Prediction，NCEP）气候预报系统 v2（climate forecast system version 2，CFSv2）模拟气温的异常组分温度填补 MODIS 缺失的地表温度。Yu 等（2022）基于欧洲中期天气预报中心第五代大气再分析（ERA5）地表温度，利用累积分布函数匹配来校正时空重建后的 MODIS 地表温度，获取"真实"云下地表温度。此外，Zhang 等（2021）提出一种地表温度时间分解方法，基于 ERA5 地表温度获取地表温度的日内变化分量（diurnal temperature component，$\Delta$DTC）及天气变化分量（weather temperature component，WTC），然后融合年内变化分量（annual temperature component，ATC）得到真实的地表温度。日内变化分量可以描述为在日尺度上卫星瞬时观测时间和年内平均观测时间间隔造成的地表温度差异，可由地表温度日变化模型（diurnal temperature cycle，DTC）拟合日内地表温度获取。热红外遥感数据在一天内存在缺失的情况（不足 4 景），而模式模拟地表温度具备高时间频率的特征，可以作为热红外数据的替代拟合 DTC，继而结合归一化植被指数（NDVI）、地面数字高程等辅助变量对模式数据进行降尺度实现 $\Delta$DTC 的估算（Ma et al.，2022；Zhang et al.，2020）。另外，由于云干扰、突发性降水等局地天气因素易导致地表温度发生突变，而云下特征可以由模式模拟地表温度来表征。根据模式模拟地表温度（或再分析资料）结合相关辅助变量可以计算得到 WTC，从而使模型获取"真实"天气下的地表温度。然而，由于数值模拟的分辨率通常比较低，在计算日内变化分量和天气变化分量的过程中通常需要借助滤波的方法在搜索窗口内找到高分辨率像元的参考像元组，而在实际应用中如果地表覆盖较为破碎、热异质性较强则存在相似像元数量限制的情况，导致无法获取完全无缝的变量（Zhang et al.，2019）。

面向分辨率提升的方法主要分为两类：模式数据统计回归降尺度和时空融合。模式数据统计回归降尺度通常以粗分辨率的模式模拟（再分析资料）数据为背景场，结合遥感获取的精分辨率辅助数据（归一化植被指数、水指数、叶面积指数、地面高程、反照率等）在像元尺度上训练关系模型，并将其应用到面尺度上从而提升模式数据的空间分辨率，其基本方法与第 9 章介绍的遥感降尺度方法类似。模式数据统计降尺度结合了模式数据时空无缝及物理意义明确的优点，以及遥感数据高分辨率的优点，在降尺度中受到越来越多的关注，已被初步应用到地表温度（Tan et al.，2021；Dumitrescu et al.，2020；Li et al.，2019）、臭氧（Chen et al.，2022）、土壤湿度（Huang et al.，2022；Long et al.，2019）等降尺度研究中。但是该方法的精度往往受到参考数据数量和质量的影响，同时辅助数据的可获取性和精度也会影响降尺度的适用性及精度（Li et al.，2021）。时空融合方法（详见第 4 章）最初被应用于遥感数据之间的融合，而用于构建多时相、多分辨率数据间映射关系的理论基础也同样适用于遥感-模式模拟数据之间的融合。通过构建遥感观测和数值模拟数据多时相、多分辨率的数据映射关系，实现分辨率和时空连续性的提升。基于此，Long 等（2020）利用时空融合技术融合了 MODIS 地表温度及中国气象局陆面数据同化系统（China Meteorological Administration Land Data Assimilation System，CLDAS）地表温度，获取了 1 km 日尺度的无缝地表温度。Li 等（2020）在 ERA5 网格尺度上融合了 MODIS 水汽及 ERA5 水汽产品，最后将所有网格拼接获取流域尺度上 1 km 日尺度的水汽估计。由于时空融合方法不需要其他的辅助数据及具有执行简单、效率高、鲁棒性强等优点，它成为目前遥感-模式数据融合的主流算法。然而，上述基于时空融合方法的遥感-模式数据融合存在两点不足：局限于两种数据之间的融合，受限于模式数据和遥感数据的空间尺度差异，获取的变量精度不足；数值模拟高时间分辨率的优势尚未充分体现，融合获取变量的时间分辨率局限在日尺度。针对这个现象，Ma 等（2022）发展了多源遥感-模式一体化时空融合框架，融合得到了 10 m 级、小时级的地表温度，在较大程度上突破了地表温度高时空分辨率和时空连续性无法同时满足的瓶颈。

## 12.3.2 遥感-模式一体化融合框架

以地表温度（LST）为例，通过融合多源遥感数据（Landsat、MODIS）与 CLM 模拟数据实现遥感地表温度时空连续性的完善和时空分辨率的提升。图 12.12 展示了遥感-模式一体化融合方法的总体框架，目的是生成 10 m 级、半小时级且时空无缝的地表温度。一共包括两个阶段：第一个阶段是融合前的数据预处理，包括 CLM LST 模拟，输入数据的时间归一化和传感器归一化；第二个阶段是利用一个基于滤波的一体化时空融合方法对预处理后的数据进行融合，包括选取相似像元及计算相似像元权重。最后，基于两个验证方案对融合的结果进行精度评价。

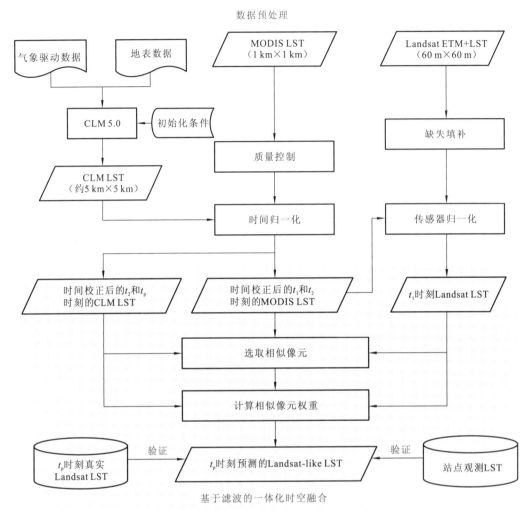

图 12.12　遥感-模式一体化融合总体框架

## 1. 高分辨率陆面模式模拟

本小节利用 CMFD 离线驱动 CLM 5.0 模型。值得注意的是，在模拟之前，CMFD 被 CLM 通过双线性插值方法重采样至格网分辨率（0.05°×0.05°）。模型运行的参数采用 CLM5.0 模型默认参数。在模型运行之前，进行 10 年（2003～2012 年）的预热以获取模型稳定的初始场。模型模拟从 2013 年 1 月 1 日开始，至 2016 年 12 月 31 日结束，时间步长为 30 min，格网分辨率为 0.05°×0.05°，最终获取 0.05°、半小时的数值模拟地表温度。

## 2. 地表温度时间与传感器归一化

时空融合的一个先决条件是基础数据对在时间和空间上是可比的，从而保证基础时相和目标时相数据对之间的残差稳定（Gao et al.，2006）。对于地表温度融合，残差主要来源于两个方面，即高低分辨率影像的过境时间差异及传感器差异。因此，在融合之前，对地表温度进行时间归一化和传感器归一化是非常有必要的。

Landsat-7 EMT+的过境时间（以武汉市为例）大概在本地时间 11:00，而 MODIS Terra 卫星的过境时间在本地时间 10:00 到 11:42 之间。Landsat 和 MODIS 之间过境时间的差异不可避免地给时空融合带来误差。DTC 模型可以将离散的地表温度观测拟合成连续的日地表温度曲线，因此被认为是地表温度时间归一化可行的方法（王爱辉 等，2021；Zhu et al.，2016；Duan et al.，2012）。利用 GOT09-d$T$-$\tau$，一个结合太阳辐射和陆地表面的能量平衡方程的半经验的 DTC 模型来对 MODIS 地表温度进行时间归一化（Hong et al.，2018；Göttsche et al.，2009）。GOT09-d$T$-$\tau$ 模型表示为

$$\begin{cases} T_{\text{day}}(t) = T_0 + T_a \dfrac{\cos\theta_z}{\cos\theta_{z,\min}} \cdot e^{[m_{\min}-m(\theta_z)]\tau}, & t < t_s \\ T_{\text{night}}(t) = T_0 + \delta T + \left[ T_a \dfrac{\cos\theta_{zs}}{\cos\theta_{z,\min}} \cdot e^{[m_{\min}-m(\theta_{zs})]\tau} - \delta T \right] e^{\frac{-12}{\pi k}(\theta-\theta_s)}, & t \geqslant t_s \end{cases} \quad (12.28)$$

$$\theta = \frac{\pi}{12}(t - t_m) \quad (12.29)$$

式中：$T_{\text{day}}(t)$ 和 $T_{\text{night}}(t)$ 分别为 $t$ 时刻的白天地表温度和夜晚地表温度；$T_0$ 为日出时刻附近的温度；$T_a$ 为温度振幅；$\delta T$ 为 $T_0$ 和 $T$ 之间的温度差异；$t_s$ 为温度开始衰减的时刻；$t_m$ 为温度达到最大值的时刻；$\theta_z$ 为太阳天顶角；$\theta_{z,\min}$ 为 $t = t_m$ 时的最小天顶角；$\theta_s$ 为 $t = t_s$ 时的热时角；$\theta_{zs}$ 为 $\theta = \theta_s$ 的热天顶角；$m(\theta_{zs})$、$m_{\min}$ 和 $m(\theta_z)$ 分别为 $\theta_{zs}$、$\theta_{z,\min}$ 和 $\theta_z$ 的相对空气质量；$\tau$ 为总光学厚度；$k$ 为夜间温度下降的衰减率。计算 $\theta_z$、$m(\theta_z)$ 和 $k$ 的公式来自 Göttsche 等（2009）。总体来说，在 GOT09-d$T$-$\tau$ 模型中一共有 6 个自由参数，分别是 $T_0$、$T_a$、$t_m$、$t_s$、$\delta T$ 和 $\tau$。为了保证拟合精度的同时进一步减少参数的数量，根据一种最优化参数筛选策略，将 $\delta T$ 和 $\tau$ 固定为 0 和 0.01（Hong et al.，2018）。最后，基于地表温度观测及对应的观测时间，利用 Levenberg-Marquardt 算法计算剩余的 4 个自由参数。

DTC 模型最开始被用于离散的卫星遥感数据的拟合（比如 MODIS 地表温度）。然而，由于云的影响，在一天内通常无法获取足够数量（4 次）的 MODIS 地表温度进行日内地表温度曲线的拟合（Quan et al.，2018；Hong et al.，2018）。基于地表温度日内变化规律的一致性，一个可行的办法是利用模式模拟的地表温度替代遥感观测进行 DTC 拟合（Huang et al.，2014；Jin et al.，1999）。本小节利用 $t_1$ 时刻的 CLM LST 作为 GOT09-d$T$-$\tau$ 模型的输入来拟合日内地表温度曲线（后面称为 CLM_DTC）。基于 MODIS 与 Landsat 在不同观测时间上的温度变化近似为线性的假设（Duan et al.，2014），利用获取的 CLM_DTC 对 MODIS LST 的观测时间进行归一化，使其与 Landsat LST 的观测时间保持一致，转换公式为

$$\text{LST}_M(t_{\text{cor}}, d) = \text{LST}_M(t_{\text{ori}}, d) + \text{LST}_c(t_{\text{cor}}, d) - \text{LST}_c(t_{\text{ori}}, d) \quad (12.30)$$

式中：$\text{LST}_M$ 为 MODIS LST；$\text{LST}_c$ 为由 CLM_DTC 拟合得到的连续 CLM LST；$t_{\text{ori}}$ 和 $t_{\text{cor}}$ 为时间归一化前后的观测时间；$d$ 为日期。针对基础时相 $t_2$ 和预测时相 $t_p$，时间线性插值方法（两个相邻的 CLM LST 观测之间的线性插值）被用于 CLM LST 的时间归一化。图 12.13 为武汉市融合实例中地表温度数据时间归一化的示意图。

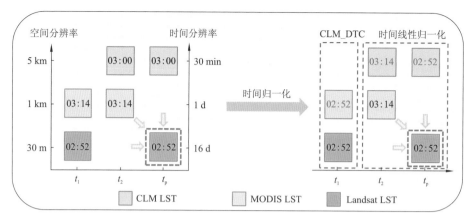

图 12.13　武汉市融合实例中地表温度数据时间归一化示意图

由于不同传感器之间地表温度反演方法、大气条件和观测角度的差异，Landsat LST 和 MODIS LST 之间的传感器误差是不稳定的。为了消除或者至少约束这个误差，一种全局线性模型（global linear model，GloLM）（Gan et al.，2014）方法被用于传感器归一化。一般认为 MODIS LST 的精度要优于 Landsat LST，因此选择 MODIS LST 作为归一化的参考数据（Shen et al.，2020）。在 GloLM 中，假设 MODIS LST 和 Landsat LST 之间存在线性关系（Gan et al.，2014）。基于参考 MODIS LST 和升尺度 Landsat LST（使用双线性重采样方法重采样到 1 km×1 km）的纯像素点集，采用最小二乘估计拟合参数。然后将获取的线性关系应用到待归一化的 Landsat LST 像元中实现 Landsat LST 的传感器归一化。为了约束传感器归一化过程中的尺度效应，利用土地覆盖数据计算粗分辨率像元的纯度。

**3. 遥感-模式一体化时空融合模型**

遥感-模式一体化时空融合模型以第 4 章的遥感融合模型为基础，分为三个步骤：在预定义的滑动窗口中选择相似像元；确定时空权重函数并计算相似像元的权重；预测高分辨率地表温度（Wu et al.，2015）。在此基础上，一体化融合算法被用于融合 Landsat LST（60 m×60 m）、MODIS LST（1 km×1 km）、CLM LST（约 5 km×5 km）生成 60 m，半小时分辨率且时空无缝的地表温度，公式为

$$L(x_{w/2}, y_{w/2}, t_{\mathrm{p}}) = \sum_{i=1}^{N} W_i * \left( \begin{array}{c} L(x_i, y_i, t_1) - M(x_i, y_i, t_1) + \\ M(x_i, y_i, t_2) - C(x_i, y_i, t_2) + C(x_i, y_i, t_{\mathrm{p}}) \end{array} \right) \tag{12.31}$$

式中：$L$、$M$ 和 $C$ 分别为Landsat、MODIS和CLM地表温度，且分辨率依次下降；$w$ 为移动窗口大小；$L(x_{w/2}, y_{w/2}, t_{\mathrm{p}})$ 为在预测时刻 $t_{\mathrm{p}}$ 融合得到的滑动窗口中心像元（$x_{w/2}, y_{w/2}$）的地表温度；$(x_i, y_i)$ 为第 $i$ 个相似像元的位置；$N$ 为相似像元的个数；$t_1$ 和 $t_2$ 为基础时相；$W_i$ 为时空融合的权重函数。值得注意的是，只有高分辨率数据中的相似像元会被用来计算权重。在一体化融合算法中，相似像元是基于高分辨率数据地表覆盖的类别数量及地表温度的标准差来选取的，表示为

$$\left| L(x_i, y_i, t_1) - L(x_{w/2}, y_{w/2}, t_1) \right| \leqslant \sigma \cdot 2 / m \tag{12.32}$$

式中：$L(x_i, y_i, t_1)$ 和 $L(x_{w/2}, y_{w/2}, t_1)$ 分别为基础时刻 $t_1$ 滑动窗口内Landsat LST的相似像元和中心像元；$\sigma$ 为Landsat LST的标准差；$m$ 为Landsat的地表覆盖类型的数量。

在融合算法中,时空权重函数$W_i$包括了相似性差异、尺度差异及距离差异(Wu et al., 2015),可以表示为

$$W_i = \frac{1/(C_i \cdot SD_i)}{\sum 1/(C_i \cdot SD_i)} \qquad (12.33)$$

$$SD_i = \frac{\exp\left(-\left|L(x_i, y_i, t_1) - L(x_{w/2}, y_{w/2}, t_1)\right|\right)}{\sum \exp\left(-\left|L(x_i, y_i, t_1) - L(x_{w/2}, y_{w/2}, t_1)\right|\right)} \qquad (12.34)$$

式中:$SD_i$为高分辨率影像滑动窗口内中心像元和周围相似像元的相似度;$C_i$为尺度差异和距离差异的组合,表示为

$$C_i = \frac{\ln(R_i \cdot 100 + 1) \cdot D_i}{\sum \ln(R_i \cdot 100 + 1) \cdot D_i} \qquad (12.35)$$

$$R_i = \left|L(x_i, y_i, t_1) - M(x_i, y_i, t_1) + M(x_i, y_i, t_2) - C(x_i, y_i, t_2) + C(x_i, y_i, t_p)\right| \qquad (12.36)$$

$$D_i = \frac{1 + \sqrt{(x_i - x_{w/2})^2 + (y_i - y_{w/2})^2}}{w/2} \qquad (12.37)$$

式中:$R_i$为不同地表温度数据间的尺度差异;$D_i$为第$i$个相似像元和中心像元之间的相对地理距离。

## 12.3.3  研究区与实验数据

### 1. 研究区

研究区包含两个区域,分别是以城市下垫面为主的武汉市主城区(Wuhan_sub)和以自然下垫面为主的黑河流域中游(Heihe_sub)。研究区一位于武汉市主城区,经纬度为 30°25′~30°42′N、114°11′~114°30′E[图 12.14(a)]。研究区的下垫面主要由不透水面(33.6%)、耕地(34.1%)和水体(21.8%)组成。武汉市的气候是亚热带季风气候,年平均降水量为 1 150~1 450 mm,年最高气温可达 314 K(Shen et al.,2016)。

研究区二位于黑河流域中游,经纬度为 38°43′~39°00′N、100°16′~100°37′E[图12.14(b)]。研究区的下垫面主要由耕地(55.5%)、裸地(18.7%)及草地(10.4%)

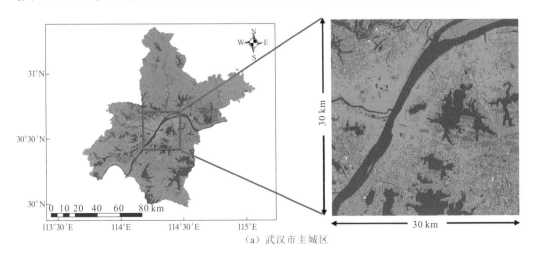

(a)武汉市主城区

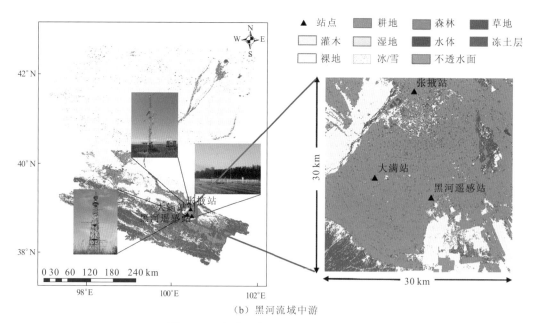

（b）黑河流域中游

图 12.14　实验研究区及地面站点分布

组成。黑河流域的气候比较干燥，年降水量为 150 mm 左右，年均气温为 281 K 左右。研究区内的三个气象站点分别是大满站（100.372°E，38.856°N）、张掖站（100.446°E，38.975°N）和黑河遥感站（100.476°E，38.827°N），观测数据来自黑河综合观测网络。得益于丰富的站点数据，黑河综合观测网络为陆表参量的验证提供了理想的实验场（Xu et al.，2021；Liu et al.，2018）。

**2. 实验数据**

实验数据包括三部分，分别是卫星遥感数据、模式模拟数据及站点观测数据。卫星遥感数据和模式模拟数据用来融合生成 10 m 级、小时级的地表温度。站点观测数据用于评估融合结果的精度。在融合之前，将 CLM LST、MODIS LST 和 Landsat LST 通过双线性重采样方法重采样到统一的空间分辨率并且重投影到统一的坐标系。

卫星遥感数据包括 Landsat-7 ETM+L2C2 地表温度产品及 MOD11A1 地表温度产品。Landsat-7 热红外波段具有 60 m 的空间分辨率及 16 天的重访周期，数据来自美国地质调查局网站（https://earthexplorer.usgs.gov/）。由于 Landsat 数据下载下来就已经被重采样至 30 m，后续的融合都在 30 m 的尺度上进行。由于 Landsat-7 SLC-off 图像存在缺失，本小节采用基于多时相的加权线性回归（weighted linear regression，WLR）方法对 Landsat 数据进行填补（Zeng et al.，2013）。MODIS Terra 卫星地表温度/发射率产品（MOD11A1 Collection 6）提供一天 2 次（本地时间 10:30 和 22:30 左右）的地表温度观测，空间分辨率为 1 km×1 km。MOD11A1 v6 产品通过一种广义劈窗算法进行反演，在大部分地区精度达到了 2 K 以内（Wan，2014；Wan et al.，1996）。本小节根据 MODIS 自带的质量控制（QC）波段选取无云及观测角度低于 30° 的像元进行融合研究。使用 MYD21A1 地表发射率产品来计算站点地表温度，即使这样可能带来一定的尺度匹配误差（Yu et al.，2008）。以上两种 MODIS 产品均来自美国国家航空航天局地球观测系统数据网站

（https://ladsweb.modaps.eosdis.nasa.gov/）。

中国区域地面气象要素驱动数据集（CMFD）被用来驱动 CLM5.0 模型。陆面模式采用 CLM 自带的地表数据集，分辨率为 0.05°×0.05°，包括植被功能类型比例，城市比例和湖泊比例等（Oleson et al.，2010）。

利用黑河综合观测网络一个超级站和两个普通气象站地表温度的实测数据，对融合地表温度的精度进行评价。黑河综合观测网络出黑河流域联合遥测实验研究项目建立和维护。其中，大满（DM）站、张掖（ZY）站和黑河遥感（HHRS）站可获取 10 min 一次的地表上行和大气下行长波辐射（http://data.tpdc.ac.cn/zh-hans/）。另外，本节对 3 个站点的地表异质性进行检验。分别计算了 3 个站点在融合基准时相和预测时相当天，MODIS地表温度像元内 Landsat 地表温度的标准差。结果显示大满站、张掖站和黑河遥感站的标准差分别为 0.94 K、1.42 K 和 2.09 K，表明 3 个站点具备良好的空间代表性，可以用来评估融合结果的精度。站点观测地表温度采用斯特藩-玻尔兹曼定律进行求解（Wang et al.，2009）。

## 12.3.4 实验结果与分析

在输入数据预处理（时间和传感器归一化）的前提下，研究设计两个融合方案：融合 Landsat、MODIS 和 CLM（称为 L-M-C 融合）；融合 Landsat 和 CLM（称为 L-C 融合）。另外，为了研究提出的融合方法在城市下垫面和自然下垫面的适用性，在武汉市主城区（EXP1）和黑河流域中游（EXP2）分别开展实验。针对实验一（EXP1），融合结果仅与 Landsat 地表温度进行比较，是因为武汉市主城区没有可获取的站点观测数据。针对实验二（EXP2），将融合的地表温度与真实的 Landsat 地表温度及站点观测地表温度进行联合评估。选取 4 个常用的统计指标对融合结果进行定量评估，分别是皮尔逊相关系数（$R$）、平均绝对误差（MAE）、均方根误差（RMSE）和总体偏差（Bias）。

**1. 城市区域实验结果**

为了研究提出的一体化时空融合框架在高异质地表的适用性，实验一（EXP1）旨在生成武汉市主城区半小时、"Landsat-like"的地表温度。图 12.15 展示了 EXP1 融合输入数据、融合结果和验证数据。图 12.15（a）～（c）和（e）是 L-M-C 融合的基准数据，将 2013 年 8 月 8 日每半小时一个（共 48 个）CLM LST 数据作为 $t_p$ 时刻的输入数据，从而获取半小时的融合结果。受空间限制，只展示 2013 年 8 月 8 日 02:52 UTC（时间归一化后）的 CLM LST［图 12.15（f）］。值得注意的是，本章提出的一体化融合框架在简化后也适用于两种数据的融合，以获取"Landsat-like"的地表温度。图 12.15（d）是 L-C 融合在基准时刻 $t_1$ 的粗分辨率参考数据。图 12.15（g）和（h）分别展示了 L-C 和 L-M-C 的融合结果。研究选取 2013 年 8 月 8 日 02:52 UTC 真实 Landsat 地表温度［图 12.15（i）］作为验证数据。

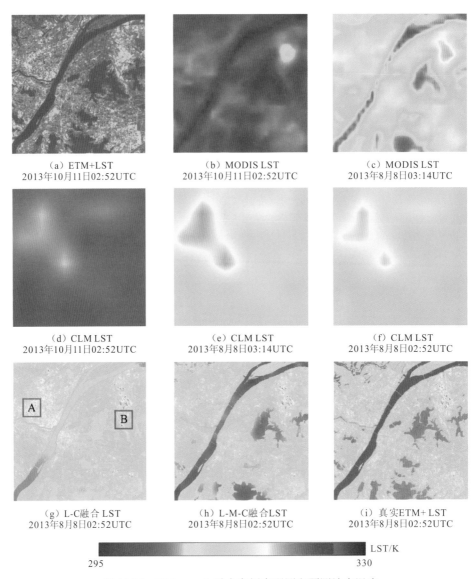

(a) ETM+LST
2013年10月11日02:52UTC

(b) MODIS LST
2013年10月11日02:52UTC

(c) MODIS LST
2013年8月8日03:14UTC

(d) CLM LST
2013年10月11日02:52UTC

(e) CLM LST
2013年8月8日03:14UTC

(f) CLM LST
2013年8月8日02:52UTC

(g) L-C融合 LST
2013年8月8日02:52UTC

(h) L-M-C融合LST
2013年8月8日02:52UTC

(i) 真实ETM+ LST
2013年8月8日02:52UTC

LST/K
295    330

图 12.15　Wuhan_sub 融合案例中观测和预测地表温度

　　总体来说，两种融合方案得到的结果较好地再现了真实 Landsat 地表温度的空间模态，但是在地表温度幅值上表现出较大的差异。为了更清晰地展现融合结果，图 12.16 展示了两种方案融合结果及真实结果的细节放大图（图 12.15 区域 A 和区域 B）。由图 12.16 可见，L-C 融合的地表温度存在明显的高估现象，尤其是在水体和不透水面地区。受益于中间数据 MODIS 地表温度的加入，L-M-C 融合地表温度无论在空间细节上还是在幅值上与真实地表温度都非常接近，极大地弥补了 L-C 融合结果高估的不足。

　　图 12.17 展示了 2013 年 8 月 8 日真实 Landsat 地表温度和两种方案融合地表温度的定量比较结果。L-M-C 融合结果和真实数据表现出高度的一致性，具体体现在 $R=0.944$、$RMSE=1.255\ K$、$MAE=0.977\ K$［图 12.17（b）］。从各项指标来看，L-M-C 融合的精度都要好于 L-C 融合。这个现象的出现是因为一体化融合中 MODIS 地表温度的加入，极大地缓解了 Landsat 地表温度和 CLM 地表温度之间巨大的尺度差异。

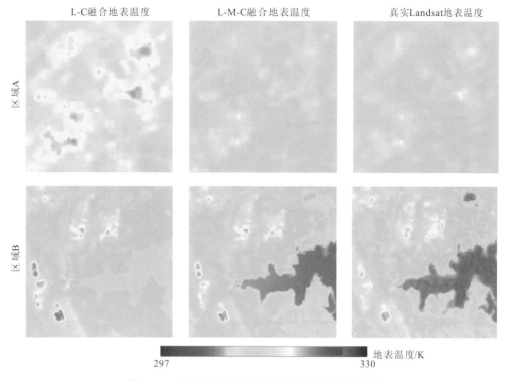

图 12.16　融合地表温度与真实地表温度细节比较

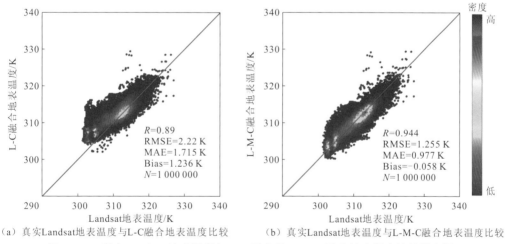

（a）真实Landsat地表温度与L-C融合地表温度比较　　（b）真实Landsat地表温度与L-M-C融合地表温度比较

图 12.17　真实 Landsat 地表温度与 L-C 融合及 L-M-C 融合地表温度比较散点图

　　为了验证提出方法在地表温度日内循环重构的能力，图 12.18 展示了 2013 年 8 月 8 日 L-M-C 融合得到的 48 个日内地表温度序列。得益于背景场数据（CLM LST）的时空连续性，融合结果也延续了这一特性。融合结果包含了真实地表温度绝大部分的空间细节信息，如河流和湖泊的低温特征和城市的高温特征。本节提出方法很好地捕捉到地表温度显著的日内变化，武汉市主城区一天内地表温度峰值出现在 UTC 06:00（本地时间 13:42），这与 Gao 等（2019）的研究结果是一致的。总体来说，本节提出的一体化融合框架能够较好地重现高异质地表温度的幅值、时间演变及空间细节信息。

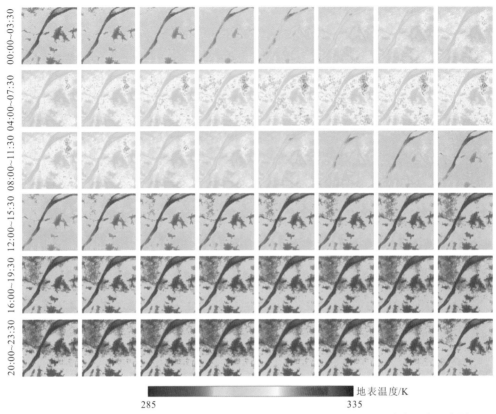

图 12.18　2013 年 8 月 8 日 Wuhan_sub 区域 L-M-C 融合 "Landsat like" 地表温度日内循环

### 2. 自然区域实验结果

在实验二（EXP2）中，提出的框架被用于低异质性自然地表下的融合。图 12.19 展示了 Heihe_sub 区域的观测数据和融合结果。同理，图 12.19（a）～（c）和（e）作为 L-M-C 融合的输入基准数据，图 12.19（a）和（d）作为 L-C 融合的基准数据，图 12.19（f）作为两种融合方案在 $t_p$ 时刻输入的粗分辨率模式模拟数据。L-C 和 L-M-C 融合结果分别如图 12.19（g）和（h）所示。同样，以类似的方式获取 2016 年 3 月 15 日的 48 个 "Landsat like" 的地表温度预测，时间步长为 30 min。选择图 12.19（i）进行验证。

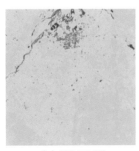

（a）ETM+LST
2016年2月28日 03:58 UTC

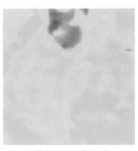

（b）MODIS LST
2016年2月28日 03:58 UTC

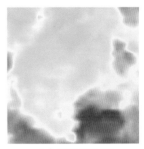

（c）MODIS LST
2016年3月15日 04:12 UTC

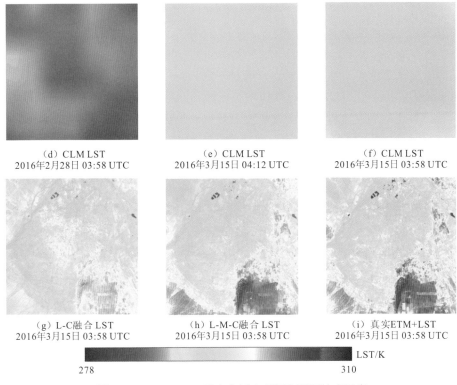

(d) CLM LST
2016年2月28日 03:58 UTC

(e) CLM LST
2016年3月15日 04:12 UTC

(f) CLM LST
2016年3月15日 03:58 UTC

(g) L-C融合 LST
2016年3月15日 03:58 UTC

(h) L-M-C融合 LST
2016年3月15日 03:58 UTC

(i) 真实ETM+LST
2016年3月15日 03:58 UTC

LST/K
278      310

图 12.19　Heihe_sub 融合案例中观测和预测地表温度

与武汉市城区域融合案例类似，在 Heihe_sub 区域中，L-M-C 融合结果在地表温度幅值还有空间细节上与真实地表温度相当，而 L-C 融合结果则表现出整体的高估现象，尤其在裸地区域[图 12.19（g）~（i）]。图 12.20 为两种融合方案的预测结果与真实地表温度比较的误差直方图。总体来说，L-M-C 融合精度（误差平均值=-0.133 K，误差标准差=0.964 K）比 L-C 融合精度（误差平均值=-0.414 K，误差标准差=1.845 K）要高。在一体化融合框架中，MODIS LST 的融入不仅可以协助 Landsat LST，提供 CLM LST 无法捕捉到的空间细节，还可以在一定程度上提供时间变化信息、约束融合过程，最终提高融合精度。

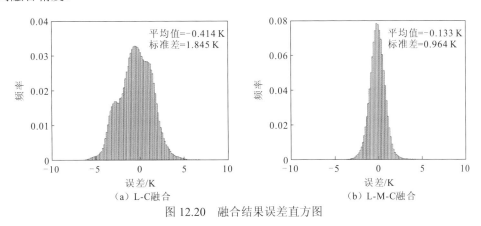

（a）L-C融合

（b）L-M-C融合

图 12.20　融合结果误差直方图

为了验证一体化时空融合框架重建地表温度日内循环的能力，本小节选取三个不同地表覆盖的站点反演地表温度作为验证。图 12.21 展示了 2016 年 3 月 15 日 CLM 地表温度、L-C 融合地表温度、L-M-C 融合地表温度和站点地表温度日内循环。可以看出，三个站点的所有预测结果与站点观测数据基本一致（$R>0.98$），证明了以数值模拟地表温度作为背景场进行地表温度日内循环模拟的可行性。此外，L-M-C 融合地表温度比 CLM 模拟和 L-C 融合地表温度更接近于站点观测数据，尤其在张掖站。L-M-C 融合的预测误差（MAE 介于 0.82~2.604 K）低于 CLM 模拟（MAE 介于 2.802~3.776 K）和 L-C 融合（MAE 介于 2.576~3.204 K），再次反映了中分辨率 MODIS LST 在数据融合中发挥"尺度转换"作用的重要性。上述结果表明，基于所提出的一体化时空融合框架获取高空间分辨率的日内地表温度循环是可靠的。

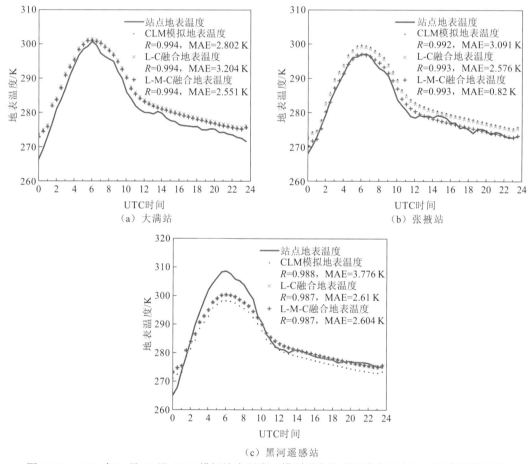

图 12.21　2016 年 3 月 15 日 CLM 模拟地表温度、模型融合地表温度和站点地表温度比较结果

为了进一步探究提出方法在地表温度长时间序列预测上的迁移性，实验分析了三个气象站在 2016 年 2 月 1 日至 2016 年 4 月 30 日预测地表温度和站点地表温度的时间变化。长时序地表温度生产的步骤：①在高质量（无云且观测角度在 30°以内）MODIS LST 可获取的日期（共计 13 天），以当天 MODIS LST 作为 L-M-C 融合 $t_2$ 时刻的基准数据融合得到该日期的日内地表温度循环；②在其他日期，使用邻近日期的 MODIS LST 来生成

日地表温度。综上，生成3个月连续的日内地表温度估计。选取一个具有代表性的月份（3月），以便更清晰地呈现时序预测结果（图 12.22）。

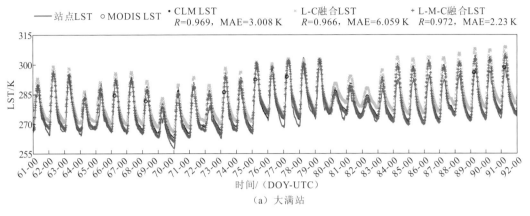
（a）大满站

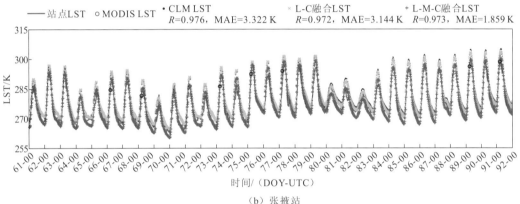
（b）张掖站

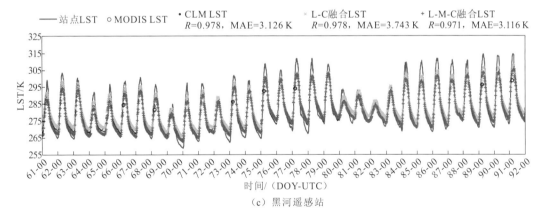
（c）黑河遥感站

图 12.22　2016 年 3 月 CLM 模拟地表温度及融合地表温度时间序列
DOY 为年积日（day of year）

由图 12.22 可见，L-M-C 融合得到地表温度和站点地表温度非常相近（$R$ 介于 0.97～0.98、MAE 介于 1.85～3.12 K），并且较好地重建了地表温度的昼夜变化趋势。总体来说，在 MODIS LST 参与融合的日期上可以观察到更好的一致性，进一步表明了 MODIS LST 在融合过程中的重要作用。然而，L-M-C 融合得到的地表温度在某些时刻与站点地表温度并不匹配，尤其在大满站和黑河遥感站的温度谷值（例如 DOY 69、72 和 76～77 UTC

18:00 附近），融合结果存在明显的高估现象[图 12.22（a）和（c）]。由于 CLM 参数化方案不够完善，CLM 模拟在夜间容易高估地表温度，这一高估会传递到后续的融合过程中。Wang 等（2014）和 Trigo 等（2015）的研究也表明基于陆面过程模式模拟的夜间地表温度在全球大部分陆地地区存在明显的高估现象（Trigo et al.，2015；Wang et al.，2014）。在 3 个站点中，L-M-C 融合对黑河遥感站地表温度峰值的低估程度最为显著，MAE=3.116 K[图 12.22（c）]。低估的主要原因是该站点具有相对较大的地表异质性，导致站点反演地表温度和遥感观测地表温度之间存在较大的尺度差异，这个现象在其他研究中得到了体现（王爱辉 等，2021）。与 L-M-C 融合相比，CLM 模拟和 L-C 融合在捕捉日地表温度峰值能力上有所不足并显示严重的高估，尤其在大满站和张掖站。值得注意的是，L-C 融合在大满站和黑河遥感站的表现不如 CLM 模拟，这个现象是由 L-C 融合中 Landsat LST 和 CLM LST 之间的巨大尺度差异带来的不稳定性所导致的。

单独分析晴空和非晴空条件下的融合结果，有助于更好地理解本节提出的方法在全天候条件下的适用性。注意如果站点所在像素在 MODIS LST 的 QC 标记中被判定为有云，认为该像素全天都是有云的，尽管这会带来一些不确定性。表 12.1 列出了 2016 年2 月 1 日至 4 月 30 日在全天候、晴空、非晴空条件下的融合结果统计指标。总体来说，L-M-C 融合在全天候条件下表现出良好的性能，MAE 介于 2.18～3.34 K、RMSE 介于2.66～4.36 K、Bias 介于-0.97～1.02 K、R 介于 0.96～0.98，证明提出的方法在长时序地表温度重建上是可行的。除黑河遥感站以外，L-M-C 融合在精度上要高于 CLM 模拟和L-C 融合。相比 CLM 模拟，时空融合方法在黑河遥感站的精度有所下降（表 12.1）。这个现象可以解释为由于发射率估算的不确定性，基于卫星的地表温度反演在特定的地表覆盖（如裸地和人工地表）上存在较大的误差，这与以往的研究结果（Li et al.，2019；Meng et al.，2016）一致。尽管精度略有下降，L-M-C 融合极大程度上提高了 CLM 地表温度的空间分辨率。另外，融合结果在 3 个站点晴空和非晴空条件下精度相似。以上结果表明，L-M-C 融合能够较好地反映晴空和非晴空（即全天候）条件下的地表温度。

**表 12.1　CLM 模拟地表温度、L-C 融合地表温度和 L-M-C 融合地表温度与站点地表温度比较结果**

| 站点 | 气象条件 | R | | | RMSE/K | | | MAE/K | | | Bias/K | | | N |
|---|---|---|---|---|---|---|---|---|---|---|---|---|---|---|
| | | CLM 模拟 | L-C 融合 | L-M-C 融合 | CLM 模拟 | L-C 融合 | L-M-C 融合 | CLM 模拟 | L-C 融合 | L-M-C 融合 | CLM 模拟 | L-C 融合 | L-M-C 融合 | |
| 大满站 | 全天候 | 0.974 | 0.972 | **0.977** | 3.426 | 5.942 | **2.936** | 2.737 | 5.298 | **2.307** | 1.789 | 5.098 | **1.019** | 4 272 |
| | 晴空 | 0.978 | 0.977 | 0.980 | 3.164 | 5.643 | 2.795 | 2.535 | 5.047 | 2.209 | 1.509 | 4.841 | 0.724 | 2 400 |
| | 非晴空 | 0.966 | 0.964 | 0.971 | 3.734 | 6.305 | 3.107 | 2.995 | 5.620 | 2.432 | 2.150 | 5.429 | 1.397 | 1 872 |
| 张掖站 | 全天候 | 0.967 | 0.972 | **0.972** | 4.126 | 3.478 | **2.664** | 3.402 | 2.811 | **2.180** | 2.355 | 1.976 | **0.221** | 4 272 |
| | 晴空 | 0.970 | 0.976 | 0.975 | 4.040 | 3.356 | 2.705 | 3.317 | 2.718 | 2.218 | 2.431 | 2.009 | 0.235 | 2 640 |
| | 非晴空 | 0.962 | 0.964 | 0.965 | 4.262 | 3.666 | 2.597 | 3.539 | 2.961 | 2.119 | 2.230 | 1.923 | 0.197 | 1 632 |
| 黑河遥感站 | 全天候 | **0.965** | 0.965 | 0.961 | **4.230** | 4.465 | 4.362 | **3.308** | 3.823 | 3.337 | **-0.680** | 1.572 | -0.970 | 4 272 |
| | 晴空 | 0.974 | 0.973 | 0.969 | 4.336 | 4.396 | 4.455 | 3.422 | 3.792 | 3.432 | -1.013 | 1.243 | -1.256 | 2 352 |
| | 非晴空 | 0.952 | 0.952 | 0.948 | 4.096 | 4.548 | 4.245 | 3.167 | 3.860 | 3.222 | -0.272 | 1.976 | -0.619 | 1 920 |

# 12.4　本章小结

本章针对遥感和模式模拟的互补优势，从两个角度研究了对地观测数据与动力学模式的耦合方法，分别是模式-遥感数据同化和遥感-模式数据融合。针对模式-遥感数据同化，以青藏高原为研究区详细介绍了土壤水分陆面数据同化实例，通过同化 AMSR-E 亮温数据和 MODIS 地表温度产品实现了土壤水分估计精度的提升；针对遥感-模式数据融合，以武汉市主城区及黑河流域中游为研究区，介绍了地表温度数据的一体化融合实例，通过融合 CLM 模拟地表温度、Landsat 地表温度和 MODIS 地表温度实现了地表温度时空连续性和时空分辨率的提升。以上证明，无论是以模式为主的模式-遥感数据同化，还是以遥感为主的遥感-模式数据融合，都能够发挥二者的互补优势，获取具有更高时空连续性、时空分辨率的高精度地表参量数据。

# 参 考 文 献

宫鹏, 2009. 遥感科学与技术中的一些前沿问题. 遥感学报(1): 13-23.

黄春林, 李新, 2011. 陆面数据同化系统的研究综述. 遥感技术与应用, 19(5): 424-430.

李新, 摆玉龙, 2010. 顺序数据同化的 Bayes 滤波框架. 地球科学进展, 25(5): 515.

李新, 黄春林, 2004. 数据同化: 一种集成多源地理空间数据的新思路. 科技导报, 22(412): 13-16.

李新, 黄春林, 车涛, 等, 2007. 中国陆面数据同化系统研究的进展与前瞻. 自然科学进展(2): 163-173.

刘成思, 薛纪善, 2005. 关于集合 Kalman 滤波的理论和方法的发展. 热带气象学报, 21(6): 628-633.

刘建国, 2013. 陆面水文过程集合模拟及其不确定性研究. 北京: 中国科学院大学.

王爱辉, 杨英宝, 潘鑫, 等, 2021. 地表温度日变化模型偏差系数解算的地表温度降尺度. 遥感学报, 25(8): 14.

王跃山, 1999. 数据同化: 它的缘起、含义和主要方法. 海洋预报, 16(1): 11-20.

张良培, 沈焕锋, 2016. 遥感数据融合的进展与前瞻. 遥感学报, 20(5): 1050-1061.

赵书河, 2008. 多源遥感影像融合技术与应用. 南京: 南京大学出版社.

赵英时, 2013. 遥感应用分析原理与方法. 北京: 科学出版社.

BURGERS G, VAN LEEUWEN P J, EVENSEN G, 1998. Analysis scheme in the ensemble Kalman filter. Monthly Weather Review, 126(6): 1719-1724.

CHEN J, SHEN H, LI X, et al., 2022. Ground-level ozone estimation based on geo-intelligent machine learning by fusing in-situ observations, remote sensing data, and model simulation data. International Journal of Applied Earth Observation and Geoinformation, 112: 102955.

CLAPP R B, HORNBERGER G M, 1978. Empirical equations for some soil hydraulic properties. Water Resources Research, 14(4): 601-604.

CLAYTON A M, LORENC A C, BARKER D M, 2013. Operational implementation of a hybrid ensemble/4D-Var global data assimilation system at the Met Office. Quarterly Journal of the Royal Meteorological Society, 139(675): 1445-1461.

DAI Y, ZENG X, DICKINSON R E, et al., 2003. The common land model. Bulletin of the American

Meteorological Society, 84(8): 1013-1024.

DOBSON M C, ULABY F T, HALLIKAINEN M T, et al., 1985. Microwave dielectric behavior of wet soil-Part II: Dielectric mixing models. IEEE Transactions on Geoscience and Remote Sensing(1): 35-46.

DUAN S B, LI Z L, WANG N, et al., 2012. Evaluation of six land-surface diurnal temperature cycle models using clear-sky in situ and satellite data. Remote Sensing of Environment, 124: 15-25.

DUAN S B, LI Z L, TANG B H, et al., 2014. Generation of a time-consistent land surface temperature product from MODIS data. Remote Sensing of Environment, 140: 339-349.

DUMITRESCU A, BRABEC M, CHEVAL S, 2020. Statistical gap-filling of SEVIRI land surface temperature. Remote Sensing, 12(9): 1423.

EVENSEN G, 1994. Sequential data assimilation with a nonlinear quasi-geostrophic model using Monte Carlo methods to forecast error statistics. Journal of Geophysical Research: Oceans, 99(C5): 10143-10162.

FU P, XIE Y, WENG Q, et al., 2019. A physical model-based method for retrieving urban land surface temperatures under cloudy conditions. Remote Sensing of Environment, 230: 111191.

GAN W, SHEN H, ZHANG L, et al., 2014. Normalization of medium-resolution NDVI by the use of coarser reference data: Method and evaluation. International Journal of Remote Sensing, 35(21): 7400-7429.

GAO F, MASEK J, SCHWALLER M, et al., 2006. On the blending of the Landsat and MODIS surface reflectance: Predicting daily Landsat surface reflectance. IEEE Transactions on Geoscience and Remote Sensing, 44(8): 2207-2218.

GAO M, CHEN F, SHEN H, et al., 2019. Efficacy of possible strategies to mitigate the urban heat island based on urbanized high-resolution land data assimilation system(u-HRLDAS). Journal of the Meteorological Society of Japan(6): 97.

GÖTTSCHE F M, OLESEN F S, 2009. Modelling the effect of optical thickness on diurnal cycles of land surface temperature. Remote Sensing of Environment, 113(11): 2306-2316.

HE J, YANG K, TANG W, et al., 2020. The first high-resolution meteorological forcing dataset for land process studies over China. Scientific Data, 7(1): 1-11.

HONG F, ZHAN W, GÖTTSCHE F M, et al., 2018. Comprehensive assessment of four-parameter diurnal land surface temperature cycle models under clear-sky. ISPRS Journal of Photogrammetry and Remote Sensing, 142: 190-204.

HUANG F, ZHAN W, DUAN S B, et al., 2014. A generic framework for modeling diurnal land surface temperatures with remotely sensed thermal observations under clear sky. Remote Sensing of Environment, 150: 140-151.

HUANG S, ZHANG X, CHEN N, et al., 2022. Generating high-accuracy and cloud-free surface soil moisture at 1 km resolution by point-surface data fusion over the southwestern US. Agricultural and Forest Meteorology, 321: 108985.

JACKSON T, SCHMUGGE T, 1991. Vegetation effects on the microwave emission of soils. Remote Sensing of Environment, 36(3): 203-212.

JIN M, DICKINSON R E, 1999. Interpolation of surface radiative temperature measured from polar orbiting satellites to a diurnal cycle: 1. Without clouds. Journal of Geophysical Research: Atmospheres, 104(D2): 2105-2116.

LAWRENCE D M, FISHER R A, KOVEN C D, et al., 2019. The community land model version 5: Description of new features, benchmarking, and impact of forcing uncertainty. Journal of Advances in Modeling Earth Systems, 11(12): 4245-4287.

LI B, LIANG S, LIU X, et al., 2021. Estimation of all-sky 1 km land surface temperature over the conterminous United States. Remote Sensing of Environment, 266: 112707.

LI C, LU H, YANG K, et al., 2018. The evaluation of SMAP enhanced soil moisture products using high-resolution model simulations and in-situ observations on the Tibetan Plateau. Remote Sensing, 10(4): 535.

LI H, YANG Y, LI R, et al., 2019. Comparison of the MuSyQ and MODIS Collection 6 land surface temperature products over barren surfaces in the Heihe River Basin, China. IEEE Transactions on Geoscience and Remote Sensing, 57(10): 8081-8094.

LI X, LONG D, 2020. An improvement in accuracy and spatiotemporal continuity of the MODIS precipitable water vapor product based on a data fusion approach. Remote Sensing of Environment, 248: 111966.

LISTON G E, ELDER K, 2006. A meteorological distribution system for high-resolution terrestrial modeling (MicroMet). Journal of Hydrometeorology, 7(2): 217-234.

LIU S, LI X, XU Z, et al., 2018. The Heihe integrated observatory network: A basin-scale land surface processes observatory in China. Vadose Zone Journal, 17(1): 1-21.

LONG D, BAI L, YAN L, et al., 2019. Generation of spatially complete and daily continuous surface soil moisture of high spatial resolution. Remote Sensing of Environment, 233: 111364.

LONG D, YAN L, BAI L, et al., 2020. Generation of MODIS-like land surface temperatures under all-weather conditions based on a data fusion approach. Remote Sensing of Environment, 246: 111863.

MA J, SHEN H, WU P, et al., 2022. Generating gapless land surface temperature with a high spatio-temporal resolution by fusing multi-source satellite-observed and model-simulated data. Remote Sensing of Environment, 278: 113083.

MARULLO S, SANTOLERI R, CIANI D, et al., 2014. Combining model and geostationary satellite data to reconstruct hourly SST field over the Mediterranean Sea. Remote sensing of environment, 146: 11-23.

MENG X, LI H, DU Y, et al., 2016. Retrieving land surface temperature from Landsat 8 TIRS data using RTTOV and ASTER GED// 2016 IEEE International Geoscience and Remote Sensing Symposium (IGARSS): 4302-4305.

OLESON K W, BONAN G B, FEDDEMA J, et al., 2010. Technical description of an urban parameterization for the Community Land Model (CLMU). NCAR: Boulder.

PISANO A, CIANI D, MARULLO S, et al., 2022. A new operational Mediterranean diurnal optimally interpolated sea surface temperature product within the Copernicus Marine Service. Earth System Science Data, 14(9): 4111-4128.

QUAN J, ZHAN W, MA T, et al., 2018. An integrated model for generating hourly Landsat-like land surface temperatures over heterogeneous landscapes. Remote Sensing of Environment, 206: 403-423.

SHEN H, LI X, CHENG Q, et al., 2015. Missing information reconstruction of remote sensing data: A technical review. IEEE Geoscience and Remote Sensing Magazine, 3(3): 61-85.

SHEN H, HUANG L, ZHANG L, et al., 2016. Long-term and fine-scale satellite monitoring of the urban heat island effect by the fusion of multi-temporal and multi-sensor remote sensed data: A 26-year case study of the city of Wuhan in China. Remote Sensing of Environment, 172: 109-125.

SHEN Y, SHEN H, CHENG Q, et al., 2020. Generating comparable and fine-scale time series of summer land surface temperature for thermal environment monitoring. IEEE Journal of Selected Topics in Applied Earth Observations and Remote Sensing, 14: 2136-2147.

SHIFF S, HELMAN D, LENSKY I M, 2021. Worldwide continuous gap-filled MODIS land surface temperature dataset. Scientific Data, 8(1): 1-10.

TALAGRAND O, 1997. Assimilation of observations, an introduction(gtSpecial issueItdata assimilation in meteology and oceanography: Theory and practice). Journal of the Meteorological Society of Japan, 75(1B): 191-209.

TAN J, CHE T, WANG J, et al., 2021. Reconstruction of the daily MODIS land surface temperature product using the two-step improved similar pixels method. Remote Sensing, 13(9): 1671.

TRIGO I, BOUSSETTA S, VITERBO P, et al., 2015. Comparison of model land skin temperature with remotely sensed estimates and assessment of surface-atmosphere coupling. Journal of Geophysical Research: Atmospheres, 120(23): 96-111.

WAN Z, 2014. New refinements and validation of the collection-6 MODIS land-surface temperature/ emissivity product. Remote Sensing of Environment, 140: 36-45.

WAN Z, DOZIER J, 1996. A generalized split-window algorithm for retrieving land-surface temperature from space. IEEE Transactions on Geoscience and Remote Sensing, 34(4): 892-905.

WANG A, BARLAGE M, ZENG X, et al., 2014. Comparison of land skin temperature from a land model, remote sensing, and in situ measurement. Journal of Geophysical Research: Atmospheres, 119(6): 3093-3106.

WANG J, CHOUDHURY B, 1981. Remote sensing of soil moisture content, over bare field at 1.4 GHz frequency. Journal of Geophysical Research: Oceans, 86(C6): 5277-5282.

WANG K, LIANG S, 2009. Evaluation of ASTER and MODIS land surface temperature and emissivity products using long-term surface longwave radiation observations at SURFRAD sites. Remote Sensing of Environment, 113(7): 1556-1565.

WU P, SHEN H, ZHANG L, et al., 2015. Integrated fusion of multi-scale polar-orbiting and geostationary satellite observations for the mapping of high spatial and temporal resolution land surface temperature. Remote Sensing of Environment, 156: 169-181.

WU P, YIN Z, ZENG C, et al., 2021. Spatially continuous and high-resolution land surface temperature product generation: A review of reconstruction and spatiotemporal fusion techniques. IEEE Geoscience and Remote Sensing Magazine, 9: 112-137.

XU S, CHENG J, 2021. A new land surface temperature fusion strategy based on cumulative distribution function matching and multiresolution Kalman filtering. Remote Sensing of Environment, 254: 112256.

YANG K, QIN J, ZHAO L, et al., 2013. A multiscale soil moisture and freeze-thaw monitoring network on the third pole. Bulletin of the American Meteorological Society, 94(12): 1907-1916.

YU P, ZHAO T, SHI J, et al., 2022. Global spatiotemporally continuous MODIS land surface temperature dataset. Scientific Data, 9(1): 1-15.

YU Y, TARPLEY D, PRIVETTE J L, et al., 2008. Developing algorithm for operational GOES-R land surface temperature product. IEEE Transactions on Geoscience and Remote Sensing, 47(3): 936-951.

ZENG C, SHEN H, ZHANG L, 2013. Recovering missing pixels for Landsat ETM+ SLC-off imagery using multi-temporal regression analysis and a regularization method. Remote Sensing of Environment, 131: 182-194.

ZHANG X, CHEN W, CHEN Z, et al., 2022. Construction of cloud-free MODIS-like land surface temperatures coupled with a regional weather research and forecasting(WRF) model. Atmospheric Environment, 283: 119190.

ZHANG X, ZHOU J, GÖTTSCHE F M, et al., 2019. A method based on temporal component decomposition for estimating 1-km all-weather land surface temperature by merging satellite thermal infrared and passive microwave observations. IEEE Transactions on Geoscience and Remote Sensing, 57(7): 4670-4691.

ZHANG X, ZHOU J, LIANG S, et al., 2020. Estimation of 1-km all-weather remotely sensed land surface temperature based on reconstructed spatial-seamless satellite passive microwave brightness temperature and thermal infrared data. ISPRS Journal of Photogrammetry and Remote Sensing, 167: 321-344.

ZHANG X, ZHOU J, LIANG S, et al., 2021. A practical reanalysis data and thermal infrared remote sensing data merging (RTM) method for reconstruction of a 1-km all-weather land surface temperature. Remote Sensing of Environment, 260: 112437.

ZHU L, ZHOU J, LIU S, et al., 2016. Comparison of diurnal temperature cycle model and polynomial regression technique in temporal normalization of airborne land surface temperature// 2016 IEEE International Geoscience and Remote Sensing Symposium (IGARSS): 4309-4312.

# 第 13 章　多源地学数据广义时-空-谱一体化融合方法

经典的时-空-谱一体化融合方法主要针对同质的光学遥感影像,针对异质异类的雷达遥感、特征参量数据等难以适用。基于此,本章提出广义时-空-谱一体化融合的概念,通过对"谱"内涵的延拓,提升时-空-谱融合框架的适用能力。通过两个研究实例进行深入探讨:一是建立多源光学与雷达异质遥感数据的一体化融合方法,通过光学与雷达传感器的优势互补,解决空-谱融合光谱畸变大、时-空融合地物变化预测难等问题;二是面向土壤水分产品的降尺度问题,将时空融合降尺度与多参量统计降尺度统一在广义时-空-谱一体化融合的框架内,通过对多源互补信息的充分挖掘提升降尺度精度。

## 13.1　概　　述

### 13.1.1　经典时-空-谱融合框架的局限

本书作者最早提出多源遥感时-空-谱一体化融合的概念,在国内外受到广泛关注,迄今为止学者已经发展出一系列的一体化融合方法。基于时-空-谱一体化融合的统一理论与技术框架,可以实现对多时相、多尺度、多谱段遥感数据的联合建模,有效缓解空间分辨率、时间分辨率、光谱分辨率之间的制约,提升对多源遥感数据的集成与应用能力。然而,经典的时-空-谱一体化融合框架仍然存在理论局限与应用瓶颈。

首先,经典处理框架主要对遥感数据在空间、时间和光谱维度的信息进行互补与融合,更加侧重于光学遥感数据,然而,遥感成像方式及其特征表现形式多样,仍然存在时、空、谱之外其他多种维度的信息难以融入现有框架之中。为了扩展现有框架,黄波等(2013)在时-空-谱的基础上考虑角度分辨率,提出了时-空-谱-角一体化融合方法,通过融合处理获得更高空间、时间、光谱、角度分辨率的遥感数据;也有学者进一步考虑雷达遥感中的极化特性,提出时-空-谱-角-极一体化融合的技术思路。然而,遥感信息的维度或特征还远不止于此,如偏振遥感中的偏振信息,再如经过遥感反演得到的各种参量特征信息,它们之间都存在互补信息,如何涵盖更加多维的特征则需要更为通用的融合框架。

其次,除了遥感数据,地学数据还有很多其他类别,如呈点状或线状分布的地基观测数据,以时空连续为特征的动力学模型模拟数据,以手机、浮动车、社交媒体等为代表的社会感知数据等。地基观测的以"点"代"面"、遥感数据的时空连续性制约、模型模拟数据的精度与尺度限制、社会感知数据的非定量表达等问题,使它们都难以单独实现对地球表层的高精度精细表达,但它们之间存在天然的互补优势,因此跨类数据的融合显得尤为重要。然而，这些数据在维度、尺度、测度上存在巨大差异，使融合问题面临更大挑战！

## 13.1.2 "谱"的内涵延拓

为了提升时-空-谱一体化融合的适用能力，需要对其内涵进行扩展。由于"时间"与"空间"是绝对概念，是物质存在的基本属性，只有从"谱"的角度才可能进行延拓。传统时-空-谱融合中的"谱"指的是"光谱"，对"谱"的内涵进行延拓是提升其理论完备性与应用泛化性的必要途径。

我国卓越的地理学家陈述彭院士原创性地提出了"地学信息图谱"的概念，是在继承我国传统研究成果的基础上，运用卫星遥感、全球定位系统、地理信息系统和信息网络等先进技术及现代科学理论发展起来的一种地理时空分析方法论（陈述彭 等，2000；陈述彭，1998）。地学信息图谱理论博大精深，本书仅借鉴在该理论框架下对"谱"的一些定义。廖克（2002）认为"谱"是众多同类事物或现象的系统排列，是按事物特性所建立的系统或按时间序列所建立的体系，又称"谱系"，例如光谱、色谱、电磁波谱、化学元素周期表及家族谱、脸谱、菜谱等；齐清文等（2001）认为地学图谱是按照一定指标递变规律或分类规律排列的一组能够反映地球科学空间信息规律的数字地图、图表、曲线或图像；张洪岩等（2020，2004）认为其反映的是在某一特定的区域内，观察和分析的地理对象在空间上的属性和特征及在时间上的变化过程，可以多变量或多尺度描述对象的发展方向与演化，展示其内在规律。

不同学者对"谱""图谱"的认识既有基本共性，也有一定的差异性。本书综合以上观点，将"谱"并列于"时"与"空"，定义为地理对象在特定时空位置与时空尺度上各种属性特征按照某种规律排列而成的一种集合，它既包括不同谱段、角度、极化、偏振模式下的原始观测数据，也包括经过遥感反演或模型模拟获取的物理、化学、生物等参量，还可涵盖基于社会感知等异构数据提取的特征变量。

## 13.1.3 时-空-谱融合的广义理解

经过对"谱"的概念与内涵的延拓，可以给出广义时-空-谱（一体化）融合技术的定义：对不同时间特征、空间特征和谱相特征（光谱、角度、极化、偏振等成像特征及反演、模拟、提取的属性特征）的地学数据进行融合处理，充分挖掘地理对象在不同维度、尺度、测度获取信息的相关性与互补性，从而获取更为精确、全面信息与知识的融合技术。

广义时-空-谱融合内涵宽泛，多数融合技术都可以涵盖在此框架之内，从而也更加便于对不同融合技术及其相关关系的理解。例如，图 13.1 为空-谱融合与多参量空间统计降尺度方法对比，可以发现其基本过程非常近似。空-谱融合通过融合高分辨率全色数据与低分辨率多光谱数据，获得高分辨率的多光谱数据，对应的"谱"[PAN,MS$_1$,MS$_2$…]代表全色波段和多光谱波段的像元值；空间降尺度可以看作多参量数据融合，在此例之中，通过融合低分辨率土壤水分参量和高分辨率的归一化植被指数（NDVI）、地表温度（LST）等参量，获得高分辨率的土壤水分数据，此时[水分,NDVI,LST…]构成了一个广义"谱",因此空间统计降尺度方法实际上就是一种广义的空-谱融合。

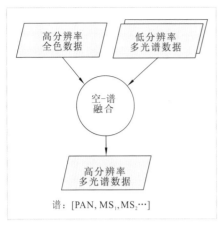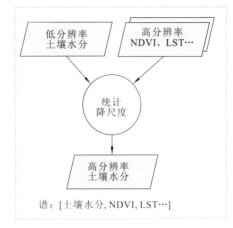

（a）空-谱融合　　　　　　　　　（b）多参量空间统计降尺度

图 13.1　空-谱融合与多参量空间统计降尺度对比

## 13.2　多源异质遥感影像的时-空-谱一体化融合方法

经典的时-空-谱一体化融合主要针对同质光学遥感影像，难以充分利用多源异质影像间更为互补的信息。另外，时-空融合方法在地物类型发生变化时预测偏差非常大，成为其主要的应用瓶颈；异质影像空-谱融合中的光谱畸变尽管可以得到抑制，但不可能实现完全消除。基于此，本节拟充分结合光学和雷达遥感数据的成像互补优势，将合成孔径雷达（SAR）影像视为对应光学影像的异质谱特征，构建一种基于深度循环生成对抗网络的异质时-空-谱一体化融合框架，解决以上时-空融合、空-谱融合中的瓶颈问题。通过 MODIS、Sentinel-1 和 Sentinel-2 影像上的定性和定量实验，该方法不仅可以有效集成多源异质影像间时间、空间、光谱互补信息，获得最高时、空、谱分辨率的融合结果，缓解土地覆盖时空突变的预测难题；还可以实现异质空-谱融合、时-空融合的协同处理，满足多种融合需求。

### 13.2.1　异质时-空-谱一体化融合框架

为了表示方便，$X \in \mathbf{R}^{M \times N \times B}$ 表示理想的目标时相 $t_2$ 的高分辨率多光谱影像，其中 $M$、$N$ 和 $B$ 分别表示影像的宽、高和波段数，$Y \in \mathbf{R}^{m \times n \times B}$ 表示 $t_2$ 时相低分辨率多光谱观测影像，$S=M/m=N/n$ 为 $Y$ 和 $X$ 之间的空间分辨率比率。$X_t \in \mathbf{R}^{M \times N \times B}$ 表示参考时相 $t_1$ 的高分辨率多光谱观测影像，$Z \in \mathbf{R}^{M \times N \times b}$ 表示目标时相 $t_2$ 的高分辨率 SAR 观测影像，其中 $b$ 为 SAR 影像的极化波段数，$b<B$。各观测影像与理想融合影像之间的关系可表示为

$$\begin{cases} Y = f_{\text{spatial}}(X) = \boldsymbol{A}X + \boldsymbol{N} \\ X_t = f_{\text{temporal}}(X) \\ Z = f_{\text{heterogeneous}}(X) \end{cases} \quad (13.1)$$

式中：$f_{\text{spatial}}(\cdot)$ 为 $X$ 到 $Y$ 的空间降采样关系，可由模糊降采样矩阵 $\boldsymbol{A}$ 和噪声矩阵 $\boldsymbol{N}$ 表示（Meng et al.，2019；Shen et al.，2019；Zhang et al.，2012）；$f_{\text{temporal}}(\cdot)$ 为 $X$ 到 $X_t$ 之间的时相关系，通常假设为线性关系（Meng et al.，2019；Zhang et al.，2012）；$f_{\text{heterogeneous}}(\cdot)$ 表示 $X$ 到 $Z$ 之间的异质谱关系，暂时难以显式表达（Jiang et al.，2022）。

　　本章充分考虑上述理想融合影像与各观测影像间的降质关系模型，在第 7 章已有光学和 SAR 异质融合的基础上，进一步发展基于深度循环生成对抗网络的异质时–空–谱一体化融合框架，图 13.2 为异质时–空–谱一体化融合框架图。如图 13.2（a）所示，在训练中，网络包括前向融合部分和后向退化反馈部分。前向融合部分由一个前向生成器网络和一个前向判别器网络组成。在异质空–谱融合任务中，前向生成器的输入为 $t_2$ 低分辨率多光谱影像和 $t_2$ 高分辨率 SAR 影像，即 $(Y, Z)$；在时–空融合任务中，前向生成器的输入为 $t_2$ 低分辨率多光谱影像和 $t_1$ 高分辨率多光谱影像即 $(Y, X_t)$；在异质时–空–谱一体化融合任务中，前向生成器的输入为 $t_2$ 低分辨率多光谱影像、$t_2$ 高分辨率 SAR 影像和 $t_1$ 高分辨率多光谱影像 $(Y, Z, X_t)$。三种融合任务采用不同的输入设置分别训练网络模型。以异质时–空–谱一体化融合为例，下面详细介绍所提出网络。如图 13.2（a）所示，前向生成器的输出为融合结果，即 $t_2$ 高分辨率多光谱影像，可具体表示为

$$X_{\text{F}} = G_{\text{F}}\big((Y, Z, X_t); \Theta_{\text{F}}\big) \quad (13.2)$$

式中：$G_{\text{F}}(\cdot)$ 和 $\Theta_{\text{F}}$ 分别为前向生成器的网络函数和对应的可学习参数；$X_{\text{F}}$ 为前向生成器网络的输出；值得一提的是，为了统一网络输入数据的空间尺度，输入的待融合观测数

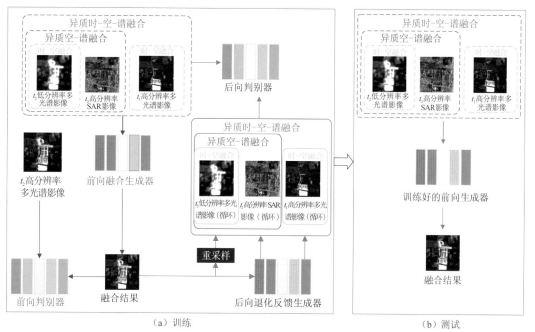

（a）训练　　　　　　　　　　　　　　　　（b）测试

图 13.2　异质时–空–谱一体化融合框架图

据均上采样至相同空间大小。前向判别器用于鉴别前向生成器输出的融合结果与标签数据，即 $X_F$ 和 $X$。

后向退化反馈部分充分考虑遥感成像的退化过程，从融合结果 $X_F$ 中反向生成各观测影像。如图 13.2（a）所示，后向退化反馈部分包括"重采样"分支、后向生成器、后向判别器。其中，"重采样"分支根据式（13.1）中的空间降质关系函数从融合结果中反向生成 $t_2$ 低分辨率多光谱影像，可具体表示为

$$Y^* = \text{resize}(X_F) \tag{13.3}$$

式中：$\text{resize}(\cdot)$ 为模糊和重采样函数；$Y^*$ 为反向生成的 $t_2$ 低分辨率多光谱影像。

式（13.1）中的 $f_{\text{temporal}}(\cdot)$ 和 $f_{\text{heterogeneous}}(\cdot)$ 通过后向生成器隐式实现，具体可表示为

$$Z^*, X_t^* = G_B(X_F; \Theta_B) \tag{13.4}$$

式中：$G_B(\cdot)$ 和 $\Theta_B$ 分别为后向生成器网络函数和对应的可学习参数；$Z^*$ 和 $X_t^*$ 为反向生成的 $t_2$ 高分辨率 SAR 影像和 $t_1$ 高分辨率多光谱影像。如此，前向生成器的输入和后向"重采样"分支、后向生成器的输出之间构成循环。后向判别器网络用于鉴别 $(Y, Z, X_t)$ 和 $(Y^*, Z^*, X_t^*)$。

在网络测试中，如图 13.2（b）所示，根据融合任务类型，将观测影像输入对应的训练好的前向生成器网络，输出即为融合影像。

## 13.2.2　损失函数

实验使用的网络结构与第 7 章中相同，此处不再详细介绍。网络中前向融合生成器 $G_F(\cdot)$ 和后向退化反馈生成器 $G_B(\cdot)$ 共用一个损失函数进行训练，可表示为

$$L_G = L_{\text{adv}} + L_{\text{con}} \tag{13.5}$$

式中：$L_G$ 为两个生成器网络的总体损失函数，由 $L_{\text{adv}}$ 和 $L_{\text{con}}$ 两项组成，其中 $L_{\text{adv}}$ 为生成器网络与判别器网络之间的对抗损失；$L_{\text{con}}$ 为约束生成影像内容的常规损失（Ma et al., 2020），可具体表示为

$$\begin{cases} L_{\text{adv}} = \dfrac{1}{N}\sum_{n=1}^{N}\left\|D_F(X_F)-1\right\|_F^2 + \dfrac{1}{N}\sum_{n=1}^{N}\left\|D_B(Y^*,Z^*,X_t^*)-1\right\|_F^2 \\ L_{\text{con}} = \lambda_1 \dfrac{1}{N}\sum_{n=1}^{N}\left\|X_F - X\right\|_1 + \lambda_2 \dfrac{1}{N}\sum_{n=1}^{N}\left\|(Y^*,Z^*,X_t^*)-(Y,Z,X_t)\right\|_1 \end{cases} \tag{13.6}$$

$L_{\text{adv}}$ 计算公式中：第一项为前向生成器 $G_F$ 与前向判别器 $D_F$ 之间的对抗损失，第二项为后向生成器 $G_B$ 与后向判别器 $D_B$ 之间的对抗损失，即在生成器网络训练时，认为 $G_F$ 和 $G_B$ 生成的影像为真，赋予标签 1，这与判别器网络训练[式（13.7）和式（13.8）]时相反，表征生成器网络与判别器网络之间的对抗博弈过程。$L_{\text{con}}$ 计算公式中：第一项为计算前向生成器的输出与理想融合影像的损失项，第二项为计算前向输入的观测影像与后向输出的反向生成观测影像之间的循环一致损失项（Pan et al., 2020）；$\lambda_1$ 和 $\lambda_2$ 为可调节权重参数；$N$ 为网络训练时一个批量中数据块的个数。在 $L_{\text{adv}}$ 计算公式中经验性地使用 MSE 损失函数，在 $L_{\text{con}}$ 计算公式中经验性使用 MAE 损失函数。

两个判别器网络根据各自的损失函数依次训练。前向判别器鉴别前向生成器输出

的融合结果 $X_F$ 与理想融合结果 $X$，在其训练时，认为 $X$ 为真，赋予标签 1；而前向生成器输出的 $X_F$ 为假，赋予标签 0；这与生成器网络训练[式（13.6）]中相反，可具体表示为

$$L_{D_F} = \frac{1}{2N} \sum_{n=1}^{N} \left\| D_F(X) - 1 \right\|_F^2 + \frac{1}{2N} \sum_{n=1}^{N} \left\| D_F(X_F) - 0 \right\|_F^2 \qquad (13.7)$$

同样地，后向判别器鉴别前向融合部分输入的观测影像 $(Y, Z, X_t)$ 与后向退化反馈部分反向生成的观测影像 $(Y^*, Z^*, X_t^*)$，认为观测影像为真，赋予标签 1；而反向生成观测影像为假，赋予标签 0，可具体表示为

$$L_{D_B} = \frac{1}{2N} \sum_{n=1}^{N} \left\| D_B((Y, Z, X_t)) - 1 \right\|_F^2 + \frac{1}{2N} \sum_{n=1}^{N} \left\| D_B((Y^*, Z^*, X_t^*)) - 0 \right\|_F^2 \qquad (13.8)$$

当网络训练时，生成器和判别器的可学习参数根据各自的损失函数，进行依次、有序的更新。

## 13.2.3　实验结果与分析

为了验证所提出方法的效果，在 MODIS、Sentinel-2 多光谱仪（multispectral imager, MSI）和 Sentinel-1 C-SAR 传感器捕获的影像上进行实验。所使用数据的基本属性及预处理步骤与第 7 章相同。本章利用 $t_2$ 时刻 MODIS 多光谱影像（空间分辨率 500 m）、$t_2$ 时刻 Sentinel-1 双极化 SAR 影像（空间分辨率 10 m）和 $t_1$ 时刻 Sentinel-2 多光谱影像（空间分辨率 10 m），采用不同的融合策略，获得空间分辨率 10 m 的 $t_2$ 时刻多光谱影像。值得注意的是，由于各传感器的重访周期不同，不同传感器的 $t_2$ 时刻影像的实际捕获时间略有差异。表 13.1 列举了所使用的训练、测试数据集详情，其中的多光谱影像均包含红、绿、蓝三波段，Sentinel-1 双极化 SAR 影像包含 VH+VV 极化波段。在训练数据集和测试数据集中，$t_2$ MODIS 多光谱影像获取于 2017 年 10 月 29 日，$t_2$ Sentinel-1 双极化 SAR 影像获取于 2017 年 10 月 28 日，$t_1$ Sentinel-2 多光谱影像获取于 2016 年 9 月 29 日。获取于 2017 年 10 月 29 日的 $t_2$ Sentinel-2 多光谱影像用作网络训练中的标签数据和网络测试中的参考影像。

表 13.1　训练、测试数据集

| 传感器 | 时间 | 空间分辨率 /m | 训练集大小 | 测试集大小 | 训练集坐标 | 测试集坐标 |
|---|---|---|---|---|---|---|
| MODIS | 2017-10-29 ($t_2$) | 500 | 128×106×3<br>60×60×3<br>124×130×3 | 60×60×3 | （95.62°W, 30.23°N）<br><br>（95.43°W, 29.86°N）<br><br>（95.77°W, 29.41°N） | （95.78°W, 29.85°N） |
| Sentinel-1 | 2017-10-28 ($t_2$) | 10 | 6 400×5 300×2<br>3 000×3 000×2<br>6 200×6 500×2 | 3 000×3 000×2 | | |
| Sentinel-2 | 2016-09-29 ($t_1$) | 10 | 6 400×5 300×3<br>3 000×3 000×3<br>6 400×6 500×3 | 3 000×3 000×3 | | |
| Sentinel-2 | 2017-10-29 ($t_2$) | 10 | 6 400×5 300×3<br>3 000×3 000×3<br>6 400×6 500×3 | 3 000×3 000×3 | | |

图 13.3 展示了在测试数据集上的融合结果，影像的空间大小均为 3 000×3 000，其中多光谱影像以红-绿-蓝波段组合显示，SAR 影像以 VH-VV-VH 波段组合显示。图中，第一行为观测影像，分别是：$t_2$ MODIS 多光谱影像，上采样至 Sentinel 系列影像大小（记作 $t_2$ MODIS 上采样多光谱）；$t_2$ Sentinel-1 双极化 SAR 影像（记作 $t_2$ Sentinel-1 SAR）；$t_1$ Sentinel-2 多光谱影像（记作 $t_1$ Sentinel-2 多光谱）。第二行的图 13.3（d）（e）是融合 $t_2$ MODIS 多光谱影像和 $t_2$ Sentinel-1 SAR 影像的结果；其中，图 13.3（d）是 AIHS 方法（Rahmani et al.，2010）的融合结果，该方法源自光学影像空-谱融合，此处用作对比。图 13.3（e）是所提出的基于深度循环生成对抗网络的异质时-空-谱一体化融合框架（异质一体化融合框架）采用异质空-谱融合策略的融合结果，记作 Proposed-HSS。图 13.3（f）是 $t_2$ Sentinel-2 多光谱影像，作为参考影像。第三行的图 13.3（g）（h）为融合 $t_2$ MODIS 和 $t_1$ Sentinel-2 多光谱影像的结果。具体而言，图 13.3（g）中的 ESRCNN 方法（Shao et al.，2019），是一个时-空融合算法，此处用作对比。图 13.3（h）是所提出的异质一体化框架采用时-空融合策略的融合结果，记作 Proposed-ST。图 13.3（i）是所提出异质一体化融合

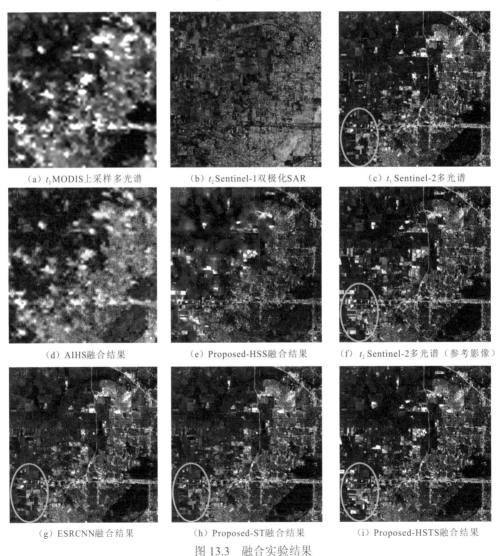

（a）$t_2$ MODIS 上采样多光谱 　（b）$t_2$ Sentinel-1 双极化 SAR 　（c）$t_1$ Sentinel-2 多光谱

（d）AIHS 融合结果 　（e）Proposed-HSS 融合结果 　（f）$t_2$ Sentinel-2 多光谱（参考影像）

（g）ESRCNN 融合结果 　（h）Proposed-ST 融合结果 　（i）Proposed-HSTS 融合结果

图 13.3　融合实验结果

框架采用异质时-空-谱一体化融合策略融合 $t_2$ MODIS 多光谱、$t_2$ Sentinel-1 SAR 影像和 $t_1$ Sentinel-2 多光谱影像的融合结果，记作 Proposed-HSTS。

图 13.3（c）、（f）对比显示，Sentinel-2 多光谱影像在 $t_1$ 至 $t_2$ 时刻间发生了大量土地覆盖变化，比如图 13.3（c）和（f）中绿色椭圆圈出区域。各融合结果中，图 13.3（d）的 AIHS 融合结果存在严重的全局空间和光谱失真，反映了传统空-谱融合方法在异质影像空-谱融合中的不适性。相较之下，Proposed-HSS 方法有效地增加了 $t_2$ MODIS 多光谱观测影像的空间信息，目视精度远高于 AIHS 融合结果；尽管如此，该方法融合结果也存在一些局部光谱失真，如图 13.3（e）的左上角紫色区域显示。两个基于时-空融合的算法（ESRCNN 和 Proposed-ST）比基于异质空-谱融合的两个方法融合结果目视表现得更好，然而它们均未成功预测出发生时空变化的土地覆盖，如图 13.3（g）和（h）中绿色椭圆所示；而图 13.3（i）中绿色椭圆显示 Proposed-HSTS 方法有效预测了发生变化的土地覆盖，其融合结果总体上与参考影像最接近。

为进一步分析这些方法的效果，图 13.4 展示了图 13.3（f）中红色矩形局部代表区域，大小为 200×200，其中，第一行、第二行展示的样区 1 在 $t_1$ 和 $t_2$ 之间仅发生了少量的土地覆盖变化，而第三行、第四行展示的样区 2 发生了大量的土地覆盖变化。如图所示，在样区 1，AIHS 方法在空间和光谱上的表现均很差，目视上虽然比 MODIS 影像略清晰，但无法有效识别其中的地物空间结构。Proposed-HSS 方法的性能虽优于 AIHS 方法，但其结果中存在空间结构的扭曲，如图 13.4（f）绿色矩形中白色地物所示。图 13.4（g）和（h）中 ESRCNN 和 Proposed-ST 这两种基于时-空融合的方法结果明显好于前两个基于异质空-谱融合的方法，这两种方法融合结果大体相同，但均未反映土地覆盖的变化，如图中的绿色椭圆所示。总体而言，Proposed-HSTS 方法结合了 Proposed-ST 方法在不变土地覆盖的性能优势[如图 13.4（i）中的绿色矩形所示]和 Proposed-HSS 方法对变化土地覆盖的反映能力，如图 13.4（i）中的绿色椭圆所示，融合结果与参考影像最为接近。

在样区 2，如图 13.4（j）和（m）所示，红色矩形中的白色建筑在 $t_1$ 时不可见，而在 $t_2$ 时可见。图 13.4（l）中的 SAR 影像包含清晰的白色建筑的结构信息，因此，如图 13.4（o）所示，融合了 SAR 影像信息的 Proposed-HSS 方法成功地重建了变化的土地覆盖。而在两种基于时-空融合的方法中，如图 13.4（p）所示，ESRCNN 方法未预测出任何土地覆盖变化；如图 13.4（q）所示，Proposed-ST 方法虽检测到一些变化的土地覆盖但未能有效重建。如图 13.4（r）所示，Proposed-HSTS 方法打破了时空融合方法的瓶颈，有效地预测了土地覆盖变化；尽管如此，其融合结果中变化地物却并不如图 13.4（o）中 Proposed-HSS 方法结果中清晰。究其原因，是 Proposed-HSS 方法仅通过 $t_2$ Sentinel-1 SAR 影像获得高分辨率的空间信息；而 Proposed-HSTS 方法通过融合 $t_1$ Sentinel-2 多光谱影像和 $t_2$ Sentinel-1 SAR 影像获得高分辨率的空间信息，$t_1$ Sentinel-2 多光谱影像缺少变化的土地覆盖的空间结构信息，削弱了 Proposed-HSTS 方法在该区域信息的重建力度。

图 13.5 显示了各融合结果与图 13.3 中参考影像的逐波段点密度图。图中，颜色柱表示点密度，黑线表示函数 $y=x$，红线表示融合结果与参考影像的逐波段拟合线。图中红线与黑线之间的夹角越小，表明拟合线的斜率越接近 1；点云越窄，拟合线两侧分布越均匀，$R^2$ 越接近 1，说明拟合结果越可靠。如图所示，在异质空-谱融合方法中，Proposed-HSS 方法明显优于 AIHS 方法；在时-空融合方法中，Proposed-ST 方法略好于

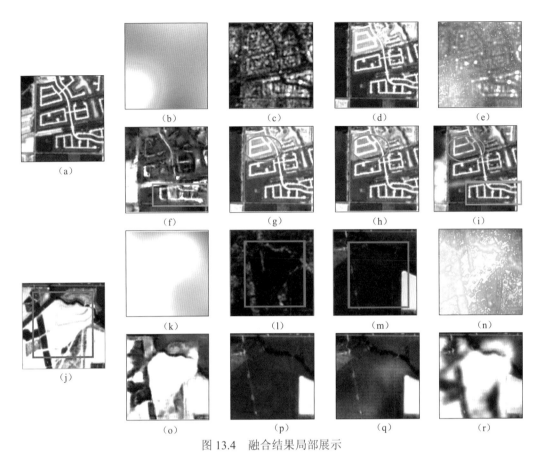

图 13.4  融合结果局部展示

第一行、第二行为样区 1，第三行、第四行为样区 2；（a）（j）$t_2$ Sentinel-2 多光谱（参考影像）；（b）（k）$t_2$ MODIS 上采样多光谱；（c）（l）$t_2$ Sentinel-1 双极化 SAR；（d）（m）$t_1$ Sentinel-2 多光谱；（e）（n）AIHS 融合结果；（f）（o）Proposed-HSS 融合结果；（g）（p）ESRCNN 融合结果；（h）（q）Proposed-ST 融合结果；（i）（r）Proposed-HSTS 融合结果

ESRCNN 方法。在所提出的三个方法中，Proposed-ST 方法比 Proposed-HSS 方法有更高的平均斜率、$R^2$ 和分布更窄的点云，体现出 Proposed-ST 方法总体性能优于 Proposed-HSS 方法。然而，Proposed-ST 方法点密度图在所有波段均存在不均匀分布，如图 13.5（j）中的红色椭圆所示，这极可能是由土地覆盖变化导致的。相比之下，Proposed-HSTS 方法的结果中点分布均匀，平均斜率最接近 1，平均 $R^2$ 约为 0.80，明显优于其他所有方法，验证了异质时−空−谱一体化融合策略的优越性。

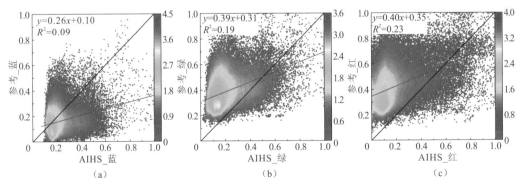

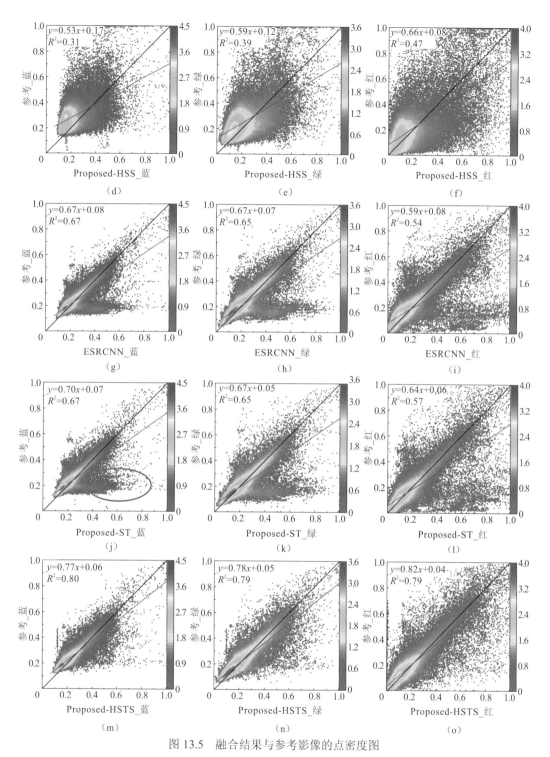

图 13.5 融合结果与参考影像的点密度图

（a）～（c）AIHS 融合结果在蓝-绿-红波段点密度图；（d）～（f）Proposed-HSS 融合结果在蓝-绿-红波段点密度图；
（g）～（i）ESRCNN 融合结果在蓝-绿-红波段点密度图；（j）～（l）Proposed-ST 融合结果在蓝-绿-红波段点密度图；
（m）～（o）Proposed-HSTS 融合结果在蓝-绿-红波段点密度图

　　表 13.2 为融合结果的定量评估，本节采用光谱角（SAM）（Yuhas et al.，1992）、
全局相对误差（ERGAS）（Wald，2002）、峰值信噪比（PSNR）、结构相似性（SSIM）

（Wang et al.，2004）和 $Q$ 值（Wang et al.，2002）5 个代表性的质量指标进行定量评价，每个质量指标中表现最好的加粗显示。与目视结果一致，Proposed-HSS 方法的所有指标精度均高于 AIHS 方法，Proposed-ST 方法的所有指标精度也略优于 ESRCNN 方法，验证了所提出循环生成对抗网络的优越性。而在所提出的三个方法中，Proposed-ST 方法的所有指标精度均明显优于 Proposed-HSS 方法，说明即使存在土地覆盖的时空变化，同质光学信息融合难度也低于异质信息融合；Proposed-HSTS 在所有质量指标中均表现得最好，再次充分验证了所提出的异质时-空-谱一体化融合策略的有效性。

表 13.2　定量评价结果

| 项目 | SAM | ERGAS | $Q$ | PSNR | $SSIM_B$ | $SSIM_G$ | $SSIM_R$ | $SSIM_{AVG}$ |
|---|---|---|---|---|---|---|---|---|
| 理想值 | 0 | 0 | 1 | $+\infty$ | 1 | 1 | 1 | 1 |
| AIHS | 29.398 0 | 1.496 1 | −0.055 6 | 12.912 3 | 0.256 0 | 0.182 1 | 0.104 6 | 0.180 9 |
| Proposed-HSS | 8.156 1 | 1.362 7 | 0.304 7 | 17.644 4 | 0.595 5 | 0.580 7 | 0.525 5 | 0.567 2 |
| ESRCNN | 6.037 0 | 0.957 5 | 0.670 3 | 21.285 2 | 0.841 0 | 0.816 3 | 0.730 7 | 0.796 0 |
| Proposed-ST | 5.916 6 | 0.936 2 | 0.671 7 | 21.441 3 | 0.844 0 | 0.825 3 | 0.747 8 | 0.805 7 |
| Proposed-HSTS | **5.488 6** | **0.715 8** | **0.707 5** | **23.477 5** | **0.877 0** | **0.859 7** | **0.800 8** | **0.845 8** |

注：空间大小为 3 000×3 000

# 13.3　面向参量降尺度的广义时-空-谱一体化融合方法

前述的时-空-谱融合一体化融合仍然主要针对的是遥感影像，本节以土壤水分降尺度为例，将其推广到更加广义的范畴，构建一种广义时-空-谱一体化融合框架，可以看作第 4 章时-空融合与第 9 章多参量数据融合（广义空-谱融合）的结合。

## 13.3.1　土壤水分观测及其降尺度

土壤水分作为陆地表层关键变量之一，是水分交换、地-气交互等诸多过程的重要影响因子，快速、准确地监测土壤水分对气候、水文、生态等系统的管理具有重大作用（姜红涛，2018；施建成 等，2012；Kim et al，2011）。传统基于站点的土壤水分产品覆盖范围有限，且站点监测网的建立与维护成本高，难以全面地反映土壤水分的空间分布（Srivastava，2017；Dorigo et al.，2015）。现代卫星遥感技术具有连续性、周期性、低成本、全覆盖等优点，被广泛应用于土壤水分反演（蒋玲梅 等，2021；Petropoulos et al.，2015；杨涛 等，2010）。其中，微波遥感以不易受天气干扰、全天时全天候等优势，最为流行（肖窈 等，2021；Pan et al.，2014；Engman，1990）。微波遥感根据其工作方式，可进一步分为主动微波遥感和被动微波遥感（Pan et al.，2014）：主动微波遥感对地表环境变化敏感性强，所反演的土壤水分误差相对较大（Ulaby，1982）；被动微波遥感通过建立亮温数据与土壤水分的关系进行土壤水分的估算，更为通用（肖窈 等，2021；Pan et al.，

2014）。被动微波遥感包括早期的 TMI、AMSR-E 辐射计，后期的 SMOP 平台的 MIRAS 传感器、风云三号卫星等（王国杰 等，2018；Dorigo et al.，2015；Chen et al.，2013）。尽管已有众多的被动微波土壤水分观测平台，然而现有基于被动微波的土壤水分产品普遍存在空间分辨率低的问题，其空间分辨率约为几十千米，难以精准到农业实施、区域自然灾害监测等小尺度应用，对低分辨率被动微波土壤水分的降尺度非常必要。

近年来，土壤水分降尺度备受关注，学者发展了较多的方法，可大体分为两类：基于参量统计的方法（王思楠 等，2022；Alemohammad et al.，2018；Piles et al.，2016；尤加俊 等，2015）和基于时-空融合模型的方法（肖窈 等，2021；Jiang et al.，2019）。这两类方法各有优缺点，其中基于参量统计的方法（第 9 章）可以看作广义的空-谱融合，如图 13.1 所示，利用与土壤水分相关的高分辨率辅助参量数据，能有效反映地表属性的实时变化，是应用非常广泛的一类方法；但是该类方法假设多参量统计关系在尺度上具有不变性，对土壤水分的时空相关性也考虑不足。基于时-空融合的方法（第 4 章）可充分利用土壤水分自身的时空变化特征，但该类方法基于参考时刻高、低分辨率土壤水分数据之间的对应关系在预测时刻依然成立的假设之上，当预测时刻的地表环境变化时，对应关系发生改变，其性能显著下降。

综上所述，基于参量统计方法（广义空-谱融合）和时-空融合方法存在明显互补性，结合二者可进一步提高土壤水分降尺度精度。为此，本节进一步发展基于深度循环生成对抗网络的广义时-空-谱一体化融合框架，实现时-空融合降尺度与多参量统计降尺度的有效统一。对 SMAP 土壤水分产品数据进行验证，将 SMAP 36 km 土壤水分产品降尺度至 9 km，充分提高土壤水分的精细监测能力。

## 13.3.2 数据介绍

本小节以全球为研究区域，研究时间为 2015 年 4～7 月，研究数据为 SMAP 卫星 36 km、9 km 两种分辨率土壤水分数据和与土壤水分密切相关的地表参量，包括来自 MODIS 的 NDVI、LST 和地表发射率等辅助数据，以及用于卫星土壤水分产品及其降尺度结果精度验证的站点实测数据。

### 1. SMAP 卫星土壤水分产品

SMAP 卫星是土壤水分主/被动观测任务卫星，由美国国家航空航天局于 2015 年 1 月发射，并于 2015 年 4 月接收数据，卫星上搭载有 L 波段主动雷达及被动微波辐射计（Entekhabi et al.，2010）。SMAP 团队根据该卫星观测数据共生产了三类土壤水分产品：由微波极化亮温数据反演的 36 km 土壤水分产品（记作 $P_{36}$），精度较高；由雷达后向散射系数反演的 3 km 土壤水分产品（记作 $A_3$），精度较低；由主动雷达与被动微波观测协同反演的 9 km 土壤水分产品（记作 $AP_9$），精度适中。$AP_9$ 是全球第一个 9 km 土壤水分产品，对加强陆地水、碳循环等耦合过程的理解，提高气候预测、洪水预报等具有很大的帮助，然而，SMAP 卫星上的主动雷达于 2015 年 7 月 7 日损坏，导致 9 km 土壤水分产品无法继续生产。因此，发展高精度的土壤水分降尺度方法，实现 $AP_9$ 产品的延续具有重要的意义。

SMAP 卫星的平均重访周期为 2～3 天，精准重访周期为 8 天，每天的土壤水分产品呈现条带状，如图 13.6（a）和（b）所示，无法覆盖全球，数据缺失严重。为了构建稳定的、最大覆盖范围的高、低分辨率基底数据对，本小节参考 Jiang 等（2019），假定连续 8 天算术平均的 $P_{36}$ 和 $AP_9$ 并不改变土壤水分的空间分布，只是将其空间覆盖范围提升至全球；以 SMAP 雷达传感器正常工作的最后 8 天（2015 年 6 月 30 日～7 月 7 日）为主，以其余时间为辅，生成具有最大空间覆盖的基底数据对（$P_{36}\_base$ 和 $AP_9\_base$），如图 13.6（c）和（d）所示。

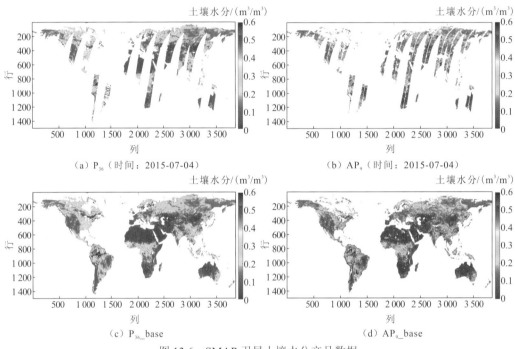

图 13.6　SMAP 卫星土壤水分产品数据

### 2. MODIS 辅助地表参量产品

MODIS 作为地球观测系统的重要组成部分，被广泛应用于大气、陆地、海洋研究（黄家洁 等，2003）。本小节借助与土壤水分高度相关的 MODIS 地表参量产品，包括 LST、NDVI 和地表反射率（肖窈 等，2021；Jiang et al.，2019）。因为 LST 日产品数据受云雾等影响，存在数据缺失情况，选用 8 天或 16 天合成的产品数据，以保证数据的质量和稳定性。具体而言，对于 NDVI 数据，使用 16 天合成的 MOD13A2 产品，其空间分辨率为 1 km；对于 LST 数据，使用 8 天合成的 MOD11A2 产品，其空间分辨率为 1 km；对于地表反射率产品，使用 8 天合成的 MOD09A1 产品，其空间分辨率为 500 m。这些数据均来自 Terra 卫星，这是因为 Terra 卫星白天过境时间为 10:30，与 SMAP 卫星降轨过境时间（06:00）相近，且上午受太阳辐射等影响较小。

在使用上述 SMAP 卫星土壤水分产品数据与 MODIS 地表参量产品数据前，须进行一定的预处理，使它们处于相同的坐标系、覆盖范围、空间分辨率和时间范围。具体来说，MODIS 数据以瓦片形式发布，须将多景瓦片数据拼接以覆盖整个研究区，之后重采样至 9 km 并投影变换，此过程可于 https://ladsweb.modaps.eosdis.nasa.gov/search/网站进行。$P_{36}$ 产品数据须重采样至 9 km 后投影变换，$AP_9$ 须投影变换，上述过程均可在 HEG 软件中进行。

**3. 站点实测数据**

土壤水分站点实测数据具有较高的精度，往往作为验证卫星土壤水分产品及其降尺度结果精度的参考数据。本小节参考肖窈等（2021），用来自美国俄克拉何马州西南部的密集站点网络，它由美国农业部农业研究局（Agricultural Research Service，ARS）的实验室建立，称为 ARS Micronet，该网络可以为科学家研究水土保持、水质和流域水文等问题提供长期的数据支持。该网络现有正常工作站点 35 个，每个站点均可监测地下深度 5 cm、25 cm 和 45 cm 的土壤含水量，可进行以 5 min 为间隔的 24 h 站点数据监测；为了与卫星土壤水分测量的深度相当，选取 5 cm 监测深度；此外，为了与卫星过境时间相同，选取 6:00 的监测数据。

## 13.3.3 广义时–空–谱一体化融合降尺度方法

基于 SMAP 土壤水分数据与相关 MODIS 地表参量数据，借助异质时–空–谱一体化融合框架，进一步发展基于广义时–空–谱一体化融合的土壤水分降尺度方法：一方面利用辅助参量数据实时反映地表属性状态，克服时–空融合方法对土壤水分时间变化的预测困难；另一方面利用多时相土壤水分数据提供土壤水分时空变化特征，打破基于参量统计方法对辅助参量数据质量的依赖及对土壤水分空间相关性的考虑不足，从而实现基于参量统计与时–空融合方法的统一。

为了表示方便，本小节中：$X$ 为理想的高分辨率土壤水分数据，即 $AP_9$；$Y$ 为待降尺度的低分辨率土壤水分数据，即 $P_{36}$；$X_t$ 为 8 天合成的基底数据对，即 $AP_9\_base$ 和 $P_{36}\_base$；$Z$ 为相关的辅助参量数据集，包括 NDVI，白天的地表温度产品（LST\_D），第一波段、第二波段反射率数据（Ref\_b1 和 Ref\_b2）等高分 MODIS 产品数据和低分 SMAP 极化亮温产品数据（TBv）。类似式（13.1），待融合产品 $Y$、$X_t$、$Z$ 与理想融合结果 $X$ 之间的关系可大体表示为

$$\begin{cases} Y = f_{\text{spatial}}(X) = \boldsymbol{A}X + \boldsymbol{N} \\ X_t = f_{\text{spatiotemporal}}(X) \\ Z = f_{\text{spatial-heterogeneous}}(X) \end{cases} \tag{13.9}$$

式中：$f_{\text{spatial}}(\cdot)$ 为高分辨率土壤水分产品 $X$ 到低分辨率土壤水分产品 $Y$ 的空间降采样关系，与式（13.1）中高、低分辨率地表反射率数据间关系类似，假设是模糊降采样过程（Meng et al.，2019；Shen et al.，2019；Zhang et al.，2012）；$f_{\text{spatiotemporal}}(\cdot)$ 为 $X$ 到高、低分辨率基底数据对 $X_t$ 的时空变化关系；$f_{\text{spatial-heterogeneous}}(\cdot)$ 为 $X$ 到辅助参量数据之间的广义谱间关系或广义空谱降质关系。

图 13.7 为基于广义时–空–谱一体化融合的 SMAP 土壤水分降尺度框架图，所使用的深度循环生成对抗网络结构与第 7 章中相同。将低分辨率土壤水分产品与高、低分辨率基底数据，辅助地表参量产品等输入前向融合网络，网络输出降尺度结果，具体可表示为

$$X_{\mathrm{D}} = G_{\mathrm{F}}\big((Y, X_t, Z);\Theta_{\mathrm{F}}\big) \tag{13.10}$$

式中：$G_{\mathrm{F}}(\cdot)$ 为前向融合网络；$\Theta_{\mathrm{F}}$ 为其可学习参数，所有输入 $G_{\mathrm{F}}(\cdot)$ 的产品数据均上采样至高分辨率土壤水分空间尺度；$X_{\mathrm{D}}$ 为降尺度结果。前向判别器鉴别网络生成的 $X_{\mathrm{D}}$ 和真实的 $\mathrm{AP}_9$ 产品 $X$。

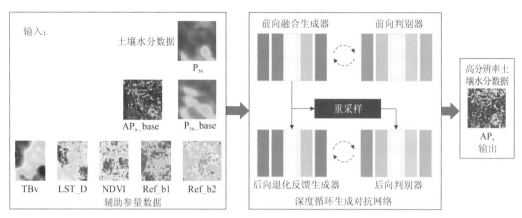

图 13.7 基于广义时-空-谱一体化融合的 SMAP 土壤水分降尺度框架图

后向退化反馈部分通过重采样分支和后向生成器 $G_{\mathrm{B}}$ 反向生成输入数据，可具体表示为

$$\begin{cases} Y^{*} = \mathrm{resize}(X_{\mathrm{D}}) \\ X_t^{*}, Z^{*} = G_{\mathrm{B}}(X_{\mathrm{D}};\Theta_{\mathrm{B}}) \end{cases} \tag{13.11}$$

式中：$Y^{*}$ 为生成器输出的降尺度结果 $X_{\mathrm{D}}$ 根据式（13.9）中的 $f_{\mathrm{spatial}}(\cdot)$ 反向生成的低分辨率土壤水分数据；$\mathrm{resize}(\cdot)$ 为空间上的重采样函数。$X_t^{*}, Z^{*}$ 分别为根据式（13.9）从 $X_{\mathrm{D}}$ 反向生成的高低分辨率基底数据对和辅助参量数据，由于 $f_{\mathrm{spatiotemporal}}(\cdot)$ 和 $f_{\mathrm{spatial\text{-}heterogeneous}}(\cdot)$ 过程未知，本小节通过后向退化反馈生成器 $G_{\mathrm{B}}(\cdot)$ 进行一并模拟；$\Theta_{\mathrm{B}}$ 为对应的可学习参数。

网络的损失函数与式（13.5）～式（13.6）中相似但略有差异，同样包括生成器损失函数和判别器损失函数。其中生成器的损失函数包括对抗损失项和内容损失项，可具体表示为

$$L_{G} = L_{\mathrm{adv}} + L_{\mathrm{con}} \tag{13.12}$$

对抗项损失项 $L_{\mathrm{adv}}$ 可进一步表示为

$$L_{\mathrm{adv}} = \frac{1}{N}\sum_{n=1}^{N}\big\|D_{\mathrm{F}}(X_{\mathrm{D}})-1\big\|_{\mathrm{F}}^{2} + \frac{1}{N}\sum_{n=1}^{N}\big\|D_{\mathrm{B}}\big((Y^{*}, X_t^{*}, Z^{*})\big)-1\big\|_{\mathrm{F}}^{2} \tag{13.13}$$

式中：$D_{\mathrm{F}}(\cdot)$ 和 $D_{\mathrm{B}}(\cdot)$ 分别为前向判别器网络和后向判别器网络。在生成器网络训练时，$D_{\mathrm{F}}(\cdot)$ 认为前向生成器 $G_{\mathrm{F}}(\cdot)$ 输出的土壤水分降尺度结果 $X_{\mathrm{D}}$ 为真，标签为 1；$D_{\mathrm{B}}(\cdot)$ 认为后向部分 $\mathrm{resize}(\cdot)$ 和 $G_{\mathrm{B}}(\cdot)$ 反向生成的数据为真，标签为 1；这与式（13.15）、式（13.16）所示的判别器网络训练时相反。

式（13.12）中的内容项损失函数 $L_{\mathrm{con}}$ 中可进一步表示为

$$L_{\mathrm{con}} = \lambda_1 \frac{1}{N}\sum_{n=1}^{N}\big\|\boldsymbol{M}\odot(X_{\mathrm{D}}-X)\big\|_1 + \lambda_2 \frac{1}{N}\sum_{n=1}^{N}\big\|(Y^{*}, X_t^{*}, Z^{*})-(Y, X_t, Z)\big\|_1 \tag{13.14}$$

式中：第一项计算前向融合生成器输出的降尺度结果 $X_{\mathrm{D}}$ 与理想结果（标签数据）$X$ 的距

离。为了充分降低土壤水分产品中数据缺失的潜在不利影响，此处借鉴了第 7 章中对光学影像厚云覆盖问题的处理，在该项中使用了二值掩膜矩阵 $\boldsymbol{M}$，$\boldsymbol{M}$ 在标签数据的有值处为 1，缺失处为 0；$\odot$ 表示矩阵点乘操作。式（13.14）的第二项为前向输入的待融合产品数据 $(Y, X_t, Z)$ 和反向生成的待融合产品数据 $(Y^*, X_t^*, Z^*)$ 间的循环一致损失函数。$\lambda_1$ 和 $\lambda_2$ 为可调节权重参数。

前、后向判别器的损失函数可分别表示为

$$L_{D_{\mathrm{F}}} = \frac{1}{2N}\sum_{n=1}^{N}\left\|D_{\mathrm{F}}(X) - 1\right\|_{\mathrm{F}}^{2} + \frac{1}{2N}\sum_{n=1}^{N}\left\|D_{\mathrm{F}}(X_{\mathrm{D}}) - 0\right\|_{\mathrm{F}}^{2} \tag{13.15}$$

$$L_{D_{\mathrm{B}}} = \frac{1}{2N}\sum_{n=1}^{N}\left\|D_{\mathrm{B}}\left((Y, X_t, Z)\right) - 1\right\|_{\mathrm{F}}^{2} + \frac{1}{2N}\sum_{n=1}^{N}\left\|D_{\mathrm{B}}\left((Y^*, X_t^*, Z^*)\right) - 0\right\|_{\mathrm{F}}^{2} \tag{13.16}$$

式中：前向判别器 $D_{\mathrm{F}}(\cdot)$ 鉴别前向生成器输出的降尺度结果 $X_{\mathrm{D}}$ 与理想结果 $X$，在其训练时，认为 $X$ 为真，赋予标签 1；而前向生成器输出的 $X_{\mathrm{D}}$ 为假，赋予标签 0；这与生成器网络训练[式（13.13）]中相反。同样，后向判别器 $D_{\mathrm{B}}(\cdot)$ 鉴别前向部分输入的待融合数据 $(Y, X_t, Z)$ 与后向退化反馈部分反向生成的待融合数据 $(Y^*, X_t^*, Z^*)$，认为前者为真，赋予标签 1；后者为假，赋予标签 0。

## 13.3.4 实验结果与分析

考虑基底数据中包含了 2015 年 6 月 30 日～7 月 7 日的 $AP_9$ 数据，为了充分验证本章方法对长时间变化的适用性，使用 2015 年 5 月 1 日～6 月 29 日的 SMAP 土壤水分产品数据和对应的辅助参量数据进行网络训练，使用 2015 年 4 月 15～30 日的数据进行测试；此外，为了保证后续站点验证的公平性，ARS 站点所对应的区域不参与网络训练。表 13.3 列举了训练、测试数据集详情。由于 SMAP 土壤水分数据的不连续分布特征，缺失普遍，而大量的缺失值不利于网络中卷积的特征提取与表达；为了兼顾网络的特征学习与训练样本的充足，根据 $AP_9$ 和 $P_{36}$ 产品的数据缺失率≤40%，MODIS 地表参量产品数据缺失率≤2% 的参数设置，生成 27 920 个空间大小为 40×40 的数据块用于网络训练。在测试中，为了充分验证所提出方法的适用性，同时在测试数据集和站点验证数据集上进行实验。其中，测试数据集为 2015 年 4 月 15～30 日 16 个 1 496×3 856 的全球产品数据。站点验证数据集为 2015 年 4 月 15 日～7 月 7 日 ARS 站点对应区域的有值时序数据，大小为 32×32×36。

表 13.3 训练、测试数据集

| 项目 | | 训练数据集 | 测试数据集 | 站点验证数据集 |
|---|---|---|---|---|
| 大小 | | 40×40×27 920 | 1 496×3 856×16 | 32×32×36 |
| 数据缺失率/% | $AP_9$ | ≤40 | — | ≤60 |
| | $P_{36}$ | ≤40 | — | ≤60 |
| | MODIS | ≤2 | — | — |
| 时间范围 | | 2015.05.01～2015.06.29 | 2015.04.15～2015.04.30 | 2015.04.15～2015.07.07 |

为了验证提出方法的有效性，选择基于参量统计类的随机森林方法（Zhao et al.，2018）和时-空融合模型方法（Jiang et al.，2019）进行对比。同时，为了对土壤水分降尺度结果进行客观评价，选取代表性的相关系数（$R$）、偏差（Bias，$m^3/m^3$）、均方根误差（RMSE，$m^3/m^3$）和无偏差均方根误差（ubRMSE，$m^3/m^3$）4 个指标进行定量评价（Entekhabi et al.，2010）。

图 13.8 展示了 2015 年 4 月 15 日～2015 年 4 月 22 日 8 天合成土壤水分降尺度结果。如图所示，三种方法均可实现全球土壤水分的降尺度，但性能差异显著。随机森林方法降尺度结果与真实的土壤水分分布相差较大，存在大量的高值低估现象，如图 13.8（c）中橘色椭圆区域所示，该区域应为土壤水分高值，而随机森林方法结果中却为低值。时-空融合方法降尺度结果中土壤水分分布与参考影像整体较为一致，空间细节十分丰富；但存在局部的土壤水分分布差异与异常，如图 13.8（d）橘色椭圆区域所示。广义

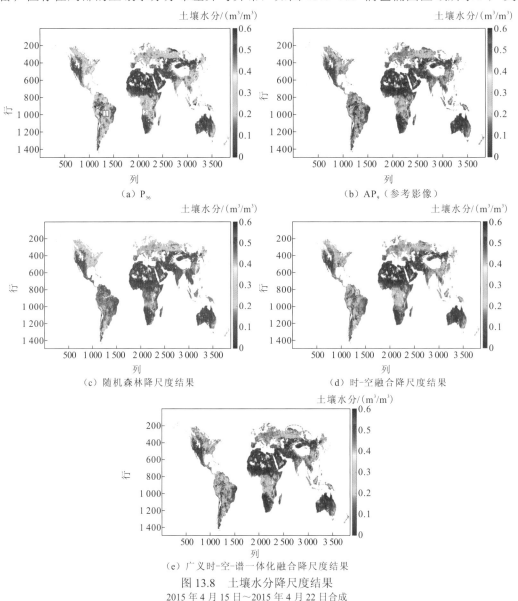

图 13.8　土壤水分降尺度结果
2015 年 4 月 15 日～2015 年 4 月 22 日合成

时-空-谱一体化融合方法结果既保持了低分土壤水分的整体和局部分布，不存在明显突变情况；又有效增加了空间细节信息。特别是在大陆边缘的土壤水分高值分布区域，如图 13.8（e）中橘色椭圆框所示，与参考影像最为一致，充分体现了该方法的优越性。

　　为进一步剖析这些方法的效果，图 13.9 和图 13.10 展示了图 13.8（a）中两个红色矩形局部代表区域。图 13.9 中，随机森林方法降尺度结果与参考影像有较大差异，其结果仅在右侧可见少量的土壤水分高值，大部分土壤水分的高值分布未得到有效体现，如图 13.9（c）中红色框所指区域；其原因是随机森林方法的性能严重依赖辅助参量数据的质量，辅助参量数据如 LST 的局部缺失会大大降低该方法的局部精度。图 13.9 中时-空融合方法与广义时-空-谱一体化融合方法降尺度结果中土壤水分分布与参考影像大体一致；但时-空融合方法存在对土壤水分高值的估计不足，如图 13.9（d）中红色框所示，且其降尺度结果与参考影像中土壤水分分布存在局部差异，如图 13.9（d）中白色框所示；总体而言，图 13.9（e）中广义时-空-谱一体化融合方法降尺度结果与参考影像最为一致。图 13.10 中，随机森林方法降尺度结果对土壤水分高值分布的估计严重不足，时-空融合方法产生了严重的局部高值低估和低值高估，如图 13.10（d）中红色框所示，其原因可能是该区域在目标时相与参考时相（基底数据合成时相）间发生了较大的土壤水

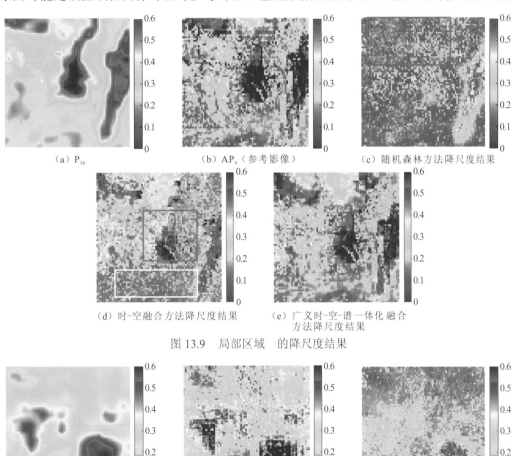

（a）P$_{36}$　　　　　　　（b）AP$_9$（参考影像）　　　　　（c）随机森林方法降尺度结果

（d）时-空融合方法降尺度结果　　　（e）广义时-空-谱一体化融合方法降尺度结果

图 13.9　局部区域　的降尺度结果

（a）P$_{36}$　　　　　　　（b）AP$_9$（参考影像）　　　　　（c）随机森林方法降尺度结果

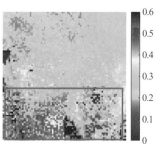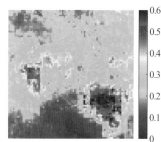

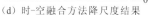

（d）时-空融合方法降尺度结果　　　　（e）广义时-空-谱一体化融合
　　　　　　　　　　　　　　　　　　方法降尺度结果

图 13.10　局部区域二的降尺度结果

分分布变化；广义时-空-谱一体化融合方法降尺度结果与参考影像较为接近，但也存在对土壤水分高值的估计不足，且降尺度结果中土壤水分分布的细节丰富度整体低于参考影像。

表 13.4 列出了测试数据集上的平均定量评价结果，其中每个指标的最好值加粗显示。与目视结果较为一致，时-空融合方法在除 Bias 外的指标中均优于随机森林方法，总体性能优于随机森林方法；基于广义时-空-谱一体化融合方法 $R$ 值高达 0.912 6，高于时-空融合方法 0.603 4，高于随机森林方法 0.476 2，其所有指标均以绝对优势优于其他方法，充分验证了该方法的有效性。

表 13.4　测试数据集的平均定量评价结果

| 指标 | 理想值 | 随机森林方法 | 时-空融合方法 | 广义时-空-谱一体化融合方法 |
|---|---|---|---|---|
| $R$ | 1 | 0.476 2 | 0.603 4 | **0.912 6** |
| Bias | 0 | 0.016 4 | 0.026 6 | **0.004 2** |
| RMSE | 0 | 0.154 7 | 0.147 7 | **0.065 7** |
| ubRMSE | 0 | 0.149 4 | 0.141 5 | **0.065 3** |

当以站点实测数据为参考真值对降尺度结果进行评价时，其方式是比较某一像元处，降尺度结果的时序土壤水分与站点观测得到的代表此像元的时序土壤水分之间的相似性。之所以与站点进行时序评价，是因为站点所代表的空间尺度很小，站点的实测值并不能很好地表征对应像元处的土壤水分；而且卫星与站点的土壤水分探测深度也存在一定的差异，进行时序评价能较好地弱化这些因素的影响，使精度评价结果更可靠。

表 13.5 列出了基于 35 个 ARS 站点数据进行总体时序评价所得的各个精度指标值。从以往研究（Colliander et al.，2017）中可知，由于反演数据的精度差异，$AP_9$ 的精度低于 $P_{36}$。表中显示，时-空融合方法在除 Bias 外的三个指标中精度均明显低于原始 $AP_9$ 产品；而随机森林方法在除 $R$ 指标外的三个指标中均略优于 $AP_9$ 产品，说明随机森林方法站点验证精度略优于时-空融合方法，这与测试数据集中表现大相径庭；原因可能是随机森林方法逐像素实现降尺度且以 $P_{36}$ 产品为模型的训练标签，其降尺度结果更接近 $P_{36}$，且其精度随像素发生剧烈变化，站点所在像素的精度恰好较高。基于广义时-空-谱一体化融合方法精度虽不如 $P_{36}$ 产品，但其在 $R$、RMSE、ubRMSE 三个指标的性能均高于 $AP_9$，再次验证了该方法的高精度和高可靠性。

表 13.5　站点验证数据集的平均定量评价结果

| 指标 | 理想值 | $P_{36}$ | $AP_9$ | 随机森林方法 | 时-空融合方法 | 广义时-空-谱一体化融合方法 |
|---|---|---|---|---|---|---|
| $R$ | 1 | **0.761 8** | 0.707 8 | 0.702 0 | 0.589 4 | 0.723 8 |
| Bias | 0 | -0.012 3 | 0.025 2 | 0.004 8 | **0.000 4** | 0.026 8 |
| RMSE | 0 | **0.074 9** | 0.085 6 | 0.080 9 | 0.090 7 | 0.080 2 |
| ubRMSE | 0 | **0.048 2** | 0.061 4 | 0.057 1 | 0.065 8 | 0.049 9 |

# 13.4　本章小结

本章对经典的时-空-谱一体化融合中"谱"的内涵进行延拓,提出适用于异质异类地学数据的广义时-空-谱一体化融合框架,并基于两个研究实例:一个是多源光学与雷达异质遥感数据的一体化融合;另一个是广义时-空-谱一体化框架下的土壤水分降尺度。实验表明,所提出广义时-空-谱一体化融合框架不仅能用于结合光学与雷达传感器的互补优势,解决空-谱融合光谱畸变大、时-空融合地物变化预测难等问题;还能用于统一基于时-空融合与基于多参量统计的特征参量空间降尺度方法,实现土壤水分等参量的高精度空间降尺度。

当前,地基观测、遥感观测、数值模拟、社会感知等各类数据层出不穷,如何顾及多源异质异类数据在精度、尺度、时空连续性等方面的差异及其互补性,开展一体化建模与融合应用是一个重要的发展趋势。本章建立的广义时-空-谱一体化融合框架,进一步为这项工作打开了大门。后续工作可从两个层面展开:从应用层面,可以将其推广至更多类型、更加广泛的地学数据应用场景;从理论方法层面,需要研究机理模型与机器学习深度耦合的框架与模型,充分发挥模型驱动与数据驱动的综合优势,进一步提升对地球表层参量的反演与模拟的精度与效率,在地球系统科学研究、资源环境问题应对中展现更强的支撑能力。

# 参 考 文 献

陈述彭. 1998. 地学信息图谱刍议. 地理研究, 17: 2.

陈述彭, 岳天祥, 励惠国. 2000. 地学信息图谱研究及其应用. 地理研究, 19(4): 337-343.

黄波, 章欣欣. 2013. 基于遥感"时-空-谱-角"的一体化融合技术及其系统. CN102915529A.2012-10-15.

黄家洁, 万幼川, 刘良明. 2003. MODIS 的特性及其应用. 地理空间信息, 1(4): 20-23.

姜红涛. 2018. 全球长时序 9 km 土壤水分遥感估算研究. 武汉: 武汉大学.

蒋玲梅, 崔慧珍, 王功雪, 等. 2021. 积雪、土壤冻融与土壤水分遥感监测研究进展. 遥感技术与应用, 35(6): 1237-1262.

廖克. 2002. 地学信息图谱的探讨与展望. 地球信息科学, 4(1): 14-20.

齐清文, 池天河. 2001. 地学信息图谱的理论和方法. 地理学报, 56(z1): 8-18.

施建成, 杜阳, 杜今阳, 等, 2012. 微波遥感地表参数反演进展. 中国科学(地球科学), 42(6): 814-842.

王国杰, 薛峰, 齐道日娜, 等, 2018. 基于风云三号卫星微波资料反演我国地表土壤湿度及其对比. 大气科学学报, 41(1): 113-125.

王思楠, 李瑞平, 吴英杰, 等, 2022. 基于环境变量和机器学习的土壤水分反演模型研究. 农业机械学报, 53(5): 332-341.

肖窈, 曾超, 沈焕锋, 2021. 结合参量统计与时空融合的土壤水分降尺度方法. 遥感技术与应用, 36(5): 1033-1043.

杨涛, 宫辉力, 杨小娟, 等, 2010. 土壤水分遥感监测研究进展. 生态学报, 22: 6264-6277.

尤加俊, 安如, 2015. 基于 CCI 和 MODIS 数据的淮河流域地表土壤湿度降尺度方法研究. 测绘与空间地理信息, 38(2): 30-34.

张洪岩, 王钦敏, 鲁学军, 等, 2004. 地学信息图谱方法前瞻. 地球科学进展, 19(6): 997-1001.

张洪岩, 周成虎, 闾国年, 等, 2020. 试论地学信息图谱思想的内涵与传承. 地球信息科学学报, 22(4): 653-661.

ALEMOHAMMAD S H, KOLASSA J, PRIGENT C, et al., 2018. Global downscaling of remotely sensed soil moisture using neural networks. Hydrology and Earth System Sciences, 22(10): 5341-5356.

CHEN Y, YANG K, QIN J, et al., 2013. Evaluation of AMSR-E retrievals and GLDAS simulations against observations of a soil moisture network on the central Tibetan Plateau. Journal of Geophysical Research: Atmospheres, 118(10): 4466-4475.

COLLIANDER A, JACKSON T J, BINDLISH R, et al., 2017. Validation of SMAP surface soil moisture products with core validation sites. Remote Sensing of Environment, 191: 215-231.

DORIGO W A, GRUBER A, DE JEU R A M, et al., 2015. Evaluation of the ESA CCI soil moisture product using ground-based observations. Remote Sensing of Environment, 162: 380-395.

ENGMAN E T, 1990. Progress in microwave remote sensing of soil moisture. Canadian Journal of Remote Sensing, 16(3): 6-14.

ENTEKHABI D, NJOKU E G, O'NEILL P E, et al., 2010. The soil moisture active passive(SMAP) mission. Proceedings of the IEEE, 98(5): 704-716.

JIANG H, SHEN H, LI X, et al., 2019. Extending the SMAP 9 km soil moisture product using a spatio-temporal fusion model. Remote Sensing of Environment, 231: 111224.

JIANG M, SHEN H, LI J, 2022. Deep-learning-based spatio-temporal-spectral integrated fusion of heterogeneous remote sensing images. IEEE Transactions on Geoscience and Remote Sensing, 60: 1-15.

KIM J, HOGUE T S, 2011. Improving spatial soil moisture representation through integration of AMSR-E and MODIS products. IEEE Transactions on Geoscience and Remote Sensing, 50(2): 446-460.

LEMOHAMMAD S H, KOLASSA J, PRIGENT C, et al., 2018. Global downscaling of remotely sensed soil moisture using neural networks. Hydrology and Earth System Sciences, 22(10): 5341-5356.

MA J, YU W, CHEN C, et al., 2020. Pan-GAN: An unsupervised pan-sharpening method for remote sensing image fusion. Information Fusion, 62: 110-120.

MENG X, SHEN H, LI H, et al., 2019. Review of the pansharpening methods for remote sensing images based on the idea of meta-analysis: Practical discussion and challenges. Information Fusion, 46: 102-113.

PAN J, DONG J, LIU Y, et al., 2020. Physics-based generative adversarial models for image restoration and beyond. IEEE Transactions on Pattern Analysis and Machine Intelligence, 43(7): 2449-2462.

PAN M, SAHOO A K, WOOD E F, 2014. Improving soil moisture retrievals from a physically-based radiative transfer model. Remote Sensing of Environment, 140: 130-140.

PETROPOULOS G P, IRELAND G, BARRETT B, 2015. Surface soil moisture retrievals from remote sensing: Current status, products & future trends. Physics and Chemistry of the Earth, Parts A/B/C, 83: 36-56.

PILES M, PETROPOULOS G P, SÁNCHEZ N, et al., 2016. Towards improved spatio-temporal resolution soil moisture retrievals from the synergy of SMOS and MSG SEVIRI spaceborne observations. Remote Sensing of Environment, 180: 403-417.

RAHMANI S, STRAIT M, MERKURJEV D, et al., 2010. An adaptive IHS pan-sharpening method. IEEE Geoscience and Remote Sensing Letters, 7(4): 746-750.

SHAO Z, CAI J, FU P, et al.,2019. Deep learning-based fusion of Landsat-8 and Sentinel-2 images for a harmonized surface reflectance product. Remote Sensing of Environment, 235: 111425.

SHEN H, JIANG M, LI J, et al., 2019. Spatial-spectral fusion by combining deep learning and variational model. IEEE Transactions on Geoscience and Remote Sensing, 57(8): 6169-6181.

SRIVASTAVA P K, 2017. Satellite soil moisture: Review of theory and applications in water resources. Water Resources Management, 31(10): 3161-3176.

ULABY F T, MOORE R K, FUNG A K, 1982. Microwave remote sensing, active and passive, volume II: Radar remote sensing and surface scattering and emission theory. Norwood: Artech House.

WALD L, 2002. Data fusion: Definitions and architectures: Fusion of images of different spatial resolutions. Paris: Presses des MINES.

WANG Z, BOVIK A C, 2002. A universal image quality index. IEEE Signal Processing Letters, 9(3): 81-84.

WANG Z, BOVIK A C, SHEIKH H R, et al., 2004. Image quality assessment: From error visibility to structural similarity. IEEE Transactions on Image Processing, 13(4): 600-612.

YUHAS R H, GOETZ A F H, BOAR DM AN J W, 1992. Discrimination among semi-arid landscape endmembers using the spectral angle mapper (SAM) algorithm. Summaries of the Third Annual JPL Airborne Geoscience Workshop, 1: 147-149.

ZHANG L, SHEN H, GONG W, et al., 2012. Adjustable model-based fusion method for multispectral and panchromatic images. IEEE Transactions on Systems, Man, and Cybernetics, Part B (Cybernetics), 42(6): 1693-1704.

ZHAO W, SÁNCHEZ N, LU H, et al., 2018. A spatial downscaling approach for the SMAP passive surface soil moisture product using random forest regression. Journal of Hydrology, 563: 1009-1024.